21世纪高等学校计算机应用技术规划教材

数据库原理与实践教程
——SQL Server

何玉洁　主编

清华大学出版社
北　京

内容简介

数据库技术是一门应用性很强的学科，因此在讲授数据库技术时应该从理论和应用两个方面来介绍。本书正是本着这个宗旨做到了理论和应用相结合。

本书内容共分为两篇，第1篇是数据库理论知识介绍，包括数据管理的发展过程、数据库系统的组成结构、SQL语言基础及数据定义功能、索引和视图、关系规范化理论、数据库设计以及事务与并发控制等方面；第2篇是数据库知识的具体实践，以SQL Server 2005为平台，介绍了安装SQL Server 2005、在此环境中创建数据库及数据库对象、安全管理以及备份和恢复的技术。第2篇是第1篇知识的具体实践，使读者可以方便地将理论和实践结合起来。

本书叙述流畅，思路清晰，图表丰富，操作步骤叙述详细，示例和习题均比较丰富，便于读者自学。

本书可作为非计算机专业本科生以及计算机专业高职学生学习和使用的数据库教材，也可作为相关人员学习数据库基础知识的参考教材。

图书在版编目(CIP)数据

数据库原理与实践教程——SQL Server/何玉洁主编. —北京：清华大学出版社，2010.2(2019.8重印)
(21世纪高等学校计算机应用技术规划教材)
ISBN 978-7-302-21691-9

Ⅰ. ①数…　Ⅱ. ①何…　Ⅲ. ①数据库系统－高等学校－教材　Ⅳ. ①TP311.13

中国版本图书馆CIP数据核字(2009)第241539号

责任编辑：魏江江　李玮琪
封面设计：杨　兮
责任校对：时翠兰
责任印制：沈　露

出版发行：清华大学出版社
网　址：http://www.tup.com.cn，http://www.wqbook.com
地　址：北京清华大学学研大厦A座　**邮　编**：100084
社 总 机：010-62770175　**邮　购**：010-62786544
投稿与读者服务：010-62776969，c-service@tup.tsinghua.edu.cn
质量反馈：010-62772015，zhiliang@tup.tsinghua.edu.cn
印 装 者：三河市金元印装有限公司
经　销：全国新华书店
开　本：185mm×260mm　**印　张**：21.25　**字　数**：511千字
版　次：2010年2月第1版　**印　次**：2019年8月第9次印刷
印　数：9901～10400
定　价：29.50元

产品编号：034884-01

编审委员会成员

（按地区排序）

出版说明

随着我国改革开放的进一步深化，高等教育也得到了快速发展，各地高校紧密结合地方经济建设发展需要，科学运用市场调节机制，加大了使用信息科学等现代科学技术提升、改造传统学科专业的投入力度，通过教育改革合理调整和配置了教育资源，优化了传统学科专业，积极为地方经济建设输送人才，为我国经济社会的快速、健康和可持续发展以及高等教育自身的改革发展做出了巨大贡献。但是，高等教育质量还需要进一步提高以适应经济社会发展的需要，不少高校的专业设置和结构不尽合理，教师队伍整体素质亟待提高，人才培养模式、教学内容和方法需要进一步转变，学生的实践能力和创新精神亟待加强。

教育部一直十分重视高等教育质量工作。2007 年 1 月，教育部下发了《关于实施高等学校本科教学质量与教学改革工程的意见》，计划实施"高等学校本科教学质量与教学改革工程(简称'质量工程')"，通过专业结构调整、课程教材建设、实践教学改革、教学团队建设等多项内容，进一步深化高等学校教学改革，提高人才培养的能力和水平，更好地满足经济社会发展对高素质人才的需要。在贯彻和落实教育部"质量工程"的过程中，各地高校发挥师资力量强、办学经验丰富、教学资源充裕等优势，对其特色专业及特色课程(群)加以规划、整理和总结，更新教学内容、改革课程体系，建设了一大批内容新、体系新、方法新、手段新的特色课程。在此基础上，经教育部相关教学指导委员会专家的指导和建议，清华大学出版社在多个领域精选各高校的特色课程，分别规划出版系列教材，以配合"质量工程"的实施，满足各高校教学质量和教学改革的需要。

本系列教材立足于计算机公共课程领域，以公共基础课为主、专业基础课为辅，横向满足高校多层次教学的需要。在规划过程中体现了如下一些基本原则和特点。

(1) 面向多层次、多学科专业，强调计算机在各专业中的应用。教材内容坚持基本理论适度，反映各层次对基本理论和原理的需求，同时加强实践和应用环节。

(2) 反映教学需要，促进教学发展。教材要适应多样化的教学需要，正确把握教学内容和课程体系的改革方向，在选择教材内容和编写体系时注意体现素质教育、创新能力与实践能力的培养，为学生的知识、能力、素质协调发展创造条件。

(3) 实施精品战略，突出重点，保证质量。规划教材把重点放在公共基础课和专业基础课的教材建设上；特别注意选择并安排一部分原来基础比较好的优秀教材或讲义修订再版，逐步形成精品教材；提倡并鼓励编写体现教学质量和教学改革成果的教材。

(4) 主张一纲多本，合理配套。基础课和专业基础课教材配套，同一门课程可以有针对不同层次、面向不同专业的多本具有各自内容特点的教材。处理好教材统一性与多样化，基本教材与辅助教材、教学参考书，文字教材与软件教材的关系，实现教材系列资源配套。

（5）依靠专家，择优选用。在制定教材规划时依靠各课程专家在调查研究本课程教材建设现状的基础上提出规划选题。在落实主编人选时，要引入竞争机制，通过申报、评审确定主题。书稿完成后要认真实行审稿程序，确保出书质量。

繁荣教材出版事业，提高教材质量的关键是教师。建立一支高水平教材编写梯队才能保证教材的编写质量和建设力度，希望有志于教材建设的教师能够加入到我们的编写队伍中来。

21世纪高等学校计算机应用技术规划教材
联系人：魏江江 weijj@tup.tsinghua.edu.cn

前言

随着我国各企业和部门管理水平的不断提高和规范化，计算机的应用水平取得了长足的进步，特别是数据库技术，其应用水平及普及速度更是日新月异。数据库技术是计算机中一个传统的基础技术，它为人们提供了科学高效的管理数据的方法，利用数据库技术可以方便地实现数据操作、安全控制和可靠性管理等功能。目前数据库技术已经应用到人们生活的方方面面，比如银行，证券，民航、火车的订票，酒店管理，人事管理等。数据库技术已经不仅是计算机专业学生必须学习的课程，也已成为非计算机专业本、专科学生以及高职学生必须学习和掌握的知识。

本教材从数据库理论基础和数据库管理实践两个角度全面阐述了数据库技术的基础和应用。

本教材主要由两篇组成。第1篇介绍数据库系统的基本概念和基本理论，这部分由第1章到第8章组成，具体内容包括数据管理的发展过程、数据库系统的组成结构、SQL语言基础及数据定义功能、数据操作、索引和视图、关系规范化理论、数据库设计以及事务与并发控制几个方面。这部分是数据库的理论基础，在选取这部分内容时充分考虑了非计算机专业学生对数据库知识的需求，既注重实用性，又注重完整性。第2篇介绍服务器端的数据库管理系统的功能，这里以SQL Server 2005数据库管理系统为例。SQL Server是目前非常流行的数据库管理系统，BZ Research 2007年数据库整合和统计报告提供的数据显示，SQL Server的市场占有率达到70%以上。而SQL Server 2005无论在功能还是在性能上都比之前的SQL Server 2000有了很大的发展。本书用第9章到第13章5个章节的篇幅介绍SQL Server 2005的安装、创建数据库以及数据库对象的方法、安全管理以及备份和恢复数据库的技术。这部分是第1篇的实践应用。为了方便读者更好地使用SQL Server数据库管理系统提供的功能，最后在附录中给出了SQL Server数据库管理系统提供的常用函数。

本教材的最大特点是涵盖内容全面，立足学以致用，在内容选取上既包括了数据库的基础理论知识，又包括了后台数据库服务器端的使用技术。在理论知识的介绍上尽可能通俗易懂，并用丰富的例子、形象的图表介绍抽象概念。在实践部分，尽量详细说明每个操作步骤和操作的含义。为帮助读者准确理解和应用概念，在每章后面均附有大量的练习，能够实践的部分，还给出了丰富的上机实践题。

本教材可作为非计算机专业大学本科教材，也可作为高职学生的数据库教材。

为了方便教师使用本书进行教学，本书为教师准备了电子教案，同时提供了本书的习题解答，可从清华大学出版社的网站下载。

在编写本书的过程中，得到了清华大学出版社领导和编辑魏江江的大力支持和帮助，是他们一直以来的鼓励帮助我完成了这本书的编写。在此，向清华大学出版社的全体人员表示诚挚的感谢。同时感谢我的同事和朋友：李宝安、梁琦、何玉书、李迎，他们分别参与了本书第 2 篇的编写工作，并绘制了教材中的很多图表，同时对全书提出了很多很好的建议和意见，是他们的积极参与和帮助，才使本书得以顺利完成。

作者从事数据库教学多年，一直致力于数据库技术及应用的研究，本书是作者多年经验和感受的结晶。但由于水平所限，书中难免有不妥之处，望广大同仁和读者给予批评和指正。

作　者

2009 年 12 月

目录

第1篇　关系数据库基础

第2篇　SQL Server 2005

关系数据库基础

本篇主要介绍关系数据库管理系统的理论基础，内容包括数据管理的发展、数据模型与数据库系统结构、SQL 语言基础、基本表的创建、索引和视图的概念以及定义方法、关系数据库理论、数据库设计、事务与并发控制等内容。本篇是第 2 篇实践的基础知识。

本篇由下述 8 章组成：

- 第 1 章　数据库概述
- 第 2 章　数据模型与数据库系统结构
- 第 3 章　SQL 语言基础及数据定义功能
- 第 4 章　数据操作
- 第 5 章　索引和视图
- 第 6 章　关系数据库规范化理论
- 第 7 章　数据库设计
- 第 8 章　事务与并发控制

第1章 数据库概述

随着信息管理水平的不断提高，应用范围的日益扩大，信息已成为企业的重要财富和资源，同时，管理信息的数据库技术也得到了很大的发展，其应用领域越来越广泛。人们在不知不觉中扩展着对数据库的使用，比如信用卡购物，飞机、火车订票系统，图书馆对书籍及借阅的管理等，无一不使用了数据库技术。从小型事务处理到大型信息系统，从联机事务处理到联机分析处理，从一般企业管理到计算机辅助设计与制造（CAD/CAM）、地理信息系统等，数据库系统已经渗透到人们生活的方方面面，数据库中信息量的大小以及使用的程度已经成为衡量企业的信息化程度的重要标志。

简单地说，数据库技术就是研究如何对数据进行科学的管理，以提供可共享、安全、可靠的数据。数据库技术一般包含数据管理和数据处理两部分。

数据库系统本质上是一个用计算机存储和管理数据的系统，数据库本身可以看作是一个电子文件柜，也就是说，数据库是收集数据文件的仓库或容器。

1.1 数据管理的发展

计算机产生之后，人们就希望用它来对数据进行存储和管理。最初对数据的管理是以文件的方式进行的，也就是通过编写应用程序来实现对数据的存储和管理。后来，随着数据量越来越大，人们对数据的要求越来越多，希望达到的目的也越来越复杂，文件管理方式已经很难满足人们管理数据的需求，由此产生了数据库系统，也就是用数据库系统来存储和管理数据。数据管理的发展因此也就经历了从文件管理到数据库管理两个阶段。

本节介绍文件管理和数据库管理在管理数据上的主要区别。

1.1.1 文件管理

理解今日数据库特征的最好方法是了解在数据库技术产生之前，人们是如何通过文件的方式对数据进行管理的。

20 世纪 50 年代后期到 60 年代中期，计算机在硬件方面已经有了磁盘等直接存取的存储设备，在软件方面，操作系统中已经有了专门的数据管理软件，一般称为文件管理系统。文件管理系统把数据组织成相互独立的数据文件，利用“按文件名访问，按记录进行存取”的管理技术，可以对文件中的数据进行修改、插入和删除等操作。

在出现程序设计语言之后，开发人员不但可以创建自己的文件并将数据保存在文件中，而且可以编写应用程序来处理文件中的数据，即编写应用程序来定义文件的结构，实现对文件内容的插入、删除、修改和查询操作。当然，真正实现磁盘文件的物理存取操作的还是操作系统中的文件管理系统，应用程序只是告诉文件管理系统对哪个文件的哪些数据进行哪些操作。通常将开发人员编写应用程序并借助文件管理系统的功能实现对用户数据的处理的方式称为文件管理，在本章后面的讨论中将忽略掉文件管理系统，假定应用程序是直接对磁盘文件进行操作的。

现在，看一下文件管理方式下对数据的操作模式。假设某学校要构建按文件管理方式对学生进行管理的系统。在此系统中主要实现两部分功能：学生基本信息管理和学生选课情况管理。假设教务部门管理学生选课情况，各系部管理学生基本信息。学生基本信息管理中涉及学生的基本信息数据，假设这些数据保存在 F1 文件中；学生选课情况管理涉及学生的部分基本信息、课程基本信息和学生选课信息，文件 F2 和 F3 分别保存课程基本信息和学生选课信息的数据。

设 A1 为实现“学生基本信息管理”功能的应用程序，A2 为实现“学生选课管理”功能的应用程序。由于学生选课管理中要用到 F1 文件中的一些数据，为减少冗余，它将使用“学生基本信息管理”（即 F1 文件）中的数据，如图 1-1 所示。

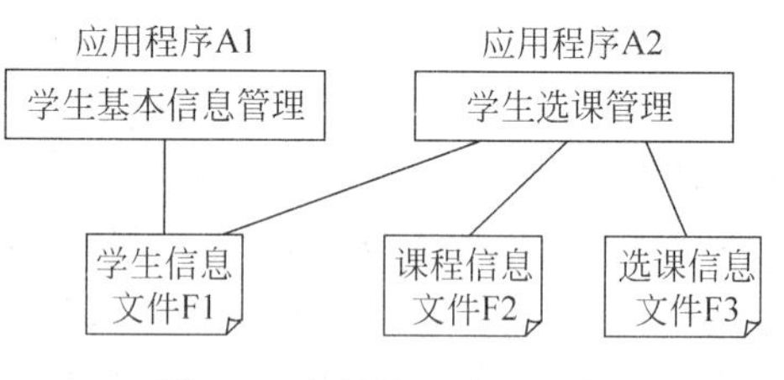

图 1-1 文件管理实现示例

文件 F1、F2 和 F3 分别包含以下信息。

F1 文件：学号、姓名、性别、出生日期、联系电话、所在系、专业、班号。

F2 文件：课程号、课程名、授课学期、学分、课程性质。

F3 文件：学号、姓名、所在系、专业、课程号、课程名、修课类型、修课时间、考试成绩。

将文件中所包含的每一个子项称为文件结构中的“字段”或“列”，将每一行数据称为一个“记录”。

“学生选课管理”的处理过程大致为：若有学生选课，则先访问 F1 文件，判断有无此学生；若有此学生则再访问 F2 文件，判断其所选的课程是否存在；若一切符合规则，就将学生的选课信息写入到 F3 文件中。

这看似很好，但仔细分析一下，就会发现用文件管理数据有以下缺点。

1. 编写应用程序不方便

应用程序编写者必须清楚地了解所用文件的逻辑及物理结构，如文件中包含多少个字段，每个字段的数据类型，采用何种存储结构（比如链表或数组等）。操作系统只提供了打开、关闭、读、写等几个底层的文件操作命令，而对文件的查询、修改等处理都必须在应用程序中编程实现。这样就容易造成各应用程序在功能上的重复，比如图 1-1 中的“学生基本信息管理”和“学生选课管理”都要对 F1 文件进行操作，而共享这两个功能相同的操作却很困难。

2. 数据冗余不可避免

由于 A2 应用程序需要在学生选课信息文件（F3 文件）中包含学生的一些基本信息，比如学号、姓名、所在系、专业等，而这些信息同样也包含在学生信息文件（F1 文件）中，因此 F3 文件和 F1 文件中存在重复数据，从而造成数据的重复，也称数据冗余。

数据冗余所带来的问题不仅仅是存储空间的浪费（其实，随着计算机硬件技术的飞速发展，存储容量不断扩大，空间问题已经不是人们关注的主要问题），更为严重的是造成了数据的不一致（inconsistency）。例如，某个学生所学的专业发生了变化，一般只会想到在 F1 文件中进行修改，而往往忘记了在 F3 中应做同样的修改。由此就造成了同一名学生在 F1 文件和 F3 文件中的“专业”不一样，也就是数据不一致。因此人们不能判定哪个数据是正确的，尤其是当系统比较复杂且存在多处数据冗余时，更是如此。这样数据就失去了其可信性。

文件本身并不具备维护数据一致性的功能，这些功能完全要由用户（应用程序开发者）负责维护。这在简单的系统中还可以勉强应付，但在复杂的系统中，若让开发者来保证数据的一致性，几乎是不可能的。

3. 应用程序依赖性

就文件管理而言，应用程序对数据的操作依赖于存储数据的文件的结构。文件和记录的结构通常是应用程序代码的一部分，如 C 程序的 struct。文件结构的每一次修改，比如添加字段、删除字段，甚至修改字段的长度（如电话号码从 7 位扩到 8 位），都将导致应用程序的修改，因为在打开文件进行数据读取时，必须将文件记录中不同字段的值对应到应用程序的变量中。随着应用环境和需求的变化，修改文件的结构不可避免，这些都需要在应用程序中做相应的修改，而（频繁）修改应用程序是很麻烦的。人们首先要熟悉原有程序，修改后还需要对程序进行测试、安装等，甚至修改了文件的存储位置或者文件名，也需要对应用程序进行修改，这显然给程序维护人员带来很多麻烦。

所有这些都是由于应用程序对文件结构以及文件物理特性的过分依赖造成的，换句话说，用文件管理数据时，其数据独立性（data independence）很差。

4. 不支持对文件的并发访问

在现代计算机系统中，为了有效利用计算机资源，一般都允许同时运行多个应用程序（尤其是在现在的多任务操作系统环境中）。文件最初是作为程序的附属数据出现的，它一般不支持多个应用程序同时对同一个文件进行访问。回忆一下，某个用户打开了一个 Excel 文件，当第二个用户在第一个用户关闭此文件前打开此文件时，会得到什么信息呢？他只能以只读方式打开此文件，而不能在第一个用户打开的同时对此文件进行修改。再回忆一下，如果用某种程序设计语言编写一个对某文件中内容进行修改的程序，其过程是先以写的方式打开文件，然后写入新内容，最后再关闭文件。在关闭文件之前，不管是在其他的程序中，还是在同一个程序中都不允许再次打开此文件，这就是文件管理方式不支持并发访问的含义。

对于以数据为中心的系统来说，必须支持多个用户对数据的并发访问。

5. 数据间联系弱

当用文件管理数据时，文件与文件之间是彼此独立、毫不相干的，文件之间的联系必须通过程序来实现。比如上述的F1文件和F3文件，F3文件中的学号、姓名等学生的基本信息必须是F1文件中已经存在的(即选课的学生必须是已经存在的学生)；同样，F3文件中课程号等与课程有关的基本信息也必须存在于F2文件中(即学生选的课程也必须是已经存在的课程)。这些数据之间的联系是实际应用当中所要求的很自然的联系，但文件本身不具备自动实现这些联系的功能，必须编写应用程序，即手工地建立这些联系。这不但增加了编写代码的工作量和复杂度，而且当联系很复杂时，也难以保证其正确性。因此，用文件管理数据时很难反映现实世界事物间客观存在的联系。

6. 难以满足不同用户对数据的需求

不同的用户会关注不同的数据。有些用户(如分配学生宿舍的人)可能只关心学生的部分基本信息(如学号、姓名、性别)。

若多个不同用户希望看到的是学生的不同基本信息，那就需要为每个用户建立一个文件，这势必造成大量的数据冗余。我们希望的是，用户关心哪些信息就为他生成哪些信息，并屏蔽掉用户不关心的数据。

另有一些用户可能需要来自多个不同文件的部分信息的组合，例如班号、学号、姓名、课程名、学分、考试成绩等。这些信息涉及3个文件：从F1文件中得到“班号”，从F2文件中得到“学分”，从F3文件中得到“考试成绩”；而“学号”、“姓名”可以从F1文件或F3文件中得到，“课程名”可以从F2文件或F3文件中得到。在生成结果数据时，必须对从3个文件中读取的数据进行比较，然后组合成一行有意义的数据。比如，将从F1文件中读取的学号与从F3文件中读取的学号进行比较，学号相同时，才可以将F1文件中的“班号”与F3文件中的当前记录所对应的学号和姓名组合起来，之后，还需要将组合结果与F2文件中的内容进行比较，找出课程号相同的课程的学分，再与已有的结果组合起来。然后再从组合后的数据中提取出用户需要的列信息。如果数据量很大，涉及的文件比较多时，可以想象这个过程有多复杂。因此，这种大量复杂信息的查询，在文件管理方式中是很难处理的。

7. 无安全控制功能

在文件管理方式中，很难控制某个人对文件的操作，比如只允许某个人查询和修改数据，但不能删除数据，或者对文件中的某个或者某些字段不能修改等。而在实际应用中，数据的安全性是非常重要且不可忽视的。比如，在学生选课管理中，不允许学生修改其考试成绩。在银行系统中，更是不允许一般用户修改其存款数额。

人们对数据需求的增加，迫切需要对数据进行有效、科学、正确、方便的管理。针对文件管理方式的这些缺陷，人们逐步开发出了以统一管理和共享数据为主要特征的数据库管理系统。

1.1.2 数据库管理

20世纪60年代后期以来，计算机管理数据的规模越来越大，应用范围越来越广泛，数据量急剧增加，同时多种应用同时共享数据集合的要求也越来越强烈。

随着大容量磁盘的出现，硬件价格的不断下降，软件价格的不断上升，编制和维护系统软件和应用程序的成本相应地不断增加。在数据处理方式上，联机实时处理要求更多，并开始提出和考虑分布处理。在这种背景下，以文件方式管理数据已经不能满足应用的需求，于是出现了新的管理数据的技术——数据库技术，同时出现了统一管理数据的专门软件——数据库管理系统。

例如，对于上述的学生基本信息管理和学生选课管理两个子系统，如果使用数据库技术来管理，其实现方式与文件管理有很大区别。用数据库技术来管理的模式如图 1-2 所示。

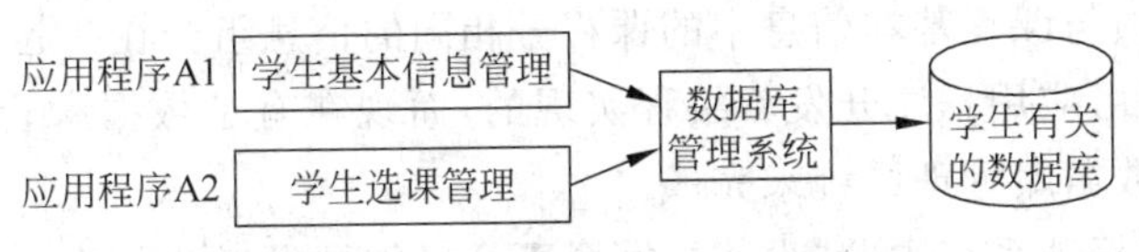

图 1-2 数据库管理实现示例

比较图 1-1 和图 1-2，可以直观地发现两者有以下差别。

① 在文件管理中，应用程序直接访问存储数据的文件；而在数据库管理中，应用程序则是通过数据库管理系统(DataBase Management System，DBMS)来访问数据的。

② 在数据库管理中，用户不再是对每一个文件进行访问，而是访问一个存储了用户所需全部信息的数据库，存储数据的具体文件的信息被数据库隐藏了，而且这些文件的具体操作和存储位置等细节信息也由数据库管理系统统一管理。

与文件管理相比，数据库管理实际上是在应用程序和存储数据的数据库(在某种意义上也可以把数据库看成是一些文件的集合)之间增加的一个软件，即数据库管理系统。数据库管理系统是一个系统软件。不要小看这个变化，正是因为有了这个系统软件，才使得开发人员避免了编写实现复杂数据操作等功能的应用程序，应用程序或者用户不再需要关心数据的存储方式。数据的存储方式由数据库管理系统进行处理，其变化不再影响应用程序，应用程序也不需要进行任何修改。

与文件管理相比，数据库管理具有以下优点。

1. 相互关联的数据集合

在数据库系统中，所有相关的数据都存储在一个称为数据库的环境中，应用程序可通过 DBMS 访问数据库中的所有数据。

2. 较少的数据冗余

由于数据是统一管理的，因此可以从全局着眼，合理地组织数据。例如，将 1.1.1 节中文件 F1、F2 和 F3 中的重复数据挑选出来，进行合理的管理，这样就可以形成如下所示的几部分信息。

学生基本信息：学号、姓名、性别、出生日期、联系电话、所在系、专业、班号。

课程基本信息：课程号、课程名、授课学期、学分、课程性质。

学生选课信息：学号、课程号、修课类型、修课时间、考试成绩。

在关系数据库中，可以将每一种信息存储在一个表中(关系数据库的概念将在后面介绍)，重复的信息只存储一份，当在学生选课中需要学生的姓名等其他信息时，根据学生选课中的学号，可以很容易地在学生基本信息中找到此学号对应的姓名等信息。因此，消除数据的重复存储不影响对信息的提取，同时还可以避免由于数据重复存储而造成的数据不一致问题。比如,当某个学生所学的专业发生变化时,只需在“学生基本信息”一个地方进行修改即可。

同1.1.2节中的问题一样,当要检索(班号,学号,姓名,课程名,学分,考试成绩)信息时,这些信息也需要从3个地方(关系数据库为3张表)得到,也需要对信息进行适当的组合,即学生选课中的学号只能与学生基本信息中学号相同的信息组合在一起,同样,学生选课中的课程号也必须与课程基本信息中的课程号相同的信息组合在一起。过去在文件管理方式中,这个工作是由应用程序开发者编程实现的,而现在有了数据库管理系统,这些烦琐的工作完全交给了数据库管理系统来完成。

因此,在数据库管理系统中,减少数据冗余不会增加开发者的负担。

3. 程序与数据相互独立

在数据库中,数据所包含的所有数据项以及数据的存储格式都与数据存储在一起,它们通过DBMS而不是应用程序来访问和管理,应用程序不再需要处理文件和记录的格式。

程序与数据相互独立有两方面的含义。一方面当数据的存储方式发生变化时(这里包括逻辑存储方式和物理存储方式),比如从链表结构改为散列表结构,或者是在顺序存储和非顺序存储之间的变化,应用程序不必作任何修改。另一方面当数据的逻辑结构发生变化时,比如增加或减少了一些数据项,如果应用程序与这些修改的数据项无关,则不用修改应用程序。这些变化都将由DBMS负责维护,大多数情况下,应用程序并不知道数据存储方式或数据项已经发生了变化。

4. 保证数据的安全可靠

数据库技术能够保证数据库中的数据是安全可靠的。它的安全控制机制可以有效地防止数据库中的数据被非法使用或非法修改;其完整的备份和恢复机制可以保证当数据遭到破坏时(由软件或硬件故障引起的)能够很快地将数据库恢复到正确的状态,并使数据不丢失或只有很少的丢失,从而保证系统能够连续、可靠地运行。

5. 最大限度地保证数据的正确性

数据的正确性(也称为数据的完整性)是指存储到数据库中的数据必须符合现实世界的实际情况,比如人的性别只能是“男”和“女”,人的年龄应该在0～150之间(假设没有年龄超过150岁的人)。如果在性别中输入了其他值,或者将一个负数输入到年龄中,在现实世界中显然是不对的。数据的正确性是通过在数据库中建立约束来实现的。当建立好保证数据正确性的约束之后,如果有不符合约束的数据存储到数据库中,数据库能主动拒绝这些数据。

6. 数据可以共享并能保证数据的一致性

数据库中的数据可以被多个用户共享,即允许多个用户同时操作相同的数据。当然,这个特点是针对大型的多用户数据库系统而言的,对于单用户系统,在任何时候最多只有一个用户访问数据库,因此不存在共享的问题。

多用户共享问题是数据库管理系统内部解决的问题,它对用户是不可见的。这就要求数据库能够对多个用户进行协调，保证多个用户之间对数据的操作不会产生矛盾和冲突，即在多个用户同时使用数据库时，能够保证数据的一致性和正确性。设想一下火车订票系统，如果多个订票点同时对某一天的同一列火车进行订票，那么必须保证不同订票点订出票的座位不能重复。

到今天，数据库技术已经发展成为一门比较成熟的技术，通过上述讨论，可以概括出数据库具备如下特征：数据库是相互关联的数据的集合，它用综合的方法组织数据，具有较小的数据冗余，可供多个用户共享，具有较高的数据独立性，具有安全控制机制，能够保证数据的安全、可靠，允许并发地使用数据库，能有效、及时地处理数据，并能保证数据的一致性和正确性。

需要强调的是，所有这些特征并不是数据库中的数据固有的，而是靠数据库管理系统提供和保证的。

1.2　数据独立性

数据独立性是指应用程序不会因数据的物理表示和访问技术的改变而改变，即应用程序不依赖于任何特定的物理表示和访问技术，它包含两个方面：逻辑独立性和物理独立性。物理独立性是指当数据的存储结构发生变化时，比如从链表存储改为散列表存储，不影响应用程序的特性；逻辑独立性是指当表达现实世界的信息内容发生变化时，比如增加一些列、删除无用列等，也不影响应用程序的特性。要理解数据独立性的含义，最好先搞清什么是非数据独立性。在数据库技术出现之前，也就是在使用文件管理数据的时候，实现的应用程序常常是数据依赖的，这意味着，数据的物理表示方式和有关的存取技术都要在应用程序中考虑，而且，有关物理表示的知识和访问技术直接体现在应用程序的代码中。例如，如果数据文件使用了索引，那么应用程序必须知道有索引存在，也要知道记录的顺序是索引的，这样应用程序的内部结构就是基于这些知识而设计的。一旦数据的物理表示改变了，就会对应用程序产生很大的影响。例如，如果改变了数据的排序方式，则应用程序不得不作很大的修改。而且在这种情况下，应用程序修改的部分恰恰是与数据管理密切联系的部分，而与应用程序最初要解决的问题毫不相干。

在数据库管理方式中，可以尽量避免应用程序依赖于数据的情况，这有以下两个原因。

① 不同的用户看数据的角度是不同的，即使是对同样的数据也存在这样的问题。例如，在1.1.1节中介绍的文件系统很难按不同用户的要求显示数据。

② 随着科学技术的进步以及应用业务的变化，有时必须要改变数据的物理表示和访问技术以适应技术发展及需求变化。例如，添加新的数据列，改变数据列的类型，或者增加新的存储设备等。理想情况下，这些变化不应该影响应用程序。但遗憾的是，如果应用程序是数据依赖的，则这些改变都会要求应用程序作相应的改变。这种维护的代价不亚于编写一个新的应用程序。

因此，数据独立性的提出主要是一种客观应用的要求。数据库技术的出现正好克服了应用程序对数据的物理表示和访问技术的依赖。

1.3 数据库系统的组成

前面介绍了数据库系统所具有的各种特征，那么什么是数据库系统呢？简单地说，数据库系统就是基于数据库的计算机应用系统，一般包括3个主要部分：数据库、数据库管理系统和应用程序，如图1-3所示。数据库是数据的汇集，它以一定的组织形式保存在存储介质上；数据库管理系统是管理数据库的系统软件，它可以实现数据库系统的各种功能；应用程序专指以数据库数据为基础的程序。

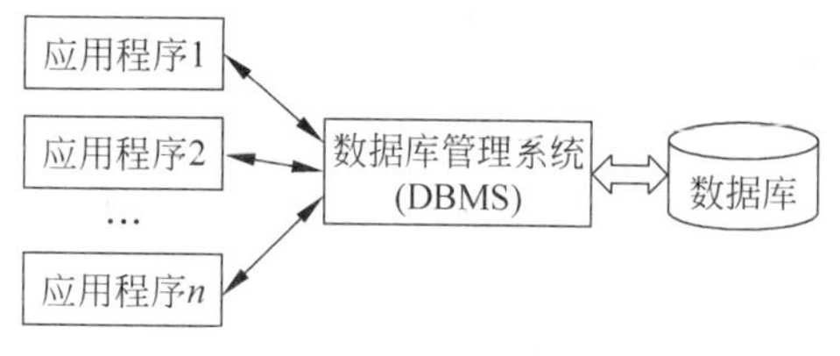

图1-3 数据库系统简图

除了上述最基本的组成之外，数据库系统还包括运行这些软件所需要的计算机硬件和操作系统。硬件环境是指保证数据库系统正常运行的最基本的内存、外存等硬件资源。操作系统环境是指数据库管理系统能够运行的操作系统版本，比如SQL Server 2005的企业版就需要运行在Windows服务器版的操作系统上。

数据库系统还包括用户，一般将用户分为3类。第一类是系统管理员，负责数据库的规划、设计、协调、维护和管理等工作，主要任务是保证数据库正确、高效地运行。第二类是应用程序开发人员，负责在某种环境下使用某种程序设计语言(目前比较常用的开发数据库应用程序的语言和环境有Java、Visual Studio. NET、PowerBuilder等)编写数据库应用程序。这些应用程序通过向数据库管理系统发出SQL请求(访问数据库的通用语言，将在第4章介绍)获得对数据库的访问，并将数据库管理系统返回的结果按照一定的格式显示给用户。第三类是最终用户，他们是数据库应用程序的使用者，在联机工作站或终端上通过数据库应用程序完成与数据库的交互以及对数据的操作。

简单地说，数据库系统包括了以数据为主体的数据库，管理数据库的系统软件——数据库管理系统、应用程序、支持数据库系统运行的计算机硬件环境和操作系统环境以及使用数据库系统的人。

1.4 数据库应用结构

数据库应用结构是指数据库运行的软硬件环境。通过这个环境，用户可以访问数据库中的数据。用户可以通过数据库内部环境访问数据库，也可以通过外部环境访问数据库。可以执行不同的操作，如查询数据、修改数据或者插入新的数据。

不同的数据库管理系统可以具有不同的应用结构，这里将介绍以下4种最常见的应用结构。

1. 集中式结构

在20世纪60年代到70年代，数据库系统环境是大型机环境。大型机代表一种“集中式”的环境，这种环境主要由一台功能强大、允许多用户连接的计算机组成。多个哑终端(一般只包括显示器和键盘，没有存储和处理能力）通过网络连接到大型机上，与大型机进行通信。终端一般只是大型机的扩展，而不是独立的计算机，它自身不能完成任何操作，主要依赖于大型机来完成所有的操作。从终端键盘输入的用户信息传到主机，然后由主机将执行的结果以字符方式返回到终端上。这个时期，计算机的所有资源（数据）都在主机上，所有处理（程序）也在主机上完成。如图 1-4 所示为集中式环境的结构。

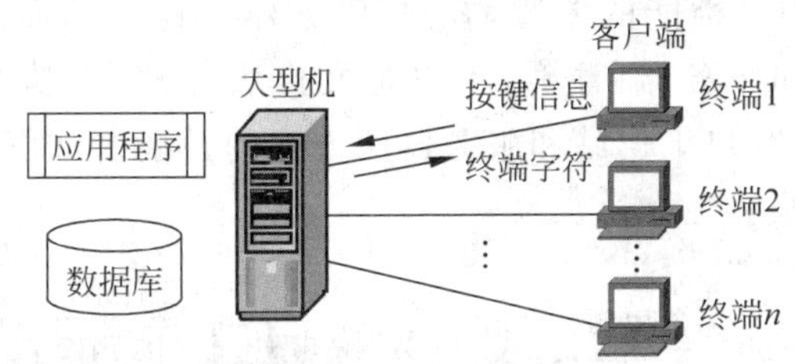

图 1-4　集中式结构的数据访问模式

这种结构的优点是可以实现集中管理，安全性好，但缺点是费用昂贵，不能真正划分应用程序的逻辑。大型机的另一个主要问题就是对最终用户的限制，终端只能与大型机进行通信。而其他的一些任务，如文字处理软件的使用或者个人计算机等都无法与大型机交互。

2. 文件服务器结构

到 20 世纪 80 年代，个人计算机进入了商用舞台，同时计算机应用的范围和领域也日趋广泛。这对那些没有能力实现大型机方案的企业来说，个人计算机无疑有了用武之地。在个人计算机进入商用领域不久，局域网也问世了，同时诞生了文件服务器技术，如图 1-5 所示为文件服务器结构的应用。

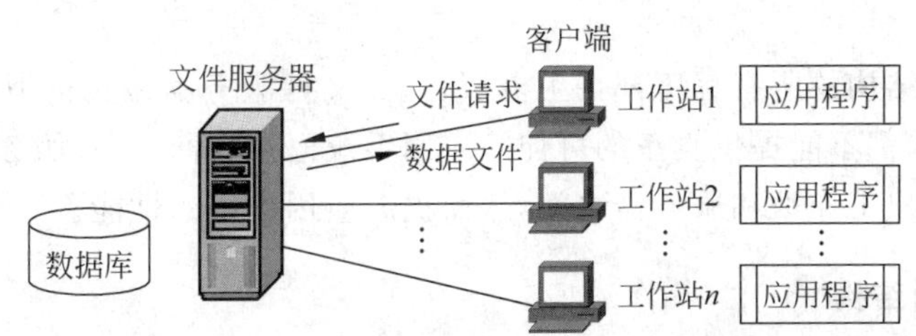

图 1-5　文件服务器结构的数据访问模式

从图 1-5 中可以看出，在文件服务器结构中，应用程序是在客户端的工作站上运行的，而不是在服务器上运行，文件服务器只提供了资源（数据）的集中管理和访问途径。这种结构的特点是将共享数据资源集中管理，而将应用程序分布在各个客户工作站上。其优点在于实现的费用比较低廉，而且配置非常灵活，在一个局域网中可以方便地增减客户端工作站；缺点是由于文件服务器只提供文件服务，所有的应用处理都要在客户端完成，这就意味着客户端的个人计算机必须有足够的处理能力，以便执行需要的任何程序。这可能需要经常对客户端的计算机进行升级，否则就很难改进应用程序的功能或提高应用程序的性能。特别要提出的是，虽然应用程序可以存放在文件服务器的硬盘上，但它每次都要传送到客户端的个人计算机的内存中执行。另外，所有的处理都是在客户端完成的，因此网络上就要经常传送大量无用的数据。

3. 客户/服务器结构

文件服务器结构的费用虽然低廉，但是和大型机的“集中式”相比，它缺乏足够的计算和处理能力。为了解决费用和性能的矛盾，客户/服务器结构应运而生，这种结构允许应用程序分别在客户工作站和服务器（注意，不再是文件服务器）上执行，这样就可以合理地划分应用逻辑，充分发挥客户工作站和服务器两方面的性能。如图 1-6 所示为客户/服务器结构。

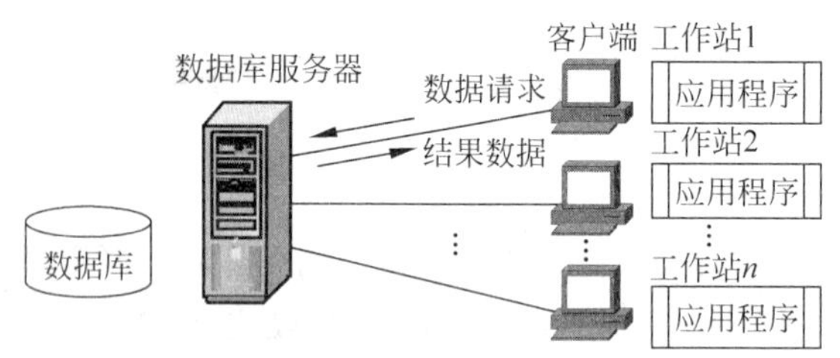

图 1-6　客户/服务器结构的数据访问模式

在客户/服务器结构中，应用程序或应用逻辑可以根据需要划分在服务器和客户端的工作站中。这样，为了完成一个特定的任务，客户端工作站上的程序和服务器上的程序可以协同工作。从图 1-6 中可以看出客户/服务器结构和文件服务器结构的区别，客户/服务器结构的客户端工作站向服务器发送的是数据请求，而不是文件请求；服务器返回的是处理后的结果，而不是整个文件，从而极大地减少了网络流量。

目前，支持客户/服务器结构的常用数据库管理系统有 SQL Server、Sybase、DB2 和 Oracle 等。

大型机集中式结构的所有程序都在主机执行，而文件服务器结构的所有程序都在客户端执行，这两种结构都不能提供真正的可伸缩应用系统框架。而客户/服务器结构则可以将应用逻辑分布在客户工作站和服务器之间，从而提高应用程序的性能。

4. 互联网应用结构

互联网应用结构与客户/服务器结构非常相似。在客户/服务器结构中，需要使用服务器、网络以及一台或多台相互连接的个人计算机。而互联网应用结构依赖于因特网，因特网计算模式非常独特。在客户/服务器结构下，用户可能只允许访问企业内部网的数据库系统。若要允许访问公司内部网以外的数据库系统，客户端还需要安装其他的应用软件。

互联网应用结构之所以强大，是因为其所需的客户端软件对用户是透明的。在互联网应用结构中，应用软件只需安装在一台服务器（Web 服务器）上。用户的个人计算机只要能够连接到互联网并且安装了浏览器软件就可以访问数据库。其具体过程是：用户向 Web 服务器发出数据请求，Web 服务器收到请求后，按照特定的方式将请求发送给数据库服务器，数据库服务器执行这些请求并将执行后的结果返回给 Web 服务器，Web 服务器再将这些结果按页面的形式返回给客户的浏览器。最后，查询结果通过浏览器显示。互联网应用结构的应用软件的安装和维护都非常简单，客户端不再需要安装、配置应用软件，这些工作只需在Web服务器上完成即可，这减少了客户端软件的配置，避免了在客户端对应用程序的维护。当应用软件需要作一些修改时，只要在Web服务器上进行修改即可。

如图1-7所示为互联网应用结构下数据库的访问模式。

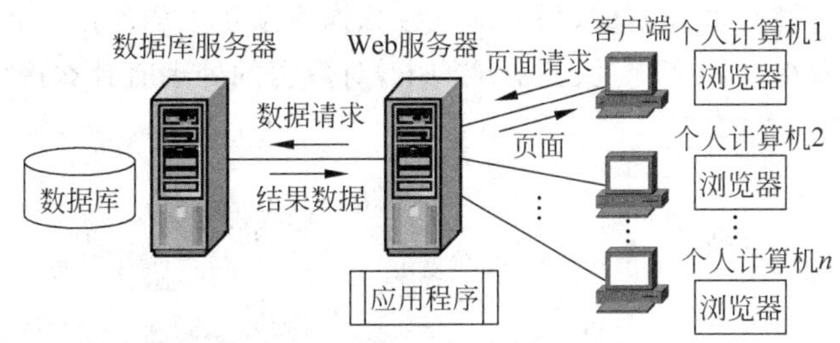

图1-7 互联网应用结构下的数据库访问模式

1.5 小结

本章首先介绍了数据管理的发展，重点是介绍文件管理和数据库管理在操作数据上的差别。文件管理不能提供数据的共享、缺少安全性、不利于数据的一致性维护、不能避免数据冗余，更为重要的是应用程序与文件结构是紧耦合的，文件结构的任何修改都将导致应用程序的修改，而且对数据的一致性、安全性等管理都要在应用程序中编程实现，对复杂数据的检索也要由应用程序来完成，使得编写使用数据的应用程序非常复杂和烦琐，而且当数据量很大，数据操作比较复杂时，应用程序几乎不能胜任。而数据库管理的产生就是为了解决文件管理的诸多不便。它将以前在应用程序中实现的复杂功能转由数据库管理系统(DBMS)统一实现，不但减轻了开发者的负担，更重要的是带来了数据的共享、安全、一致性等诸多好处，并将应用程序与数据的结构和存储方式彻底分开，使应用程序的编写不再受数据的结构和存储方式的影响。

随后介绍了数据库系统的组成。数据库系统主要由数据库、硬件、软件和用户组成，其中软件中的数据库管理系统是数据库系统的核心，在用户中系统管理员是最重要的，他负责维护整个系统的正常运行。

本章最后介绍了到目前为止数据库的应用结构经历的4个变化，从最开始的集中式，到文件服务器方式，再到现在应用范围广泛的客户/服务器方式，最终到目前日益兴起的互联网方式的多层结构，每一种结构的变化都更加合理地均衡了客户端和服务器端的处理逻辑和负载。数据库应用结构是由数据库管理系统对数据的处理方式决定的，而不是由操作系统和硬件结构决定的。

习题

1. 与文件管理相比，数据库管理有哪些优点？
2. 简述文件管理和数据库管理操作数据的主要区别。

3. 在数据库管理方式中，应用程序是否需要关心数据的存储位置和结构？为什么？
4. 在数据库系统中，数据库的作用是什么？
5. 在数据库系统中，应用程序可以不通过数据库管理系统而直接访问数据库文件吗？
6. 数据独立性指的是什么？它能带来哪些好处？
7. 数据库系统由哪几部分组成，每一部分在数据库系统中的作用大致是什么？
8. 在文件服务器结构和客户/服务器结构中，对数据的处理有什么区别？

第2章 数据模型与数据库系统结构

本章介绍数据模型和数据库的三级模式结构，其目的是给后续章节建立一个框架结构，以利于后续章节的学习。

2.1 数据和数据模型

本节介绍数据和数据模型的基本概念。数据是要处理的信息，数据模型是数据的组织方式。

1. 数据

为了了解世界、研究世界和交流信息，人们需要描述各种事物。用自然语言来描述虽然很直接，但过于烦琐，不便于形式化，而且也不利于用计算机来表达。为此，人们常常只抽取那些感兴趣的事物特征或属性来描述事物。例如，一名学生可以用信息(张三，0812101，男，1990，计算机系，应用软件)描述，这样的一行数据称为一条记录。单看这行数据很难知道其确切含义，但如果知道其含义，就可以得到如下信息：张三是0812101班的男学生，1990年出生，是计算机系应用软件专业的学生。这种描述事物的符号记录称为数据。数据有一定的格式，例如，姓名一般是长度不超过4个汉字的字符(假设没有少数民族)，性别是一个汉字的字符。这些格式的规定是数据的语法，而数据的含义是数据的语义。人们通过解释、推论、归纳、分析和综合等方法，从数据中获得的有意义的内容称为信息。因此，数据是信息存在的一种形式，只有通过解释或处理才能成为有用的信息。

一般来说，数据库中的数据具有以下两个特征。

(1) 数据的静态特征

数据的静态特征包括数据的基本结构、数据间的联系和对数据取值范围的约束。例如1.1.1节中给出的学生管理的例子。学生基本信息包括学号、姓名、性别、出生日期、所在系、专业、所在班、特长、家庭住址，这些都是学生所具有的基本特征，是学生数据的基本结构。学生选课信息包括学号、课程号和考试成绩等信息。但学生选课信息中的学号与学生基本信息中的学号是有一定关联的，即学生选课信息中的学号所能取的值必须在学生基本信息中的学号取值范围之内，因为只有这样，学生选课信息中所描述的学生选课情况才是有意义的(不允许记录一个根本就不存在的学生的选课情况)，这就是数据之间的联系。最后来看数据取值范围的约束。例如，人的性别一项的取值只能是“男”或“女”、课程的学分一般是大于 0 的整数值、学生的考试成绩一般在 0～100 分范围内等，这些都是对某个列的数据取值范围进行的限制，目的是在数据库中存储正确的、有意义的数据。这就是对数据取值范围的约束。

(2) 数据的动态特征

数据的动态特征是指对数据可以进行的操作以及操作规则。对数据库数据的操作主要有查询数据和更改数据，更改数据一般又包括对数据的插入、删除和修改。

通常将对数据的静态特征和动态特征的描述称为数据模型三要素，即在描述数据时要包括数据的基本结构、数据的约束条件(这两个属于数据的静态特征)和定义在数据上的操作(属于数据的动态特征)。

2. 数据模型

对于模型，特别是具体的模型，人们并不陌生。一张地图、一组建筑设计沙盘、一架飞机模型等都是具体的模型。人们可以从模型联想到现实生活中的事物。模型是对事物、对象、过程等客观系统中感兴趣的内容的模拟和抽象表达，是理解系统的思维工具。数据模型(data model)也是一种模型，它是对现实世界数据特征的抽象。

数据库是企业或部门相关数据的集合，数据库不仅要反映数据本身的内容，而且要反映数据之间的联系。由于计算机不可能直接处理现实世界中的具体事物，因此，必须将现实世界中的具体事物转换成计算机能够处理的对象。在数据库中用数据模型这个工具来抽象、表示和处理现实世界中的数据和信息。

现有的数据库系统均是基于某种数据模型的，因此，了解数据模型的基本概念是学习数据库的基础。

数据模型一般应满足 3 个要求：第一，数据模型要能够比较真实地模拟现实世界；第二，数据模型要容易被人们理解；第三，数据模型要能够很方便地在计算机上实现。用一种模型来同时很好地满足这三方面的要求在目前是比较困难的。在数据库系统中可以针对不同的使用对象和应用目的，采用不同的数据模型来实现。

数据模型实际上是模型化数据和信息的工具。根据模型应用的不同目的，可以将这些模型分为两大类，它们分别属于两个不同的层次。

第一类是概念层数据模型，也称为概念模型或信息模型，它从数据的应用语义视角来抽取模型，并按用户的观点来对数据和信息进行建模。这类模型主要用在数据库的设计阶段，它与具体的数据库管理系统无关。另一类是组织层数据模型，也称为组织模型，它从数据的组织方式来描述数据。所谓组织层就是指用什么样的数据结构来组织数据。数据库发展到现在主要包括如下几种组织方式(或叫组织模型)：层次模型(用树型结构组织数据)、网状模型(用图型结构组织数据)、关系模型(用简单二维表结构组织数据)以及对象-关系模型(用复杂的表格以及其他结构组织数据)。组织层的数据模型主要是从计算机管理数据的角度对数据进行建模，它与所使用的数据库管理系统的种类有关。

为了将现实世界中的具体事物抽象、组织为某一具体 DBMS 支持的数据模型，人们通常首先将现实世界抽象为信息世界，然后再将信息世界转换为机器世界。即首先将现实世界中的客观对象抽象为某一种描述信息的模型，这种模型并不依赖于具体的计算机系统，而且也不与具体的 DBMS 相关，而是概念级的模型，也就是前边所说的概念层数据模型，然后再把概念层数据模型转换为具体的 DBMS 支持的数据模型，也就是组织层数据模型。注意，从现实世界到概念层数据模型使用的是“抽象”技术，从概念层数据模型到组织层数据模型使用的是“转换”技术，也就是说先有概念模型，然后再有组织模型。从概念模型到组织模型的转换是比较直接和简单的，因此使用合适的概念模型就显得比较重要。这个过程如图 2-1 所示。

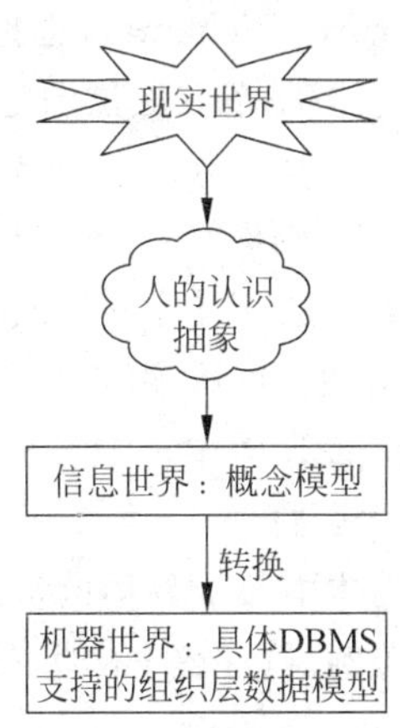

图 2-1　从现实世界到机器世界的过程

2.2　概念层数据模型

从图 2-1 中可以看出，概念层数据模型实际上是现实世界到机器世界的一个中间层。本节介绍概念层数据模型的基本概念及构建方法。

1. 基本概念

概念层数据模型是指抽象现实系统中有应用价值的元素及其关联关系，反映现实系统中有应用价值的信息结构，并且不依赖于数据的组织层数据模型。

概念层数据模型用于对信息世界的建模，是现实世界到信息世界的第一层抽象，是数据库设计人员进行数据库设计的工具，也是数据库设计人员和用户之间进行交流的工具，因此，该模型一方面应该具有较强的语义表达能力，能够方便、直接地表达应用中的各种语义知识；另一方面它还应该简单、清晰和易于被用户理解。

概念层数据模型是面向用户、面向现实世界的数据模型，它与具体的 DBMS 无关。采用概念层数据模型，设计人员可以在设计的开始把主要精力放在了解现实世界上，而把涉及 DBMS 的一些技术性问题推迟到后面去考虑。

常用的概念层数据模型有实体-联系（Entity-Relationship，E-R）模型、语义对象模型。本书只介绍实体-联系模型，这也是最常使用的一种模型。

2. 实体-联系模型

由于直接将现实世界按具体数据组织模型进行组织，必须同时考虑很多因素，设计工作比较复杂，并且效果也不很理想，因此需要一种方法能够对现实世界的信息结构进行描述。事实上这方面已经有了一些方法，这里要介绍的是 P. P. S. Chen 于 1976 年提出的实体-联系方法，即通常所说的 E-R 方法。这种方法由于简单、实用，因此得到了广泛的应用，也是目前描述信息结构最常用的方法。

实体-联系方法使用的工具称为 E-R 图，它所描述的现实世界的信息结构称为企业模式

(Enterprise Schema)，也把这种描述结果称为 E-R 模型。

实体-联系方法试图定义许多数据分类对象，然后数据库设计人员就可以将数据项归类到已知的类别中。本书将在第 7 章中介绍如何将 E-R 模型转换为组织层数据模型。

(1) 实体

实体是具有公共性质的并可相互区分的现实世界对象的集合。实体是具体的，例如：职工、学生、教师、课程都是实体。

在 E-R 图中用矩形框表示具体的实体，把实体名写在框内，如图 2-2(a)中的“经理”和“部门”实体。

实体中每个具体的记录值(一行数据)，比如学生实体中的每个具体的学生，称为实体的一个实例。(注意，有些书也将实体称为实体集或实体类型，而将每行具体的记录称为实体。)

(2) 属性

每个实体都具有一定的特征或性质，这样才能根据实体的特征来区分一个个实例。属性就是描述实体或者联系的性质或特征的数据项，属于一个实体的所有实例都具有相同的性质，在 E-R 模型中，这些性质或特征就是属性。比如学生的学号、姓名、性别等都是学生实体具有的特征，这些特征就构成了学生实例的属性。实体应具有多少属性是由用户对信息的需求决定的。例如，假设用户还需要学生的出生日期信息，则可以在学生实例中加一个“出生日期”属性。

在实体的属性中，将能够唯一标识实体的一个属性或一组属性(属性集)称为实体的标识属性，这个属性或属性集也称为实体的码。例如，学号是学生实体的码。

属性在 E-R 图中用圆角矩形表示，在圆角矩形框内写上属性的名字，并用连线将属性框与它所描述的实体联系起来，如图 2-2(c)所示。

(3) 联系

在现实世界中，事物内部以及事物之间是有联系的，这些联系在信息世界反映为实体内部的联系和实体之间的联系。实体内部的联系通常是指组成实体的各属性之间的联系，实体之间的联系通常是指不同实体之间的联系。比如在职工实体中，假设有职工号、职工姓名和部门经理号等属性，其中部门经理号描述的是管理这个职工的部门经理的编号。一般来说，部门经理也属于单位的职工，因此，部门经理号和职工号通常采用的是一套编码方式，因此部门经理号与职工号之间有一种关联的关系，即部门经理号的取值在职工号取值范围内。这就是实体内部的联系。而学生和课程之间的关联关系是通过学生选课体现的，在学生选课中至少会包含学生的学号以及学生所选的课程号，而且学生选课中的学号必须是学生实体中已经存在的学号，因为不允许为不存在的学生记录选课的情况。同样，学生选课中的课程号也必须是课程实体中存在的课程号。这种关联到两个不同实体的联系就是实体之间的联系。通常情况下遇到的联系大多都是实体之间的联系。

联系是数据之间的关联集合，是客观存在的应用语义链。联系用菱形框表示，框内写上联系名，并用连线将联系框与它所关联的实体连接起来，如图 2-2(c)中的“选课”联系。

联系也可以有自己的属性，例如如图 2-2(c)所示的“选课”联系中有“成绩”属性。

两个实体之间的联系通常分为以下 3 类。

(1) 一对一联系(1∶1)

如果实体 A 中的每个实例在实体 B 中至多有一个(也可以没有)实例与之关联,反之亦然,则称实体 A 与实体 B 具有一对一联系,记作 1∶1。

例如,部门和经理(假设一个部门只有一个经理,一个人只担任一个部门的经理)、系和正系主任(假设一个系只有一个正主任,一个人只担任一个系的主任)都是一对一联系,如图 2-2(a)所示。

(2) 一对多联系(1∶n)

如果实体 A 中的每个实例在实体 B 中有 n 个实例($n \geqslant 0$)与之关联,而实体 B 中的每个实例在实体 A 中最多只有一个实例与之关联,则称实体 A 与实体 B 是一对多联系,记作 1∶n。

例如,假设一个部门有若干职工,而一个职工只在一个部门工作,则部门和职工之间就是一对多联系。又比如,假设一个系有多名教师,而一个教师只在一个系工作,则系和教师之间也是一对多联系,如图 2-2(b)所示。

(3) 多对多联系(m∶n)

如果对于实体 A 中的每个实例,实体 B 中有 n 个实例($n \geqslant 0$)与之关联,而对实体 B 中的每个实例,在实体 A 中也有 m 个实例($m \geqslant 0$)与之关联,则称实体 A 与实体 B 的联系是多对多联系,记为 m∶n。

比如学生和课程,一个学生可以选修多门课程,一门课程也可以被多个学生选修,因此学生和课程之间是多对多的联系,如图 2-2(c)所示。

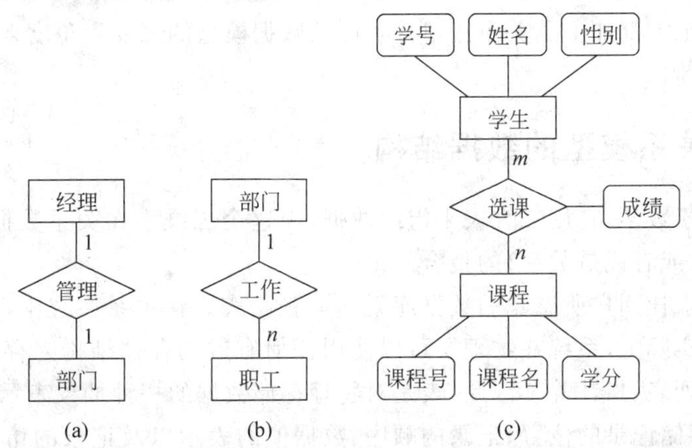

图 2-2　联系的示例

实际上,一对一联系是一对多联系的特例,而一对多联系又是多对多联系的特例。

E-R 图不仅能描述两个实体之间的联系,而且能描述两个以上实体之间的联系。比如有顾客、商品、售货员 3 个实体,并且有语义:每个顾客可以从多个售货员那里购买商品,并且可以购买多种商品;每个售货员可以向多名顾客销售商品,并且可以销售多种商品;每种商品可由多个售货员销售,并且可以销售给多名顾客。描述顾客、商品和售货员之间的关联关系的 E-R 图如图 2-3 所示,这里联系被命名为“销售”。

注意如果将顾客、商品和售货员之间的关联关系描述成如图 2-4 所示的形式则是错误的,原因请读者自己分析。

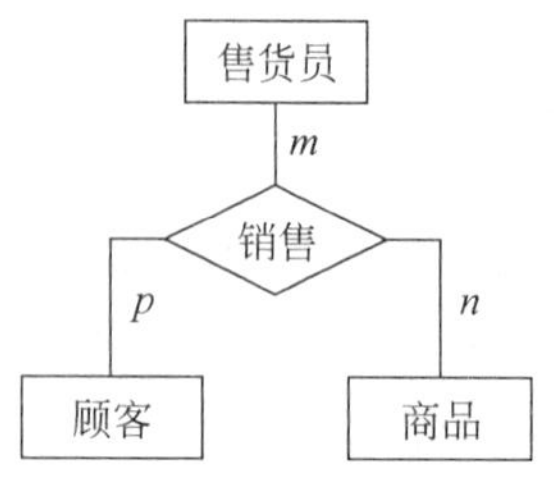

图 2-3 多个实体之间的联系示例

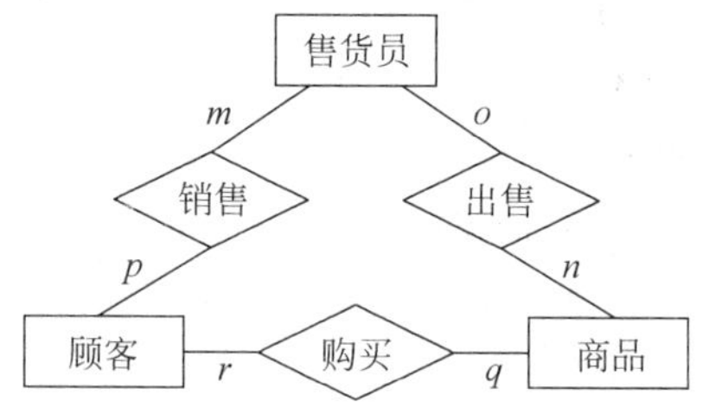

图 2-4 不符合语义要求的联系

2.3 组织层数据模型

组织层数据模型是从数据的组织形式的角度来描述信息的，目前，在数据库技术的发展过程中用到的组织层数据模型主要有 4 种，它们是层次模型、网状模型、关系模型和面向对象模型。组织层数据模型是按组织数据的逻辑结构来命名的，比如层次模型采用树型结构。目前使用最普遍的是关系模型。关系模型从 20 世纪 70 年代到 80 年代开始到现在已经发展得非常成熟，因此，这里重点介绍关系模型。

关系模型是目前最重要的一种数据模型。关系数据库就是采用关系模型作为数据的组织方式。20 世纪 80 年代以来，计算机厂商推出的数据库管理系统几乎都支持关系模型，非关系系统的产品也大都加上了关系接口。下面从数据模型的三要素角度来介绍关系模型的特点。

2.3.1 关系模型的数据结构

关系模型源于数学，它用二维表来组织数据，而这个二维表在关系数据库中称为关系。关系数据库是表(或者说是关系)的集合。

关系系统要求让用户所感觉的数据库就是一张张表。在关系系统中，表是逻辑结构而不是物理结构。实际上，系统在物理层可以使用任何有效的存储结构来存储数据，比如，顺序文件、索引、散列表、指针等。因此，表是对物理存储数据的一种抽象表示——对很多存储细节的抽象，如存储记录的位置、记录的顺序、数据值的表示以及记录的访问结构(如索引)等，对用户来说都是不可见的。

表 2-1 所示为学生基本信息的关系模型。

表 2-1 学生基本信息表

学 号	姓 名	年 龄	性 别	所在系
0811101	李勇	21	男	计算机系
0811102	刘晨	20	男	计算机系
0811103	王敏	20	女	计算机系
0821101	张立	20	男	信息管理系
0821102	吴宾	19	女	信息管理系

用关系表示实体以及实体之间的联系的模型称为关系模型。下面介绍一些关系模型中的基本术语。

1. 关系

关系就是二维表，它满足以下几个条件。

① 关系表中的每一列都是不可再分的基本属性。表 2-2 就不是关系表，因为“出生日期”列不是基本属性，它包含了子属性“年”、“月”、“日”。

② 表中各属性不能重名。

③ 表中的行、列次序并不重要，即交换列的前后顺序（比如将表 2-1 中的“性别”放置在“年龄”的前边）不影响其表达的语义。

表 2-2 包含复合属性的表

学 号	姓 名	年 龄	性 别	所在系	出生日期		
					年	月	日
0811101	李勇	21	男	计算机系	1989	4	6
0811102	刘晨	20	男	计算机系	1990	12	15
0811103	王敏	20	女	计算机系	1990	8	21
0821101	张立	20	男	信息管理系	1990	6	3

2. 元组

表中的每一行数据称为一个元组，它相当于一个记录值。

3. 属性

表中的每一列是一个属性值的集合，列可以命名，称为属性名。例如，表 2-1 中有 5 个属性。属性与前面讲到的实体的属性（特征）或记录的字段意义相当。

因此，关系是元组的集合，如果表格有 n 列，则称该关系是 n 元关系。关系中的每一列都是不可再分的基本属性，而且关系表中的每一行数据不允许完全相同，因为存储值完全相同的两行或多行数据并没有实际意义。

在数据库中有两套标准术语，一套用的是表、列、行；而另外一套就用关系（对应表）、元组（对应行）、属性（对应列）。

4. 主键

主键（primary key）也称为主码或主关键字，是表中用于唯一确定一个元组的一个属性或最小的属性组。主键可以由一个属性组成，也可以由多个属性共同组成。例如，表 2-1 所示的例子中，学号就是此学生基本信息表的主键，因为它可以唯一地确定一个学生。而表 2-3 所示的关系的主键就由学号和课程号共同组成。因为一个学生可以选修多门课程，而且一门课程也可以有多个学生选修，因此，只有将学号和课程号组合起来才能共同确定一行记录。通常称由多个属性共同组成的主键为复合主键。当某个表是由多个属性共同作主键时，就用圆括号将这些属性括起来，表示共同作为主键。比如，表 2-3 的主键是（学号，课程号）。

表 2-3 学生选课信息表

学 号	课程号	成 绩	学 号	课程号	成 绩
0811101	C001	96	0811102	C004	84
0811101	C002	80	0821102	C001	76
0811101	C003	84	0821102	C004	85
0811101	C005	62	0821102	C005	73
0811102	C001	92	0821102	C007	NULL
0811102	C002	90			

注意：不能根据表在某时刻所存储的数据来决定哪些列是主键，这样做只能是猜测，是不可靠的。

表的主键与其实际的应用语义有关、与表设计者的意图有关。例如，对于表 2-3，用(学号，课程号)作为主键在一个学生对一门课程只能有一次考试的前提下是成立的，如果设定一个学生对一门课程可以有多次考试，则用(学号，课程号)作主键就不够了，因为一个学生对一门课程有多少次考试，则其(学号，课程号)的值就会重复多少遍。如果是这种情况，就必须为这个表添加一个“考试次数”列，同时用(学号，课程号，考试次数)作为主键。

有时一个表中可能存在多个可以作主键的属性，比如，对于学生基本信息表，如果能够保证姓名肯定不重复的话，那么姓名列也可以作为学生基本信息表的主键。如果表中存在多个可以作为主键的属性，则称这些属性为候选键属性，相应的键称为候选键。从候选键中选取哪一个作为主键都可以，因此，主键是从候选键中选取出来作主键的属性。

5. 域

属性的取值范围称为域。例如，大学生的年龄假设在 14～40 岁范围内，则学生的“年龄”属性的域就是(14～40)，而人的性别只能是“男”和“女”两个值，因此，“性别”属性的域就是(男，女)。

2.3.2 关系模型的数据操作

关系模型的操作对象是集合(也就是关系)，而不是单行数据，也就是操作的数据以及操作的结果都是完整的表(是包含行集的表，而不只是单行。当然，只包含一行数据的表是合法的，空表或不包含任何数据行的表也是合法的)。非关系型数据库系统中典型的操作是一次一行或一次一个记录。因此，集合处理能力是关系系统区别于其他系统的一个重要特征。

关系模型的数据操作主要包括 4 种：查询、插入、删除和修改数据。关系数据库中的信息只有一种表示方式，就是表中的行列位置有明确的值。这种表示是关系系统中唯一可行的方式(当然，这里指的是逻辑层)。特别地，关系数据库中没有连接一个表到另一个表的指针。在表 2-1 和表 2-3 中，表 2-1 的学生基本信息表的第一行数据与表 2-3 的学生选课信息表中的第一行(当然也与第二行、第三行和第四行)有联系，因为学生 0811101 选了课程。但在关系数据库中这种联系不是通过指针来实现的，而是通过学生基本信息表“学号”列中的值与学生选课信息表中“学号”列中的值联系的(学号值相等)。但在非关系系统中，这些信息一般由指针来表示，这种指针对用户来说是可见的。

需要注意的是，当说关系数据库中没有指针时，并不是指在物理层没有指针，实际上，在关系数据库的物理层也使用指针，但所有这些物理层的存储细节对用户来说都是不可见的，用户所看到的物理层是没有指针的。

2.3.3 关系模型的数据完整性约束

数据完整性是指数据库中存储的数据是有意义的或正确的。关系模型中的数据完整性规则是对关系的某种约束条件。它的数据完整性约束主要包括3大类：实体完整性、参照完整性和用户定义的完整性。

1. 实体完整性

实体完整性指的是关系数据库中所有的表都必须有主键，而且表中不允许存在以下两种记录。

① 无主键值的记录；

② 主键值相同的记录。

因为若记录没有主键值，则此记录在表中一定是无意义的。前边介绍过，关系模型中的每一行记录都对应客观存在的一个实例或一个事实。比如，一个学号唯一地确定了一个学生。如果表中存在没有学号的学生记录，则此学生一定不属于正常管理的学生。另外，如果表中存在主键值相等的两个或多个记录，则这两个或多个记录会对应同一个实例。这会出现两种情况：第一，若表中的其他属性值也完全相同，则这些记录就是重复的记录，存储重复的记录是无意义的；第二，若其他属性值不完全相同，则会出现语义矛盾，比如同一个学生(学号相同)，而其名字不同或性别不同，显然不可能。

关系模型中使用主键作为记录的唯一标识，主键所包含的属性称为关系的主属性，其他的非主键属性称为非主属性。在关系数据库中主属性不能取空值。关系数据库中的空值是特殊的标量常数，它代表未定义的或者有意义但目前还处于未知状态的值。比如当向表2-3中插入一行记录时，在学生还没有考试之前，其成绩是不确定的，因此，此列上的值即为空。空值用“NULL”表示。

2. 参照完整性

参照完整性有时也称为引用完整性。现实世界中的实体之间往往存在着某种联系，在关系模型中，实体以及实体之间的联系都是用关系来表示的，这样就自然存在着关系(表)与关系(表)之间的引用关系。参照完整性就是描述实体之间的联系的。

参照完整性一般是指多个实体或表之间的关联关系。比如表2-3中，学生选课信息表所描述的学生必须受限于表2-1学生基本信息表中已有的学生，不能在学生选课信息表中描述一个根本就不存在的学生，也就是学生选课信息表中学号的取值必须在学生基本信息表中学号的取值范围内。这种一个表中某列的取值受限于另一个表的某列的取值范围约束的特点就称为参照完整性。在关系数据库中用外键(foreign key，有时也称为外部关键字或外码)来实现参照完整性。例如，只要将学生选课表中的“学号”定义为引用学生基本信息表的“学号”的外键，就可以保证选课表中的“学号”的取值在学生基本信息表的已有“学号”范围内。

外键一般出现在联系所对应的关系中，用于表示两个或多个实体之间的关联关系。外键实际上是表中的一个（或多个）属性，它引用某个其他表（特殊情况下，也可以是外键所在的表）的主键，当然，也可以是候选键，但多数情况下是主键。

下面举例说明如何指定外键。

【例 2-1】 学生和专业可以用下面的关系表示，其中主键用下划线标识。

学生（学号，姓名，性别，专业号，出生日期）

专业（专业号，专业名）

这两个关系之间存在着属性引用关系，即学生关系中的“专业号”引用了专业关系中的“专业号”，显然，学生关系中的“专业号”的值必须是确实存在的专业的专业号。也就是说，学生关系中的“专业号”引用了专业关系中的“专业号”，是引用了专业关系中的“专业号”的外键。

【例 2-2】 学生、课程以及学生与课程之间的选课关系可以用以下 3 个关系表示，其中主键用下划线标识。

学生（学号，姓名，性别，专业号，出生日期）

课程（课程号，课程名，学分）

选课（学号，课程号，成绩）

在这 3 个关系中，选课关系中的“学号”必须是学生关系中已有的学生，因此选课关系中的“学号”引用了学生关系中的“学号”。同样，选课关系中的“课程号”也必须是课程关系中已有的课程，即选课关系中的“课程号”引用了课程关系中的“课程号”。因此，选课关系中的“学号”是引用了学生关系中的“学号”的外键，而“课程号”是引用了课程关系中的“课程号”的外键。

主键必须是非空且不重复的，但外键无此要求。外键可以有重复值，这点从表 2-3 中可以看出。外键也可以取空值，例如，职工与其所在的部门可以用以下两个关系表示。

职工（职工号，职工名，部门号，工资级别）

部门（部门号，部门名）

其中，职工关系的“部门号”是引用部门关系的“部门号”的外键，如果某新来职工还没有被分配到具体的部门，则其“部门号”就为空值；如果职工已经被分配到了某个部门，则其部门号就有了确定的值（非空值）。

3. 用户定义的完整性

用户定义的完整性也称为域完整性或语义完整性。任何关系数据库管理系统都应该支持实体完整性和参照完整性，除此之外，不同的数据库应用系统根据其应用环境的不同，往往还需要一些特殊的约束条件，用户定义的完整性就是针对某一具体应用领域定义的数据约束条件，它反映某一具体应用所涉及的数据必须满足应用语义的要求。

用户定义的完整性实际上就是指明关系中属性的取值范围，也就是属性的域，这样可以限制关系中属性的取值类型及取值范围，防止属性的值与应用语义矛盾。例如，学生的考试成绩的取值范围为 0～100，人的性别的取值是{男，女}。

2.4 数据库系统结构

考察数据库系统的结构可以有多种不同的层次或不同的角度。

① 从数据库管理角度看，数据库系统通常采用三级模式结构。这是数据库管理系统内部的系统结构。

② 从数据库最终用户角度看，数据库系统的结构分为集中式结构、文件服务器结构、客户/服务器结构等。这是数据库系统外部的体系结构。

本节讨论数据库系统内部的结构。它是为后续章节的内容建立一个框架结构，这个框架用于描述一般数据库管理系统的概念，但并不是所有的数据库管理系统都一定要使用这个框架，它在数据库管理系统中并不是唯一的，特别是一些“小”的数据库管理系统将难以支持这个体系结构的所有方面。这里介绍的数据库管理系统的体系结构基本上能很好地适应大多数数据库管理系统，而且，它基本上和 ANSI/SPARC DBMS 研究组提出的数据库管理系统的体系结构(称作 ANSI/SPARC 体系结构)是相同的。

1. 模式的基本概念

数据模型(组织层数据模型)是描述数据的组织形式，模式是用给定的数据模型对具体数据的描述(就像用某一种编程语言编写具体应用程序一样)。

模式是数据库中全体数据的逻辑结构和特征的描述，它仅仅涉及“型”的描述，不涉及具体的值。关系模式是关系的“型”或元组的结构共性的描述。关系模式实际上对应的是关系表的表头，如图 2-5 所示。

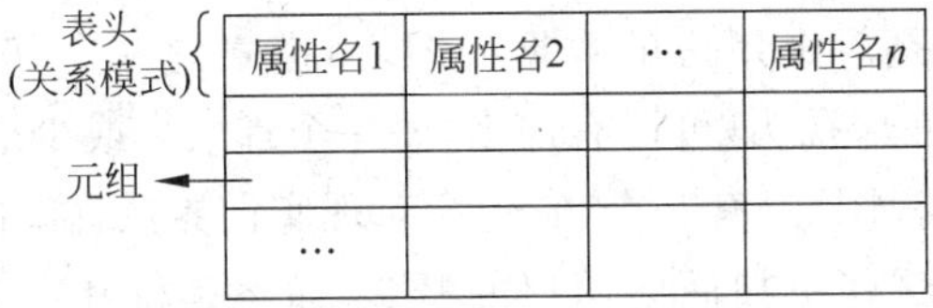

属性名1	属性名2	…	属性名n
…			

图 2-5　关系模式

关系模式一般表示为：

关系名(属性 1，属性 2，…，属性 n)

例如，表 2-1 所示的学生基本信息表的关系模式为：

学生(学号，姓名，年龄，性别，所在系)

模式的一个具体值称为模式的一个实例，比如表 2-1 中的每一行数据就是其表头结构(模式)的一个具体实例。一个模式可以有多个实例。模式是相对稳定的(结构不会经常变动)，而实例是相对变动的(具体的数据值可以经常变化)。数据模式描述一类事物的结构、属性、类型和约束，实质上是用数据模型对一类事物进行模拟，而实例是反映某类事物在某一时刻的当前状态。

虽然实际的数据库管理系统产品种类很多，支持的数据模型和数据库语言也不尽相同，而且是建立在不同的操作系统之上的，数据的存储结构也各不相同，但它们在体系结构上通常都具有相同的特征，即采用三级模式结构并提供两级映像功能。

2. 三级模式结构

数据库系统的三级模式结构是指数据库系统的外模式、模式和内模式。如图 2-6 所示为各级模式之间的关系。

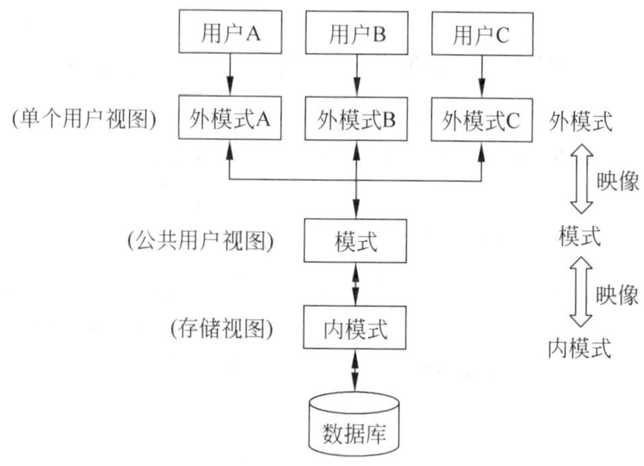

图 2-6　数据库系统的三级模式结构

广义地讲，数据库系统的三级模式结构可以如下定义。

① 内模式：是最接近物理存储的，也就是数据的物理存储方式；

② 外模式：是最接近用户的，也就是用户所看到的数据视图；

③ 模式：是介于内模式和外模式之间的中间层。

在图 2-6 中，外模式是单个用户的数据视图，而模式是一个部门或公司的整体数据视图。换句话说，外模式(外部视图)可以有许多，每一个都或多或少地抽象表示整个数据库的某一部分；而模式(概念视图)只有一个，它包含对现实世界数据库的抽象表示，注意这里的抽象指的是记录和字段这些更加面向用户的概念，而不是位和字节那些面向机器的概念。大多数用户只对整个数据库的某一部分感兴趣。内模式(内部视图)也只有一个，它表示数据库的物理存储。

这里所讨论的内容与数据库是否是关系型的没有直接关系，但简要说明一下关系系统中的三级模式结构，将有利于理解这些概念。

第一，关系数据库中的模式一定是关系的，在该层可见的实体是关系的表和关系的操作符。

第二，外模式也是关系的或接近关系的，它们的内容来自模式。例如可以定义两个外模式，一个记录学生的姓名、性别(表示为：学生基本信息 1(姓名，性别))，另一个记录学生的姓名和所在系(表示为：学生基本信息 2(姓名，所在系))，这两个外模式的内容均来自“学生基本信息”这个模式。外模式对应到关系数据库中的就是“外部视图”或简称为“视图”，它在关系数据库中有特定的含义，将在第 4 章详细讨论视图的概念。

第三，内模式不是关系的，它是数据的物理存储方式。其实，不管是什么系统，其内模式都是一样的，都是存储记录、指针、索引、散列表等。事实上，关系模型与内模式无关，它关心的是用户的数据视图。

下面以图2-6为基础，从外模式开始进一步详细讨论这三层结构。

(1) 外模式

外模式也称为用户模式或子模式，它是对现实系统中用户感兴趣的整体数据结构的局部描述，用于满足不同数据库用户需求的数据视图，是数据库用户能够看见和使用的局部数据的逻辑结构和特征的描述，是数据库整体数据结构的子集或局部重构。

外模式通常是模式的子集。一个数据库可以有多个外模式。由于它是各个用户的数据视图，如果不同的用户在应用需求、看待数据的方式、对数据保密要求等方面存在差异，则其外模式描述就是不相同的。即使对模式中同样的数据，在外模式中的结构、类型、长度等都可以不同。

外模式同时也是保证数据库安全的一个措施。每个用户只能看到和访问其所对应的外模式中的数据，并屏蔽其不需要的数据，因此保证不会出现由于用户的误操作和有意破坏而造成的数据损失。

外模式就是特定用户所看到的数据库的内容，对那些用户来说，外模式就是数据库。例如，学校人事部门的用户可能把各系的教师数据的集合值作为其外模式，而不考虑各个系的用户所看见的课程和学生的数据。

(2) 模式

模式也称为逻辑模式或概念模式，是数据库中全体数据的逻辑结构和特征的描述，是所有用户的公共数据视图。概念模式表示数据库中的全部信息，其形式要比数据的物理存储方式抽象。它是数据库系统结构的中间层，既不涉及数据的物理存储细节和硬件环境，也与具体的应用程序、所使用的应用开发工具和环境(比如Visual Basic、PowerBuilder等)无关。

概念模式由许多概念记录类型的值构成。例如，可以包含学生记录值的集合，课程记录值的集合，选课记录值的集合，等等。概念记录既不等同于外部记录，也不等同于存储记录。

概念模式实际上是数据库数据在逻辑级上的视图。一个数据库只有一种模式。数据库模式以某种数据模型为基础，综合地考虑了所有用户的需求，并将这些需求有机地结合成一个逻辑整体。定义数据库模式时不仅要定义数据的逻辑结构，比如数据记录由哪些数据项组成，数据项的名字、类型、取值范围等，还要定义数据之间的联系，定义与数据有关的安全性、完整性要求。

概念模式不涉及存储字段的表示，存储记录对列、索引、指针或其他存储的访问细节。如果概念模式以这种方式真正地实现了数据独立性，那么根据这些概念模式定义的外模式也会有很强的独立性。

数据库管理系统提供了模式定义语言(DDL)来定义数据库的模式。

有些权威人士认为概念模式的根本目的是描述整个企业的情况——不只是数据本身，还应包括数据的使用情况：数据在企业中的流动情况，在每个部门的用处，以及对数据的审计和其他控制，等等。但是目前的系统实际上还不能支持这种程度的概念模式，大多数系统支持的概念模式实际上只不过是把单个的外模式合并起来，再加上一些安全性约束和完整性约束。但将来的系统很可能在支持概念模式上会更加复杂。

(3) 内模式

内模式也称为存储模式。内模式是对整个数据库的底层表示，它描述了数据的存储结构，比如数据的组织与存储方式，如是顺序存储、B树存储还是散列存储，索引按什么方式组织、是否加密等。注意，内模式与物理层不一样，它不涉及物理记录的形式（即物理块或页，输入输出单位），也不考虑具体设备的柱面或磁道大小。换句话说，内模式假定了一个无限大的线性地址空间，地址空间到物理存储的映射细节是与特定系统有关的，并不反映在体系结构中。

3. 数据库的模式映像功能与数据独立性

数据库系统的三级模式是对数据的三个抽象级别，它把数据的具体组织留给DBMS管理，使用户能逻辑、抽象地处理数据，而不必关心数据在计算机中的具体表示方式与存储方式。为了能够在内部实现这三个抽象层的联系和转换，数据库管理系统在三个模式之间提供了以下两级映像（参见图2-6）：外模式/模式映像和模式/内模式映像。正是这两级映像保证了数据库系统中的数据能够具有较高的逻辑独立性和物理独立性，使数据库应用程序不随数据库数据的逻辑或存储结构的变动而变动。

（1）外模式/模式映像

模式描述的是数据的全局逻辑结构，外模式描述的是数据的局部逻辑结构。对应于同一个模式可以有任意多个外模式。对于每个外模式，数据库管理系统都有一个外模式/模式映像，它定义了该外模式与模式之间的对应关系。这些映像定义通常包含在各自的外模式描述中。

当模式改变时（比如，增加新的关系、新的属性，改变属性的数据类型等），可由数据库管理员用外模式/模式定义语句，调整外模式/模式映像定义，从而保持外模式不变。由于应用程序是依据数据的外模式编写的，因此不必修改它，从而保证了数据与程序的逻辑独立性。

（2）模式/内模式映像

模式/内模式映像定义了数据库的逻辑结构与物理存储之间的对应关系，该映像通常包含在模式描述中。当数据库的物理存储改变了，比如选择了另一个存储位置，只需要对模式/内模式映像作相应的修改，就可以保持模式不变，从而也不必改变应用程序。因此，保证了数据与程序的物理独立性。

在数据库系统的三级模式结构中，模式（即全局逻辑结构）是数据库的中心与关键，它独立于数据库系统的其他层。设计数据库系统时也是首先设计数据库系统的逻辑模式。

数据库系统的内模式依赖于数据库的全局逻辑结构，但独立于数据库的用户视图，也就是外模式，也独立于具体的存储设备。内模式将全局逻辑结构中所定义的数据结构及其联系按照一定的物理存储策略进行组织，以达到较好的时间与空间效率。

数据库系统的外模式面向具体的应用程序，它定义在逻辑模式之上，但独立于存储模式和存储设备。当应用需求发生较大变化，相应的外模式不能满足用户的要求时，该外模式就需要作相应的改动，所以设计外模式时应充分考虑到应用的扩充性。

应用程序一般是在外模式所描述的数据结构上编制的，也可以直接对模式描述的结构进行操作，但一定会独立于数据库系统的内模式。数据库系统的两级映像保证了数据库系统外模式的稳定性，从而从底层保证了应用程序的稳定性，除非应用需求本身发生变化，否则应用程序一般不需要修改。

数据与程序之间的独立性，使得数据的定义和描述可以从应用程序中分离出来。另外，由于数据的存取由DBMS负责管理和实施，因此，用户不必考虑存取路径等细节，从而简化了应用程序的编制，减少了对应用程序的维护和修改工作。

2.5 小结

本章首先介绍了数据库中数据模型的概念。数据模型根据其应用的对象分为两个层次：概念层数据模型和组织层数据模型。概念层数据模型是对现实世界信息的第一次抽象，它与具体的数据库管理系统无关，是用户与数据库设计人员的交流工具。因此概念层数据模型一般采用比较直观的模型，本章主要介绍的是应用范围很广泛的实体-联系模型。

组织层数据模型是对现实世界信息的第二次抽象，它与具体的数据库管理系统有关，也就是与数据库管理系统采用的数据的组织方式有关。从概念层数据模型到组织层数据模型的转换一般是很方便的。本章主要介绍了目前应用范围最广、技术发展非常成熟的关系数据模型。

最后本章从体系结构角度分析了数据库系统，介绍了三个模式和两级映像。三个模式分别为：内模式、模式和外模式。内模式最接近物理存储，它考虑数据的物理存储；外模式最接近用户，它主要考虑单个用户看待数据的方式；模式介于内模式和外模式之间，它提供数据的公共视图。两级映像分别是模式与内模式间的映像和外模式与模式间的映像，这两级映像是提供数据的逻辑独立性和物理独立性的关键。最后介绍了数据库管理系统的功能，DBMS主要负责执行用户的数据定义和数据操纵的请求，同时也负责提供数据字典等功能。

习题

1. 解释数据模型的概念，为什么要将数据模型分成两个层次？
2. 概念层数据模型和组织层数据模型分别是针对什么进行的抽象？
3. 实体之间的联系有几种？分别是哪些？请为每一种联系举出一个例子。
4. 说明实体-联系模型中的实体、属性和联系的概念。
5. 指明下列实体间联系的种类：

(1) 教研室和教师(假设一个教师只属于一个教研室，一个教研室可有多名教师)；

(2) 商店和顾客；

(3) 国家和首都。

6. 解释关系模型中的主键、外键的概念，并说明主键、外键的作用。
7. 指出下列关系模式的主键：

教师授课(教师号，课程号，学年，授课时数)。

假设一个教师可以在同一个学年讲授多门课程，一门课程也可以在同一个学年由多名教师讲授，但一个教师在一个学年对一门课程只讲授一次，每一次讲授有一个唯一的授课时数。

8. 设有如下两个关系模式，试指出每个关系模式的主键、外键，并说明外键的引用关系。

产品(产品号,产品名称,产品价格,生产日期),其中产品号没有重复,产品名称可能有重复。

销售(产品号,销售时间,销售数量),假设可同时销售多种产品,但同一产品在同一时间只销售一次。

9. 关系模型的数据完整性包含哪些内容?分别说明每一种完整性的作用。

10. 数据库系统包含哪三级模式?试分别说明每一级模式的作用?

11. 数据库系统的两级映像的功能是什么?它带来了哪些功能?

12. 数据库三级模式划分的优点是什么?它能带来哪些数据独立性?

第3章 SQL语言基础及数据定义功能

用户使用数据库时需要对数据库进行各种各样的操作，如查询数据，添加、删除和修改数据，定义、修改数据模式等。DBMS必须为用户提供相应的命令或语言，这就构成了用户和数据库的接口。接口的好坏会直接影响用户对数据库的接受程度。

数据库所提供的语言一般局限于对数据库的操作，它不是完备的程序设计语言，也不能独立地用来编写应用程序。

SQL(Structured Query Language，结构化查询语言)是用户操作关系数据库的通用语言。虽然叫结构化查询语言，而且查询操作确实是数据库中的主要操作，但并不是说 SQL 只支持查询操作，它实际上包含数据定义、数据查询、数据操作和数据控制等与数据库有关的全部功能。

SQL 已经成为关系数据库的标准语言，所以现在所有的关系数据库管理系统都支持 SQL。本章主要介绍 SQL 语言支持的数据类型以及定义基本表和约束的功能。

3.1 SQL 语言概述

SQL 语言是操作关系数据库的标准语言，本节介绍 SQL 语言的发展过程、特点以及主要功能。

1. SQL 语言的发展

最早的 SQL 原型是 IBM 的研究人员在 20 世纪 70 年代开发的，该原型被命名为 SEQUEL(由 Structured English QUEry Language 的首字母缩写组成)。现在许多人仍将在这个原型之后推出的 SQL 语言发音为"sequel"，但根据 ANSI SQL 委员会的规定，其正式发音应该是"ess cue ell"。随着 SQL 语言的颁布，各数据库厂商纷纷在其产品中引入并支持 SQL 语言，尽管绝大多数产品对 SQL 语言的支持大部分是相似的，但它们之间还是存在一定的差异，这些差异不利于初学者的学习。因此，在本章介绍 SQL 时主要介绍标准的 SQL 语言，这里将其称为基本 SQL。

20 世纪 80 年代以来，SQL 就一直是关系数据库管理系统(RDBMS)的标准语言。最早的 SQL 标准是 1986 年 10 月由美国 ANSI(American National Standards Institute)颁布的。随后，ISO(International Standards Organization)于 1987 年 6 月也正式采纳它为国际标准，并在此基础上进行了补充，到 1989 年 4 月，ISO 提出了具有完整性特征的 SQL，并称之为

SQL-89。SQL-89 标准的颁布,对数据库技术的发展和数据库的应用都起了很大的推动作用。尽管如此,SQL-89 仍有许多不足或不能满足应用需求的地方。为此,在 SQL-89 的基础上,经过 3 年多的研究和修改,ISO 和 ANSI 共同于 1992 年 8 月颁布了 SQL 的新标准,即 SQL-92(或称为 SQL2)。SQL-92 标准也不是非常完备,1999 年又颁布了新的 SQL 标准,称为 SQL-99 或 SQL3。

不同数据库厂商的数据库管理系统提供的 SQL 语言略有差别,本书主要以 Microsoft SQL Server 使用的 SQL 语言(称为 Transact-SQL,简称 T-SQL)为主介绍 SQL 语言的功能。

2. SQL 语言的特点

SQL 之所以能够被用户和业界所接受并成为国际标准,是因为它是一个综合、功能强大且又比较简捷易学的语言。SQL 语言集数据定义、数据查询、数据操作和数据控制功能于一身,其主要特点如下。

① 一体化。SQL 语言风格统一,可以完成数据库活动中的全部工作,包括创建数据库、定义模式、更改和查询数据以及安全控制和维护数据库等。这为数据库应用系统的开发提供了良好的环境。用户在数据库系统投入使用之后,还可以根据需要随时修改模式结构,并且可以不影响数据库的运行,从而使系统具有良好的可扩展性。

② 高度非过程化。在使用 SQL 语言访问数据库时,用户没有必要告诉计算机"如何"一步步地实现操作,而只需要描述清楚要"做什么",SQL 语言就可以将要求提交给系统,然后由系统自动完成全部工作。

③ 简洁。虽然 SQL 语言功能很强,但它只有为数不多的几条命令,另外,SQL 的语法也比较简单,接近自然语言(英语),因此容易学习、掌握。

④ 以多种方式使用。SQL 语言可以直接以命令方式交互使用,也可以嵌入到程序设计语言中使用。现在很多数据库应用开发工具(比如 Visual Basic、PowerBuilder、Delphi 等)都将 SQL 语言直接融入到自身的语言当中,使用起来非常方便。这些使用方式为用户提供了灵活的选择余地。而且不管是哪种使用方式,SQL 语言的语法基本都是一样的。

3. SQL 语言功能概述

SQL 按其功能可分为 4 大部分:数据定义功能、数据查询功能、数据操纵功能和数据控制功能。表 3-1 列出了实现这 4 部分功能的动词。

表 3-1　SQL 包含的动词

SQL 功能	动　词	SQL 功能	动　词
数据定义	CREATE、DROP、ALTER	数据操纵	INSERT、UPDATE、DELETE
数据查询	SELECT	数据控制	GRANT、REVOKE、DENY

数据定义功能用于定义、删除和修改数据库中的对象,本章介绍的关系表、第 5 章介绍的视图等都是数据库对象;数据查询功能用于实现查询数据的功能,查询数据是数据库中使用最多的操作;数据操纵功能用于增加、删除和修改数据库数据,这些操作也被称为数据更改;数据控制功能用于控制用户对数据的操作权限。

本章介绍数据定义功能中定义关系表的功能，同时介绍如何定义数据的完整性约束。第 4 章介绍实现数据查询和数据更改功能的语句，第 12 章介绍实现数据控制功能的语句，创建数据库的语句在第 10 章介绍。在介绍这些功能之前，先介绍 SQL 语言所支持的数据类型。

3.2 SQL 语言支持的数据类型

前面曾介绍，关系数据库的表结构由列组成，列指明了要存储的数据的含义，同时指明了要存储的数据的类型，因此，在定义表结构时，必然要指明每个列的数据类型。

每个数据库厂商提供的数据库管理系统所支持的数据类型并不完全相同，而且与标准的 SQL 也有差异，这里主要介绍 Microsoft SQL Server 支持的常用数据类型，同时也列出了对应的标准 SQL 数据类型作为对比。

1. 数值型

(1) 准确型

准确型数值是指在计算机中能够精确存储的数据，比如整型数、定点小数等都是准确型数据。表 3-2 列出了 SQL Server 支持的准确型数据类型，同时列出了对应的 SQL-92 或 SQL-99 支持的准确型数据类型。

表 3-2 准确型数据类型

SQL Server 数据类型	SQL-92 或 SQL-99 数据类型	说 明
BIGINT		8 字节，存储从 -2^{63}（−9 223 372 036 854 775 808）到 $2^{63}-1$（9 223 372 036 854 775 807）范围的整数
INT	INTEGER	4 字节，存储从 -2^{31}（−2 147 483 648）到 $2^{31}-1$（2 147 483 647）范围的整数
SMALLINT	SMALLINT	2 字节，存储从 -2^{15}（−32 768）到 $2^{15}-1$（32 767）范围的整数
TINYINT		存储从 0 到 255 之间的整数
BIT	BIT	存储 1 或 0
NUMERIC (p, q)或 DECIMAL (p,q)	DECIMAL	定点精度和小数位数。使用最大精度时，有效值从 $-10^{38}+1$ 到 $10^{38}-1$。其中，p 为精度，指定可以存储的十进制数字的最大个数。q 为小数位数，指定小数点右边可以存储的十进制数字的最大个数，$0 \leqslant q \leqslant p$。$q$ 的默认值为 0

(2) 近似型

近似型数值是用于表示浮点型数据的近似数据类型。浮点型数据为近似值，表示在其数据类型范围内的所有数据在计算机中不一定都能准确地表示。

表 3-3 列出了 SQL Server 支持的近似型数据类型，同时列出了对应的 SQL-92 或 SQL-99 支持的近似型数据类型。

表 3-3 近似型数据类型

SQL Server 数据类型	SQL-92 或 SQL-99 数据类型	说明
FLOAT	FLOAT	8 字节，存储从－1.79E＋308 到 1.79E＋308 范围的浮点型数
REAL		4 字节，存储从－3.40E＋38 到 3.40E＋38 范围的浮点型数

2. 字符串型

字符串型数据由汉字、英文字母、数字和各种符号组成。目前字符的编码方式有两种：一种是普通字符编码，另一种是统一字符编码(即 unicode)。普通字符编码指的是不同国家或地区的编码长度不一样，比如：英文字母的编码是 1 个字节(8 位)，中文汉字的编码是 2 个字节(16 位)。统一字符编码是指不管对哪个地区、哪种语言均采用双字节(16 位)编码，即将世界上所有的字符统一进行编码。

表 3-4 列出了 SQL Server 支持的字符串型数据类型，同时列出了对应的 SQL-92 或 SQL-99 支持的字符串型数据类型。

表 3-4 字符串型数据类型

SQL Server 数据类型	SQL-92 或 SQL-99 数据类型	说明
CHAR(n)	CHARACTER	固定长度的字符串类型，*n* 表示字符串的最大长度，取值范围为 1～8000
VARCHAR(n)	CHARACTER VARYING	可变长度的字符串类型，*n* 表示字符串的最大长度，取值范围为 1～8000
TEXT		可存储 $2^{31}-1$ (2 147 483 647) 个字符的大文本
NCHAR(n)	NATIONAL CHARACTER	固定长度的 Unicode 字符串类型，*n* 表示字符串的最大长度，取值范围为 1～4000
NVARCHAR(n)	NATIONAL CHARACTER VARYING	可变长度的 Unicode 字符串类型，*n* 表示字符串的最大长度，取值范围为 1～4000
NTEXT		最多可存储 $2^{30}-1$ (1 073 741 823) 个字符的统一字符编码文本
BINARY(n)	BINARY	固定长度的二进制字符数据，*n* 表示最大长度，取值范围为 1～8000
VARBINARY(n)	BINARY VARYING	可变长度的二进制字符数据，*n* 的取值范围为 1～8000
IMAGE		大容量的、可变长度的二进制字符数据，可以存储多种格式的文件，如 Word、Excel、BMP、GIF 和 JPEG 等文件。最多可存储 $2^{31}-1$(2 147 483 647)个字节，约为 2GB

SQL 语言中将字符串常量用单引号括起来，比如'计算机系'。

3. 日期时间类型

SQL Server 的日期时间类型数据是将日期和时间合起来存储，它没有单独存储的日期和时间类型,但 SQL-92 或 SQL-99 是将日期和时间类型分开存储,没有日期时间合起来存储的类型,在 SQL-92 或 SQL-99 中日期是 Date 类型,时间是 Time 类型。表 3-5 列出了 SQL Server 支持的日期时间数据类型。

表 3-5　日期时间型数据类型

SQL Server 数据类型	说　明
DATETIME	占用 8 字节空间,存储从 1753 年 1 月 1 日到 9999 年 12 月 31 日的日期和时间数据,精确到 3⅓秒(或 3.33ms)
SMALLDATETIME	占用 4 字节空间,存储从 1900 年 1 月 1 日到 2079 年 6 月 6 日的日期和时间数据,精确到分钟

DATETIME 用 4 个字节存储从 1900 年 1 月 1 日之前或之后的天数(以 1990 年 1 月 1 日为分界点,1900 年 1 月 1 日之前的日期的天数小于 0,1900 年 1 月 1 日之后的日期的天数大于 0),用另外 4 个字节存储从午夜(00:00:00)后代表每天时间的毫秒数。

SMALLDATETIME 与 DATETIME 相似,它用 2 个字节存储从 1900 年 1 月 1 日之后的日期的天数,用另外 2 个字节存储从午夜(00:00:00)后代表每天时间的分钟数。

对于 SQL Server 来说,在输入日期部分时可采用英文数字格式、数字加分隔符格式和纯数字格式。采用英文数字格式时,月份可用英文全名或缩写形式,不区分大小写。例如,2001 年 10 月 25 日可以采用下列几种输入格式。

```
英文数字格式: Oct 25 2001
数字加分隔符格式: 2001-10-25 或 2001/10/25
纯数字格式: 20011025
```

在输入时间部分时可以采用 12 小时格式或 24 小时格式。使用 12 小时制时要加上 AM 或 PM 说明是上午还是下午。在时与分之间可以使用冒号(:)作为分隔符。例如,要表示 2001 年 10 月 25 日下午 3 点 28 分 56 秒,可以采用如下形式输入。

```
12 小时格式: 2001-10-25   3:28:56 PM
24 小时格式 2001-10-25   15:28:56
```

注意: 在使用日期时间类型的数据时也要用单引号括起来,比如'2007-4-6 12:0:0'。

4. 货币类型

货币类型表示货币值。货币数据存储的精度固定为 4 位小数,实际上货币类型的数据都是有 4 位小数的 DECIMAL 类型或 NUMERIC 类型的数据。货币类型与这些准确型数值类型的区别是货币类型的数据可以有货币符号,比如￥100。

表 3-6 列出了 SQL Server 支持的货币类型,SQL-92 或 SQL-99 没有对应的货币类型。

表 3-6　货币类型

SQL Server 数据类型	说　明
MONEY	占用 8 字节空间，存储的货币数据值介于 -2^{63}（−922 337 203 685 477.5808）与 $2^{63}-1$（+922 337 203 685 477.5807）之间，精确到货币单位的千分之十。最多可以包含 19 位数字
SMALLMONEY	占用 4 字节空间，存储的货币数据值介于 −214 748.3648 与 +214 748.3647 之间，精确到货币单位的千分之十

3.3　数据定义功能

表是数据库中非常重要的对象，它用于存储用户的数据。在有了数据类型的基础知识后，就可以开始创建数据库表了。关系数据库的表是二维表，包含行和列，创建表就是定义表所包含的列的结构，其中包括：列名、数据类型、约束等。列名是为列取的名字，一般为了便于记忆，最好取有意义的名字，比如学号或 Sno，而不要取无意义的名字，比如 a1；列的数据类型说明了列的可取值范畴；列的约束更进一步限制了列的取值范围，这些约束包括：列取值是否允许为空、主键约束、外键约束、列取值范围约束等。

3.3.1　基本表

本节介绍创建、删除以及修改表结构的 SQL 语句。

1. 定义基本表

定义基本表使用 SQL 语言数据定义功能中的 CREATE TABLE 语句实现，其一般格式为：

```
CREATE  TABLE  <表名>(
     <列名>  <数据类型>  [列级完整性约束定义]
     {,  <列名>  <数据类型>  [列级完整性约束定义] … }
     [，表级完整性约束定义 ] )
```

注意：默认时 SQL 语言不区分大小写。

参数说明如下。

① <表名>是所要定义的基本表的名字，同样，这个名字最好能表达表的应用语义，比如，“学生表”或“Student”。

② <列名>是表中所包含的属性列的名字，<数据类型>指明列的数据类型，一个表可以包含多个列，也就包含多个列定义。

③ 在定义表的同时还可以定义与表有关的完整性约束条件，这些完整性约束条件都会存储在系统的数据字典中。

上述语法中用到了一些特殊的符号，比如[ ]，这些符号是文法描述的常用符号，而不是 SQL 语句的部分。这里简单介绍一下这些符号的含义（在后边的语法介绍中也要用到这些符号），有些符号在上述这个语法中可能没有出现。

① 方括号([ ])中的内容表示是可选的(即可出现 0 次或 1 次),比如[列级完整性约束定义]代表可以有也可以没有列级完整性约束定义。

② [,…n]表示前边的内容可重复 0 到多次,并且每重复一次,之间用逗号分隔。例如:“ <列名> [,…n]”表示可以有多个列名,列名中间用逗号分隔。

③ 花括号({ })与省略号(…)一起,表示其中的内容可以出现 0 次或多次。

④ 竖杠(|)表示在多个短语中选择一个,比如 term1 | term2 | term3,表示在三个选项中任选一项。竖杠也能用在方括号中,表示可以选择由竖杠分隔的子句中的一个,但整个句子又是可选的(也就是可以没有子句出现)。

在定义基本表时可以同时定义表的完整性约束。定义完整性约束时可以在定义列的同时定义,也可以将完整性约束作为独立的项定义。在列定义同时定义的约束称为列级完整性约束定义,作为表的独立一项内容定义的完整性约束称之为表级完整性约束。

在表中可以定义的约束包括以下几种。

① NOT NULL:限制列取值非空。

② DEFAULT:指定列的默认值。使用形式为:DEFAULT 常量。

③ UNIQUE:限制列取值不能重复。使用形式为:

```
UNIQUE [( <列名> [ , …n ] )]
```

如果是在“列级完整性约束”处定义单列的唯一值约束,则通常省略方括号中的内容。

④ CHECK:限制列的取值范围,使用形式为:

```
CHECK(约束表达式)
```

⑤ PRIMARY KEY:定义主键约束。使用形式为:

```
PRIMARY KEY [( <列名> [ , …n ] )]
```

如果是在“列级完整性约束”处定义单列的主键,则通常省略方括号中的内容。

⑥ FOREIGN KEY:定义外键约束。使用形式为:

```
[FOREIGN KEY (<外键列名> [ , …n ])]
    REFERENCES <被引用表名>(<被引用列名> [ , …n ])
```

如果是在“列级完整性约束”处定义单列的外键,则通常省略方括号中的内容。

在上述约束中,除 NOT NULL 和 DEFAULT 外,其他约束既可在“列级完整性约束定义”处定义,也可以在“表级完整性约束定义”处定义。但需要注意以下几点。

① 如果 CHECK 约束是定义多列之间的取值约束(比如,限制“最低工资 <最高工资”),则必须在“表级完整性约束定义”处定义;

② 如果一个外键约束包含多个列,则必须在“表级完整性约束定义”处定义;

③ 如果在“表级完整性约束定义”处定义主键和唯一值约束,则必须将被约束的列用括号括起来,如 PRIMARY KEY(列 1 [,…n]);

④ 如果在“表级完整性约束定义”处定义外键,则 FOREIGN KEY 和<外键列名>均不能省略。

本节只简单介绍如何实现非空约束、主键约束和外键约束,3.3.2 节将详细介绍数据完整性的概念和实现方法。

用 SQL 语句创建如下 3 张表：Student(学生)表、Course(课程)表和 SC(学生修课)表，其结构如表 3-7、表 3-8 和表 3-9 所示。

表 3-7 Student 表结构

列 名	含 义	数据类型	约 束
Sno	学号	CHAR(7)	主键
Sname	姓名	NCHAR(5)	非空
Ssex	性别	NCHAR(1)	
Sage	年龄	TINYINT	
Sdept	所在系	NVARCHAR(20)	

表 3-8 Course 表结构

列 名	含 义	数据类型	约 束
Cno	课程号	CHAR(6)	主键
Cname	课程名	NVARCHAR(20)	非空
Credit	学分	TINYINT	
Semester	学期	TINYINT	

表 3-9 SC 表结构

列 名	含 义	数据类型	约 束
Sno	学号	CHAR(7)	主键，引用 Student 的外键
Cno	课程号	CHAR(6)	主键，引用 Course 的外键
Grade	成绩	TINYINT	

创建满足约束条件的上述 3 张表的 SQL 语句如下(注意，为了说明问题，有些约束在列级完整性约束定义上实现，有些约束在表级完整性约束定义上实现)。

```
CREATE TABLE Student (
  Sno        CHAR(7)       PRIMARY KEY,
  Sname      NCHAR(5)      NOT NULL,
  Ssex       NCHAR(1),
  Sage       TINYINT,
  Sdept      NVARCHAR(20)
)

CREATE TABLE Course (
  Cno        CHAR(6)       PRIMARY KEY,
  Cname      NVARCHAR(20)  NOT NULL,
  Credit     TINYINT,
  Semester   TINYINT
)

CREATE TABLE SC (
  Sno        CHAR(7)       NOT NULL,
  Cno        CHAR(6)       NOT NULL,
  Grade      TINYINT,
  PRIMARY KEY ( Sno, Cno ),
```

```
  FOREIGN KEY ( Sno )  REFERENCES  Student ( Sno ),
  FOREIGN KEY ( Cno )  REFERENCES  Course ( Cno )
)
```

2. 修改基本表

在定义基本表之后，如果需求有变化，比如添加列、删除列或修改列定义，可以使用 ALTER TABLE 语句实现。ALTER TABLE 语句可以对表添加列、删除列和修改列的定义，也可以添加和删除约束。

不同数据库产品的 ALTER TABLE 语句的格式略有不同，这里给出 SQL Server 支持的 ALTER TABLE 语句的部分格式，对于其他的数据库管理系统，可以参阅它们的语言参考手册。

```
ALTER TABLE <表名>
[ ALTER  COLUMN <列名> <新数据类型>]              -- 修改列定义
| [ ADD  <列名> <数据类型> [约束] ]               -- 添加新列
| [ DROP  COLUMN <列名>  ]                        -- 删除列
| [ADD [constraint 约束名] 约束定义 ]              -- 添加约束
| [DROP  [constraint] <约束名> ]                  -- 删除约束
```

说明，上述描述中的"--"为 SQL 语句的单行注释符(多行注释符为："/ * "(注释开始符号)和" * /"(注释结束符号))。

本节介绍添加、删除和修改列定义的例子，下一节介绍添加和删除约束的例子。

【例 3-1】 为 SC 表添加"修课类别"列，此列的列名为 Type，数据类型为 NCHAR(2)，允许空。

```
ALTER TABLE SC
  ADD Type  NCHAR(2) NULL
```

【例 3-2】 将新添加的 Type 列的数据类型改为 NCHAR(4)。

```
ALTER TABLE SC
  ALTER COLUMN Type NCHAR(4)
```

【例 3-3】 删除 SC 表的 Type 列。

```
ALTER TABLE SC
  DROP COLUMN Type
```

3. 删除基本表

当确信不再需要某个表时，可以将其删除。删除表的语句格式为：

```
DROP  TABLE  <表名>  { [, <表名> ] … }
```

例如，删除 test 表的语句为：

```
DROP TABLE test
```

3.3.2 数据完整性约束

前面已经介绍过，数据完整性是指数据是正确或有意义的。例如，每个人的身份证号必须是唯一的，人的性别只能是“男”或“女”，人的年龄应该是在 0 到 150 岁之间（假设人现在最多能活到 150 岁）的数字，学生所在的系必须是学校有的系，等等。

数据的完整性约束是为了防止数据库中存在不符合语义的数据，为了维护数据的正确，数据库管理系统必须提供一种机制来检查数据库中的数据，看其是否满足语义规定的条件。这些加在数据库数据之上的语义约束条件就是数据完整性约束条件，这些约束条件作为表定义的一部分存储在数据库中。而 DBMS 检查数据是否满足完整性约束条件的机制就称为完整性检查。

1. 完整性约束条件的作用对象

完整性检查是围绕完整性约束条件进行的，因此，完整性约束条件是完整性控制机制的核心。完整性约束条件的作用对象可以是表、元组和列。

① 列级约束。列级约束主要是指对列的类型、取值范围、精度等的约束，具体包括如下内容。

- 对数据类型的约束：包括数据类型、长度、精度等。例如，学生学号的数据类型为字符型，长度为 7。
- 对数据格式的约束：对数据的每一位含义的规定。如规定学号的前两位表示学生的入学年份，第 3 位表示系的编号，第 4 位表示专业编号，第 5 位表示班的编号等。
- 对取值范围或取值集合的约束：如学生的成绩取值范围为 0～100，最低工资要大于 500 等。
- 对空值的约束：有些列允许为空（空值在数据库中表示不确定的值或者当前还没有值，例如，学生考试成绩在开学初没有值，到期末考试时才有确定的值，因此成绩列就允许为空），有些列则不允许为空（比如学生姓名），在定义列时应指明其是否允许取空值。

② 元组约束。元组约束是指对元组中各个字段之间的联系的约束，例如，开始日期小于结束日期，某项工作的最低工资小于最高工资等。

③ 关系约束。关系约束是指对若干元组之间、关系之间的联系的约束。例如，学生表中学号的取值不能重复也不能取空值，学生修课表中的学号的取值受学生表中的学号取值的约束等。

2. 实现数据完整性

数据完整性一般是在服务器端实现的。在服务器端实现数据完整性的方法主要有两种：一种是在定义表时指定数据完整性，采用这种方法时可以在定义表的同时定义完整性约束，也可以在定义表之后添加这些约束，添加约束使用的是之前所述的修改表结构的语句。另一种是在服务器端通过编写触发器来实现数据完整性（本书不介绍这种方法）。不管采用哪种方法，只要用户定义好数据完整性约束，以后在对数据进行增加、删除和修改操作时，数据库管理系统都会自动检查用户定义的完整性约束条件，只有符合约束条件的操作才会被执行。

这里介绍如何使用 SQL Server 数据库管理系统提供的 SQL 语句实现实体完整性(PRIMARY KEY)、参照完整性(FOREIGN KEY)和用户定义的完整性。在用户定义的完整性中介绍默认值(DEFAULT)约束、列取值范围(CHECK)约束和唯一值(UNIQUE)约束的实现方法。本节首先介绍在定义好的表上添加约束的方法,然后介绍如何在定义表的同时定义完整性约束。

下面以工作表和职工表为例,逐步在这两张表上添加约束。这两张表的结构分别见表 3-10 和表 3-11。

表 3-10　工作表结构

列　名	数据类型	约　束
工作编号	CHAR(6)	非空,主键
最低工资	NUMERIC(7,2)	大于等于 800
最高工资	NUMERIC(7,2)	大于等于最低工资

表 3-11　职工表结构

列　名	数据类型	约　束
职工编号	CHAR(7)	非空,主键
姓名	NCHAR(5)	非空
工作编号	CHAR(6)	外键,引用工作表的工作编号
工资	NUMERIC(7,2)	默认值为 1000
电话号码	CHAR(8)	每 1 位均是 0～9 的数字,且取值不重复

首先定义表的基本结构:

```
CREATE TABLE 工作表(
  工作编号 CHAR(6)        NOT NULL,
  最低工资  NUMERIC(7,2),
  最高工资  NUMERIC(7,2)
)

CREATE TABLE 职工表(
  职工编号  CHAR(7)    NOT NULL,
  姓名      NCHAR(5)   NOT NULL,
  工作编号  CHAR(6),
  工资   NUMERIC(7,2),
  电话号码 CHAR(8)
)
```

然后为这两张表添加需要的约束。

(1) 主键约束

添加主键约束要注意以下两个问题。

① 每个表只能有一个 PRIMARY KEY 约束。

② 用 PRIMARY KEY 约束的列取值不能重复,且不允许有空值。

添加主键约束的语法格式为:

```
ALTER TABLE 表名
  ADD [ CONSTRAINT 约束名 ]
  PRIMARY KEY (<列名> [, … n] )
```

【例 3-4】 为职工表和工作表分别添加主键约束。

```
ALTER TABLE 职工表
  ADD  CONSTRAINT  PK_EMP
  PRIMARY KEY (职工编号)

ALTER TABLE 工作表
  ADD  CONSTRAINT  PK_JOB
  PRIMARY KEY (工作编号)
```

(2) UNIQUE 约束

UNIQUE 约束用于限制在一个列中不能有重复的值。这个约束一般用在客观事实上具有唯一性的属性列上，比如身份证号、驾驶证号等均不能有重复值。定义 UNIQUE 约束时需注意以下事项。

① 有 UNIQUE 约束的列允许有空值，且仅允许有一个空值。

② 在一个表中可以定义多个 UNIQUE 约束。

③ UNIQUE 约束可以定义在一个列上，也可以定义在多个列上。

在一个已有主键的表中使用 UNIQUE 约束是很有用的，比如职工的身份证号，身份证号列不是主键，但取值又不能相同，这种情况下就必须使用 UNIQUE 约束。

添加 UNIQUE 约束的语法格式为：

```
ALTER TABLE 表名
  ADD [ CONSTRAINT 约束名 ]
  UNIQUE (<列名> [, … n])
```

【例 3-5】 为职工表的“电话号码”列添加 UNIQUE 约束。

```
ALTER TABLE 职工表
  ADD  CONSTRAINT  UK_SID
    UNIQUE (电话号码)
```

(3) 外键约束

外键约束实现了参照完整性，添加外键约束时要注意：外键所引用的列必须是有 PRIMARY KEY 约束或 UNIQUE 约束的列。

添加 FOREIGN KEY 约束的语法格式为：

```
ALTER TABLE 表名
  ADD [ CONSTRAINT 约束名 ]
  FOREIGN KEY (<外键列名>) REFERENCES 被引用表名 (<列名>)
```

【例 3-6】 为职工表的工作编号添加外键约束，此列引用工作表的工作编号列。

```
ALTER TABLE 职工表
  ADD CONSTRAINT FK_job_id
  FOREIGN KEY (工作编号) REFERENCES 工作表 (工作编号)
```

(4) DEFAULT 约束

DEFAULT 约束用于提供列的默认值，一个列只能有一个默认值约束，而且一个默认值约束只能用在一个列上。只有在向表中插入数据时系统才检查 DEFAULT 约束。

添加 DEFAULT 约束的语法格式为：

```
ALTER TABLE 表名
  ADD [ CONSTRAINT 约束名 ]
  DEFAULT 默认值 FOR 列名
```

【例 3-7】 定义职工表的工资列的默认值为 1000。

```
ALTER TABLE 职工表
  ADD CONSTRAINT  DF_SALARY
  DEFAULT  1000  FOR 工资
```

(5) CHECK 约束

CHECK 约束用于将列的取值限制在指定的范围内，使数据库中存放的值都是有意义的。例如，人的性别只能是"男"或"女"，工资必须大于等于 800 元(假设最低工资为 800 元)。

使用 CHECK 约束时需要注意以下两个问题。

① 系统在执行 INSERT 语句和 UPDATE 语句时自动检查 CHECK 约束。

② CHECK 约束可约束同一个表中多个列之间的取值关系。

添加 CHECK 约束的语法格式为：

```
ALTER TABLE 表名
  ADD [ CONSTRAINT 约束名 ]
  CHECK (约束表达式)
```

【例 3-8】 在工作表中，添加限制最低工资必须大于等于 800 元的约束。

```
ALTER TABLE 工作表
  ADD CONSTRAINT  CHK_Salary
  CHECK ( 最低工资 >= 800 )
```

【例 3-9】 添加限制工作表的最高工资大于等于最低工资的约束。

```
ALTER TABLE 工作表
  ADD CONSTRAINT  CHK_Job_Salary
  CHECK (最高工资 >= 最低工资)
```

【例 3-10】 添加限制职工表的电话号码的每 1 位的取值均是 0～9 的数字的约束。

```
ALTER TABLE 职工表
  ADD CONSTRAINT  CHK_Emp_Phone
  CHECK (电话号码 LIKE '[0-9][0-9][0-9][0-9][0-9][0-9][0-9][0-9]')
```

关于 LIKE 运算符的使用将在第 4 章中介绍。

这些约束都可以在定义表的同时定义，综合起来如下：

```
CREATE TABLE 工作表(
  工作编号  CHAR(6)          PRIMARY KEY,
  最低工资  NUMERIC(7,2)  CHECK (最低工资 >= 800),
```

```
    最高工资   NUMERIC(7,2),
    CHECK (最高工资 >= 最低工资)                --多列之间的取值约束必须是表级约束
)

CREATE TABLE 职工表(
    职工编号  CHAR(7)        PRIMARY KEY,
    姓名      NCHAR(5)       NOT NULL,
    工作编号  CHAR(6),
    工资      NUMERIC(7,2)   DEFAULT 1000,
    电话号码  CHAR(8)        UNIQUE ,
    CHECK (电话号码 LIKE '[0-9][0-9][0-9][0-9][0-9][0-9][0-9][0-9]'),
    FOREIGN KEY(工作编号) REFERENCES 工作表(工作编号)
)
```

3.4 小结

本章首先介绍了 SQL 语言的发展、特点及其所支持的数据类型：数值型、字符串型、日期时间类型和货币类型，而货币类型是 SQL Server 所特有的，它实际就是能够带货币符号的定点小数类型。

本章还介绍了 SQL 语言的数据定义功能，包括基本表的定义和维护，同时详细介绍了数据完整性的实现方法，主要包括主键(PRIMARY KEY)约束、外键(FOREIGN KEY)约束、限制列取值范围的 CHECK 约束、提供列的默认值的 DEFAULT 约束以及限制列取值不重复的 UNIQUE 约束的实现方法。数据完整性可以在定义表的同时定义，也可以在定义好表之后通过修改表结构的方法添加约束。当对数据进行修改操作时(包括插入、删除和更改)，系统首先检查所做的操作是否满足数据完整性约束要求，若不满足，则不执行这个修改数据的操作。

习题

1. T-SQL 支持哪几种数据类型？
2. TINYINT 数据类型定义的数据的取值范围是多少？
3. 日期时间类型中的日期和时间的输入格式是什么？
4. SMALLDATETIME 类型精确到哪个时间单位？
5. 定点小数类型 NUMERIC 中的 p 和 q 的含义分别是什么？
6. 货币数据类型精确到小数点后几位？
7. CHAR(10)、NCHAR(10)的区别是什么？它们各能存放多少个字符？占用多少空间？
8. CHAR(n)和 VARCHAR(n)的区别是什么？其中 n 的含义是什么？各占用多少空间？
9. 数据完整性的含义是什么？
10. 在对数据进行什么操作时，系统检查 DEFAULT 约束？在进行什么操作时，检查

CHECK 约束？

11. UNIQUE 约束的作用是什么？

12. 写出创建如下三张表的 SQL 语句，要求在定义表的同时定义数据的完整性约束。

(1)“图书表”结构

书号：统一字符编码定长类型，长度为 6，主键；

书名：统一字符编码可变长类型，长度为 30，非空；

第一作者：普通编码定长字符类型，长度为 10，非空；

出版日期：小日期时间型；

价格：定点小数，小数部分 1 位，整数部分 3 位。

(2)“书店表”结构

书店编号：统一字符编码定长类型，长度为 6，主键；

店名：统一字符编码可变长类型，长度为 30，非空；

电话：普通编码定长字符类型，8 位长，每一位的取值均是 0～9 的数字；

地址：普通编码可变长字符类型，40 位长；

邮政编码：普通编码定长字符类型，6 位长。

(3)“图书销售表”结构

书号：统一字符编码定长类型，长度为 6，非空；

书店编号：统一字符编码定长类型，长度为 6，非空；

销售日期：小日期时间型，非空；

销售数量：小整型，大于等于 1；

主键为(书号，书店编号，销售日期)。

其中：“书号”为引用“图书表”的“书号”的外键；“书店编号”为引用“书店表”的“书店编号”的外键。

13. 为第 12 题的“图书表”添加“印刷数量”列，类型为整数，同时添加约束，要求此列的取值要大于等于 1000。

14. 删除第 12 题的“书店表”中的“邮政编码”列。

15. 将第 12 题的“图书销售表”中的“销售数量”列的数据类型改为整型。

第4章 数据操作

数据存储到数据库中之后，如果不对其进行分析和利用，数据是没有价值的。最终用户对数据库中数据进行的操作大多是查询和修改，修改操作包括增加新数据（插入）、删除旧数据（删除）和更改已有的数据（更改）。SQL 语言提供了功能强大的数据查询和修改的功能。

本章将详细介绍实现查询、插入、删除以及更改数据的操作语句。

4.1 数据查询功能

查询功能是 SQL 语言的核心功能，是数据库中使用得最多的操作，查询语句也是 SQL 语句中比较复杂的一个语句。

如果没有特别说明，本章所有的查询均建立在 3.3 节创建的 3 张表（Student 表、Course 表和 SC 表）上。假设这 3 张表中已经有了数据，数据内容见表 4-1、表 4-2 和表 4-3。

表 4-1　Student 表数据

Sno	Sname	Ssex	Sage	Sdept
0811101	李勇	男	21	计算机系
0811102	刘晨	男	20	计算机系
0811103	王敏	女	20	计算机系
0811104	张小红	女	19	计算机系
0821101	张立	男	20	信息管理系
0821102	吴宾	女	19	信息管理系
0821103	张海	男	20	信息管理系
0831101	钱小平	女	21	通信工程系
0831102	王大力	男	20	通信工程系
0831103	张姗姗	女	19	通信工程系

表 4-2　Course 表数据

Cno	Cname	Credit	Semester
C001	高等数学	4	1
C002	大学英语	3	1
C003	大学英语	3	2

续表

Cno	Cname	Credit	Semester
C004	计算机文化学	2	2
C005	VB	2	3
C006	数据库基础	4	5
C007	数据结构	4	4
C008	计算机网络	4	4

表 4-3 SC 表数据

Sno	Cno	Grade	Sno	Cno	Grade
0811101	C001	96	0821102	C007	NULL
0811101	C002	80	0821103	C001	50
0811101	C003	84	0821103	C004	80
0811101	C005	62	0831101	C001	50
0811102	C001	92	0831101	C004	80
0811102	C002	90	0831102	C007	NULL
0811102	C004	84	0831103	C004	78
0821102	C001	76	0831103	C005	65
0821102	C004	85	0831103	C007	NULL
0821102	C005	73			

4.1.1 查询语句的基本结构

查询语句(SELECT)是数据库操作中最基本和最重要的语句之一,其功能是从数据库中检索满足条件的数据。查询的数据源可以来自一张表,也可以来自多张表甚至来自视图,查询的结果是由0行(没有满足条件的数据)或多行记录组成的一个记录集合,并允许选择一个或多个字段作为输出字段。SELECT 语句还可以对查询的结果进行排序、汇总等。

查询语句的基本结构可描述为:

```
SELECT <目标列名序列>          -- 需要哪些列
  FROM <表名>                  -- 来自于哪些表
  [WHERE <行选择条件>]         -- 根据什么条件
  [GROUP BY <分组依据列>]
  [HAVING <组选择条件>]
  [ORDER BY <排序依据列>]
```

在上述结构中,SELECT 子句用于指定输出的字段; FROM 子句用于指定数据的来源; WHERE 子句用于指定数据的选择条件; GROUP BY 子句用于对检索到的记录进行分组; HAVING 子句用于指定组的选择条件; ORDER BY 子句用于对查询的结果进行排序。在这些子句中,SELECT 子句和 FROM 子句是必需的,其他子句都是可选的。

4.1.2 简单查询

本节介绍单表查询,即数据源只涉及一张表的查询。

1. 选择表中若干列

(1) 查询指定的列

在很多情况下，用户可能只对表中的一部分属性列感兴趣，这时可通过在 SELECT 子句的<目标列名序列>中指定要查询的列来实现。

【例 4-1】 查询全体学生的学号与姓名。

```
SELECT Sno, Sname FROM Student
```

查询结果如图 4-1 所示(本章所示的所有查询结果均为在 SQL Server 2005 中执行产生的结果形式)。

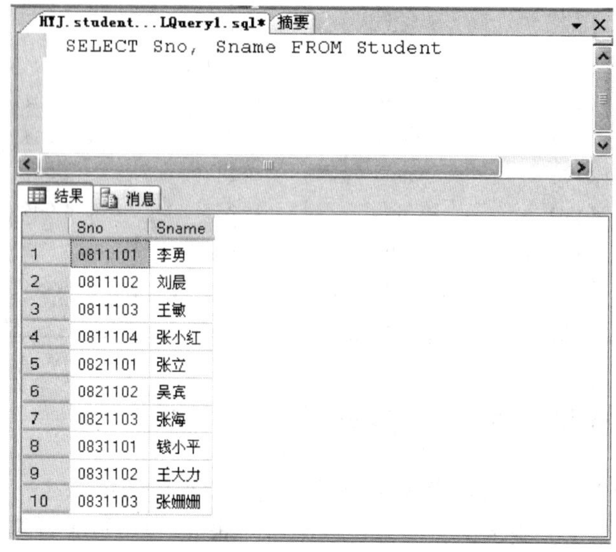

图 4-1 例 4-1 的查询结果

【例 4-2】 查询全体学生的姓名、学号和所在系。

```
SELECT Sname, Sno, Sdept  FROM Student
```

查询结果如图 4-2 所示。

说明：查询列表中的列顺序可以和表中列定义的顺序不一样。

(2) 查询全部列

如果要查询表中的全部列，可以使用两种方法：一种是在<目标列名序列>中列出所有的列名；另一种是如果列的显示顺序与其在表中定义的顺序相同，则可以简单地在<目标列名序列>中写星号“*”。

【例 4-3】 查询全体学生的详细记录。

```
SELECT Sno, Sname, Ssex, Sage, Sdept
  FROM Student
```

等价于：

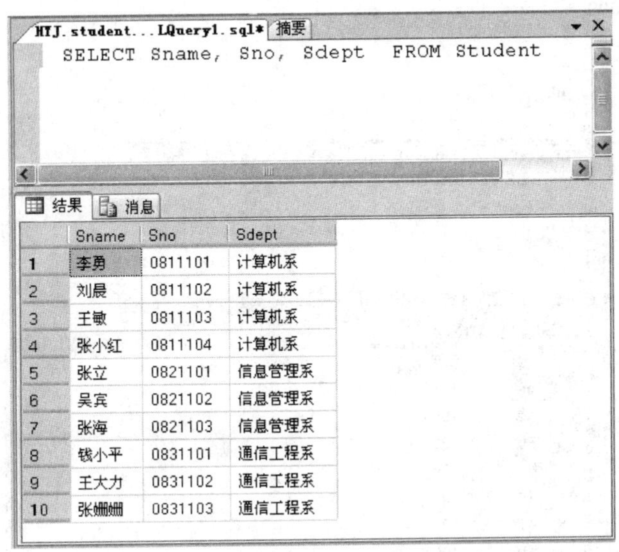

```
SELECT Sname, Sno, Sdept  FROM Student
```

	Sname	Sno	Sdept
1	李勇	0811101	计算机系
2	刘晨	0811102	计算机系
3	王敏	0811103	计算机系
4	张小红	0811104	计算机系
5	张立	0821101	信息管理系
6	吴宾	0821102	信息管理系
7	张海	0821103	信息管理系
8	钱小平	0831101	通信工程系
9	王大力	0831102	通信工程系
10	张姗姗	0831103	通信工程系

图 4-2　例 4-2 的查询结果

```
SELECT  *  FROM Student
```

查询结果如图 4-3 所示。

```
SELECT Sno, Sname, Ssex, Sage, Sdept
  FROM Student
```

	Sno	Sname	Ssex	Sage	Sdept
1	0811101	李勇	男	21	计算机系
2	0811102	刘晨	男	20	计算机系
3	0811103	王敏	女	20	计算机系
4	0811104	张小红	女	19	计算机系
5	0821101	张立	男	20	信息管理系
6	0821102	吴宾	女	19	信息管理系
7	0821103	张海	男	20	信息管理系
8	0831101	钱小平	女	21	通信工程系
9	0831102	王大力	男	20	通信工程系
10	0831103	张姗姗	女	19	通信工程系

图 4-3　例 4-3 的查询结果

（3）查询经过计算的列

SELECT 子句中的＜目标列名序列＞可以是表中存在的属性列，也可以是表达式、常量或者函数。

【例 4-4】 含表达式的列：查询全体学生的姓名及其出生年份。

在 Student 表中只记录了学生的年龄，而没有记录学生的出生年份，但可以经过计算得到出生年份，即用当前年减去年龄，得到出生年份。实现此功能的查询语句如下：

```
SELECT Sname, 2009 - Sage
  FROM Student
```

查询结果如图 4-4 所示。

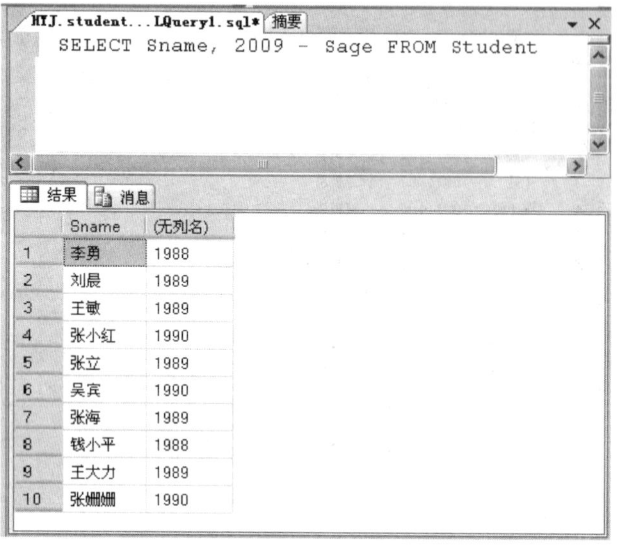

	Sname	(无列名)
1	李勇	1988
2	刘晨	1989
3	王敏	1989
4	张小红	1990
5	张立	1989
6	吴宾	1990
7	张海	1989
8	钱小平	1988
9	王大力	1989
10	张姗姗	1990

图 4-4　例 4-4 的查询结果

【例 4-5】 含字符串常量的列：查询全体学生的姓名和出生年份，并在出生年份列前加入一个列，此列的每行数据均为"出生年份"常量值。

```
SELECT Sname, '出生年份', 2009 - Sage
  FROM Student
```

查询结果如图 4-5 所示。

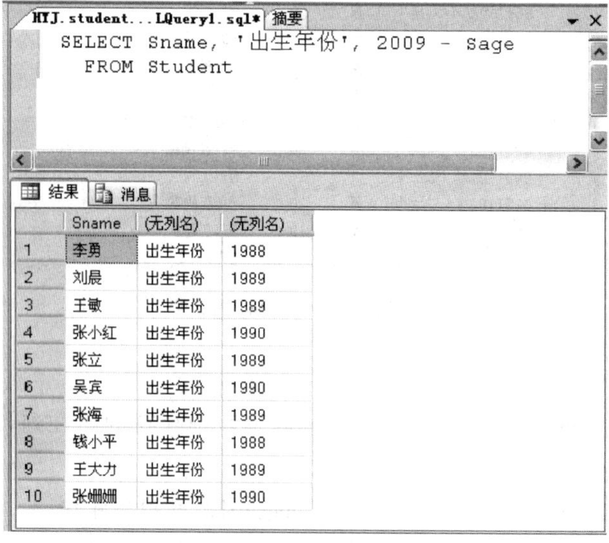

	Sname	(无列名)	(无列名)
1	李勇	出生年份	1988
2	刘晨	出生年份	1989
3	王敏	出生年份	1989
4	张小红	出生年份	1990
5	张立	出生年份	1989
6	吴宾	出生年份	1990
7	张海	出生年份	1989
8	钱小平	出生年份	1988
9	王大力	出生年份	1989
10	张姗姗	出生年份	1990

图 4-5　例 4-5 的查询结果

注意：选择列表中的常量和计算是对表中的每行数据进行的。

从查询结果中可以看到，经过计算的表达式列、常量列的显示结果都没有列标题，通过指定列的别名的方法可以改变查询结果显示的列标题，这对于含算术表达式、常量、函数名的目标列尤为有用。

改变显示的列标题的语法格式为：

```
列名 | 表达式 [ AS ] 列标题
```

或

```
列标题 = 列名 | 表达式
```

例如，例4-4的代码可以写成：

```
SELECT Sname 姓名, 2009 - Sage 年份
  FROM Student
```

查询结果如图4-6所示。

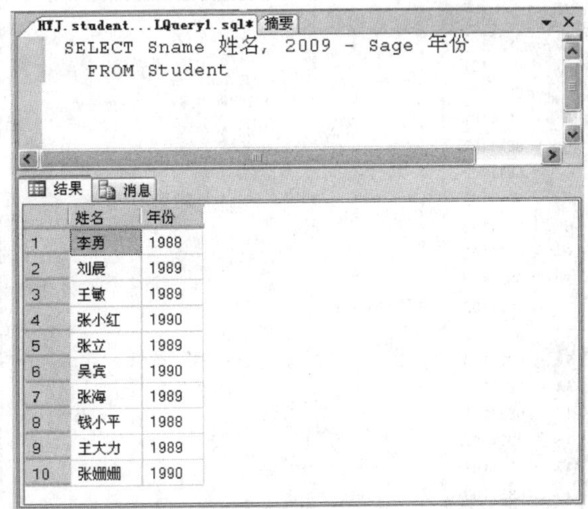

	姓名	年份
1	李勇	1988
2	刘晨	1989
3	王敏	1989
4	张小红	1990
5	张立	1989
6	吴宾	1990
7	张海	1989
8	钱小平	1988
9	王大力	1989
10	张姗姗	1990

图4-6　查询结果

2. 选择表中的若干元组

前面介绍的例子都是选择表中的全部记录，而没有对表中的记录进行任何有条件的筛选。在实际的查询过程中，除了可以选择列之外，还可以对行进行选择，使查询的结果更加满足用户的要求。

(1) 消除取值相同的行

本来在数据库的关系表中并不存在取值全部相同的元组，但在进行了对列的选择后，就有可能在查询结果中出现取值完全相同的行。取值相同的行在结果中是没有意义的，因此应删除这些行。

【例4-6】　在SC表中查询有哪些学生选修了课程，要求列出学生的学号。

```
SELECT  Sno  FROM  SC
```

查询结果如图4-7(a)所示。

在这个结果中有许多重复的行(一个学生选修了多少门课程,其学号就在结果中重复多少次),这说明数据库管理系统在对列数据选择后,并不对产生的结果判断是否有重复的行,它只是简单地进行列选择操作。

SQL语句提供了去掉结果中的重复行的功能,即在SELECT语句中通过使用DISTINCT关键字去掉结果中的重复行。DISTINCT关键字放在SELECT词的后面、目标列名序列的前面。

去掉上述查询结果中重复行的语句如下:

```
SELECT  DISTINCT  Sno  FROM  SC
```

其查询结果如图4-7(b)所示。

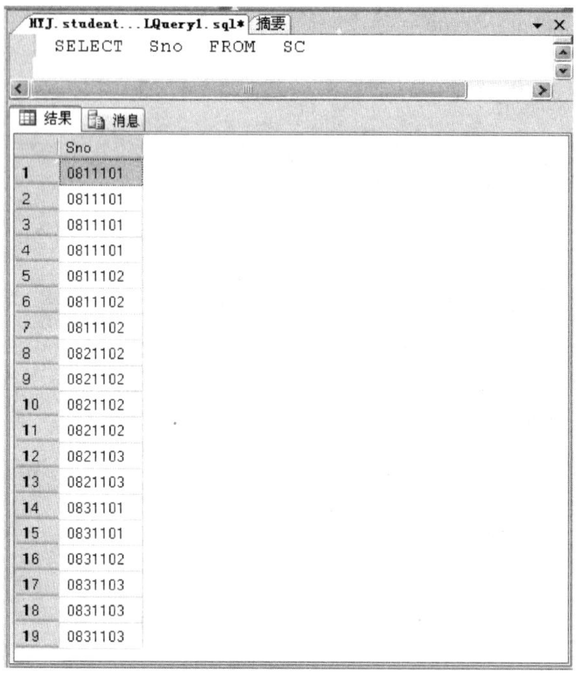

	Sno
1	0811101
2	0811101
3	0811101
4	0811101
5	0811102
6	0811102
7	0811102
8	0821102
9	0821102
10	0821102
11	0821102
12	0821103
13	0821103
14	0831101
15	0831101
16	0831102
17	0831103
18	0831103
19	0831103

(a) 例4-6去掉重复值前的结果

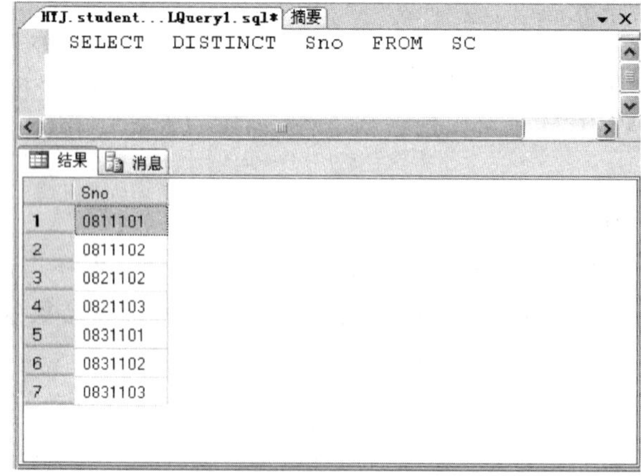

	Sno
1	0811101
2	0811102
3	0821102
4	0821103
5	0831101
6	0831102
7	0831103

(b) 用DISTINCT去掉重复值后的结果

图4-7　例4-6的查询结果

(2) 查询满足条件的元组

查询满足条件的元组是通过 WHERE 子句实现的。WHERE 子句常用的查询条件见表 4-4。

表 4-4　常用的查询条件

查询条件	谓　词
比较(比较运算符)	=、>、>=、<=、<、<>、!=、!>、!<
确定范围	BETWEEN … AND、NOT BETWEEN … AND
确定集合	IN、NOT IN
字符匹配	LIKE、NOT LIKE
空值	IS NULL、IS NOT NULL
多重条件(逻辑谓词)	AND、OR

① 比较大小

比较大小的运算符有：=(等于)、>(大于)、>=(大于等于)、<=(小于等于)、<(小于)、<>(不等于)、!=(不等于)、!>(不大于)和!<(不小于)。

【例 4-7】 查询计算机系全体学生的姓名。

```
SELECT Sname FROM Student
  WHERE Sdept = '计算机系'
```

查询结果如图 4-8 所示。

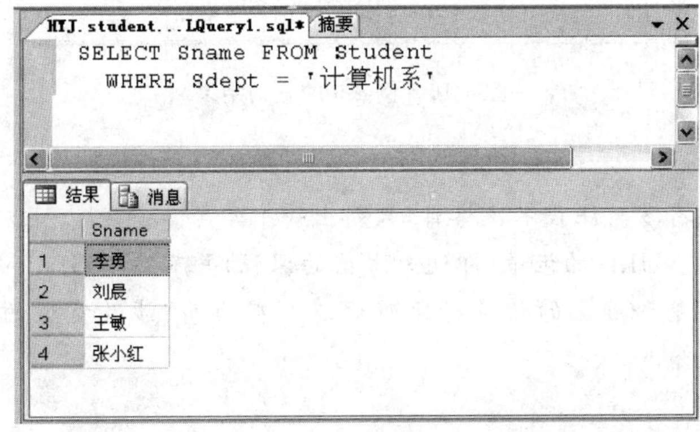

图 4-8　例 4-7 的查询结果

【例 4-8】 查询所有年龄在 20 岁以下的学生的姓名及年龄。

```
SELECT Sname, Sage  FROM Student
  WHERE Sage < 20
```

查询结果如图 4-9 所示。

【例 4-9】 查询考试成绩有不及格的学生的学号。

```
SELECT DISTINCT Sno  FROM SC
  WHERE Grade < 60
```

查询结果如图 4-10 所示。

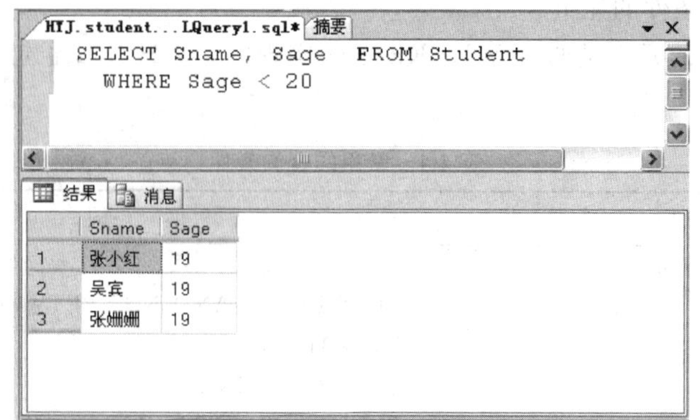

图 4-9 例 4-8 的查询结果

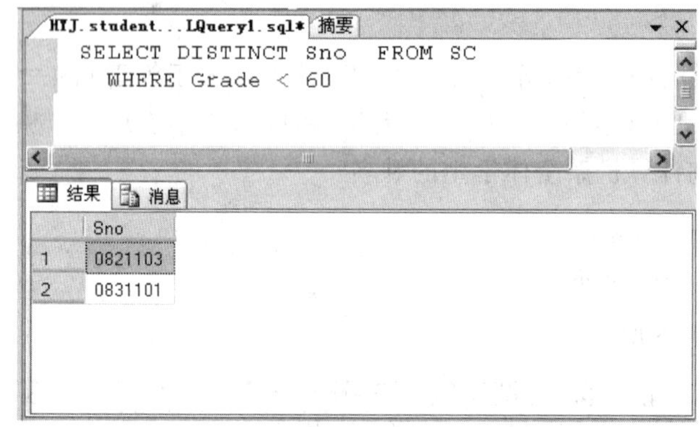

图 4-10 例 4-9 的查询结果

注意：

- 当一个学生有多门课程不及格时，只列出一个学号。
- 考试成绩为 NULL 的记录(即还未考试的课程)并不满足 Grade < 60 的条件，因为 NULL 值不能和确定的值进行比较运算。在后面"涉及空值的查询"部分将详细介绍。

② 确定范围

BETWEEN … AND 和 NOT BETWEEN … AND 可以用来查找属性值在(或不在)指定范围内的元组，其中 BETWEEN 后边指定范围的下限，AND 后边指定范围的上限。

BETWEEN … AND 的语法格式为：

```
列名 | 表达式 [ NOT ] BETWEEN 下限值 AND 上限值
```

BETWEEN … AND 中列名或表达式的数据类型要与下限值或上限值的数据类型相同。

"BETWEEN 下限值 AND 上限值"的含义是：如果列或表达式的值在下限值和上限值范围内(包括边界值)，则结果为 True，表明此记录符合查询条件。

"NOT BETWEEN 下限值 AND 上限值"的含义正好相反：如果列或表达式的值不在下限值和上限值范围内(不包括边界值)，则结果为 True，表明此记录符合查询条件。

【例 4-10】　查询年龄在 20～23 岁范围内的学生的姓名、所在系和年龄。

```
SELECT Sname, Sdept, Sage  FROM Student
  WHERE Sage BETWEEN 20 AND 23
```

此句等价于：

```
SELECT Sname, Sdept, Sage  FROM Student
  WHERE Sage >= 20 AND Sage <= 23
```

查询结果如图 4-11 所示。

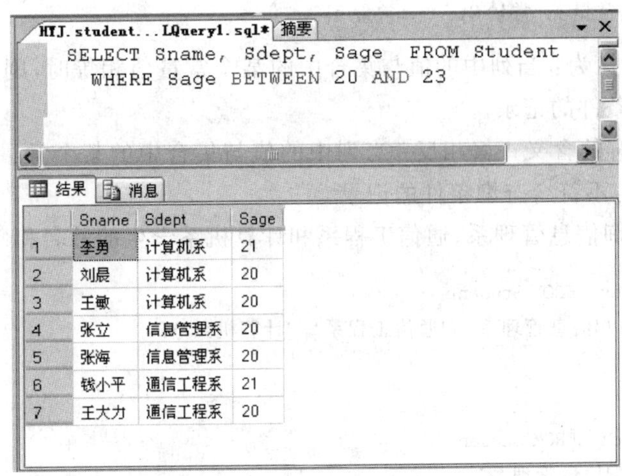

	Sname	Sdept	Sage
1	李勇	计算机系	21
2	刘晨	计算机系	20
3	王敏	计算机系	20
4	张立	信息管理系	20
5	张海	信息管理系	20
6	钱小平	通信工程系	21
7	王大力	通信工程系	20

图 4-11　例 4-10 的查询结果

【例 4-11】　查询年龄不在 20～23 岁范围内的学生的姓名、所在系和年龄。

```
SELECT Sname, Sdept, Sage FROM Student
  WHERE Sage NOT BETWEEN 20 AND 23
```

此句等价于：

```
SELECT Sname, Sdept, Sage  FROM Student
  WHERE Sage < 20 OR Sage > 23
```

查询结果如图 4-12 所示。

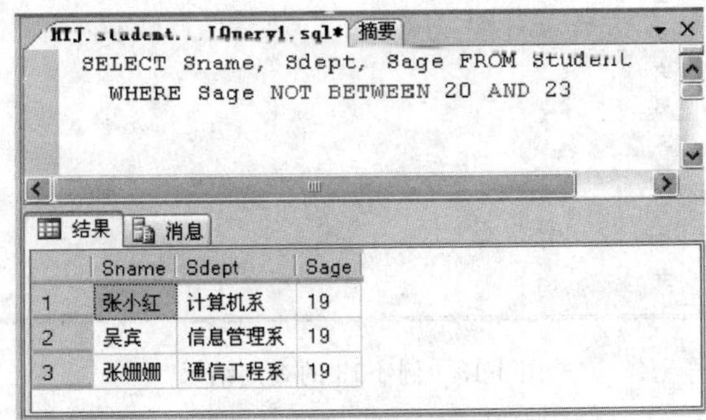

	Sname	Sdept	Sage
1	张小红	计算机系	19
2	吴宾	信息管理系	19
3	张姗姗	通信工程系	19

图 4-12　例 4-11 的查询结果

【例 4-12】 对于日期类型的数据也可以使用基于范围的查找。例如，设有图书表(titles)，其中包含书号(title_id)、类型(type)、价格(price)和出版日期(pubdate)列，查询1991 年 6 月出版的图书信息的语句为：

```
SELECT title_id, type, price, pubdate FROM titles
  WHERE  pubdate BETWEEN '1991/6/1' AND '1991/6/30'
```

③ 确定集合

IN 可以用来查找属性值在指定集合范围内的元组。IN 的语法格式为：

```
列名 [ NOT ] IN (常量 1, 常量 2, … , 常量 n)
```

IN 运算符的含义为：当列中的值与集合中的某个常量值相等时，则结果为 True，表明此记录为符合查询条件的记录。

NOT IN 运算符的含义正好相反：当列中的值与集合中的某个常量值相等时，结果为 False，表明此记录为不符合查询条件的记录。

【例 4-13】 查询信息管理系、通信工程系和计算机系学生的姓名和性别。

```
SELECT Sname, Ssex  FROM Student
  WHERE Sdept IN ('信息管理系', '通信工程系', '计算机系')
```

此句等价于：

```
SELECT Sname, Ssex  FROM Student
  WHERE Sdept = '信息管理系'
     OR Sdept = '通信工程系'
     OR Sdept = '计算机系'
```

查询结果如图 4-13 所示。

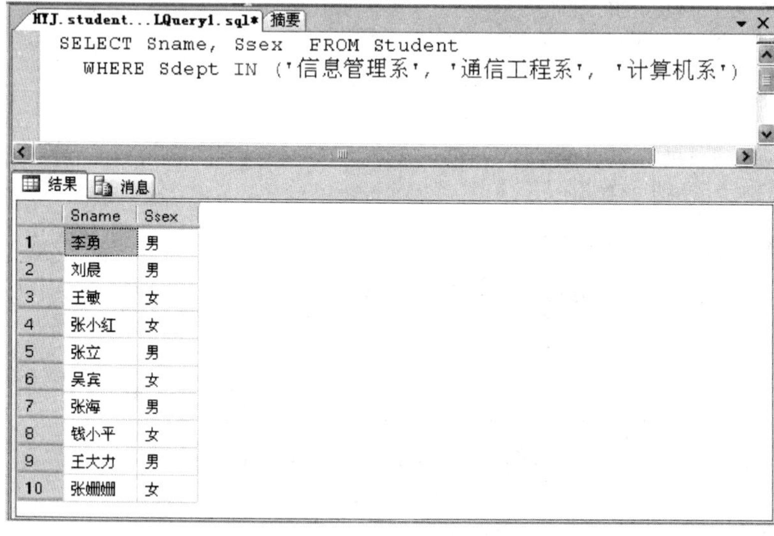

图 4-13 例 4-13 的查询结果

【例 4-14】　查询既不是信息管理系、通信工程系,也不是计算机系的学生的姓名和性别。

```
SELECT Sname, Ssex  FROM Student
  WHERE Sdept NOT IN ('信息管理系', '通信工程系', '计算机系')
```

此句等价于:

```
SELECT Sname, Ssex  FROM Student
  WHERE Sdept!= '信息管理系'
  AND Sdept!= '通信工程系'
  AND Sdept!= '计算机系'
```

由于 Student 表中没有满足查询条件的数据,因此,此查询语句返回的是空表。结果如图 4-14 所示。

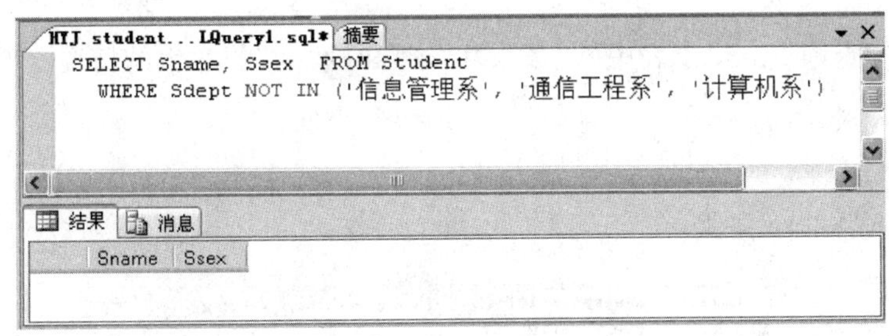

图 4-14　例 4-14 的查询结果

④ 字符串匹配

LIKE 用于查找指定列中与匹配串常量匹配的元组。匹配串是一种特殊的字符串,其特殊之处在于它不仅可以包含普通字符,还可以包含通配符。通配符用于表示任意的字符或字符串。在实际应用中,如果需要从数据库中检索数据,但又不能给出精确的字符查询条件时,就可以使用 LIKE 运算符和通配符来实现模糊查询。在 LIKE 运算符前边也可以使用 NOT 运算符,表示对结果取反。

LIKE 运算符的一般语法格式为:

```
列名  [NOT ]  LIKE  <匹配串>
```

匹配串中可以包含如下 4 种通配符。

- _(下划线):匹配任意一个字符。
- %(百分号):匹配 0 个或多个字符。
- [ ]:匹配[ ]中的任意一个字符。如[acdg]表示匹配 a、c、d 和 g 中的任何一个。若要比较的字符是连续的,则可以用连字符"-"表达,例如,若要匹配 b、c、d、e 中的任何一个字符,则可以表达为:[b-e]。
- [^]:不匹配[ ]中的任意一个字符。如[^acdg]表示不匹配 a、c、d 和 g。同样,若要比较的字符是连续的,也可以用连字符"-"表达,例如,若不匹配 b、c、d、e 中的全部字符,则可以表达为:[^b-e]。

【例 4-15】　查询 Student 表中姓"张"的学生的详细信息。

```
SELECT * FROM Student WHERE Sname LIKE  '张%'
```

查询结果如图 4-15 所示。

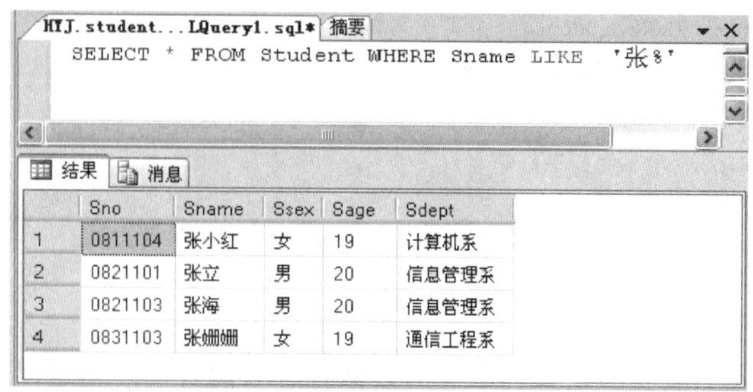

```
SELECT * FROM Student WHERE Sname LIKE '张%'
```

	Sno	Sname	Ssex	Sage	Sdept
1	0811104	张小红	女	19	计算机系
2	0821101	张立	男	20	信息管理系
3	0821103	张海	男	20	信息管理系
4	0831103	张姗姗	女	19	通信工程系

图 4-15　例 4-15 的查询结果

【例 4-16】 查询 Student 表中姓“张”、姓“李”和姓“刘”的学生的情况。

```
SELECT * FROM Student
  WHERE Sname LIKE '[张李刘]%'
```

查询结果如图 4-16 所示。


```
SELECT * FROM Student
  WHERE Sname LIKE '[张李刘]%'
```

	Sno	Sname	Ssex	Sage	Sdept
1	0811101	李勇	男	21	计算机系
2	0811102	刘晨	男	20	计算机系
3	0811104	张小红	女	19	计算机系
4	0821101	张立	男	20	信息管理系
5	0821103	张海	男	20	信息管理系
6	0831103	张姗姗	女	19	通信工程系

图 4-16　例 4-16 的查询结果

【例 4-17】 查询 Student 表中名字的第 2 个字为“小”或“大”的学生的姓名和学号。

```
SELECT Sname, Sno FROM Student
  WHERE Sname LIKE '_[小大]%'
```

查询结果如图 4-17 所示。

【例 4-18】 查询 Student 表中所有不姓“刘”的学生。

```
SELECT Sname FROM Student WHERE Sname NOT LIKE '刘%'
```

【例 4-19】 从 Student 表中查询学号的最后一位不是 2、3、5 的学生信息。

```
SELECT * FROM Student WHERE Sno LIKE '%[^235]'
```

查询结果如图 4-18 所示。

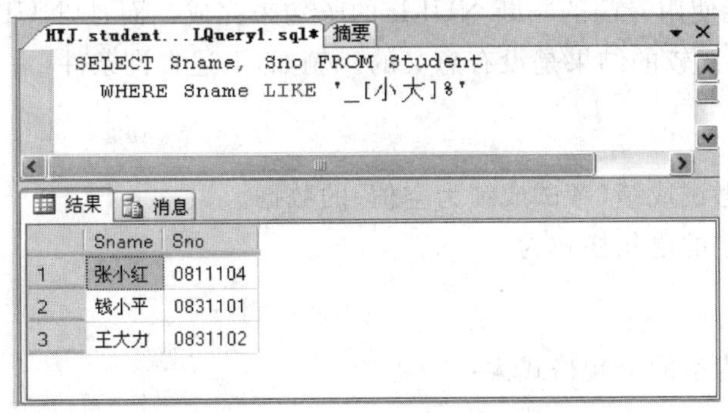

图 4-17 例 4-17 的查询结果

HYJ.student...LQuery1.sql* 摘要

```
SELECT * FROM Student WHERE Sno LIKE '%[^235]'
```

结果 消息

	Sno	Sname	Ssex	Sage	Sdept
1	0811101	李勇	男	21	计算机系
2	0811104	张小红	女	19	计算机系
3	0821101	张立	男	20	信息管理系
4	0831101	钱小平	女	21	通信工程系

图 4-18 例 4-19 的查询结果

如果要查找的字符串正好含有通配符，比如下划线或百分号，就需要使用一个特殊子句来告诉数据库管理系统这里的下划线或百分号是一个普通的字符，而不是一个通配符，这个特殊的子句就是 ESCAPE。

ESCAPE 的语法格式为：

```
ESCAPE 转义字符
```

其中“转义字符”是任何一个有效的字符，匹配串中也包含这个字符，表明位于该字符后面的那个字符将被视为普通字符，而不是通配符。

例如，为查找 field1 字段中包含字符串“30%”的记录，可在 WHERE 子句中指定：

```
WHERE  field1 LIKE  '%30!%%'  ESCAPE  '!'
```

又如，为查找 field1 字段中包含下划线(_)的记录，可在 WHERE 子句中指定：

```
WHERE  field1 LIKE '%!_%'  ESCAPE  '!'
```

⑤ 涉及空值的查询

空值(NULL)在数据库中有特殊的含义，它表示当前不确定的或未知的值。例如，学生选修完课程之后，在没有考试之前，这些学生在选课记录中只有学号和所选的课程号，而没有考试成绩，因此考试成绩就为空值。

由于空值是不确定的值，因此判断某个值是否为 NULL，不能使用普通的比较运算符

(=、! =等)，而只能使用专门的判断 NULL 的子句来完成。而且，NULL 不能与任何确定的值进行比较，因为比较的结果是没有意义的。例如，下述查询条件：

```
WHERE Grade < 60
```

不会返回没有考试成绩(考试成绩为空值)的数据。

判断列取值为空的语句格式为：

```
列名 IS NULL
```

判断列取值不为空的语句格式为：

```
列名 IS NOT NULL
```

【例 4-20】 查询还没有考试的学生的学号和相应的课程号。

```
SELECT Sno, Cno FROM SC
  WHERE Grade IS NULL
```

查询结果如图 4-19 所示。

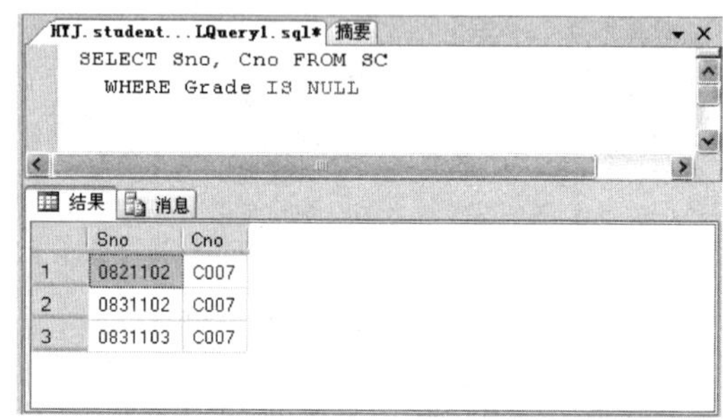

图 4-19 例 4-20 的查询结果

【例 4-21】 查询所有已经考试了的学生的学号、课程号和考试成绩。

```
SELECT Sno, Cno, Grade FROM SC
  WHERE Grade IS NOT NULL
```

查询结果如图 4-20 所示。

⑥ 多重条件查询

当需要多个查询条件时，可以在 WHERE 子句中使用逻辑运算符 AND 和 OR 来组成多重条件查询。

使用 AND 谓词的语法格式为：

```
布尔表达式 1 AND 布尔表达式 2 AND … AND 布尔表达式 n
```

用 AND 连接的条件表示只有当全部的布尔表达式均为真时，整个表达式的结果才为真；只要有一个布尔表达式的结果为假，则整个表达式的结果即为假。

使用 OR 谓词的语法格式为：

```
布尔表达式 1 OR 布尔表达式 2 OR … OR 布尔表达式 n
```

用 OR 连接的条件表示只要其中一个布尔表达式为真，则整个表达式的结果即为真；只有当全部布尔表达式的结果均为假时，整个表达式的结果才为假。

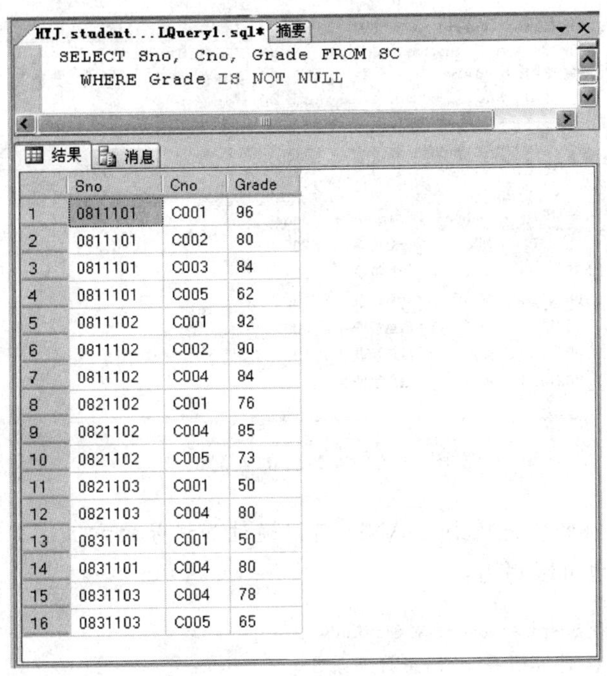

图 4-20 例 4-21 的查询结果

【例 4-22】 查询计算机系年龄在 20 岁以下的学生姓名。

```
SELECT Sname FROM Student
  WHERE Sdept = '计算机系' AND Sage < 20
```

查询结果如图 4-21 所示。

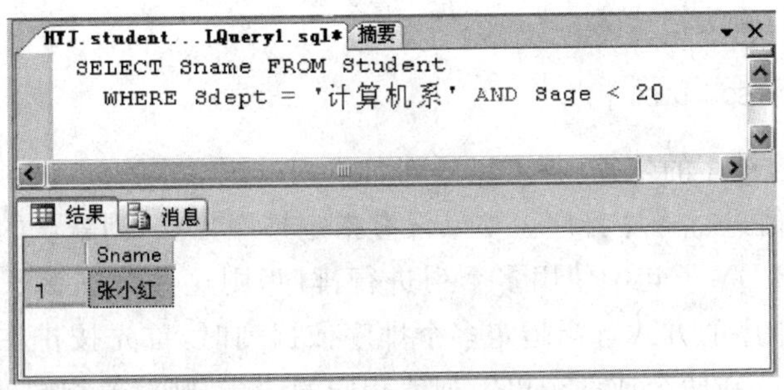

图 4-21 例 4-22 的查询结果

【例 4-23】 查询计算机系和信息管理系学生中年龄在 18～20 岁范围内的学生的学号、姓名、所在系和年龄。

```
SELECT Sno, Sname, Sdept, Sage FROM Student
  WHERE (Sdept = '计算机系' OR Sdept = '信息管理系')
    AND Sage between 18 and 20
```

查询结果如图 4-22 所示。

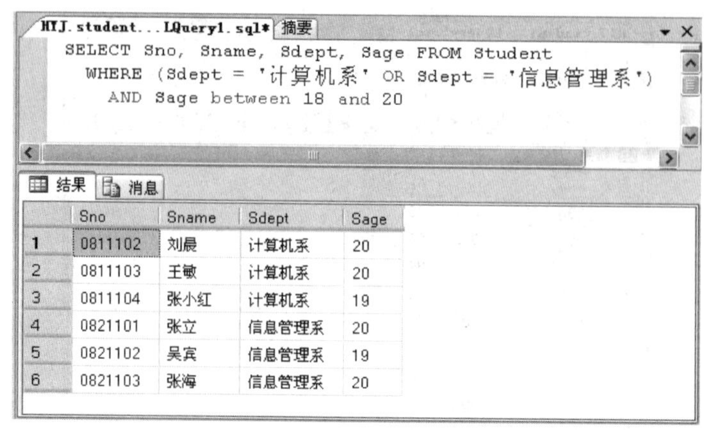

	Sno	Sname	Sdept	Sage
1	0811102	刘晨	计算机系	20
2	0811103	王敏	计算机系	20
3	0811104	张小红	计算机系	19
4	0821101	张立	信息管理系	20
5	0821102	吴宾	信息管理系	19
6	0821103	张海	信息管理系	20

图 4-22　例 4-23 的查询结果

注意：OR 运算符的优先级小于 AND，可以通过加括号的方法改变运算的优先顺序。例 4-23 的查询也可以写为：

```
SELECT Sno, Sname, Sdept, Sage FROM Student
  WHERE Sdept in ( '计算机系', '信息管理系')
    AND Sage between 18 and 20
```

3. 对查询结果进行排序

有时，用户希望查询的结果能按一定的顺序显示出来，比如按考试成绩从高到低排列学生的考试情况。SQL 语句具有按用户指定的列排序查询结果的功能，而且查询结果可以按一个列排序，也可以按多个列进行排序。排序可以是从小到大（升序），也可以是从大到小（降序）。排序子句的语法格式为：

```
ORDER BY <列名> [ASC | DESC ] [ ,… n ]
```

其中<列名>为排序的依据列，可以是列名或列的别名。ASC 表示按列值进行升序排序，DESC 表示按列值进行降序排序。如果没有指定排序方式，则默认的排序方式为 ASC。

如果在 ORDER BY 子句中使用多个列进行排序，则这些列在该子句中出现的顺序决定了对结果集进行排序的方式。当指定多个排序依据列时，首先按排在最前面的列的值进行排序，如果排序后存在两个或两个以上列值相同的记录，则对值相同的记录再依据排在第二位的列的值进行排序，依次类推。

【例 4-24】　将学生按年龄的升序排序。

```
SELECT * FROM Student ORDER BY Sage
```

查询结果如图 4-23 所示。

【例 4-25】　查询选修了“C002”号课程的学生的学号及其成绩，查询结果按成绩降序排列。

```
SELECT Sno, Grade FROM SC
  WHERE Cno = 'C002'
  ORDER BY Grade DESC
```

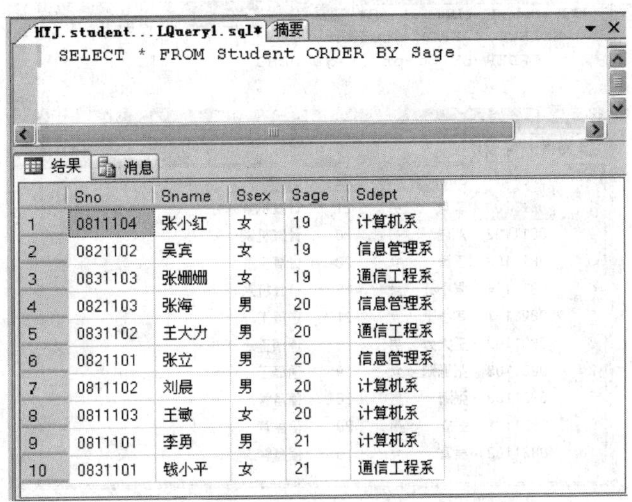
```
SELECT * FROM Student ORDER BY Sage
```

	Sno	Sname	Ssex	Sage	Sdept
1	0811104	张小红	女	19	计算机系
2	0821102	吴宾	女	19	信息管理系
3	0831103	张姗姗	女	19	通信工程系
4	0821103	张海	男	20	信息管理系
5	0831102	王大力	男	20	通信工程系
6	0821101	张立	男	20	信息管理系
7	0811102	刘晨	男	20	计算机系
8	0811103	王敏	女	20	计算机系
9	0811101	李勇	男	21	计算机系
10	0831101	钱小平	女	21	通信工程系

图 4-23　例 4-24 的查询结果

查询结果如图 4-24 所示。

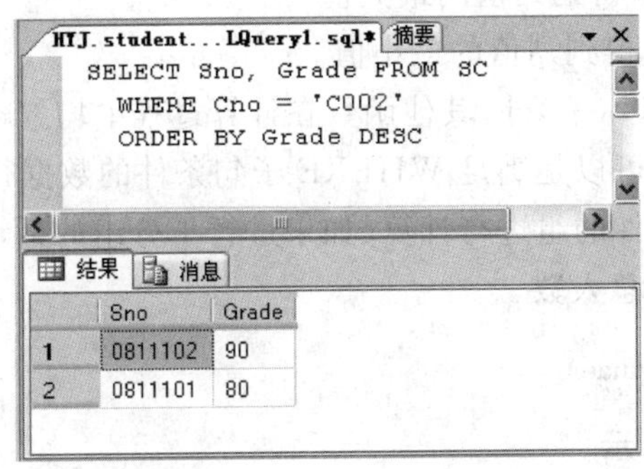
```
SELECT Sno, Grade FROM SC
 WHERE Cno = 'C002'
 ORDER BY Grade DESC
```

	Sno	Grade
1	0811102	90
2	0811101	80

图 4-24　例 4-25 的查询结果

【例 4-26】 查询全体学生的信息，查询结果按所在系的系名升序排列，同一系的学生按年龄降序排列。

```
SELECT * FROM Student
  ORDER BY Sdept, Sage DESC
```

查询结果如图 4-25 所示。

4. 使用统计函数汇总数据

统计函数也称为集合函数或聚合函数，其作用是对一组值进行计算并返回一个统计结果。SQL 提供的统计函数包括以下几个。

① COUNT(*)：统计表中元组的个数。

② COUNT([DISTINCT] <列名>)：统计本列的列值个数，DISTINCT 选项表示去掉列的重复值后再统计。

③ SUM(<列名>)：计算列值的和值(必须是数值型列)。

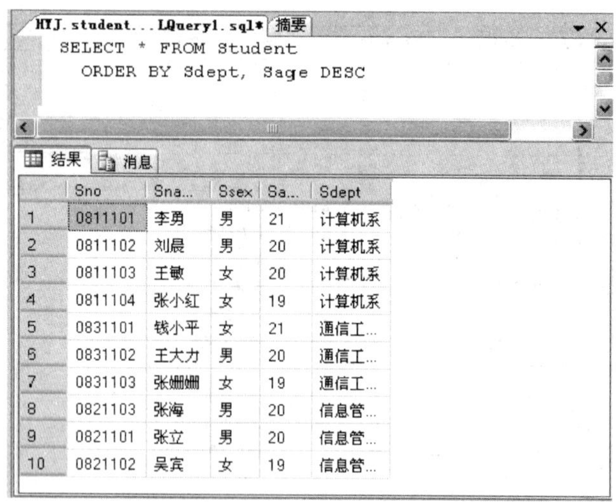

	Sno	Sna...	Ssex	Sa...	Sdept
1	0811101	李勇	男	21	计算机系
2	0811102	刘晨	男	20	计算机系
3	0811103	王敏	女	20	计算机系
4	0811104	张小红	女	19	计算机系
5	0831101	钱小平	女	21	通信工...
6	0831102	王大力	男	20	通信工...
7	0831103	张姗姗	女	19	通信工...
8	0821103	张海	男	20	信息管...
9	0821101	张立	男	20	信息管...
10	0821102	吴宾	女	19	信息管...

图 4-25 例 4-26 的查询结果

④ AVG(＜列名＞)：计算列值的平均值(必须是数值型列)。

⑤ MAX(＜列名＞)：得到列值的最大值。

⑥ MIN(＜列名＞)：得到列值的最小值。

上述函数中除 COUNT(＊)外，其他函数在计算过程中均忽略 NULL 值。

统计函数的计算范围可以是满足 WHERE 子句条件的数据行(如果是对整个表进行计算的话)，也可以对满足条件的组进行计算(如果进行了分组的话，关于分组将在后边介绍)。

【例 4-27】 统计学生总人数。

```
SELECT COUNT( * ) FROM Student
```

统计结果如图 4-26 所示。

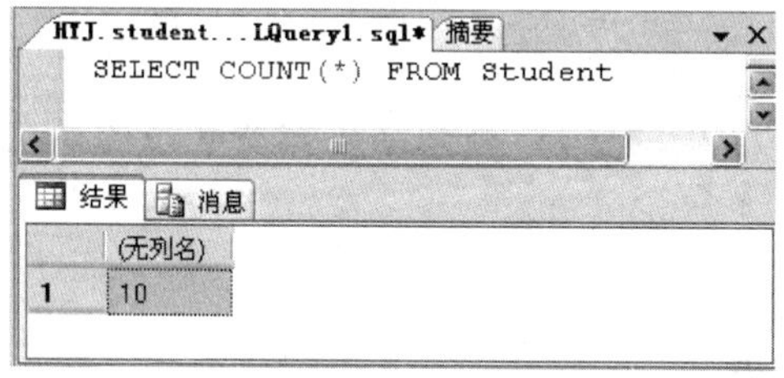

	(无列名)
1	10

图 4-26 例 4-27 的查询结果

【例 4-28】 统计选修了课程的学生的人数。

```
SELECT COUNT (DISTINCT Sno) FROM SC
```

查询结果如图 4-27 所示。

由于一个学生可选多门课程，为避免重复计算这样的学生，加 DISTINCT 去掉重复值。

【例 4-29】 计算学号为“0811101”的学生的考试总成绩。

```
SELECT SUM(Grade) FROM SC
  WHERE Sno = '0811101'
```

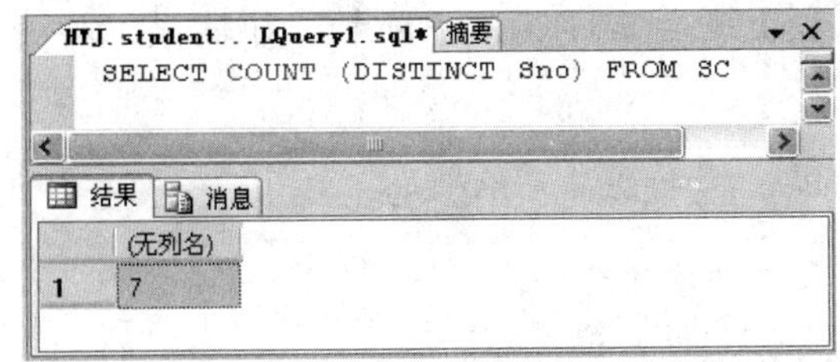

图 4-27　例 4-28 的查询结果

查询结果如图 4-28 所示。

图 4-28　例 4-29 的查询结果

【例 4-30】　计算“C001”课程的考试平均成绩。

```
SELECT AVG(Grade) FROM SC WHERE Cno = 'C001'
```

查询结果如图 4-29 所示。

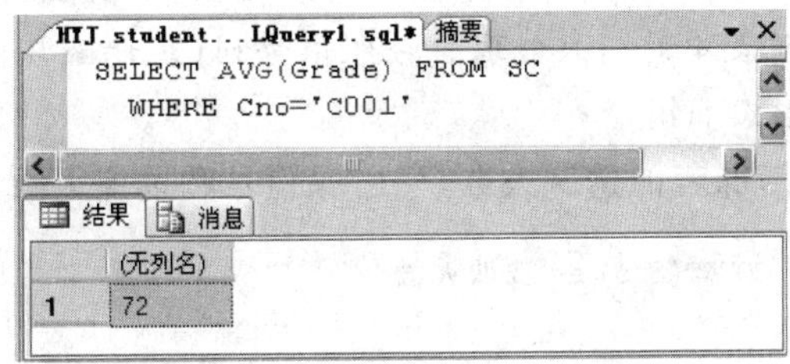

图 4-29　例 4-30 的查询结果

【例 4-31】　查询“C001”课程考试成绩的最高分和最低分。

```
SELECT MAX(Grade) 最高分, MIN(Grade) 最低分
  FROM SC WHERE Cno = 'C001'
```

查询结果如图 4-30 所示。

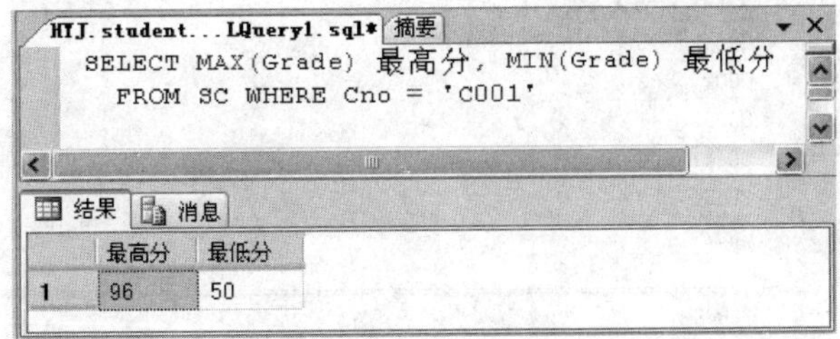

图 4-30　例 4-31 的查询结果

注意：统计函数不能出现在 WHERE 子句中。例如，查询年龄最大的学生的姓名，如下写法是错误的。

```
SELECT Sname FROM Student WHERE Sage = MAX(Sage)
```

正确的写法将在子查询部分介绍。

5. 对查询结果进行分组计算

有时需要对数据进行分组，然后再对每个组进行统计计算，而不是对全表进行计算。比如，统计每个学生的平均成绩、每个系的学生人数时就需要将数据分组，然后再统计。SQL 查询语句中用于分组的子句是 GROUP BY。GROUP BY 可将计算控制在组这一级。分组的目的是细化统计函数的作用对象。在一个查询语句中，可以用多个列进行分组。需要注意的是，如果使用了分组子句，则查询列表中的每个列必须要么是分组依据列（在 GROUP BY 后边的列），要么是统计函数。

使用 GROUP BY 子句时，如果在 SELECT 的查询列表中包含统计函数，则是针对每个组计算出一个汇总值，从而实现对查询结果的分组统计。

分组语句跟在 WHERE 子句的后边，它的一般形式为：

```
GROUP BY <分组依据列> [,… n ]
[ HAVING <组提取条件> ]
```

注意：

① 分组依据列不能是 TEXT、NTEXT、IMAGE 和 BIT 类型的列。

② 有分组时，查询列表中的列只能取自分组依据列（统计函数中的列除外）。

(1) 使用 GROUP BY 子句

【例 4-32】 统计每门课程的选课人数，列出课程号和选课人数。

```
SELECT Cno as 课程号, COUNT(Sno) as 选课人数
FROM SC GROUP BY Cno
```

该语句首先对 SC 表的数据按 Cno 的值进行分组，所有具有相同 Cno 值的元组归为一组，然后再对每一组使用 COUNT 函数进行计算，求得每组的学生人数。查询结果如图 4-31 所示。

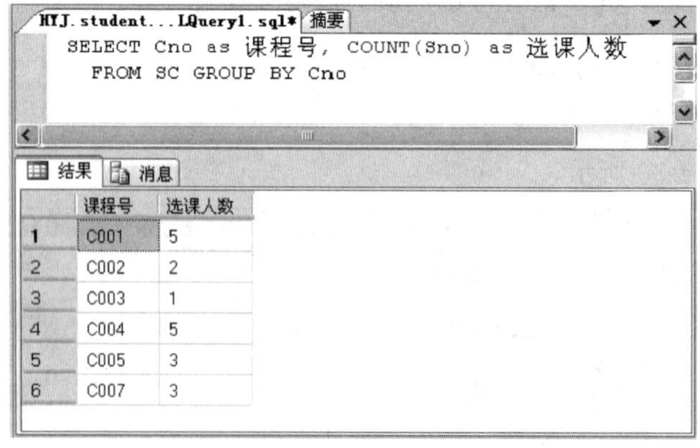

图 4-31 例 4-32 的查询结果

【例 4-33】 统计每个学生的选课门数和平均成绩。

```
SELECT Sno 学号, COUNT( * ) 选课门数, AVG(Grade) 平均成绩
  FROM SC GROUP BY Sno
```

查询结果如图 4-32 所示。

HYJ.student...LQuery1.sql*　摘要

```
SELECT Sno 学号, COUNT(*) 选课门数, AVG(Grade) 平均成绩
  FROM SC GROUP BY Sno
```

结果　消息

	学号	选课门数	平均成绩
1	0811101	4	80
2	0811102	3	88
3	0821102	4	78
4	0821103	2	65
5	0831101	2	65
6	0831102	1	NULL
7	0831103	3	71

图 4-32　例 4-33 的查询结果

注意：

① GROUP BY 子句中的分组依据列必须是表中存在的列名，不能使用 AS 子句指派的结果集列的别名。例如，例 4-33 中不能将 GROU BY 子句写成：GROUP BY 学号。

② 带有 GROUP BY 子句的 SELECT 语句的查询列表中只能出现分组依据列或统计函数，因为分组后每个组只返回一行结果。

【例 4-34】 统计每个系的学生人数和平均年龄。

```
SELECT Sdept, COUNT( * ) AS 学生人数, AVG(Sage) AS 平均年龄
  FROM Student
  GROUP BY Sdept
```

查询结果如图 4-33 所示。

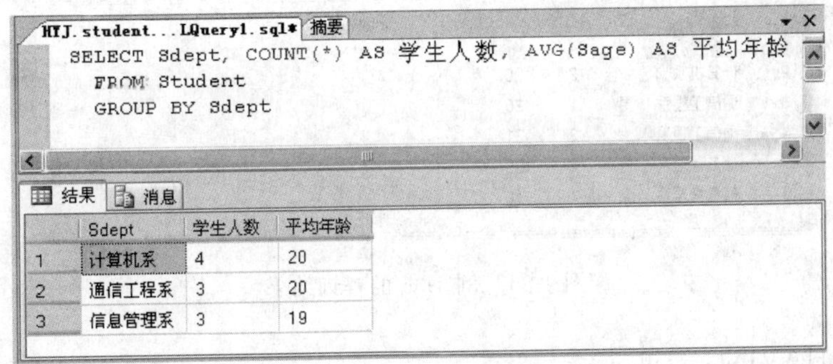

HYJ.student...LQuery1.sql*　摘要

```
SELECT Sdept, COUNT(*) AS 学生人数, AVG(Sage) AS 平均年龄
  FROM Student
  GROUP BY Sdept
```

结果　消息

	Sdept	学生人数	平均年龄
1	计算机系	4	20
2	通信工程系	3	20
3	信息管理系	3	19

图 4-33　例 4-34 的查询结果

【例 4-35】 带 WHERE 子句的分组。统计每个系的女生人数。

```
SELECT Sdept, Count( * ) 女生人数 FROM Student
  WHERE Ssex = '女'
  GROUP BY Sdept
```

查询结果如图 4-34 所示。

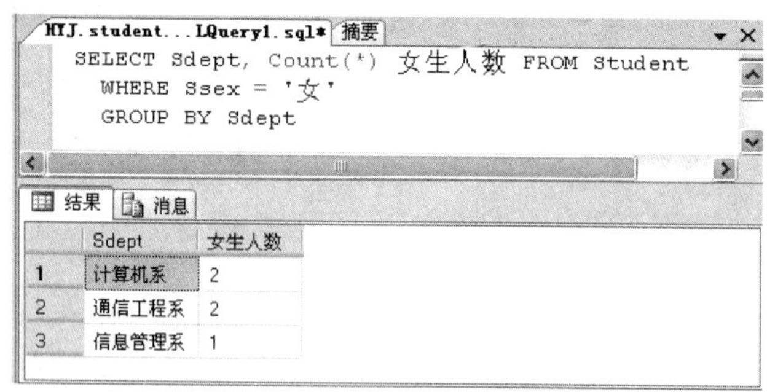

```
SELECT Sdept, Count(*) 女生人数 FROM Student
  WHERE Ssex = '女'
  GROUP BY Sdept
```

	Sdept	女生人数
1	计算机系	2
2	通信工程系	2
3	信息管理系	1

图 4-34 例 4-35 的查询结果

【例 4-36】 按多列分组。统计每个系的男生人数和女生人数以及男生的最大年龄和女生的最大年龄。结果按系名的升序排序。

```
SELECT Sdept, Ssex, Count( * ) 人数, Max(Sage) 最大年龄
  FROM Student
  GROUP BY Sdept, Ssex
  ORDER BY Sdept
```

查询结果如图 4-35 所示。

```
SELECT Sdept, Ssex, Count(*) 人数, Max(Sage) 最大年龄
  FROM Student
  GROUP BY Sdept, Ssex
  ORDER BY Sdept
```

	Sdept	Ssex	人数	最大年龄
1	计算机系	男	2	21
2	计算机系	女	2	20
3	通信工程系	男	1	20
4	通信工程系	女	2	21
5	信息管理系	男	2	20
6	信息管理系	女	1	19

图 4-35 例 4-36 的查询结果

(2) 使用 HAVING 子句

HAVING 子句用于对分组后的结果再进行筛选,它的功能有点像 WHERE 子句,但它用于组而不是单个记录。在 HAVING 子句中可以使用统计函数,但在 WHERE 子句中则不能。HAVING 通常与 GROUP BY 子句一起使用。

【例 4-37】 查询选修 3 门以上课程的学生的学号和选课门数。

```
SELECT Sno, Count( * ) 选课门数 FROM SC
  GROUP BY Sno HAVING COUNT( * ) > 3
```

查询结果如图 4-36 所示。

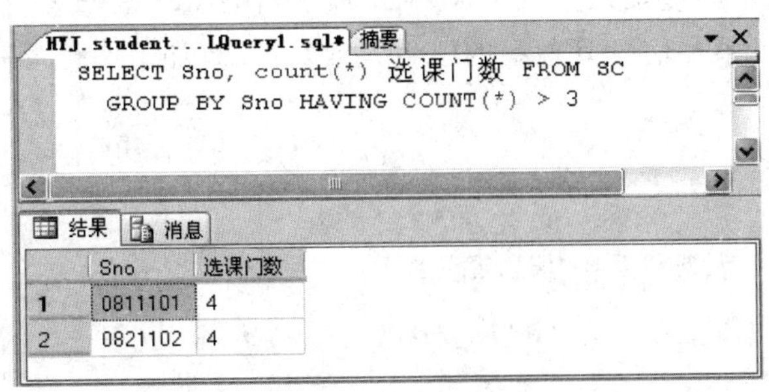

图 4-36　例 4-37 的查询结果

此语句的处理过程为：先执行 GROUP BY 子句对 SC 表数据按 Sno 进行分组，然后再用统计函数 COUNT 分别对每一组进行统计，最后筛选出统计结果满足大于 3 的组。

【例 4-38】 查询选课门数大于等于 4 门的学生的平均成绩和选课门数。

```
SELECT Sno, AVG(Grade) 平均成绩, COUNT( * ) 选课门数
  FROM SC
  GROUP BY Sno
  HAVING COUNT( * ) >= 4
```

查询结果如图 4-37 所示。

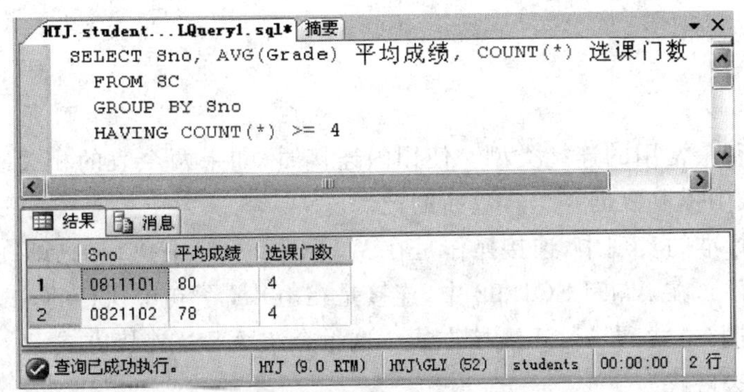

图 4-37　例 4-38 的查询结果

正确地理解 WHERE、GROUP BY、HAVING 子句的作用及执行顺序，对编写正确、高效的查询语句很有帮助。

① WHERE 子句用来筛选 FROM 子句中指定的数据源所产生的行数据。

② GROUP BY 子句用来对经 WHERE 子句筛选后的结果数据进行分组。

③ HAVING 子句用来对分组后的结果数据再进行筛选。

对于可以在分组操作之前应用的搜索条件，在 WHERE 子句中指定它们更有效，这样可以减少参与分组的数据行。在 HAVING 子句中指定的搜索条件应该是那些必须在执行

分组操作之后应用的搜索条件。

一般的数据库管理系统的查询优化器可以处理这些条件中的大多数。如果查询优化器确定 HAVING 搜索条件可以在分组操作之前应用，那么它就会在分组之前应用。查询优化器可能无法识别所有可以在分组操作之前应用的 HAVING 搜索条件。因此，建议将所有应该在分组之前进行的搜索条件放在 WHERE 子句中而不是 HAVING 子句中。

例如，查询计算机系和信息管理系的学生人数，可以有如下两种写法。

第一种：

```
SELECT Sdept, COUNT( * )  FROM Student
  GROUP BY Sdept
  HAVING Sdept IN ( '计算机系', '信息管理系')
```

第二种：

```
SELECT sdept, COUNT ( * )  FROM Student
  WHERE Sdept IN ( '计算机系', '信息管理系')
  GROUP BY Sdept
```

第二种写法比第一种写法执行效率高，因为参与分组的数据比较少。

4.1.3 多表连接查询

前面介绍的查询都是针对一个表进行的，但在实际查询中往往需要从多个表中获取信息，这时的查询就会涉及多张表。若一个查询同时涉及两个或两个以上的表，则称之为连接查询。连接查询是关系数据库中最主要的查询，主要包括内连接、外连接和交叉连接等。本书介绍内连接和外连接，因交叉连接使用得很少，且其结果也没有太大的实际语义，因此不作介绍。

1. 内连接

内连接是一种最常用的连接类型。使用内连接时，如果两个表的相关字段满足连接条件，则从这两个表中提取数据并组合成新的记录。

在非 ANSI 标准的实现中，连接操作是在 WHERE 子句中执行的(即在 WHERE 子句中指定表连接条件)，在 ANSI SQL-92 中，连接是在 JOIN 子句中执行的。这些连接方式分别被称为 theta 连接方式和 ANSI 连接方式。这里介绍 ANSI 连接方式。

内连接的语法格式为：

```
FROM  表 1  [ INNER ]  JOIN  表 2  ON  <连接条件>
```

在连接条件中指明两个表按什么条件进行连接，连接条件中的比较运算符称为连接谓词。连接条件的一般格式为：

```
[<表名 1>.]<列名 1><比较运算符>[<表名 2>.]<列名 2>
```

注意：连接条件中的连接字段必须是可比的，即必须是语义相同的列，否则比较将是无意义的。

当比较运算符为等号(=)时，称为等值连接，使用其他运算符的连接称为非等值连接。

从概念上讲，DBMS执行连接操作的过程是：首先取表1中的第1个元组，然后从头开始扫描表2，逐一查找满足连接条件的元组，找到后就将表1中的第1个元组与该元组拼接起来，形成结果表中的一个元组。表2全部查找完毕后，再取表1中的第2个元组，然后再从头开始扫描表2，逐一查找满足连接条件的元组，找到后就将表1中的第2个元组与该元组拼接起来，形成结果表中的另一个元组。重复这个过程，直到表1中的全部元组都处理完毕。

【例 4-39】 查询每个学生及其选课的详细信息。

由于学生基本信息存放在Student表中，学生选课信息存放在SC表中，因此这个查询涉及两个表，这两个表之间进行连接的连接条件是两个表中的Sno相等。

```
SELECT * FROM Student INNER JOIN  SC
  ON Student.Sno = SC.Sno          -- 将 Student 与 SC 连接起来
```

查询结果如图4-38所示。

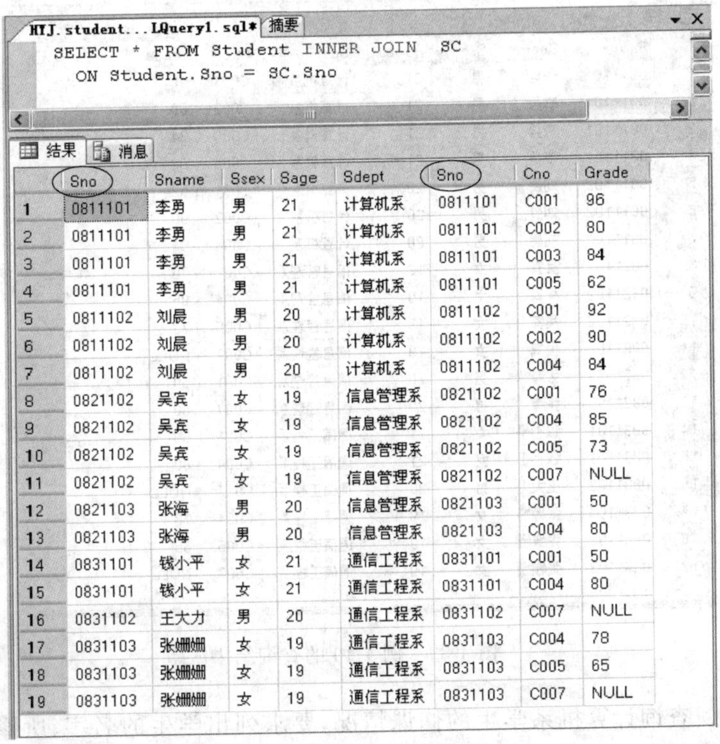

HYJ.student...LQuery1.sql* 摘要

```
SELECT * FROM Student INNER JOIN  SC
  ON Student.Sno = SC.Sno
```

结果 消息

	Sno	Sname	Ssex	Sage	Sdept	Sno	Cno	Grade
1	0811101	李勇	男	21	计算机系	0811101	C001	96
2	0811101	李勇	男	21	计算机系	0811101	C002	80
3	0811101	李勇	男	21	计算机系	0811101	C003	84
4	0811101	李勇	男	21	计算机系	0811101	C005	62
5	0811102	刘晨	男	20	计算机系	0811102	C001	92
6	0811102	刘晨	男	20	计算机系	0811102	C002	90
7	0811102	刘晨	男	20	计算机系	0811102	C004	84
8	0821102	吴宾	女	19	信息管理系	0821102	C001	76
9	0821102	吴宾	女	19	信息管理系	0821102	C004	85
10	0821102	吴宾	女	19	信息管理系	0821102	C005	73
11	0821102	吴宾	女	19	信息管理系	0821102	C007	NULL
12	0821103	张海	男	20	信息管理系	0821103	C001	50
13	0821103	张海	男	20	信息管理系	0821103	C004	80
14	0831101	钱小平	女	21	通信工程系	0831101	C001	50
15	0831101	钱小平	女	21	通信工程系	0831101	C004	80
16	0831102	王大力	男	20	通信工程系	0831102	C007	NULL
17	0831103	张姗姗	女	19	通信工程系	0831103	C004	78
18	0831103	张姗姗	女	19	通信工程系	0831103	C005	65
19	0831103	张姗姗	女	19	通信工程系	0831103	C007	NULL

图4-38 例4 39的查询结果

从图4-38中可以看到，两个表的连接结果中包含了两个表的全部列，其中有两个Sno列：一个来自Student表，一个来自SC表(不同表中的列可以重名)，这两个列的值是完全相同的(因为这里的连接条件就是Student.Sno = SC.Sno)。因此，在写多表连接查询语句时有必要将这些重复的列去掉，方法是在SELECT子句中直接写所需要的列名，而不是写“*”。另外，由于进行多表连接之后，在连接生成的表中可能存在列名相同的列，因此，为了明确需要的是哪个列，可以在列名前添加表名前缀限制，其格式如下：

```
表名.列名
```

比如在上例中，在 ON 子句中对 Sno 列就加上了表名前缀限制。

从上述结果还可以看到，在 SELECT 子句中列出的列表来自两个表的连接结果中的列，而且在 WHERE 子句中所涉及的列也是连接结果中的列。因此，根据要查询的列以及数据的选择条件涉及的列可以确定这些列所在的表，从而也就确定了进行连接操作的表。

【例 4-40】 去掉例 4-39 中的重复列。

```
SELECT Student.Sno,Sname,Ssex,Sage,Sdept,Cno,Grade
  FROM Student JOIN SC ON Student.Sno = SC.Sno
```

查询结果如图 4-39 所示。

HYJ.student...LQuery1.sql* 摘要

```
SELECT Student.Sno, Sname, Ssex, Sage, Sdept, Cno, Grade
  FROM Student  JOIN  SC  ON  Student.Sno = SC.Sno
```

结果 消息

	Sno	Sname	Ssex	Sage	Sdept	Cno	Grade
1	0811101	李勇	男	21	计算机系	C001	96
2	0811101	李勇	男	21	计算机系	C002	80
3	0811101	李勇	男	21	计算机系	C003	84
4	0811101	李勇	男	21	计算机系	C005	62
5	0811102	刘晨	男	20	计算机系	C001	92
6	0811102	刘晨	男	20	计算机系	C002	90
7	0811102	刘晨	男	20	计算机系	C004	84
8	0821102	吴宾	女	19	信息管理系	C001	76
9	0821102	吴宾	女	19	信息管理系	C004	85
10	0821102	吴宾	女	19	信息管理系	C005	73
11	0821102	吴宾	女	19	信息管理系	C007	NULL
12	0821103	张海	男	20	信息管理系	C001	50
13	0821103	张海	男	20	信息管理系	C004	80
14	0831101	钱小平	女	21	通信工程系	C001	50
15	0831101	钱小平	女	21	通信工程系	C004	80
16	0831102	王大力	男	20	通信工程系	C007	NULL
17	0831103	张姗姗	女	19	通信工程系	C004	78
18	0831103	张姗姗	女	19	通信工程系	C005	65
19	0831103	张姗姗	女	19	通信工程系	C007	NULL

图 4-39 例 4-40 的查询结果

【例 4-41】 查询计算机系学生的修课情况，要求列出学生的名字、所修课的课程号和成绩。

```
SELECT Sname, Cno, Grade  FROM Student JOIN SC
  ON Student.Sno = SC.Sno
  WHERE Sdept = '计算机系'
```

查询结果如图 4-40 所示。

可以为表提供别名，其格式如下：

```
FROM <源表名> [ AS ] <表别名>
```

为表指定别名可以简化表的书写，而且在有些连接查询（后面介绍的自连接）中要求必须指定别名。

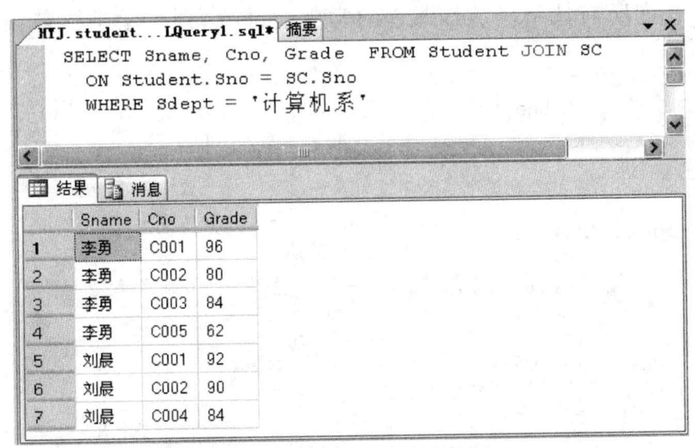

图 4-40 例 4-41 的查询结果

例如，使用别名时例 4-41 可写为如下形式：

```
SELECT Sname,Cno,Grade FROM Student S JOIN SC
  ON S.Sno = SC.Sno
  WHERE Sdept = '计算机系'
```

注意：当为表指定了别名时，在查询语句中的其他地方，所有用到表名的地方都要使用别名，而不能再使用原表名。

【例 4-42】 查询"信息管理系"选修了"计算机文化学"课程的学生的成绩，要求列出学生姓名、课程名和成绩。

```
SELECT Sname,Cname,Grade
  FROM  Student s JOIN SC ON s.Sno = SC. Sno
  JOIN  Course c ON c.Cno = SC.Cno
  WHERE Sdept = '信息管理系'
    AND Cname = '计算机文化学'
```

查询结果如图 4-41 所示。

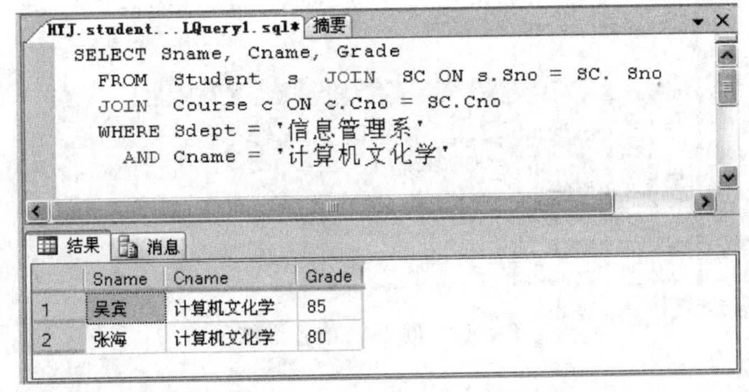

图 4-41 例 4-42 的查询结果

注意：此查询涉及了三张表（"信息管理系"信息在 Student 表中，"计算机文化学"课程信息在 Course 表中，"成绩"信息在 SC 表中）。每连接一张表，就需要加一个 JOIN 子句。

【例 4-43】 查询所有选修了 VB 课程的学生的情况,列出学生姓名和所在系。

```
SELECT Sname, Sdept FROM Student S
  JOIN SC ON S.Sno = SC. Sno
  JOIN Course C ON C.Cno = SC.cno
  WHERE Cname = 'VB'
```

查询结果如图 4-42 所示。

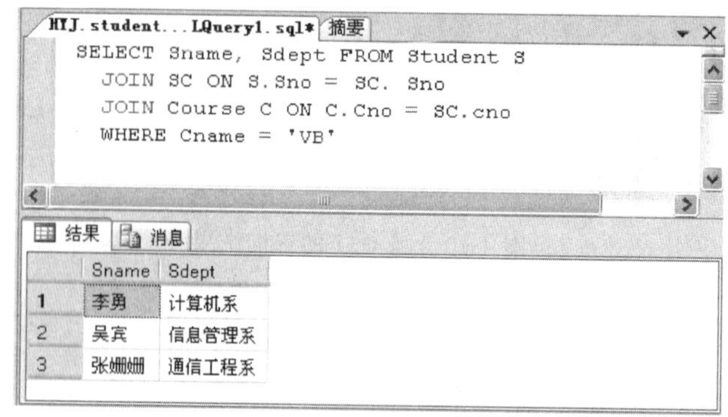

	Sname	Sdept
1	李勇	计算机系
2	吴宾	信息管理系
3	张姗姗	通信工程系

图 4-42 例 4-43 的查询结果

注意:在这个查询语句中,虽然所要查询的列和元组的选择条件均与 SC 表无关,但这里还是用了三张表进行连接,原因是 Student 表和 Course 表没有可以进行连接的列(语义相同的列),因此,这两张表的连接必须借助于第三张表——SC 表。

【例 4-44】 有分组的多表连接查询。统计每个系的学生的考试平均成绩。

```
SELECT Sdept, AVG(grade) as AverageGrade
  FROM student S JOIN SC ON S.Sno = SC.Sno
  GROUP BY Sdept
```

查询结果如图 4-43 所示。

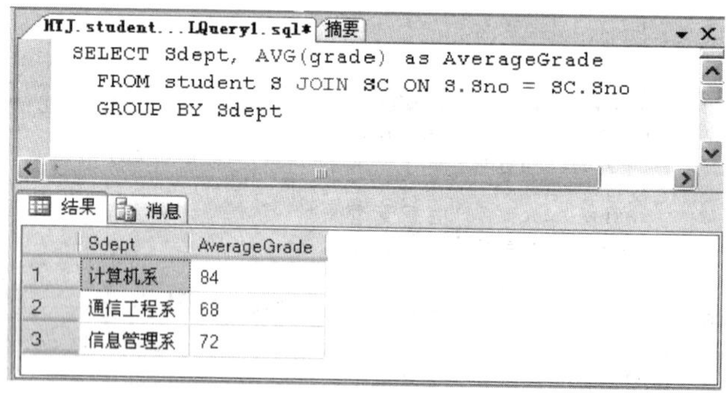

	Sdept	AverageGrade
1	计算机系	84
2	通信工程系	68
3	信息管理系	72

图 4-43 例 4-44 的查询结果

【例 4-45】 有分组和行过滤的多表连接查询。统计计算机系每门课程的选课人数、平均成绩、最高成绩和最低成绩。

```
SELECT Cno, COUNT( * ) AS Total, AVG(Grade) as AvgGrade,
  MAX(Grade) as MaxGrade, MIN(Grade) as MinGrade
```

```
FROM Student S JOIN SC ON S.Sno = SC.Sno
WHERE Sdept = '计算机系' GROUP BY Cno
```

查询结果如图 4-44 所示。

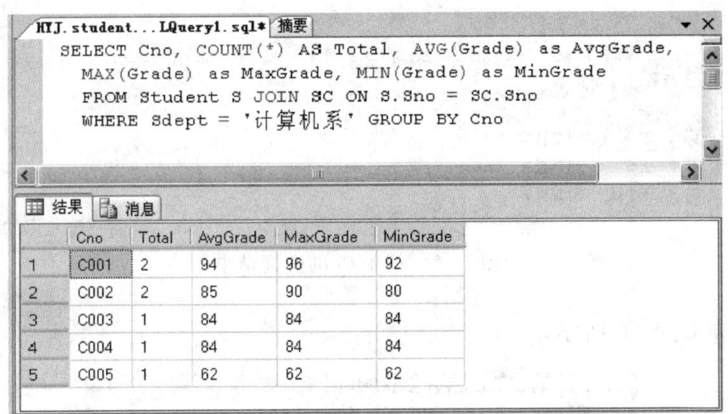

	Cno	Total	AvgGrade	MaxGrade	MinGrade
1	C001	2	94	96	92
2	C002	2	85	90	80
3	C003	1	84	84	84
4	C004	1	84	84	84
5	C005	1	62	62	62

图 4-44 例 4-45 的查询结果

2. 自连接

自连接是一种特殊的内连接，它是指相互连接的表在物理上为同一张表，但在逻辑上将其看成是两张表。

要让物理上的一张表在逻辑上成为两个表，必须通过为表取别名的方法实现。例如：

```
FROM 表 1 T1                    -- 在内存中生成表名为"T1"的表
JOIN 表 1 T2                    -- 在内存中生成表名为"T2"的表
```

因此，在使用自连接时一定要为表取别名。

【例 4-46】 查询与"刘晨"在同一个系学习的学生的姓名和所在的系。

分析此查询的实现过程：首先找到刘晨在哪个系学习（在 Student 表中，不妨将这个表称为 S1 表），然后再找出此系的所有学生（也在 Student 表中，不妨将这个表称为 S2 表），S1 表和 S2 表的连接条件是两个表的系（Sdept）相同。因此，实现此查询的 SQL 语句如下：

```
SELECT S2.Sname, S2.Sdept
  FROM Student S1 JOIN Student S2
  ON S1.Sdept = S2.Sdept         -- 是同一个系的学生
  WHERE S1.Sname = '刘晨'        -- S1 表作为查询条件表
  AND S2.Sname != '刘晨'         -- S2 表作为结果表,并从中去掉"刘晨"本人
```

查询结果如图 4-45 所示。

【例 4-47】 查询与"数据结构"课程在同一个学期开设的课程的课程名和开课学期。

这个例子与例 4-46 相似，只要将 Course 表想象成两张表，一张表作为查询条件的表，另一张表作为结果的表即可。

```
SELECT C1.Cname, C1.Semester
  FROM Course C1 JOIN Course C2
  ON C1.Semester = C2.Semester  -- 是同一个学期开设的课程
  WHERE C2.Cname = '数据结构'    -- C2 表作为查询条件表
```

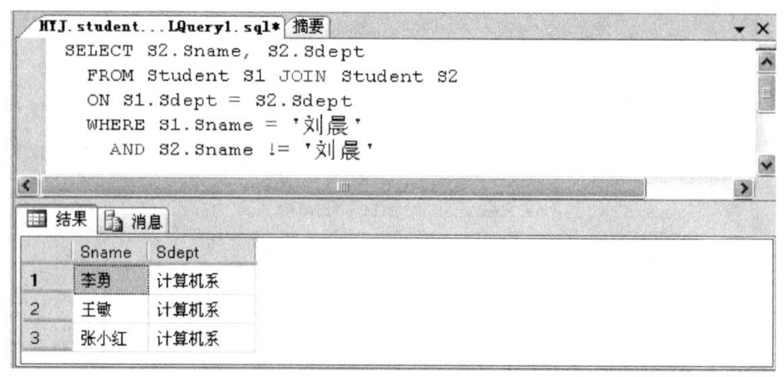

图 4-45　例 4-46 的查询结果

查询结果如图 4-46 所示。

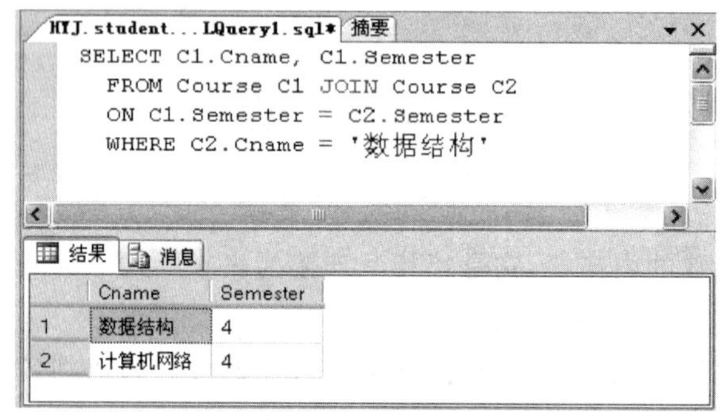

图 4-46　例 4-47 的查询结果

观察例 4-46 和例 4-47 可以看到，在自连接查询中，一定要注意区分好查询条件表和查询结果表。在例 4-46 中，用 S1 表作为查询条件表(WHERE S1. Sname = '刘晨')，S2 表作为查询结果表，因此在查询列表中写的就是“SELECT S2. Sname，…”。在例 4-47 中，用 C2 表作为查询条件表(C2. Cname = '数据结构')，C1 表作为查询结果表，因此在查询列表中写的就是“SELECT C1. Cname，…”。

例 4-46 和例 4-47 的另一个区别是，在例 4-46 的查询结果中去掉了与查询条件相同的数据(S2. Sname ！= '刘晨')，而在例 4-47 的查询结果中保留了这个数据。具体是否要保留，由用户的查询要求决定。

3. 外连接

在内连接操作中，只有满足连接条件的元组才能作为结果输出，但有时也希望输出那些不满足连接条件的元组的信息，比如查看全部课程的被选修情况，包括有学生选的课程和没有学生选的课程。如果用内连接实现(通过 SC 表和 Course 表的内连接)，则只能找到有学生选的课程，因为内连接的结果首先是要满足连接条件，SC. Cno = Course. Cno。对于在 Course 表中有，但在 SC 表中没有的课程(没有人选)，由于不满足 SC. Cno = Course. Cno 条件，因此是查找不出来的。这种情况就需要使用外连接来实现。

外连接是只限制一张表中的数据必须满足连接条件，而另一张表中的数据可以不满足连接条件。ANSI 方式的外连接的语法格式为：

```
FROM  表 1  LEFT | RIGHT  [OUTER]  JOIN  表 2  ON  <连接条件>
```

LEFT [OUTER] JOIN 称为左外连接，RIGHT [OUTER] JOIN 称为右外连接。左外连接的含义是限制表 2 中的数据必须满足连接条件，而不管表 1 中的数据是否满足连接条件，均输出表 1 中的内容；右外连接的含义是限制表 1 中的数据必须满足连接条件，而不管表 2 中的数据是否满足连接条件，均输出表 2 中的内容。

theta 方式的外连接的语法格式为：

```
左外连接：FROM  表 1 , 表 2  WHERE [表 1.]列名(+) = [表 2.]列名
右外连接：FROM  表 1 , 表 2  WHERE [表 1.]列名 = [表 2.]列名(+)
```

SQL Server 支持 ANSI 方式的外连接，Oracle 支持 theta 方式的外连接。这里采用 ANSI 方式的外连接格式。

【例 4-48】 查询学生的选课情况，包括选了课程的学生和没有选课程的学生。

```
SELECT Student.Sno, Sname, Cno, Grade
  FROM Student LEFT OUTER JOIN SC
  ON Student.Sno = SC.Sno
```

查询结果如图 4-47 所示。

HYJ.student...LQuery1.sql* 摘要

```
SELECT Student.Sno, Sname, Cno, Grade
  FROM Student LEFT OUTER JOIN SC
  ON Student.Sno = SC.Sno
```

结果 消息

	Sno	Sname	Cno	Grade
1	0811101	李勇	C001	96
2	0811101	李勇	C002	80
3	0811101	李勇	C003	84
4	0811101	李勇	C005	62
5	0811102	刘晨	C001	92
6	0811102	刘晨	C002	90
7	0811102	刘晨	C004	84
8	0811103	王敏	NULL	NULL
9	0811104	张小红	NULL	NULL
10	0821101	张立	NULL	NULL
11	0821102	吴宾	C001	76
12	0821102	吴宾	C004	85
13	0821102	吴宾	C005	73
14	0821102	吴宾	C007	NULL
15	0821103	张海	C001	50
16	0821103	张海	C004	80
17	0831101	钱小平	C001	50
18	0831101	钱小平	C004	80
19	0831102	王大力	C007	NULL
20	0831103	张姗姗	C004	78
21	0831103	张姗姗	C005	65
22	0831103	张姗姗	C007	NULL

图 4-47　例 4-48 的查询结果

注意：结果中学号为“0811103”、“0811104”和“0821101”的三行数据，它们的 Cno 和 Grade 列的值均为 NULL，表明这三个学生没有选课，即他们不满足表连接条件，但进行左外连接时他们也将被显示出来，并将不满足连接条件的结果在相应的列上放置 NULL 值。

此查询也可以用右外连接实现：

```
SELECT Student.Sno, Sname, Cno, Grade
  FROM SC RIGHT OUTER JOIN Student
  ON Student.Sno = SC.Sno
```

其查询结果同左外连接完全一样。

【例 4-49】 查询哪些课程没有人选，列出其课程名。

分析：如果某门课程没有人选，则必定是在 Course 表中有，但在 SC 表中没出现的课程，即在进行外连接后，没有人选的课程记录在 SC 表中，相应的 Sno、Cno 和 Grade 列上必定是空值，因此，在查询时只要在连接后的结果中选出 SC 表中 Sno 为空或者 Cno 为空的记录即可(不选 Grade 为空作为筛选条件的原因是 Grade 本身允许有 NULL 值，因此，当以 Grade 是否为空来判断时，就可能将有人选但还没有考试的课程列出来，而这些记录是不符合查询要求的)。

完成此功能的查询语句如下：

```
SELECT Cname FROM Course C LEFT JOIN SC
  ON C.Cno = SC.Cno
  WHERE SC.Cno IS NULL
```

查询结果如图 4-48 所示。

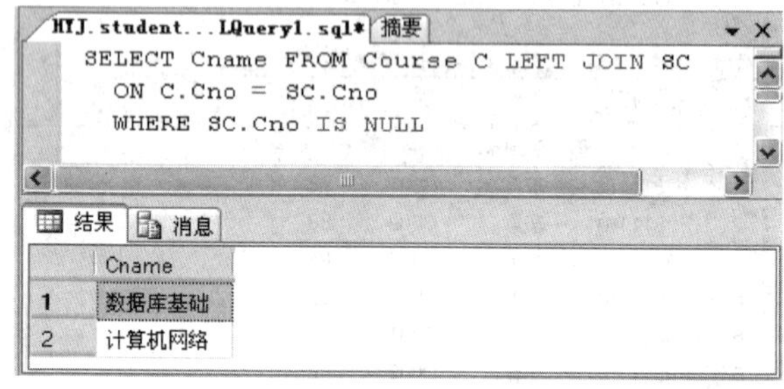

图 4-48 例 4-49 的查询结果

4.1.4 使用 TOP 限制结果集

在使用 SELECT 语句进行查询时，有时只希望列出结果集中的前几行结果，而不是全部结果。例如，竞赛时，希望只取成绩最高的前三名，这时就可以使用 TOP 谓词来限制输出的结果。

使用 TOP 谓词的格式如下：

```
TOP n [ percent ] [WITH TIES ]
```

参数说明如下。

① n 为非负整数；

② TOP n：表示取查询结果的前 n 行数据；

③ TOP n percent：表示取查询结果的前 n%行数据；

④ WITH TIES：表示包括并列的结果。

TOP 谓词写在 SELECT 单词的后边(如果有 DISTINCT 的话，则在 DISTINCT 单词之后)，查询列表的前边。

【例 4-50】 查询年龄最大的 3 个学生的姓名、年龄及所在的系。

```
SELECT TOP 3 Sname, Sage, Sdept
  FROM Student
  ORDER BY Sage DESC
```

查询结果如图 4-49 所示。

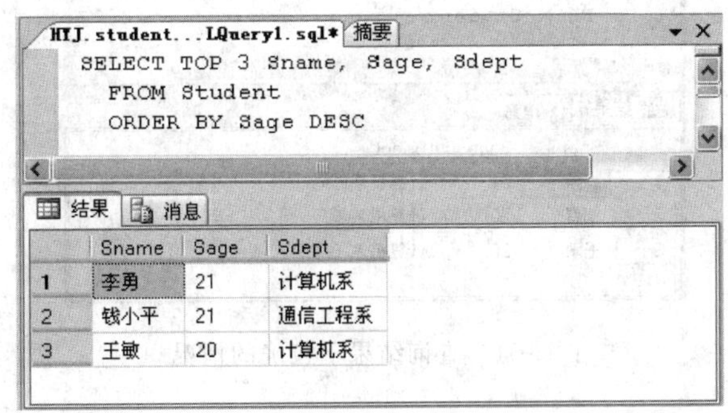

	Sname	Sage	Sdept
1	李勇	21	计算机系
2	钱小平	21	通信工程系
3	王敏	20	计算机系

图 4-49 例 4-50 不包括并列情况的查询结果

若要包括年龄并列第 3 名的所有学生，则此句可写为如下形式：

```
SELECT TOP 3 WITH TIES Sname, Sage, Sdept
  FROM Student
  ORDER BY Sage DESC
```

查询结果如图 4-50 所示。

HYJ.student...LQuery1.sql* 摘要

```
SELECT TOP 3 WITH TIES Sname, Sage, Sdept
  FROM Student
  ORDER BY Sage DESC
```

结果 消息

	Sname	Sage	Sdept
1	李勇	21	计算机系
2	钱小平	21	通信工程系
3	王大力	20	通信工程系
4	张立	20	信息管理系
5	刘晨	20	计算机系
6	王敏	20	计算机系
7	张海	20	信息管理系

图 4-50 例 4-50 包括并列情况的查询结果

使用 TOP 谓词时最好与 ORDER BY 子句一起使用，因为这样的前几名才有意义。当使用 WITH TIES 时，要求必须使用 ORDER BY 子句。

注意：如果在 TOP 子句中使用了 WITH TIES 谓词，则要求必须使用 ORDER BY 子句对查询结果进行排序，否则会出现语法错误。但如果没有使用 WITH TIES 谓词，则可以不使用 ORDER BY 子句，但此时要注意这样取的前若干名结果可能与预想的不一样。因此，在使用 TOP 谓词时最好与 ORDER BY 子句一起使用。

例如，对于例 4-50，若写成如下形式：

```
SELECT TOP 3 Sname, Sage, Sdept FROM Student
```

则结果如图 4-51 所示。

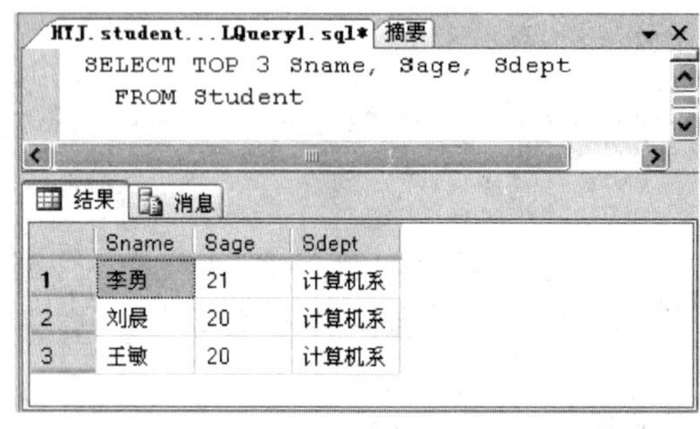

图 4-51　查询结果不正确的情况

显然这里显示的结果并不是年龄最大的前三名学生。造成这种错误的原因是系统对数据的默认排序方式不一定是用户希望的按年龄进行的，因此，当要求系统返回前三行结果时，系统是按它的默认排序方式(通常是按主键进行排序)产生的结果来提取前若干行数据的。因此，在使用没有 WITH TIES 谓词的 TOP 子句时，尽管语法上没有要求一定要写 ORDER BY 子句，但为了使结果满足要求，一般都要加上 ORDER BY 子句，让结果集按要求排序。

【例 4-51】 查询 VB 课程考试成绩前三名的学生的姓名、所在系和成绩。

```
SELECT TOP 3 WITH TIES Sname, Sdept, Grade
  FROM Student S JOIN SC on S.Sno = SC.Sno
  JOIN Course C ON C.Cno = SC.Cno
  WHERE Cname = 'VB'
  ORDER BY Grade DESC
```

查询结果如图 4-52 所示。

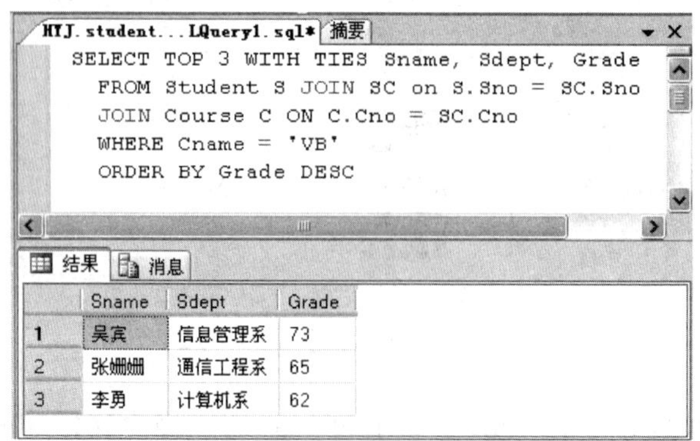

图 4-52　例 4-51 的查询结果

4.1.5 子查询

在 SQL 语言中，一个 SELECT-FROM-WHERE 语句称为一个查询块。

如果一个 SELECT 语句嵌套在一个 SELECT、INSERT、UPDATE 或 DELETE 语句中，则称之为子查询或内层查询；而包含子查询的语句则称为主查询或外层查询。一个子查询也可以嵌套在另一个子查询中。为了与外层查询有所区别，总是把子查询写在圆括号中。与外层查询相似，子查询语句中也必须至少包含 SELECT 子句和 FROM 子句，并根据需要选择使用 WHERE 子句、GROUP BY 子句和 HAVING 子句。

子查询语句可以出现在任何能够使用表达式的地方，但通常情况下，子查询语句是用在外层查询的 WHERE 子句或 HAVING 子句中的，与比较运算符或逻辑运算符一起构成查询条件。

1. 使用子查询进行基于集合的测试

使用子查询进行基于集合的测试时，通过运算符 IN 或 NOT IN，将一个表达式的值与子查询返回的结果集进行比较。其形式为：

```
WHERE 表达式 [NOT] IN ( 子查询 )
```

这与前边讲的 WHERE 子句中的 IN 运算符的作用完全相同。使用 IN 运算符时，如果表达式的值与集合中的某个值相等，则此测试结果为真；如果表达式的值与集合中的所有值均不相等，则为假。

这种形式的子查询的语句是分步骤实现的，即先执行子查询，然后在子查询的结果基础上再执行外层查询。子查询返回的结果实际上就是一个集合，外层查询就是在这个集合上使用 IN 运算符进行比较的。

注意：使用子查询进行基于集合的测试时，由该子查询返回的结果集中的列的个数、数据类型以及语义必须与表达式中的列的个数、数据类型以及语义相同。当子查询返回结果之后，外层查询将使用这些结果。

【例 4-52】 查询与“刘晨”在同一个系学习的学生。

```
SELECT Sno, Sname, Sdept FROM Student
  WHERE Sdept IN (
    SELECT Sdept FROM Student WHERE Sname = '刘晨')
```

实际的查询分以下两个过程。

① 确定“刘晨”所在的系(执行子查询)：

```
SELECT Sdept FROM Student WHERE Sname = '刘晨'
```

查询结果为“计算机系”。

② 在子查询的结果中查找所有在此系学习的学生：

```
SELECT Sno, Sname, Sdept FROM Student
  WHERE Sdept IN('计算机系')
```

查询结果如图 4-53 所示。

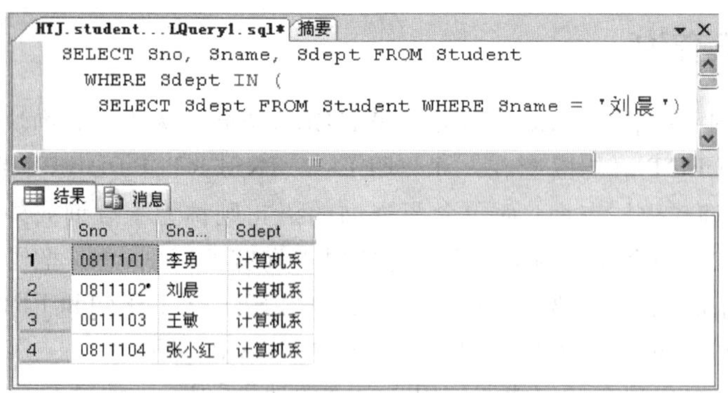

图 4-53 例 4-52 的查询结果

从查询结果中可以看到其中也包含学生刘晨，如果不希望刘晨出现在查询结果中，可以对上述查询语句添加一个条件，如下所示：

```
SELECT Sno, Sname, Sdept FROM Student
  WHERE Sdept IN (
    SELECT Sdept FROM Student WHERE Sname = '刘晨')
  AND Sname != '刘晨'
```

注意：这里的"Sname != '刘晨'"不需要使用表名前缀限制，因为对于外层查询来说，这个列名是没有二义的。

之前曾用自连接实现过此查询，从这个例子可以看出，SQL 语言的使用是很灵活的，同样的查询可以用多种形式实现。随着进一步的学习，读者会对这一点有更深的体会。

【例 4-53】 查询考试成绩大于 90 分的学生的学号和姓名。

```
SELECT Sno, Sname FROM Student
  WHERE Sno IN (
    SELECT Sno FROM SC
      WHERE Grade > 90 )
```

查询结果如图 4-54 所示。

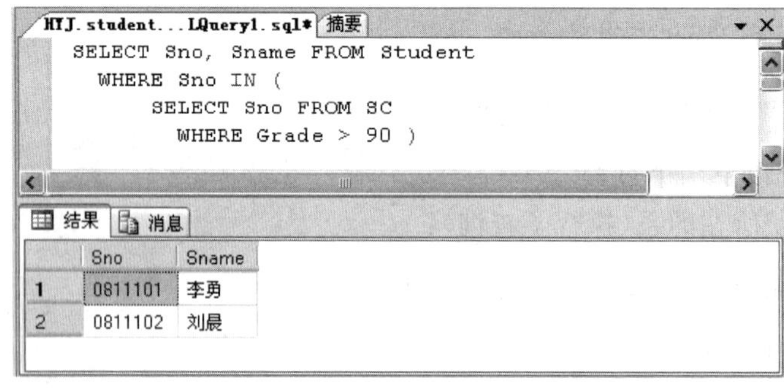

图 4-54 例 4-53 的查询结果

此查询也可以用多表连接实现：

```
SELECT SC.Sno, Sname FROM Student JOIN SC
```

```
ON Student.Sno = SC.Sno WHERE Grade > 90
```

【例 4-54】 查询选修了“VB”课程的学生的学号和姓名。

```
SELECT Sno, Sname FROM Student
  WHERE Sno IN (
    SELECT Sno FROM SC
      WHERE Cno IN (
        SELECT Cno FROM Course
          WHERE Cname = 'VB') )
```

查询结果如图 4-55 所示。

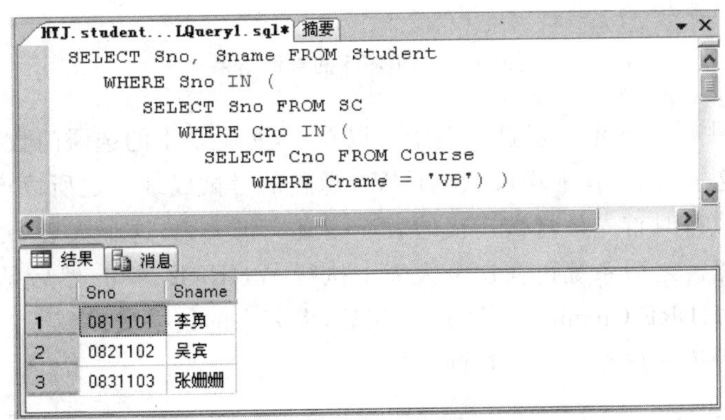

图 4-55　例 4-54 的查询结果

此查询也可以用多表连接实现：

```
SELECT Student.Sno, Sname FROM Student
  JOIN SC ON Student.Sno = SC.Sno
  JOIN Course ON Course.Cno = SC.Cno
  WHERE Cname = 'VB'
```

【例 4-55】 统计选修了“VB”课程的学生的选课门数和平均成绩。

```
SELECT Sno 学号, COUNT( * ) 选课门数, AVG(Grade) 平均成绩
  FROM SC WHERE Sno IN (
    SELECT Sno FROM SC JOIN Course C
      ON C.Cno = SC.Cno
      WHERE Cname = 'VB')
  GROUP BY Sno
```

查询结果如图 4-56 所示。

这个查询语句就不能用连接查询实现，因为这个查询的语义是要先找出选了“VB”课程的学生，然后再计算这些学生的选课门数和平均成绩。如果用连接查询实现：

```
SELECT Sno 学号, COUNT( * ) 选课门数, AVG(Grade) 平均成绩
  FROM SC JOIN Course C ON C.Cno = SC.Cno
  WHERE Cname = 'VB'
  GROUP BY Sno
```

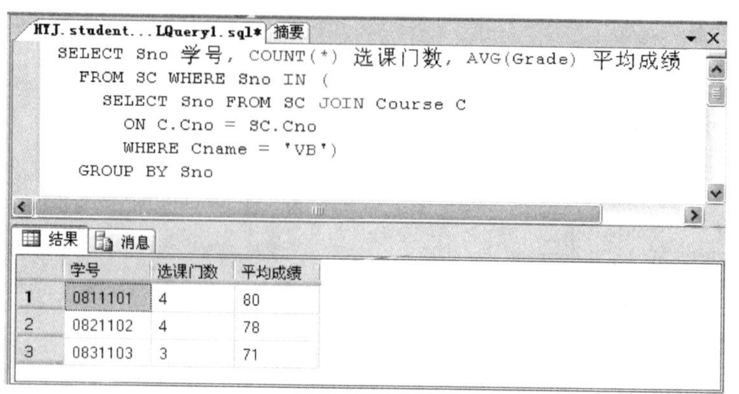

```
SELECT Sno 学号, COUNT(*) 选课门数, AVG(Grade) 平均成绩
  FROM SC WHERE Sno IN (
    SELECT Sno FROM SC JOIN Course C
      ON C.Cno = SC.Cno
      WHERE Cname = 'VB')
  GROUP BY Sno
```

	学号	选课门数	平均成绩
1	0811101	4	80
2	0821102	4	78
3	0831103	3	71

图 4-56 例 4-55 的查询结果

则其执行结果如图 4-57 所示。从这个图中可以看出，每个学生的选课门数均为 1，实际上这个 1 指的是 VB 这一门课，其平均成绩也是 VB 课程的考试成绩。之所以产生这个结果，是因为连接查询在执行时首先是将被连接的表连接成一张大表，这个大表中的数据为全部满足连接条件的数据。之后系统再在这个大表上执行 WHERE 子句，然后是 GROUP BY 子句。显然执行“WHERE Cname = 'VB'”子句后，大表中的数据就只剩下 VB 这一门课程的情况了。这种处理模式显然不符合查询要求。

```
SELECT Sno 学号, COUNT(*) 选课门数, AVG(Grade) 平均成绩
  FROM SC JOIN Course C ON C.Cno = SC.Cno
  WHERE Cname = 'VB'
  GROUP BY Sno
```

	学号	选课门数	平均成绩
1	0811101	1	62
2	0821102	1	73
3	0831103	1	65

图 4-57 用连接查询实现例 4-55 的查询结果

2. 使用子查询进行比较测试

使用子查询进行比较测试时，通过比较运算符（=、<>、<、>、<=、<=），将一个表达式的值与子查询返回的值进行比较。如果比较运算的结果为真，则比较测试返回 True。

使用子查询进行比较测试的语法格式为：

```
WHERE 表达式 比较运算符 (子查询)
```

注意： *使用子查询进行比较测试时，要求子查询语句必须是返回单值的查询语句。*

之前曾经提到，统计函数不能出现在 WHERE 子句中，对于要与统计函数进行比较的查询，应该使用进行比较测试的子查询实现。

同基于集合的子查询一样，用子查询进行比较测试时，也是先执行子查询，然后再根据

子查询的结果执行外层查询。

【例 4-56】 查询选了“C004”号课程且成绩高于此课程的平均成绩的学生的学号和成绩。

分析：首先计算“C004”号课程的平均成绩。SQL 语句如下：

```
SELECT AVG(Grade) from SC
  WHERE Cno = 'C004'
```

执行结果为：81。

然后，查找“C004”号课程所有的考试成绩中，高于 81 分的学生的学号和成绩。SQL 语句如下：

```
SELECT Sno , Grade  FROM SC
  WHERE Cno = 'C004'
    AND Grade > 81
```

将两个查询语句合起来即为满足要求的查询语句：

```
SELECT Sno , Grade FROM SC
  WHERE Cno = 'C004' AND Grade > (
    SELECT AVG(Grade) FROM SC
      WHERE Cno = 'C004')
```

查询结果如图 4-58 所示。

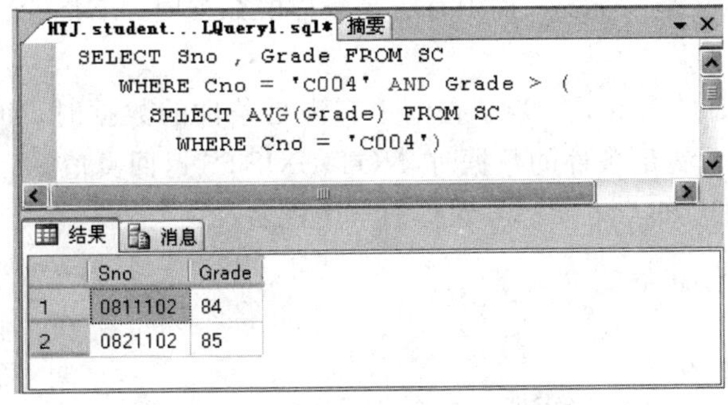

图 4-58　例 4-56 的查询结果

【例 4-57】 查询计算机系年龄最大的学生的姓名和年龄。

```
SELECT Sname, Sage FROM Student
  WHERE Sdept = '计算机系'
    AND Sage = (
      SELECT MAX(Sage) FROM Student
        WHERE Sdept = '计算机系')
```

查询结果如图 4-59 所示。

注意：在这个例子中，子查询和外层查询的“WHERE Sdept = '计算机系'”子句部分都不能省略。因为，如果在子查询中省略了这个子句，则子查询部分查询的最大年龄是全体学生的最大年龄，而不是计算机系学生的最大年龄。如果在外层查询中省略了此子句，则查询的结果是全体学生中年龄等于计算机系最大年龄的学生。

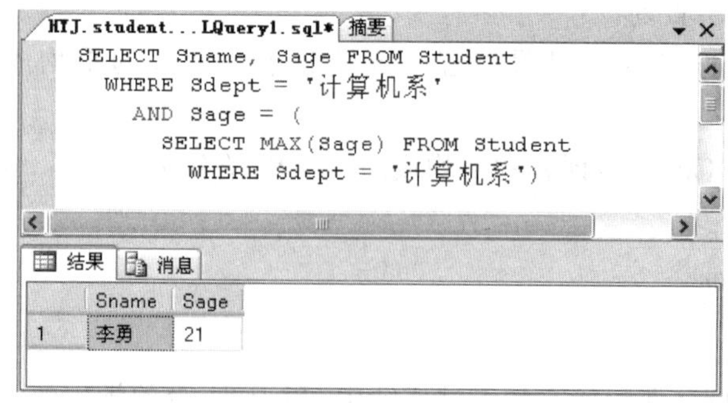

图 4-59　例 4-57 的查询结果

从上边的例子可以看出,用子查询进行集合测试和比较测试时,都是先执行子查询,然后再在子查询结果的基础之上执行外层查询。子查询都只执行一次,子查询的查询条件不依赖于外层查询,将这样的子查询称为不相关子查询或嵌套子查询。

3. 使用子查询进行存在性测试

使用子查询进行存在性测试时,通常使用 EXISTS 谓词,其形式为:

```
WHERE [NOT] EXISTS(子查询)
```

带 EXISTS 谓词的子查询不返回查询的数据,只产生真值和假值。

① EXISTS 的含义是:当子查询中有满足条件的数据时,EXISTS 返回真值,否则返回假值。

② NOT EXISTS 的含义是:当子查询中有满足条件的数据时,NOT EXISTS 返回假值;当子查询中不存在满足条件的数据时,NOT EXISTS 返回真值。

【例 4-58】 查询选修了"C002"号课程的学生姓名。

```
SELECT Sname FROM Student
  WHERE EXISTS (
    SELECT * FROM SC
      WHERE Sno = Student.Sno AND Cno = 'C002')
```

查询结果如图 4-60 所示。

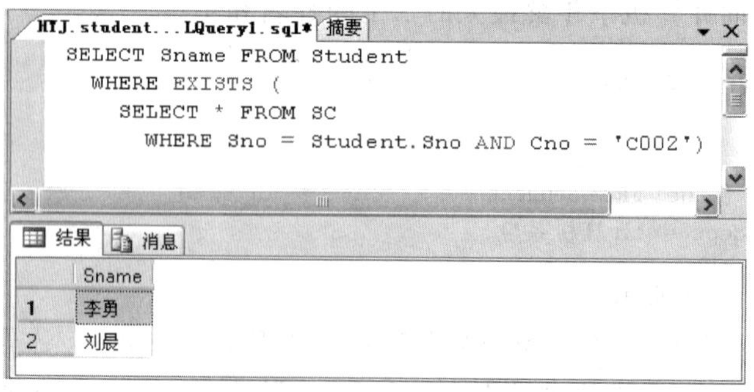

图 4-60　例 4-58 的查询结果

使用子查询进行存在性测试时需注意以下问题。

(1) 带EXISTS谓词的查询是先执行外层查询,然后再执行内层查询。由外层查询的值决定内层查询的结果;内层查询的执行次数由外层查询的结果决定。

上述查询语句的处理过程如下。

① 无条件执行外层查询语句,在外层查询的结果集中取第一行结果,得到Sno的一个当前值,然后根据此Sno值处理内层查询。

② 将外层的Sno值作为已知值执行内层查询,如果在内层查询中有满足其WHERE子句条件的记录存在,则EXISTS返回一个真值(True),表示在外层查询结果集中的当前行数据为满足要求的一个结果。如果内层查询中不存在满足WHERE子句条件的记录,则EXISTS返回一个假值(False),表示在外层查询结果集中的当前行数据不是满足要求的结果。

③ 顺序处理外层表Student表中的第2、3、… 行数据,直到处理完所有行。

(2) 由于EXISTS的子查询只能返回真值或假值,因此在子查询中指定列名是没有意义的。所以在有EXISTS的子查询中,其目标列名序列通常都用"*"。

带EXISTS的子查询由于在子查询中要涉及与外层表数据的关联,因此经常将这种形式的子查询称为相关子查询。

例4-58的查询等价于:

```
SELECT Sname FROM Student JOIN SC
  ON SC.Sno = Student.Sno WHERE Cno = 'C002'
```

和

```
SELECT Sname FROM Student
  WHERE Sno IN (
    SELECT Sno FROM SC WHERE Cno = 'C002')
```

由此也可以看出,同一个查询可以用不同的方式来实现。总体来说,多表连接查询的效率比子查询的效率要高(因为查询优化器可以对多表连接查询进行更多的优化)。

在存在性测试的子查询的EXISTS前边也可以使用NOT。NOT EXISTS(子查询语句)的含义与前面介绍的基于集合的NOT IN运算的含义相同,NOT EXISTS的含义是当子查询中至少存在一个满足条件的记录时,NOT EXISTS返回假值,当子查询中不存在满足条件的记录时,NOT EXISTS返回真值。

【例4-59】 查询没有选修"C001"号课程的学生姓名和所在系。

这是一个带否定条件的查询,如果利用多表连接和子查询分别实现这个查询,则一般有如下几种形式。

(1) 用多表连接实现

```
SELECT DISTINCT Sname, Sdept
  FROM Student S JOIN SC
  ON  S.Sno = SC.Sno
  WHERE Cno != 'C001'
```

执行结果如图4-61(a)所示。

（2）用嵌套子查询实现

① 在子查询中否定

```
SELECT Sname, Sdept FROM Student
  WHERE Sno IN (
    SELECT Sno FROM SC
      WHERE Cno != 'C001'  )
```

执行结果与图 4-61(a)所示相同。

② 在外层查询中否定

```
SELECT Sname, Sdept FROM Student
  WHERE Sno NOT IN (
    SELECT Sno FROM SC
      WHERE Cno = 'C001')
```

执行结果如图 4-61(b)所示。

（3）用相关子查询实现

① 在子查询中否定

```
SELECT Sname, Sdept FROM Student
  WHERE EXISTS (
    SELECT * FROM SC
      WHERE Sno = Student.Sno
        AND Cno != 'C001')
```

执行结果与图 4-61(a)所示相同。

② 在外层查询中否定

```
SELECT Sname, Sdept FROM Student
  WHERE NOT EXISTS (
    SELECT * FROM SC
      WHERE Sno = Student.Sno
        AND Cno = 'C001')
```

执行结果与图 4-61(b)所示相同。

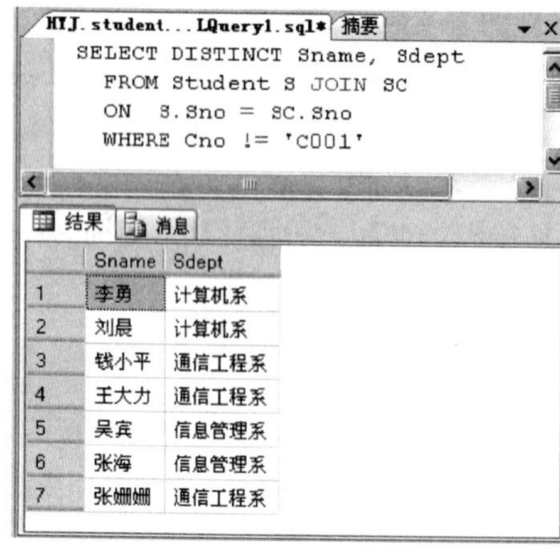

```
SELECT DISTINCT Sname, Sdept
  FROM Student S JOIN SC
  ON  S.Sno = SC.Sno
  WHERE Cno != 'C001'
```

	Sname	Sdept
1	李勇	计算机系
2	刘晨	计算机系
3	钱小平	通信工程系
4	王大力	通信工程系
5	吴宾	信息管理系
6	张海	信息管理系
7	张姗姗	通信工程系

(a) 例4-59的一种查询结果

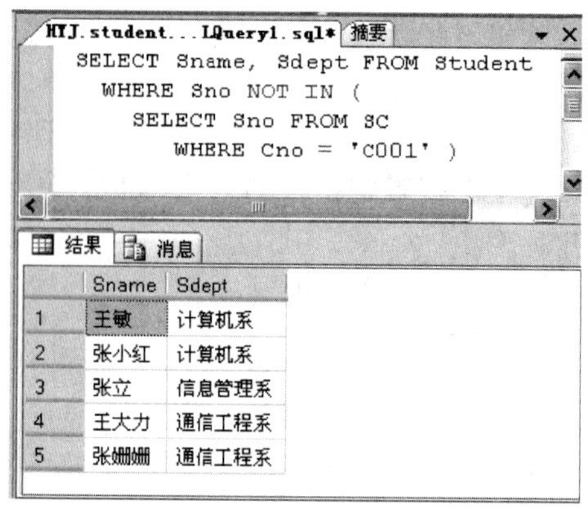

```
SELECT Sname, Sdept FROM Student
  WHERE Sno NOT IN (
    SELECT Sno FROM SC
      WHERE Cno = 'C001' )
```

	Sname	Sdept
1	王敏	计算机系
2	张小红	计算机系
3	张立	信息管理系
4	王大力	通信工程系
5	张姗姗	通信工程系

(b) 例4-59的另一种查询结果

图 4-61　例 4-59 的两种查询结果

观察上述5种实现方式产生的结果，可以看出，多表连接查询与在子查询中否定的嵌套子查询和在子查询中否定的相关子查询所产生的结果是一样的，在外层查询中否定的嵌套子查询与在外层查询中否定的相关子查询产生的结果是一样的。通过对数据库中的数据进行分析，发现(1)、(2)中的①和(3)中的①的结果均是错误的。(2)中的②和(3)中的②的结果是正确的，即将否定放置在外层查询中时其结果是正确的。其原因就是不同的查询执行的机制是不同的。

① 对于多表连接查询，所有的条件都是在连接之后的结果表上进行的，而且是逐行进行判断，一旦发现满足要求的数据(Cno! = 'C001')，则此行即作为结果产生。因此，由多表连接产生的结果必然包含没有选修"C001"号课程的学生，也包含选修了"C001"同时又选修了其他课程的学生。

② 对于含有嵌套子查询的查询，是先执行子查询，然后在子查询的结果基础之上再执行外层查询，而在子查询中也是逐行进行判断，当发现有满足条件的数据时，即将此行数据作为外层查询的一个比较条件。分析这个查询，要查的数据是在某个学生所选的全部课程中不包含"C001"课程，如果将否定放在子查询中，则查出的结果是既包含没有选修"C001"课程的学生，也包含选修了"C001"课程同时也选修了其他课程的学生。显然，这个否定的范围不够。

③ 对于相关子查询，情况同嵌套子查询相似，这里不再详细分析。

通常情况下，对于否定条件的查询都应该使用子查询来实现，而且应该将否定放在外层。

【例 4-60】 查询计算机系没有选修"VB"课程的学生的姓名和性别。

分析：对于这个查询，首先应该在子查询中查询出全部选修了"VB"课程的学生，然后再在外层查询中去掉这些学生(即为没有选修"VB"课程的学生)，最后从这个结果中筛选出计算机系的学生。语句如下：

```
SELECT Sname, Ssex FROM Student
  WHERE Sno NOT IN (
    SELECT Sno FROM SC JOIN Course                -- 子查询：查询选了 VB 的学生
      ON SC.Cno = Course.Cno
        WHERE Cname = 'VB')
  AND Sdept = '计算机系'
```

查询结果如图 4-62 所示。

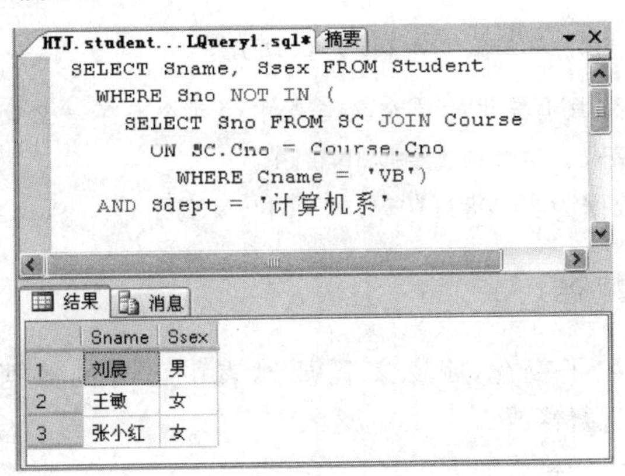

	Sname	Ssex
1	刘晨	男
2	王敏	女
3	张小红	女

图 4-62 例 4-60 的查询结果

4.2 数据更改功能

上一节讨论了如何检索数据库中的数据，通过 SELECT 语句可以返回由行和列组成的结果，但查询操作不会使数据库中的数据发生任何变化。如果要对数据进行各种更新操作，包括添加新数据、修改数据和删除数据，则需要使用 INSERT、UPDATE 和 DELETE 语句来完成，这些语句修改数据库中的数据，但不返回结果集。

4.2.1 插入数据

在创建完表之后，就可以使用 INSERT 语句在表中添加新数据。

插入数据的 INSERT 语句的格式如下：

```
INSERT [INTO] <表名> [(<列名表>)] VALUES (值列表)
```

其中，<列名表>中的列名必须是表定义中有的列名，值列表中的值可以是常量也可以是 NULL 值，各值之间用逗号分隔。

INSERT 语句用来新增加一个符合表结构的数据行，将值列表数据按表中列定义顺序(或<列名表>中指定的顺序)逐一赋给对应的列名。

使用插入语句时应注意以下两个问题。

① 值列表中的值与列名表中的列按位置顺序对应，它们的数据类型必须一致。

② 如果<表名>后边没有指明列名，则新插入记录的值的顺序必须与表中列的定义顺序一致，且每一个列均有值(可以为空)。

【例 4-61】 将一个新生插入到 Student 表中，其学号为 0821105，姓名为陈冬，性别为男，年龄 18 岁，信息管理系学生。

```
INSERT INTO Student
  VALUES ('0821105', '陈冬', '男', 18, '信息管理系')
```

【例 4-62】 在 SC 表中插入一条新记录，学号为"0821105"，选修的课程号为"C001"，成绩暂缺。

```
INSERT INTO SC(Sno, Cno) VALUES('0821105', 'C001')
```

注意：对于例 4-62，由于提供的值个数与表中的列个数不一致，因此在插入时必须列出列名。而且 SC 中的 Grade 列必须允许为 NULL。

此句实际插入的数据为：('0821105', 'C001',NULL)。

4.2.2 更新数据

如果某些数据发生了变化，那么就需要对表中已有的数据进行修改，可以使用 UPDATE 语句对数据进行修改。

UPDATE 语句的语法格式如下：

```
UPDATE <表名> SET <列名 = 表达式> [,... n]
```

```
[WHERE <更新条件>]
```

参数说明如下。

① <表名>给出了需要修改数据的表的名称。

② SET 子句指定要修改的列，表达式指定修改后的新值。

③ WHERE 子句用于指定只修改表中满足 WHERE 子句条件的记录的相应列值。如果省略 WHERE 子句，则是无条件更新表中的全部记录的某列值。UPDATE 语句中 WHERE 子句的作用和写法同 SELECT 语句中的 WHERE 子句一样。

1. 无条件更新

【例 4-63】 将所有学生的年龄加 1。

```
UPDATE Student SET Sage = Sage + 1
```

2. 有条件更新

当用 WHERE 子句指定更改数据的条件时，可以分为两种情况。一种是基于本表条件的更新，即要更新的记录和更新记录的条件在同一张表中。例如，将计算机系全体学生的年龄加 1，要修改的表是 Student 表，而更改条件学生所在的系（这里是计算机系）也在 Student 表中；另一种是基于其他表条件的更新，即要更新的记录在一张表中，而更新的条件来自于另一张表，如将计算机系全体学生的成绩加 5 分，要更新的是 SC 表的 Grade 列，而更新条件——学生所在的系（计算机系）在 Student 表中。基于其他表条件的更新可以用两种方法实现：一种是使用多表连接方法，另一种是使用子查询方法。

（1）基于本表条件的更新

【例 4-64】 将学号为"0811104"的学生的年龄改为 18 岁。

```
UPDATE Student SET Sage = 18
  WHERE Sno = '0811104'
```

（2）基于其他表条件的更新

【例 4-65】 将计算机系全体学生的成绩加 5 分。

① 用子查询实现：

```
UPDATE SC SET Grade = Grade + 5
  WHERE Sno IN
    (SELECT Sno FROM Student
      WHERE Sdept = '计算机系')
```

② 用多表连接实现：

```
UPDATE SC SET Grade = Grade + 5
  FROM SC JOIN Student ON SC.Sno = Student.Sno
  WHERE Sdept = '计算机系'
```

【例 4-66】 将学分最低的课程的学分加 2 分。

```
UPDATE Course SET Credit = Credit + 2
```

```
  WHERE Credit = (
    SELECT MIN(Credit) FROM Course )
```

4.2.3 删除数据

当确定不再需要某些记录时，可以使用删除语句——DELETE 语句，将这些记录删掉。DELETE 语句的语法格式如下：

```
DELETE [ FROM ] <表名> [WHERE <删除条件>]
```

参数说明如下。

① ＜表名＞说明了要删除哪个表中的数据。

② WHERE 子句说明只删除表中满足 WHERE 子句条件的记录。如果省略 WHERE 子句，则表示要无条件删除表中的全部记录。DELETE 语句中的 WHERE 子句的作用和写法同 SELECT 语句中的 WHERE 子句一样。

1. 无条件删除

无条件删除是删除表中全部数据，但保留表的结构。

【例 4-67】 删除所有学生的选课记录。

```
DELETE FROM SC                    -- SC 成为空表
```

2. 有条件删除

当用 WHERE 子句指定要删除记录的条件时，同 UPDATE 语句一样，也分为两种情况。一种是基于本表条件的删除。例如，删除所有不及格学生的选课记录，要删除的记录与删除的条件都在 SC 表中。另一种是基于其他表条件的删除，如删除计算机系不及格学生的选课记录，要删除的记录在 SC 表中，而删除的条件(计算机系)在 Student 表中。基于其他表条件的删除同样可以用两种方法实现，一种是使用多表连接，另一种是使用子查询。

(1) 基于本表条件的删除

【例 4-68】 删除所有不及格学生的选课记录。

```
DELETE FROM SC WHERE Grade < 60
```

(2) 基于其他表条件的删除

【例 4-69】 删除计算机系不及格学生的选课记录。

① 用子查询实现：

```
DELETE FROM SC
WHERE Grade < 60 AND Sno IN (
   SELECT Sno FROM Student
      WHERE Sdept = '计算机系' )
```

② 用多表连接实现：

```
DELETE FROM SC
```

```
FROM SC JOIN Student ON SC.Sno = Student.Sno
  WHERE Sdept = '计算机系' AND Grade < 60
```

4.3 小结

本章主要介绍了 SQL 语言中的数据操作功能：数据的增、删、改、查功能。数据的查询是数据库中使用的最多的操作。

首先介绍的是查询语句，介绍了单表查询和多表连接查询，包括无条件的查询、有条件的查询、分组、排序、选择结果集中的前若干行等功能。多表连接查询介绍了内连接、自连接、左外连接和右外连接。对条件查询介绍了多种实现方法，包括用子查询实现和用连接查询实现。

在综合运用这些方法实现数据查询时，需要注意以下事项。

① 当查询语句的目标列中包含聚合函数时，若没有分组子句，则目标列中只能写聚合函数，而不能再写其他列名。若包含分组子句，则在查询的目标列中除了可以写聚合函数外，只能写分组依据列。

② 对行的过滤条件一般用 WHERE 子句实现，对组的过滤条件用 HAVING 子句实现。

③ 不能将对统计后的结果进行筛选的条件写在 WHERE 子句中，应该写在 HAVING 子句中。

例如，查询平均年龄大于 20 的系，若将条件写成：

```
WHERE AVG(Sage) > 20
```

则是错误的，应该是：

```
HAVING AVG(Sage) > 20
```

④ 不能将列值与统计结果值进行比较的条件写在 WHERE 子句中，这种条件一般都用子查询来实现。

例如，查询年龄大于平均年龄的学生，若将条件写成：

```
WHERE Sage > AVG(Sage)
```

则是错的，应该是：

```
WHERE Sage > ( SELECT AVG(Sage) FROM Student )
```

⑤ 当查询目标列来自多个表时，必须用多表连接实现。子查询语句中的列不能用在外层查询中。

⑥ 使用自连接时，必须为表取别名，使其在逻辑上成为两张表。

⑦ 带否定条件的查询一般用子查询实现（NOT IN 或 NOT EIXSTS），不用多表连接实现。

⑧ 当使用 TOP 子句限制选取结果集中的前若干行数据时，一般情况下都要有 ORDER BY 子句和它配合。

对数据的更改操作，介绍了数据的插入、修改和删除。对删除和更新操作，介绍了无条件的操作和有条件的操作，对有条件的删除和更新操作又介绍了用多表连接实现和用子查询实现两种方法。

另外，在介绍这些语句时，主要采用新的 SQL 语法格式，目前大多数新数据库管理系统都支持这些格式。

在进行数据的增、删、改时数据库管理系统自动检查数据的完整性约束，而且这些检查是在对数据进行操作之前进行的，只有当数据完全满足完整性约束条件时才进行数据更改操作。

习题

利用第 3 章定义的 Student、Course 和 SC 表，编写实现如下操作的 SQL 语句。

1. 查询 SC 表中的全部数据。
2. 查询计算机系学生的姓名和年龄。
3. 查询成绩在 70～80 分范围内的学生的学号、课程号和成绩。
4. 查询计算机系年龄在 18～20 岁范围内的男学生的姓名和年龄。
5. 查询“C001”号课程的最高分。
6. 查询计算机系学生的最大年龄和最小年龄。
7. 统计每个系的学生人数。
8. 统计每门课程的选课人数和考试最高分。
9. 统计每个学生的选课门数和考试总成绩，并按选课门数升序显示结果。
10. 查询选修“C002”号课程的学生的姓名和所在系。
11. 查询计算机系年龄最大的前 2 名学生，列出姓名和年龄。
12. 查询学分最高的前 3 门课程(包括并列的情况)，列出课程名、学分和开课学期。
13. 查询成绩 80 分以上的学生的姓名、课程号和成绩，并按成绩降序排列结果。
14. 查询哪些课程没有学生选修，要求列出课程号和课程名。
15. 查询计算机系哪些学生没有选课，列出学生姓名。
16. 用子查询实现如下查询：

(1) 查询选修了“C001”号课程的学生的姓名和所在系；

(2) 查询通信工程系成绩 80 分以上的学生的学号和姓名；

(3) 查询计算机系考试成绩最高的学生的姓名；

(4) 查询年龄最大的男学生的姓名和年龄；

(5) 查询“C001”号课程的考试成绩高于该课程平均成绩的学生的学号和成绩。

17. 创建一个新表，表名为 test_t，其结构为(COL1, COL 2, COL 3)，其中，

COL1：整型，允许空值；

COL2：字符型，长度为 10，不允许空值；

COL3：字符型，长度为 10，允许空值。

试写出按行插入如下数据的语句(空白处表示空值)。

COL1	COL2	COL3
	B1	
1	B2	C2
2	B3	

18. 删除成绩小于 50 分的学生的选课记录。
19. 删除计算机系 VB 考试成绩不及格学生的 VB 选课记录。
20. 删除没人选的课程的基本信息。
21. 将“C001”号课程的考试成绩加 10 分。
22. 将计算机系所有选修“计算机文化学”课程的学生的成绩加 10 分。

第5章 索引和视图

本章介绍数据库中的两个重要对象：索引和视图。索引的作用是加快数据的查询效率，视图是为了满足不同用户对数据的需求。索引通过对数据建立方便查询的搜索结构来达到加快数据查询效率的目的；视图是从基本表中抽取满足用户所需的数据，这些数据可以只来自一张表，也可以来自多张表。

5.1 索引

本节介绍索引的作用以及如何创建和维护索引。

5.1.1 索引的基本概念

在数据库中建立索引是为了加快数据的查询速度。数据库中的索引与书籍中的目录或书后的术语表类似。在一本书中，利用目录或术语表可以快速查找所需信息，而无须翻阅整本书。在数据库中，索引使对数据的查找不需要对整个表进行扫描，就可以在其中找到所需数据。书籍的索引表是一个词语列表，其中注明了包含各个词的页码。而数据库中的索引是一个表中所包含的列值的列表，其中注明了表中包含各个值的行数据所在的存储位置。可以为表中的单个列建立索引，也可以为一组列建立索引。索引一般采用B树结构。索引由索引项组成，索引项由来自表中每一行的一个或多个列(称为搜索关键字)组成。B树按搜索关键字排序，可以对组成搜索关键字的任何子词条集合上进行高效搜索。例如，对于一个由A、B、C三个列组成的索引，可以在A以及A、B和A、B、C上对其进行高效搜索。

例如，假设在Student表的Sno列上建立了一个索引(索引项为Sno)，则在索引部分就有指向每个学号所对应的学生的存储位置的信息，如图5-1所示。

当数据库管理系统执行一个在Student表上根据指定的Sno查找该学生的信息的语句时，它能够识别Sno列的索引列，并首先在索引部分(按学号有序存储)查找该学号，然后根据找到的学号所指向的数据的存储位置，直接检索出需要的信息。如果没有索引，则数据库管理系统需要从Student表的第一行开始，逐行检索指定的Sno的值。从数据结构的算法知识可以知道，有序数据的查找比无序数据的查找效率要高很多。

但索引为查找所带来的性能好处是有代价的，首先索引在数据库中会占用一定的存储空间来存储索引信息。其次，在对数据进行插入、更改和删除操作时，为了使索引与数据保持一致，还需要对索引进行相应维护。对索引的维护是需要花费时间的。

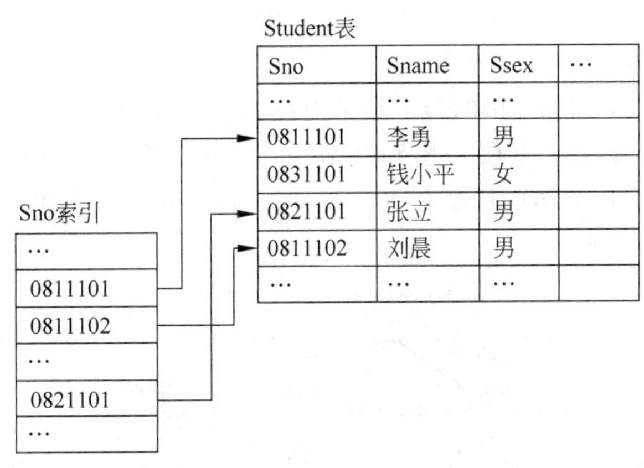

图 5-1 索引及数据间的对应关系示意图

因此，利用索引提高查询效率是以空间和增加了数据更改的时间为代价的。在设计和创建索引时，应确保对性能的提高程度大于在存储空间和处理资源方面的代价。

在数据库管理系统中，数据一般是按数据页存储的，数据页是一块固定大小的连续存储空间。不同的数据库管理系统数据页的大小不同，有的数据库管理系统数据页的大小是固定的，比如 SQL Server 的数据页就固定为 8KB；有些数据库管理系统的数据页大小可由用户设定，比如 DB2。在数据库管理系统中，索引项也按数据页存储，而且其数据页的大小与存放数据的数据页的大小相同。

存放数据的数据页与存放索引项的数据页均是以链表的方式链接在一起，而且在页头包含指向下一页及前面的页的指针，这样就可以将表中的全部数据或者索引链在一起。数据页的组织方式的示意图如图 5-2 所示。

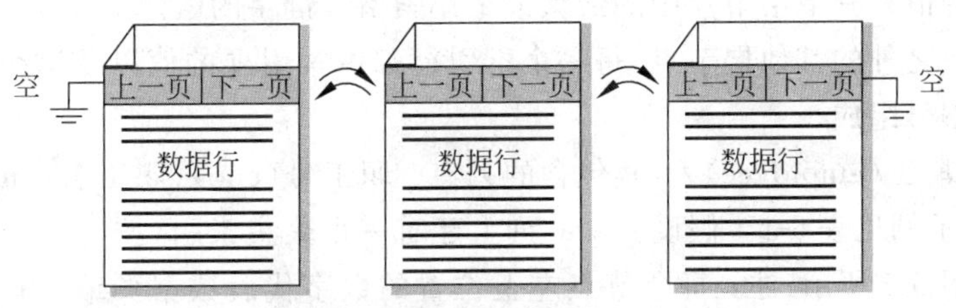

图 5-2 数据页的组织方式示意图

5.1.2 索引的存储结构及分类

索引分为两大类，一类是聚集索引(Clustered Index，也称为聚簇索引)，另一类是非聚集索引(Non-clustered Index，也称为非聚簇索引)。聚集索引对数据按索引关键字进行物理的排序，非聚集索引不对数据进行物理排序，如图 5-1 所示的索引示意图即为非聚集索引。聚集索引和非聚集索引一般都使用 B 树结构来存储索引项，而且都包含数据页和索引页，其中索引页是用来存放索引项和指向下一层的指针，数据页用来存放数据。

在介绍这两类索引之前，首先简单介绍一下 B 树结构。

1. B 树结构

B 树(Balanced Tree,平衡树)的最上层节点称为根节点(Root Node),最下层节点称为叶节点(Left Node)。在根节点所在层和叶节点所在层之间的层上的节点称为中间节点(Intermediate Node)。B 树结构从根节点开始,以左右平衡的方式存放数据,中间可根据需要分成许多层,如图 5-3 所示。

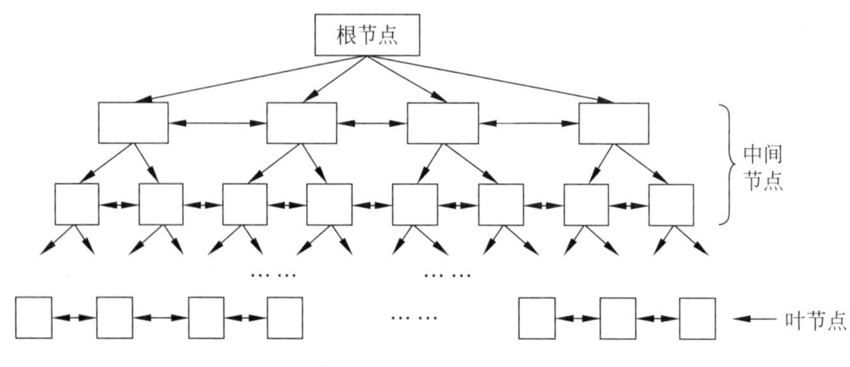

图 5-3　B 树结构示意图

2. 聚集索引

聚集索引的 B 树是自下而上建立的,最下层的叶级节点存放的是数据,因此它既是索引页,同时也是数据页。多个数据页生成一个中间层节点的索引页,然后再由数个中间层的节点的索引页合成更上层的索引页,如此上推,直到生成顶层的根节点的索引页。其示意图如图 5-4 所示。生成高一层节点的方法是:从叶级节点开始,高一层节点中的每个索引项的索引关键字的值是其下层节点中的最大或最小索引关键字的值。

除叶级节点之外的其他层节点,每一个索引行都由索引项的值以及这个索引项在下层节点的数据页编号组成。

例如,设有职工(employee)表,其包含的列有:职工号(eno)、职工名(ename)和所在单位(dept),数据示例见表 5-1。假设在 eno 列上建有一个聚集索引(按升序排序),则其 B 树结构示意图如图 5-5 所示(注:每个节点左上位置的数字代表数据页编号),其中的虚线代表数据页间的链接。

在聚集索引的叶节点中,数据按聚集索引项的值进行物理排序。因此,聚集索引很类似于电话号码簿,在电话号码簿中数据是按姓氏排序的,这里姓氏就是聚集索引项。由于聚集索引项决定了数据在表中的物理存储顺序,因此一个表只能包含一个聚集索引。但该索引可以由多个列(组合索引)组成,就像电话号码簿按姓氏和名字进行组织一样。

当在建有聚集索引的列上查找数据时,系统首先从聚集索引树的入口(根节点)开始逐层向下查找,直到达到 B 树索引的叶级,也就是达到了要找的数据所在的数据页,最后只在这个数据页中查找所需数据即可。

例如,若执行语句:

```
SELECT * FROM employee WHERE eno = 'E08'
```

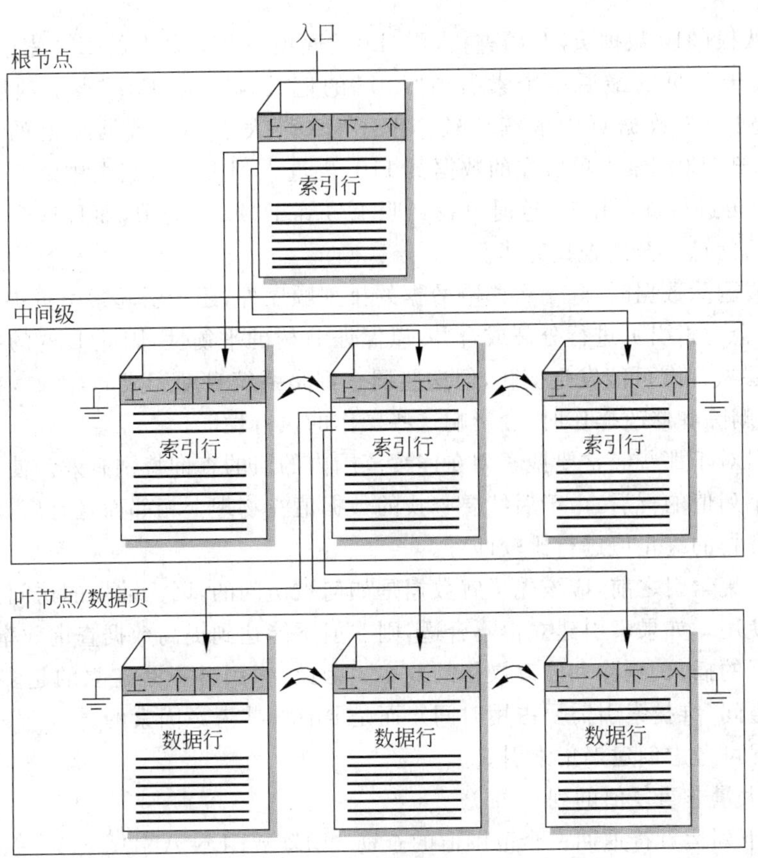

图 5-4　建有聚集索引的表的存储结构示意图

表 5-1　employee 表的数据

eno	ename	dept	eno	ename	dept
E01	AB	CS	E07	BB	IS
E02	AA	CS	E08	AD	CS
E03	BB	IS	E09	BD	IS
E04	BC	CS	E10	BA	IS
E05	CB	IS	E11	CC	CS
E06	AS	IS	E12	CA	CS

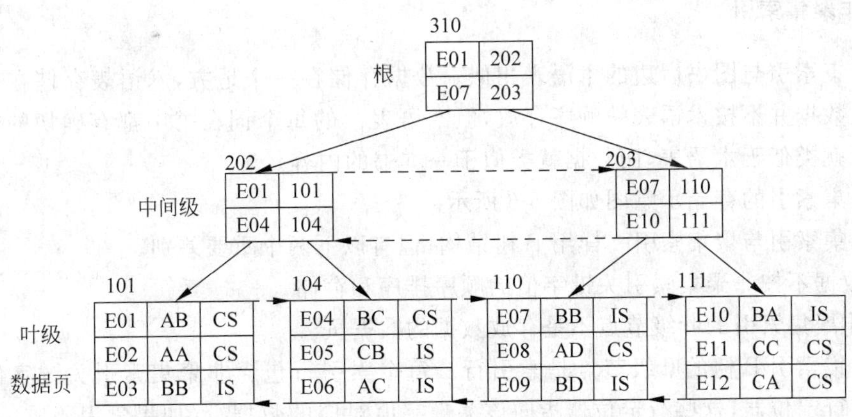

图 5-5　在 eno 列上建有聚集索引的 B 树

则首先从根(310 数据页)开始查找,用“E08”逐项与 310 页上的每个索引项进行比较。由于“E08”大于此页的最后一个索引项“E07”的值,因此,选“E07”索引项所在的数据页 203,再进入到 203 数据页中继续比较。由于“E08”大于 203 数据页上的“E07”而小于“E10”,因此,选“E07”索引项所在的数据页 110,再进入到 110 数据页中继续逐项比较。在 110 数据页上再进行逐项比较,这时可找到职工号等于“E08”的项,而且这个项包含了此职工的全部数据信息。至此查找完毕。

当增加或删除数据时,除了会影响数据的排列顺序外,还会引起索引页中索引项的增加或减少,系统会对索引页进行分裂或合并,以保证 B 树的平衡性,因此 B 树的中间节点数量以及 B 树的层次都有可能发生变化,但这些调整都是系统自动完成的,因此,在对有索引的表进行增加、删除和修改操作时,会影响这些操作的执行性能。

聚集索引对于那些经常要搜索列在连续范围内的值的查询特别有效。使用聚集索引找到包含第一个列值的行后,由于后续要查找的数据值在物理上相邻而且有序,因此只要将数据值直接与查找的终止值进行比较即可。

在创建聚集索引之前,应该先了解数据是如何被访问的,因为数据的访问方式直接影响了对索引的使用。如果索引建立得不合适,则非但不能达到提高数据查询效率的目的,而且还会影响数据的插入、删除和修改操作的效率。因此,索引并不是建立的越多越好(建立索引需要占用空间,维护索引需要占用时间),而是要有一些考虑因素的。

下列情况可考虑创建聚集索引。

① 包含大量非重复值的列。

② 使用下列运算符返回一个范围值的查询:BETWEEN AND、＞、＞=、＜ 和 ＜=。

③ 返回大型结果集的查询。

④ 经常被用作联接的列,一般来说,这些列是外键列。

⑤ 对 ORDER BY 或 GROUP BY 子句中指定的列进行索引,可以使数据库管理系统在查询时不必对数据再进行排序,因而可以提高查询性能。

下列情况不适于建立聚集索引。

① 频繁更改的列。因为这将导致索引项的整行移动。

② 字节长的列。因为聚集索引的索引项的值将被所有非聚集索引作为查找关键字使用,并被存储在每个非聚集索引的 B 树的叶级索引项中。

3. 非聚集索引

非聚集索引与图书后边的术语表相似。数据存储在一个地方,术语表存储在另一个地方。而且数据并不按术语表的顺序存放,但术语表中的每个词在书中都有确切的位置。非聚集索引就类似于术语表,而数据就类似于一本书的内容。

非聚集索引的存储示意图如图 5-6 所示。

非聚集索引与聚集索引一样用 B 树结构,但有以下两个重要差别。

① 数据不按非聚集索引关键字值的顺序排序和存储。

② 非聚集索引的叶级节点不是存放数据的数据页。

非聚集索引 B 树的叶级节点是索引行。每个索引行包含非聚集索引关键字值以及一个或多个行定位器,这些行定位器指向该关键字值对应的数据行(如果索引不唯一,则可能

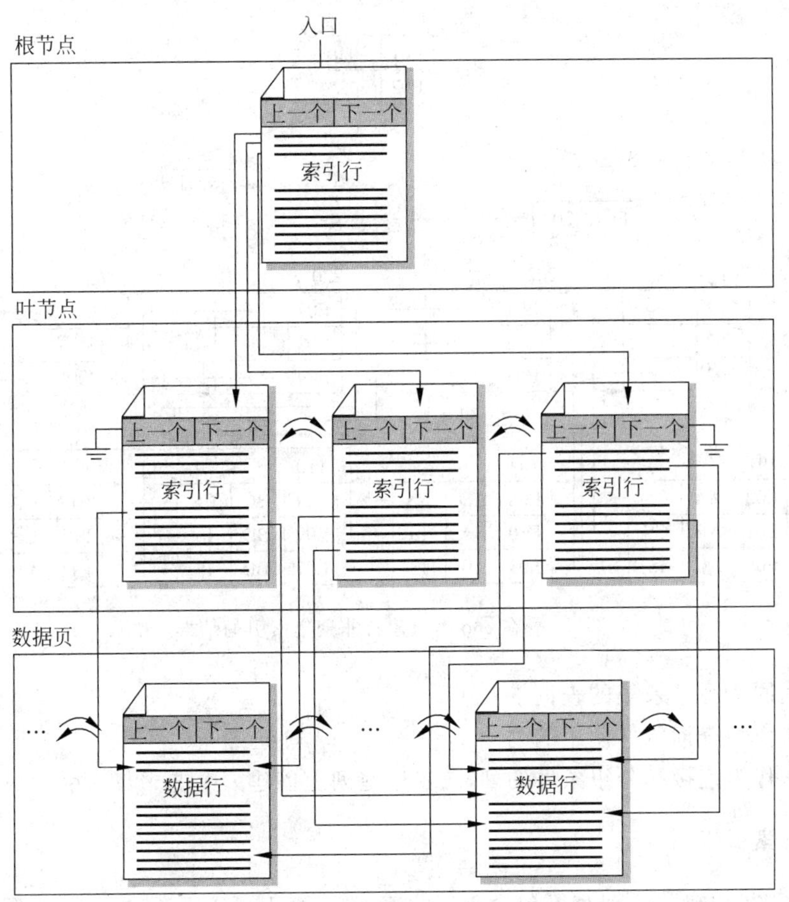

图 5-6 非聚集索引的存储结构示意图

是多行)。

例如,假设在前边的 employee 表的 eno 列上建有一个非聚集索引,则其表和索引 B 树的形式如图 5-7 所示。从这个图中可以观察到,数据页上的数据并不是按索引列 eno 排序的,但根据 eno 建立的索引 B 树是按 eno 排序的,而且上一层节点中的每个索引键值取的是下一层节点上的最小索引键值。

在建有非聚集索引的表上查找数据的过程与聚集索引相似,也是从根节点开始逐层向下查找,直到找到叶级节点,在叶级节点中找到匹配的索引关键字值之后,其所对应的行定位器所指位置即是查找数据的存储位置。

由于非聚集索引并不改变数据的物理存储顺序,因此,可以在一个表上建立多个非聚集索引。就像一本书可以有多个术语表一样,比如一本介绍园艺的书可能会包含一个植物通俗名称的术语表和一个植物学名称的术语表,因为这是读者查找信息的两种最常用的方法。

在创建非聚集索引之前,应先了解数据是如何被访问的,以使建立的索引科学合理。对于下述情况可考虑创建非聚集索引。

① 包含大量非重复值的列。如果某列只有很少的非重复值,比如只有 1 和 0,则不对这些列建立非聚集索引。

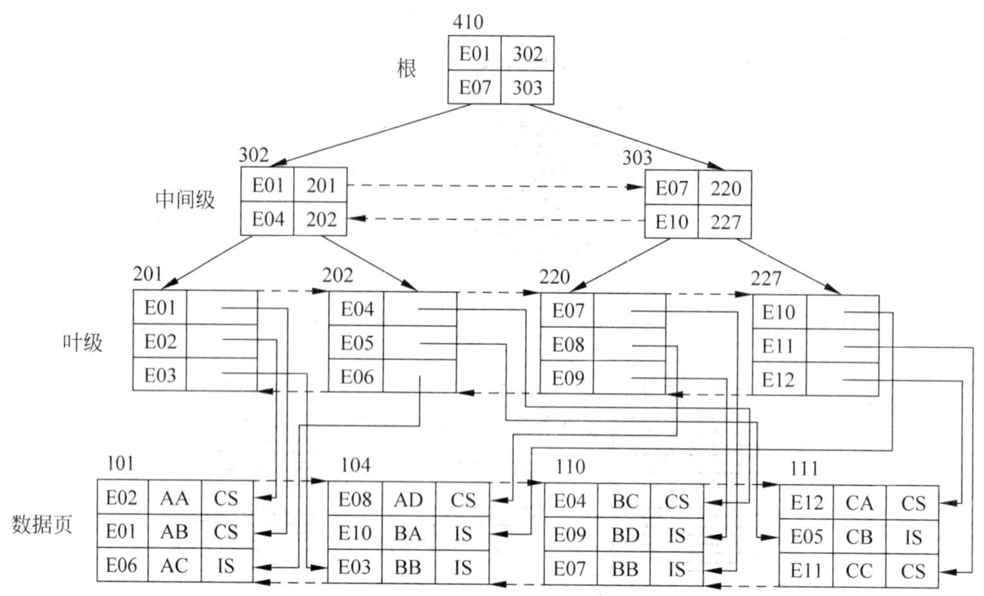

图 5-7　在 eno 列上建有非聚集索引的情形

② 不返回大型结果集的查询。

③ 经常作为查询条件使用的列。

④ 经常作为连接和分组条件的列，应在这些列上创建多个非聚集索引。

4. 唯一索引

唯一索引可以确保索引列不包含重复的值，唯一索引可以只包含一个列（限制该列取值不重复），也可以由多个列共同构成（限制这些列的组合取值不重复）。例如，如果在 LastName、FirstName 和 MiddleInitial 列的组合上创建了一个唯一索引 FullName，则该表中任何两个人都不可以具有完全相同的名字（LastName、FirstName 和 MiddleInitial 名字均相同）。

聚集索引和非聚集索引都可以是唯一索引。因此，只要列中的数据是唯一的，就可以在同一个表上创建一个唯一的聚集索引和多个唯一的非聚集索引。

说明：只有当数据本身具有唯一性特征时，指定唯一索引才有意义。如果必须要实施唯一性来确保数据的完整性，则应在列上创建 UNIQUE 约束或 PRIMARY KEY 约束（关于约束的详细信息请参见本书的第 3 章），而不要创建唯一索引。例如，如果想限制学生表（主键为 Sno）中的身份证号码（Sid）列（假设学生表中有此列）的取值不能有重复，则可在 Sid 列上创建 UNIQUE 约束。实际上，当在表上创建 PRIMARY KEY 约束或 UNIQUE 约束时，系统会自动在这些列上创建唯一索引。

5.1.3　创建和删除索引

1. 创建索引

确定了索引列之后，就可以在数据库的表上创建索引。创建索引使用的是 CREATE

INDEX 语句，其一般语法格式为：

```
CREATE [UNIQUE] [CLUSTERED | NONCLUSTERED]
    INDEX 索引名 ON 表名 (列名 [,...n])
```

参数说明如下。

① UNIQUE：表示要创建的索引是唯一索引。

② CLUSTERED：表示要创建的索引是聚集索引。

③ NONCLUSTERED：表示要创建的索引是非聚集索引。

如果没有指定索引类型，则默认是创建非聚集索引。

【例 5-1】 为 Student 表的 Sname 列创建非聚集索引。

```
CREATE INDEX Sname_ind
  ON Student ( Sname )
```

【例 5-2】 为 Student 表的 Sid 列创建唯一性聚集索引。

```
CREATE UNIQUE CLUSTERED INDEX Sid_ind
  ON Student (Sid )
```

【例 5-3】 为 Employee 表的 FirstName 和 LastName 列创建一个聚集索引。

```
CREATE CLUSTERED INDEX EName_ind
  ON Employee (FirstName, LastName )
```

2. 删除索引

索引一经建立，就由数据库管理系统自动使用和维护，不需要用户干预。建立索引是为了加快数据的查询效率，但如果需要频繁地对数据进行增、删、改操作，则系统会花费很多时间来维护索引，这会降低数据的修改效率；另外，存储索引需要占用额外的空间，这增加了数据库的空间开销。因此，当不需要某个索引时，可将其删除。

在 SQL 语言中，删除索引使用的是 DROP INDEX 语句。其一般语法格式为：

```
DROP INDEX <索引名>
```

【例 5-4】 删除 Student 表中的 Sname_ind 索引。

```
DROP INDEX Sname_ind
```

5.2 视图

在第 2 章介绍数据库的三级模式时，可以看到模式（对应到基本表）是数据库中全体数据的逻辑结构，这些数据也是物理存储的，当不同的用户需要基本表中不同的数据时，可以为每类这样的用户建立一个外模式。外模式中的内容来自于模式，这些内容可以是某个模式的部分数据或多个模式组合的数据。外模式对应到数据库中的概念就是视图。

视图(view)是数据库中的一个对象,它是数据库管理系统提供给用户的以多种角度观察数据库中的数据的一种重要机制。本节介绍视图的概念和作用。

5.2.1 视图的基本概念

通常将模式所对应的表称为基本表。基本表中的数据实际上是物理存储在磁盘上的。在关系模型中有一个重要的特点,那就是由 SELECT 语句得到的结果仍然是二维表,由此引出了视图的概念。视图是查询语句产生的结果,但它有自己的视图名,视图中的每个列也有自己的列名。视图在很多方面都与基本表相似。

视图是由从数据库的基本表中选取出来的数据组成的逻辑窗口,是基本表的部分行和列数据的组合。它与基本表不同的是,视图是一个虚表。数据库中只存储视图的定义,而不存储视图所包含的数据,这些数据仍存放在原来的基本表中。这种模式有以下两个好处。

① 视图数据始终与基本表数据保持一致。当基本表中的数据发生变化时,从视图中查询出的数据也会随之变化。因为每次从视图中查询数据时,都是执行定义视图的查询语句,即最终都是落实到基本表中查询数据。从这个意义上讲,视图就像一个窗口,透过它可以看到数据库中用户自己感兴趣的数据。

② 节省存储空间。当数据量非常大时,重复存储数据是非常耗费空间的。

视图可以从一个基本表中提取数据,也可以从多个基本表中提取数据,甚至还可以从其他视图中提取数据,构成新的视图。但不管怎样,对视图数据的操作最终都会转换为对基本表的操作。图 5-8 显示了视图与基本表之间的关系。

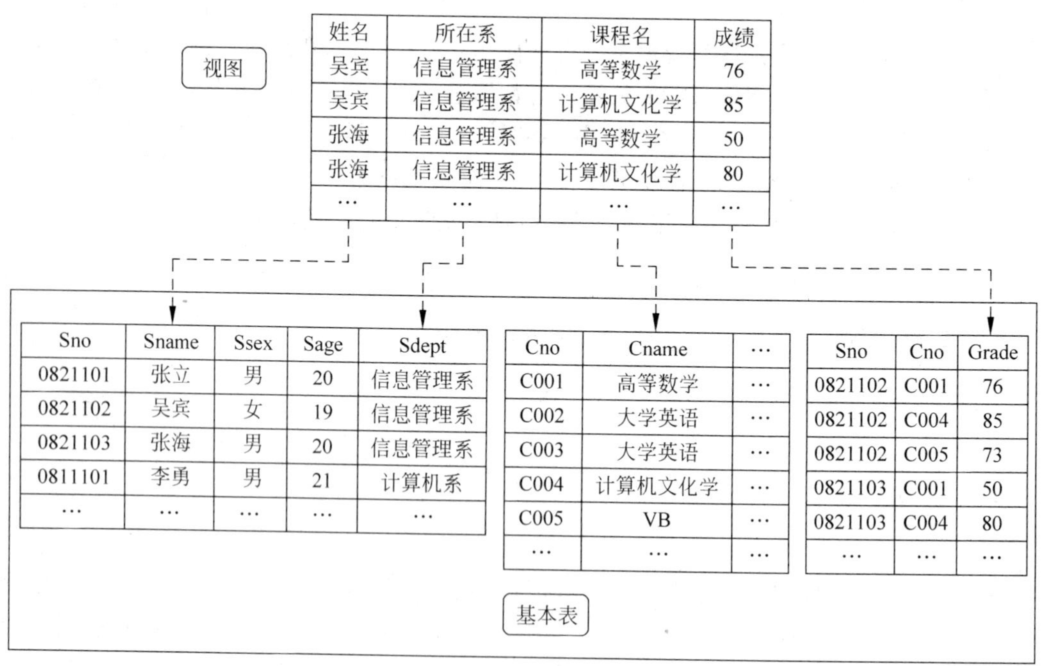

图 5-8 视图与基本表的关系示意图

5.2.2 定义视图

定义视图的 SQL 语句为 CREATE VIEW，其一般格式如下：

```
CREATE VIEW <视图名> [( 列名 [ ,…n ] )]
AS
   查询语句
```

其中，查询语句可以是任意的 SELECT 语句，但要注意以下几点。

① 查询语句中通常不包含 ORDER BY 和 DISTINCT 子句。

② 在定义视图时要么指定视图的全部列名，要么全部省略不写，不能只写视图的部分列名。如果省略了视图的“列名”部分，则视图的列名与查询语句中查询结果显示的列名相同。但在如下三种情况下必须明确指定组成视图的所有列名。

- 某个目标列不是简单的列名，而是函数或表达式，并且没有为这样的列起别名。
- 多表连接时选出了几个同名列作为视图的字段。
- 需要在视图中为某个列选用新的更合适的列名。

1. 定义单源表视图

单源表的行列子集视图指视图的数据取自一个基本表的部分行和列，这样的视图行列与基本表行列对应。用这种方法定义的视图可以通过视图对数据进行查询和修改操作。

【例 5-5】 建立查询信息管理系学生的学号、姓名、性别和年龄的视图。

```
CREATE VIEW IS_Student
AS
   SELECT Sno, Sname, Ssex, Sage
     FROM Student WHERE Sdept = '信息管理系'
```

数据库管理系统执行 CREATE VIEW 语句的结果只是在数据库中保存视图的定义，并不执行其中的 SELECT 语句。只有在对视图执行查询操作时，才按视图的定义从相应基本表中检索数据。

2. 定义多源表视图

多源表视图指定义视图的查询语句涉及多张表，这样定义的视图一般只用于查询，不用于修改数据。

【例 5-6】 建立查询信息管理系选修了“C001”号课程的学生的学号、姓名和成绩的视图。

```
CREATE VIEW V_IS_S1(Sno, Sname, Grade)
AS
  SELECT Student.Sno, Sname, Grade
    FROM Student JOIN  SC ON Student.Sno = SC.Sno
    WHERE Sdept = '信息管理系'  AND  SC.Cno = 'C001'
```

3. 在已有视图上定义新视图

还可以在视图上再建立视图，这时作为数据源的视图必须是已经建立好的视图。

【例 5-7】 利用例 5-5 建立的视图，建立查询信息管理系年龄小于 20 的学生的学号、姓名和年龄的视图。

```
CREATE VIEW IS_Student_Sage
AS
  SELECT Sno, Sname, Sage
    FROM IS_Student WHERE Sage < 20
```

视图的来源不仅可以是单个的视图和基本表，还可以是视图和基本表的组合。

【例 5-8】 在例 5-5 所建的视图基础上，例 5-6 的视图定义可改为：

```
CREATE VIEW V_IS_S2(Sno, Sname, Grade)
AS
  SELECT SC.Sno, Sname, Grade
    FROM IS_Student JOIN SC ON IS_Student.Sno = SC.Sno
    WHERE Cno = 'C001'
```

这里的视图 V_IS_S2 就是建立在 IS_Student 视图和 SC 表之上的。

4. 定义带表达式的视图

在定义基本表时，为减少数据库中的冗余数据，表中只存放基本数据，而基本数据经过各种计算派生出的数据一般是不存储的。但由于视图中的数据并不实际存储，所以定义视图时可以根据需要设置一些派生属性列，在这些派生属性列中保存经过计算的值。这些派生属性由于在基本表中并不实际存在，因此，也称它们为虚拟列。包含虚拟列的视图也称为带表达式的视图。

【例 5-9】 定义一个查询学生出生年份的视图，内容包括学号、姓名和出生年份。

```
CREATE VIEW BT_S(Sno, Sname, Sbirth)
AS
  SELECT Sno, Sname, 2009 - Sage
    FROM Student
```

注意：*在定义这个视图的查询语句的查询列表中有一个表达式，但没有为表达式指定别名，因此，在定义视图时必须指定视图的全部列名。*

5. 含分组统计信息的视图

含分组统计信息的视图是指定义视图的查询语句中含有 GROUP BY 子句，这样的视图只能用于查询，不能用于修改数据。

【例 5-10】 定义一个查询每个学生的学号及平均成绩的视图。

```
CREATE VIEW S_G
AS
  SELECT Sno, AVG(Grade) AverageGrade FROM SC
    GROUP BY Sno
```

注意：*这个查询语句为统计函数指定了列别名，因此在定义视图的语句中可以省略视图的列名。当然，也可以指定视图的列名。如果指定了视图中各列的列名，则视图用指定的*

列名作为视图各列的列名。

5.2.3 通过视图查询数据

定义视图后，就可以对其进行查询了，通过视图查询数据同通过基本表查询数据一样。

【例 5-11】 利用例 5-5 建立的视图，查询信息管理系男生的信息。

```
SELECT * FROM IS_Student WHERE Ssex = '男'
```

查询结果如图 5-9 所示。

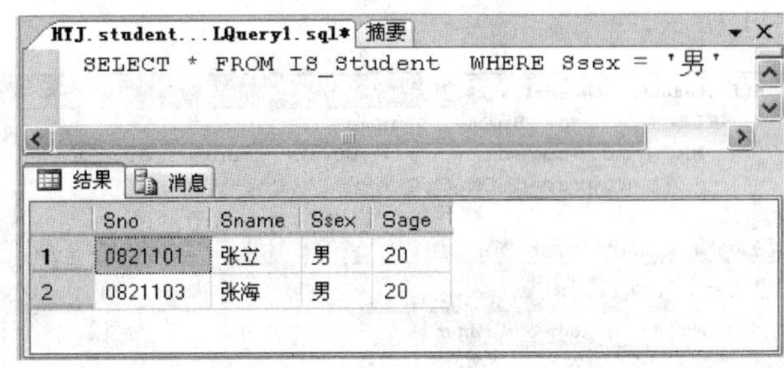

图 5-9 例 5-11 的查询结果

数据库管理系统在对视图进行查询时，首先检查要查询的视图是否存在。如果存在，则从数据字典中提取视图的定义，根据定义视图的查询语句转换成等价的对基本表的查询，然后再执行转换后的查询操作。

因此，例 5-11 的查询最终转换成的实际查询语句如下：

```
SELECT Sno, Sname, Ssex, Sage
  FROM Student
  WHERE Sdept = '信息管理系' AND Ssex = '男'
```

【例 5-12】 查询信息管理系选修了“C001”号课程且成绩大于等于 60 的学生的学号、姓名和成绩。

这个查询可以利用例 5-6 的视图实现：

```
SELECT * FROM V_IS_S1 WHERE Grade >= 60
```

查询结果如图 5-10 所示。

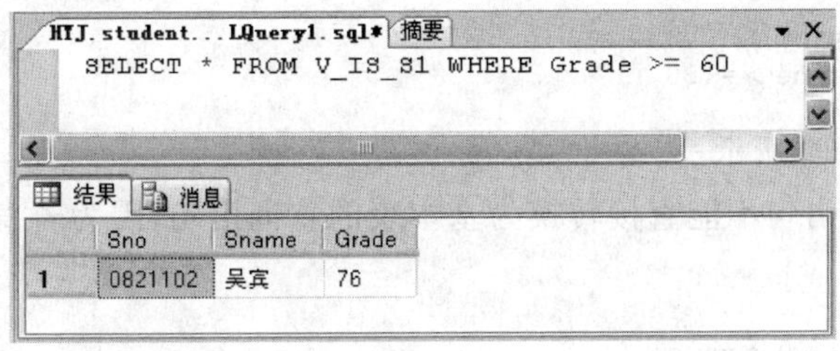

图 5-10 例 5-12 的查询结果

此查询转换成的对最终基本表的查询语句如下：

```
SELECT S.Sno, Sname, Grade FROM SC
  JOIN Student S ON S.Sno = SC.Sno
  WHERE Sdept = '信息管理系' AND SC.Cno = 'C001'
    AND Grade >= 60
```

【例 5-13】 查询信息管理系学生的学号、姓名和所选课程的课程名。

```
SELECT v.Sno, Sname, Cname
  FROM IS_Student v JOIN SC ON v.Sno = SC.Sno
  JOIN Course C ON C.Cno = SC.Cno
```

查询结果如图 5-11 所示。

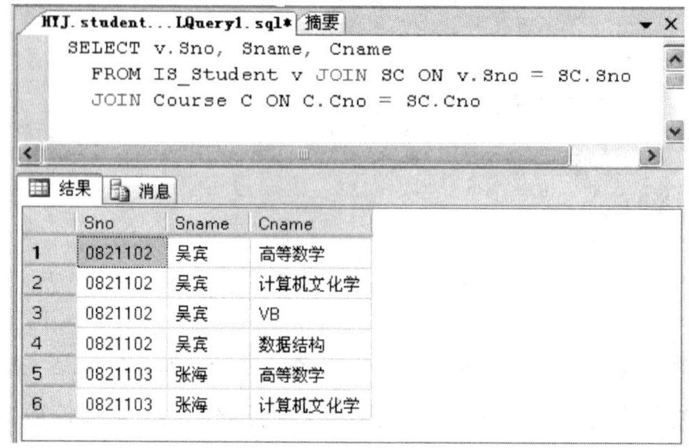

	Sno	Sname	Cname
1	0821102	吴宾	高等数学
2	0821102	吴宾	计算机文化学
3	0821102	吴宾	VB
4	0821102	吴宾	数据结构
5	0821103	张海	高等数学
6	0821103	张海	计算机文化学

图 5-11 例 5-13 的查询结果

此查询转换成的对最终基本表的查询语句如下：

```
SELECT S.Sno, Sname, Cname
  FROM Student S JOIN SC ON S.Sno = SC.Sno
  JOIN Course C ON C.Cno = SC.Cno
  WHERE Sdept = '信息管理系'
```

有时，将通过视图查询数据转换成对基本表查询是很直接的，但有些情况下，这种转换不能直接进行。

【例 5-14】 利用例 5-10 建立的视图，查询平均成绩大于等于 80 分的学生的学号和平均成绩。

```
SELECT * FROM S_G
  WHERE AverageGrade >= 80
```

查询结果如图 5-12 所示。

这个示例的查询语句不能直接转换为基本表的查询语句，因为若直接转换，将会产生如下的语句：

```
SELECT Sno, AVG(Grade) FROM SC
   WHERE AVG(Grade) >= 80
   GROUP BY Sno
```

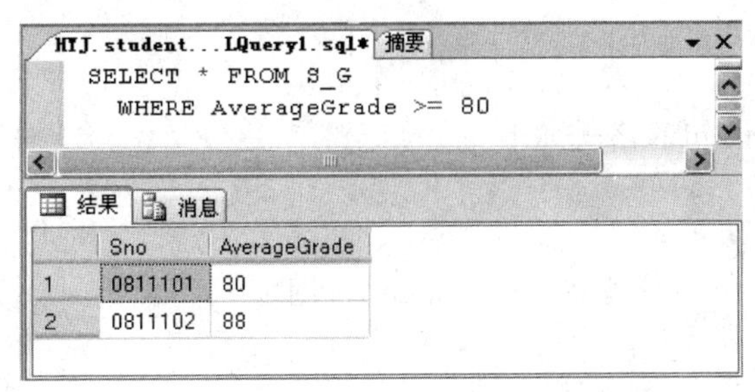

图 5-12 例 5-14 的查询结果

这个转换显然是错误的,因为在 WHERE 子句中不能包含统计函数。正确的转换语句应该是:

```
SELECT Sno, AVG(Grade) FROM SC
   GROUP BY Sno
   HAVING AVG(Grade) >= 80
```

目前大多数关系数据库管理系统对这种含有统计函数的视图的查询均能进行正确的转换。

视图不仅可用于查询数据,也可以通过视图修改基本表中的数据,但并不是所有的视图都可以用于修改数据。比如,经过统计或表达式计算得到的视图,就不能用于修改数据。能否通过视图修改数据的基本原则是:如果这个操作能够最终落实到基本表上,并成为对基本表的正确操作,则可以通过视图修改数据,否则不行。

5.2.4 修改和删除视图

定义视图后,如果其结构不能满足用户的要求,则可以对其进行修改。如果不需要某个视图了,还可以删除此视图。

1. 修改视图

修改视图定义的 SQL 语句为 ALTER VIEW,其语法格式如下:

```
ALTER VIEW  视图名 [ ( 列名 [ ,...n ] ) ]
AS
    查询语句
```

可以看到,修改视图的 SQL 语句与定义视图的语句基本是一样的,只是将 CREATE VIEW 改成了 ALTER VIEW。

【例 5-15】 修改 5.2.2 节例 5-10 定义的视图,使其统计每个学生的考试平均成绩和修课总门数。

```
ALTER VIEW S_G(Sno, AverageGrade,Count_Cno)
AS
   SELECT Sno, AVG(Grade), Count( * ) FROM SC
     GROUP BY Sno
```

2. 删除视图

删除视图的 SQL 语句的格式如下：

```
DROP VIEW <视图名>
```

【例 5-16】 删除例 5-5 定义的 IS_Student 视图。

```
DROP VIEW IS_Student
```

删除视图时需要注意，如果被删除的视图是其他视图的数据源，如前面的 IS_Student_Sage 视图就是定义在 IS_Student 视图之上的，那么删除该视图（如删除 IS_Student），其导出视图（如 IS_Student_Sage）将无法再使用。同样，如果视图引用的基本表被删除了，视图也将无法使用。因此，在删除基本表和视图时一定要注意是否存在引用被删除对象的视图，如果有应同时删除。

5.2.5 视图的作用

正如前边所讲的，使用视图可以简化和定制用户对数据的需求。虽然对视图的操作最终都转换为对基本表的操作，视图看起来似乎没什么用处，但实际上，合理地使用视图会带来许多好处。

1. 简化数据查询语句

采用视图机制可以使用户将注意力集中在所关心的数据上。如果这些数据来自多个基本表，或者数据一部分来自于基本表，另一部分来自于视图，并且所用的搜索条件又比较复杂，需要编写的 SELECT 语句就会很长，这时定义视图就可以简化数据的查询语句。定义视图可以将表与表之间复杂的连接操作和搜索条件对用户隐藏起来，用户只需简单地查询一个视图即可。这在多次执行相同的数据查询操作时尤为有用。

2. 使用户能从多角度看待同一数据

采用视图机制能使不同的用户以不同的方式看待同一数据，当许多不同类型的用户共享同一个数据库时，这种灵活性是非常重要的。

3. 提高了数据的安全性

使用视图可以定制用户查看哪些数据并屏蔽敏感数据。比如，不希望员工看到别人的工资，就可以建立一个不包含工资项的职工视图，然后让用户通过视图来访问表中的数据，而不授予他们直接访问基本表的权限，这样就在一定程度上提高了数据库数据的安全性。

4. 提供了一定程度的逻辑独立性

视图在一定程度上提供了第 2 章介绍的数据的逻辑独立性，因为它对应的是数据库的外模式。

在关系数据库中，数据库的重构是不可避免的。重构数据库的常见方法是将一个基本表分解成多个基本表。例如，可将学生关系表 Student(Sno，Sname，Ssex，Sage，Sdept)分解为 SX(Sno，Sname，Sage)和 SY(Sno，Ssex，Sdept)两个关系，这时对 Student 表的操作就变成了对 SX 表和 SY 表的操作，则可定义视图：

```
CREATE VIEW Student (Sno, Sname, Ssex, Sage, Sdept)
AS
  SELECT SX.Sno, SX.Sname, SY.Ssex, SX.Sage, SY.Sdept
    FROM SX JOIN SY ON SX.Sno = SY.Sno
```

这样，尽管数据库的表结构变了，但应用程序可以不必修改，新建的视图保证了用户原来的关系，使用户的外模式未发生改变。

注意：视图只能在一定程度上提供数据的逻辑独立性，由于视图的更新是有条件的，因此，应用程序在修改数据时可能会因基本表结构的改变而受一些影响。

5.3 小结

本章介绍了数据库中的两个重要概念：索引和视图。建立索引的目的是为了提高数据的查询效率，但存储索引需要空间的开销，维护索引需要时间的开销。因此，当对数据库的应用主要是查询操作时，可以适当多建立索引。如果对数据库的操作主要是增、删、改，则应尽量少建索引，以免影响数据的更改效率。

索引分为聚集索引和非聚集索引两种，它们一般都采用 B 树结构存储。建立聚集索引时，数据库管理系统首先按聚集索引列的值对数据进行物理地排序，然后再在此基础之上建立索引的 B 树。如果建立的是非聚集索引，则系统是直接在现有数据存储顺序的基础之上直接建立索引 B 树。不管数据是否是有序的，索引 B 树中的索引项一定是有序的。因此建立索引需要耗费一定的时间，特别是当数据量很大时，建立索引需要花费相当长的时间。

在一个表上只能建立一个聚集索引，但可以建立多个非聚集索引。聚集索引和非聚集索引都可以是唯一索引。唯一索引的作用是保证索引项所包含的列的取值彼此不能重复。

视图是基于数据库基本表的虚表，视图所包含的数据并不被物理地存储，视图的数据全部来自于基本表，它的数据可以是一个表的部分数据，也可以是几个表的数据的组合。用户通过视图访问数据时，最终都落实到对基本表的操作，因此通过视图访问数据比直接从基本表访问数据效率会低一些，因为它多了一层转换操作。尤其当视图层次越多时，即某个视图是建立在其他视图基础上，而这个或这些视图又是建立在另一些视图之上的，这个效率的降低就越明显。

视图提供了一定程度的数据逻辑独立性，并可增加数据的安全性，封装了复杂的查询，简化了客户端访问数据库数据的编程，为用户提供了从不同的角度看待同一数据的方法。对视图进行查询的方法与对基本表进行查询的方法相同。

习题

1. 索引的作用是什么？
2. 索引分为哪几种类型？分别是什么？它们的主要区别是什么？

3. 在一个表上可以创建几个聚集索引？可以创建多个非聚集索引吗？

4. 聚集索引一定是唯一性索引，这种说法正确吗？反之呢？

5. 在建立聚集索引时，数据库管理系统是真正将数据按聚集索引列进行物理排序。这种说法正确吗？

6. 在建立非聚集索引时，数据库管理系统并不对数据进行物理排序。这种说法正确吗？

7. 不管对表进行什么类型的操作，在表上建立的索引越多越能提高操作效率。这种说法正确吗？

8. 经常对表进行哪类操作适合建立索引？适合在哪些列上建立索引？

9. 使用第4章建立的Student、Course和SC表，写出实现下列操作的SQL语句。

(1) 在Student表上为Sname列建立一个聚集索引，索引名为：SnoIdx。

(2) 在Course表上为Cname列建立一个唯一的非聚集索引，索引名为：CNIdx。

(3) 在SC表上为Sno和Cno建立一个组合的聚集索引，索引名为：SnoCnoIdx。

(4) 删除Sname列上建立的SnoIdx索引。

10. 试说明使用视图的好处。

11. 使用视图可以加快数据的查询速度，这种说法正确吗？为什么？

12. 使用第4章建立的Student、Course和SC表，写出创建满足下述要求的视图的SQL语句。

(1) 查询学生的学号、姓名、所在系、课程号、课程名、课程学分。

(2) 查询学生的学号、姓名、选修的课程名和考试成绩。

(3) 统计每个学生的选课门数，要求列出学生学号和选课门数。

(4) 统计每个学生的修课总学分，要求列出学生学号和总学分(说明：考试成绩大于等于60才可获得此门课程的学分)。

13. 利用第12题建立的视图，写出实现下列操作的SQL语句。

(1) 查询考试成绩大于等于90分的学生的姓名、课程名和成绩。

(2) 查询选课门数超过3门的学生的学号和选课门数。

(3) 查询计算机系选课门数超过3门的学生的姓名和选课门数。

(4) 查询修课总学分超过10分的学生的学号、姓名、所在系和修课总学分。

(5) 查询年龄大于等于20岁的学生中，修课总学分超过10分的学生的姓名、年龄、所在系和修课总学分。

14. 修改第12题(4)定义的视图，使其查询每个学生的学号、总学分以及总的选课门数。

第6章 关系数据库规范化理论

数据库设计是数据库应用领域中的主要研究课题。数据库设计的任务是在给定的应用环境下，创建满足用户需求且性能良好的数据库模式，建立数据库及其应用系统，使之能有效地存储和管理数据，满足某公司或部门各类用户业务的需求。

数据库设计需要理论指导，关系数据库规范化理论就是数据库设计的一个理论指南。规范化理论研究的是关系模式中各属性之间的依赖关系及其对关系模式性能的影响，探讨"好"的关系模式应该具备的性质，以及达到"好"的关系模式的方法。规范化理论提供了判断关系模式好坏的理论标准，帮助用户预测可能出现的问题，是数据库设计人员的有力工具，同时也使数据库设计工作有了严格的理论基础。

本章主要讨论关系数据库规范化理论，讨论如何判断一个关系模式是否是好的关系模式，以及如何将不好的关系模式转换成好的关系模式，并能保证所得到的关系模式仍能表达原来的语义。

6.1 函数依赖

数据的语义不仅表现为完整性约束，对关系模式的设计也提出了一定的要求。针对一个问题，如何构造一个合适的关系模式，应构造几个关系模式，每个关系模式由哪些属性组成等。这都是数据库设计问题，确切地讲是关系数据库的逻辑设计问题。

首先看一下，关系模式中各属性之间的依赖关系。

1. 函数依赖的基本概念

函数是大家非常熟悉的概念，对公式

$$Y = f(X)$$

自然也不会陌生，但是大家熟悉的是 X 和 Y 在数量上的对应关系，即给定一个 X 值，都会有一个 Y 值和它对应。也可以说 X 函数决定 Y，或 Y 函数依赖于 X。在关系数据库中讨论函数或函数依赖注重的是语义上的关系，比如

$$省 = f(城市)$$

只要给出一个具体的城市值，就会有唯一一个省值和它对应，如"武汉市"在"湖北省"，这里"城市"是自变量 X，"省"是因变量或函数值 Y。并且把 X 函数决定 Y，或 Y 函数依赖于 X 表示为

$$X \to Y$$

根据以上讨论可以写出较直观的函数依赖定义，即：如果有一个关系模式 $R(A_1, A_2, \cdots, A_n)$，X 和 Y 为 $\{A_1, A_2, \cdots, A_n\}$ 的子集，那么对于关系 R 中的任意一个 X 值，都只有一个 Y 值与之对应，则称 X 函数决定 Y，或 Y 函数依赖于 X。

例如，对学生关系模式

```
Student(Sno, SName, Sdept, Sage)
```

有以下依赖关系：

```
Sno→SName,    Sno→Sdept,    Sno→Sage
```

对学生选课关系模式：

```
SC(Sno, Cno, Grade)
```

有以下依赖关系：

```
(Sno, Cno)→Grade
```

显然，函数依赖讨论的是属性之间的依赖关系，它是语义范畴的概念，也就是说关系模式的属性之间是否存在函数依赖只与语义有关。下面对函数依赖给出严格的形式化定义。

设有关系模式 $R(A_1, A_2, \cdots, A_n)$，X 和 Y 均为 $\{A_1, A_2, \cdots, A_n\}$ 的子集，r 是 R 的任一具体关系，t_1、t_2 是 r 中的任意两个元组；如果由 $t_1[X]=t_2[X]$ 可以推导出 $t_1[Y]=t_2[Y]$，则称 X 函数决定 Y，或 Y 函数依赖于 X，记为 $X \to Y$。

在以上定义中特别要注意，只要

$$t_1[X] = t_2[X] \Rightarrow t_1[Y] = t_2[Y]$$

成立，就有 $X \to Y$。也就是说只有当 $t_1[X]=t_2[X]$ 为真，而 $t_1[Y]=t_2[Y]$ 为假时，函数依赖 $X \to Y$ 不成立；而当 $t_1[X]=t_2[X]$ 为假时，不管 $t_1[Y]=t_2[Y]$ 为真或为假，都有 $X \to Y$ 成立。

2. 一些术语和符号

下面给出本章中使用的一些术语和符号。设有关系模式 $R(A_1, A_2, \cdots, A_n)$，X 和 Y 均为 $\{A_1, A_2, \cdots, A_n\}$ 的子集，则有以下几个结论。

① 如果 $X \to Y$，但 Y 不包含于 X，则称 $X \to Y$ 是非平凡的函数依赖。如不作特别说明，这里总是讨论非平凡函数依赖。

② 如果 Y 不函数依赖于 X，则记作 $X \nrightarrow Y$。

③ 如果 $X \to Y$，则称 X 为决定因子。

④ 如果 $X \to Y$，并且 $Y \to X$，则记作 $X \leftrightarrow Y$。

⑤ 如果 $X \to Y$，并且对于 X 的一个任意真子集 X' 都有 $X' \nrightarrow Y$，则称 Y 完全函数依赖于 X，记作 $X \xrightarrow{f} Y$；如果 $X' \to Y$ 成立，则称 Y 部分函数依赖于 X，记作 $X \xrightarrow{p} Y$。

⑥ 如果 $X \to Y$（非平凡函数依赖，并且 $Y \nrightarrow X$）、$Y \to Z$，则称 Z 传递函数依赖于 X。

【例 6-1】 假设有关系模式 SC(Sno, Sname, Cno, Credit, Grade)，其中各属性分别为：学号、姓名、课程号、学分、成绩，主键为(Sno, Cno)，则函数依赖关系有：

Sno→Sname　　　　　　姓名函数依赖于学号

(Sno, Cno) $\xrightarrow{p}$ Sname　　　姓名部分函数依赖于学号和课程号

$(Sno, Cno) \xrightarrow{f} Grade$ 成绩完全函数依赖于学号和课程号

【例 6-2】 假设有关系模式 S(Sno,Sname,Dept,Dept_master),其中各属性分别为:学号、姓名、所在系和系主任(假设一个系只有一个主任),主键为 Sno,则函数依赖关系有:

$Sno \xrightarrow{f} Sname$ 姓名完全函数依赖于学号

由于: $Sno \xrightarrow{f} Dept$ 所在系完全函数依赖于学号

$Dept \xrightarrow{f} Dept\_master$ 系主任完全函数依赖于系

所以有: $Sno \xrightarrow{传递} Dept\_master$ 系主任传递函数依赖于学号

函数依赖是数据的重要性质,关系模式应能反映这些性质。

3. 为什么要讨论函数依赖

讨论属性之间的关系以及讨论函数依赖有什么必要呢?通过下面的例子看一下。

假设有描述学生选课及住宿情况的关系模式:

S-L-C(Sno,Sname,Ssex,Sdept,Sloc,Cno,Grade)

其中各属性分别为:学号、姓名、性别、学生所在系、学生所住宿舍楼、课程号和考试成绩。假设每个系的学生都住在一栋楼里,(Sno,Cno)为主键。

看一看这个关系模式存在什么问题?假设其中的数据见表 6-1。

表 6-1 S-L-C 模式的部分数据示例

Sno	Sname	Ssex	Sdept	Sloc	Cno	Grade
0811101	李勇	男	计算机系	2 公寓	C001	96
0811101	李勇	男	计算机系	2 公寓	C002	80
0811101	李勇	男	计算机系	2 公寓	C003	84
0811101	李勇	男	计算机系	2 公寓	C005	62
0811102	刘晨	男	计算机系	2 公寓	C001	92
0811102	刘晨	男	计算机系	2 公寓	C002	90
0811102	刘晨	男	计算机系	2 公寓	C004	84
0821102	吴宾	女	信息管理系	1 公寓	C001	76
0821102	吴宾	女	信息管理系	1 公寓	C004	85
0821102	吴宾	女	信息管理系	1 公寓	C005	73
0821102	吴宾	女	信息管理系	1 公寓	C007	NULL
0821103	张海	男	信息管理系	1 公寓	C001	50
0821103	张海	男	信息管理系	1 公寓	C004	80
0831103	张珊珊	女	通信工程系	1 公寓	C004	78
0831103	张珊珊	女	通信工程系	1 公寓	C005	65
0831103	张珊珊	女	通信工程系	1 公寓	C007	NULL

观察这个表的数据,会发现有以下几个问题。

① 数据冗余问题:在这个关系中,有关学生所在系和其所对应的宿舍楼的信息有冗余,因为一个系有多少个学生,这个系所对应的宿舍楼的信息就要重复存储多少遍。而且学生基本信息(包括学生学号、姓名、性别、所在系)也有重复,一个学生修了多少门课,他的基

本信息就重复多少遍。

② 数据更新问题：如果某一学生从计算机系转到了信息管理系，那么不但要修改此学生的 Sdept 列的值，还要修改其 Sloc 列的值，从而使修改复杂化。

③ 数据插入问题：如果新成立了某个系，并且也确定好了此系学生的宿舍楼，即已经有了 Sdept 和 Sloc 信息，但也不能将这个信息插入到 S-L-C 表中，因为这个系还没有招生，其 Sno 和 Cno 列的值均为空，而 Sno 和 Cno 是这个表的主属性，因此不能为空。

④ 数据删除问题：如果一个学生只选了一门课，而后来又不选了，则应该删除此学生选此门课程的记录。但由于这个学生只选了一门课，则删掉此学生的选课记录的同时也删掉了此学生的其他基本信息。

类似的问题统称为操作异常。为什么会出现以上种种操作异常现象呢？是因为这个关系模式没有设计好，这个关系模式的某些属性之间存在着“不良”的函数依赖关系。如何改造这个关系模式并克服以上种种问题是关系规范化理论要解决的问题，也是这里讨论函数依赖的原因。

解决上述种种问题的方法就是进行模式分解，即把一个关系模式分解成两个或多个关系模式，在分解的过程中消除那些“不良”的函数依赖，从而获得良好的关系模式。

6.2 关系规范化

关系规范化是指导将有“不良”函数依赖的关系模式转换为良好的关系模式的理论。这里涉及范式的概念，不同的范式表示关系模式遵守的不同的规则。本节介绍常用的第一范式、第二范式和第三范式的概念。在介绍范式的概念之前，先介绍一下关系模式中的码的概念。

6.2.1 关系模式中的码

设用 U 表示关系模式 R 的属性全集，即 $U=\{A_1, A_2, \cdots, A_n\}$，用 F 表示关系模式 R 上的函数依赖集，则关系模式 R 可表示为 $R(U, F)$。

1. 候选码

设 K 为 $R(U,F)$ 中的属性或属性组，若 $K \xrightarrow{f} U$，则 K 为 R 的候选码。（K 为决定 R 中全部属性值的最小属性组）。

主键：关系 $R(U,F)$ 中可能有多个候选码，则选其中一个作为主键。

全码：候选码为整个属性组。

主属性与非主属性：在 $R(U, F)$ 中，包含在任一候选码中的属性称为主属性，不包含在任一候选码中的属性称为非主属性。

【例 6-3】 有关系模式：学生（学号，姓名，性别，身份证号，年龄，所在系）

候选码为：学号，身份证号。

主键可以为“学号”或者是“身份证号”。

主属性为：学号，身份证号。

非主属性为：姓名，性别，年龄，所在系。

【例 6-4】 有关系模式：选课(学号，课程号，考试次数，成绩)

设一个学生对一门课程可以有多次考试，每一次考试有一个考试成绩。

候选码为：(学号，课程号，考试次数)，也为主键。

主属性为：学号，课程号，考试次数。

非主属性为：成绩。

【例 6-5】 有关系模式：授课(教师号，课程号，学年)

其语义为：一个教师在一个学年可以讲授多门不同的课程，可以在不同学年对同一门课程讲授多次，但不能在同一个学年对同一门课程讲授多次。一门课程在一个学年可以由多个不同的教师讲授，同一个学年可以开设多门课程，同一门课程可以在不同学年开设多次。

其候选码为：(教师号，课程号，学年)，因为只有(教师号，课程号，学年)三者才能唯一的确定一个元组。

这里的候选码也是主键。

主属性为：教师号，课程号，学年。

没有非主属性。

称这种候选码为全部属性的表为全码表。

2. 外键

用于在关系表之间建立关联的属性(组)称为外键。

若 $R(U,F)$ 的属性(组) X(X 属于 U)是另一个关系 S 的主键，则称 X 为 R 的外键。(X 必须先被定义为 S 的主键)。

6.2.2 范式

在 6.1.3 节已经介绍了设计“不好”的关系模式会带来的问题，本节将讨论“好”的关系模式应具备的性质，即关系规范化问题。

关系数据库中的关系要满足一定的要求，满足不同程度要求的为不同的范式。满足最低要求的关系称为第一范式，简称 1NF(First Normal Form)。在第一范式中进一步满足一些要求的关系称为第二范式，简称 2NF，依次类推，还有 3NF，BCNF，4NF，5NF。

所谓“第几范式”是表示关系模式满足的条件，所以经常称某一关系模式为第几范式的关系模式。也可以把这个概念模式理解为符合某种条件的关系模式的集合，因此，R 为第二范式的关系模式也可以写为：$R \in 2NF$。

对关系模式的属性间的函数依赖加以不同的限制，就形成了不同的范式。这些范式是递进的，如果一个表是 1NF 的，它比不是 1NF 的表要好；同样，2NF 的表要比 1NF 的表好，……。使用这种方法的目的是从一个表或表的集合开始，逐步产生一个和初始集合等价的表的集合(指提供同样的信息)。范式越高、规范化的程度越高，关系模式则越好。

规范化的理论首先由 E. F. Codd 于 1971 年提出，目的是要设计“好的”关系数据库模式。关系规范化实际上就是对有问题(操作异常)的关系进行分解从而消除这些异常。

1. 第一范式

不包含重复组的关系(即不包含非原子项的属性)是第一范式的关系。

图 6-1 所示的表就不是第一范式的关系,因为在这个表中,“高级职称人数”不是基本的数据项,它是由两个基本数据项(“教授”和“副教授”)组成的一个复合数据项。非第一范式的关系转换成第一范式的关系非常简单,只需要将所有数据项都表示为不可再分的最小数据项即可。如图 6-1 所示的关系转换成第一范式的关系如图 6-2 所示。

系名称	高级职称人数	
	教授	副教授
计算机系	6	10
信息管理系	3	5
电子与通信系	4	8

图 6-1 非第一范式的关系

系名称	教授人数	副教授人数
计算机系	6	10
信息管理系	3	5
电子与通信系	4	8

图 6-2 第一范式的关系

2. 第二范式

如果 $R(U,F)\in 1NF$,并且 R 中的每个非主属性都完全函数依赖于主键,则 $R(U,F)\in 2NF$。

可以看出,若某个 1NF 的关系的主键只由一个列组成,那么这个关系就是 2NF 关系。但如果主键是由多个属性共同构成的复合主键,并且存在非主属性对主键的部分函数依赖,则这个关系就不是 2NF 关系。

例如,前面所示的 S-L-C(Sno,Sname,Ssex,Sdept,Sloc,Cno,Grade)就不是 2NF 的。

因为(Sno,Cno)是主键,而又有:Sno→Sname,因此有:

$$(Sno,Cno)\xrightarrow{p}Sname$$

即存在非主键属性对主键的部分函数依赖关系,所以,此 S-L-C 关系不是 2NF 的。前面已经介绍过这个关系存在操作异常,而这些操作异常就是由于它存在部分函数依赖造成的。

可以用模式分解的办法将非 2NF 的关系模式分解为多个 2NF 的关系模式。去掉部分函数依赖关系的分解过程有以下几个步骤。

① 用组成主键的属性集合的每一个子集作为主键构成一个关系模式。

② 将依赖于这些主键的属性放置到相应的关系模式中。

③ 最后去掉只由主键的子集构成的关系模式。

例如,对 S-L-C 表,首先分解为如下的三个关系模式(下划线部分表示主键):

S-L($\underline{Sno}$, ...)
C($\underline{Cno}$, ...)
S-C($\underline{Sno, Cno}$, ...)

然后,将依赖于这些主键的属性放置到相应的关系模式中,形成如下三个关系模式:

S-L(Sno,Sname, Ssex, Sdept, Sloc)
C(Cno)

```
S-C(Sno, Cno, Grade)
```

最后，去掉只由主键的子集构成的关系模式，也就是去掉 C(Cno)关系模式。S-L-C 关系模式最终被分解的形式为：

```
S-L(Sno, Sname, Ssex, Sdept, Sloc)
S-C(Sno, Cno, Grade)
```

现在对分解后的关系模式再进行分析。

首先分析 S-L 关系模式，这个关系模式的主键是(Sno)，并且有如下函数依赖：

$$Sno \xrightarrow{f} Sname$$

$$Sno \xrightarrow{f} Ssex$$

$$Sno \xrightarrow{f} Sdept$$

$$Sno \xrightarrow{f} Sloc$$

由于只存在完全依赖关系，因此 S-L 关系模式是 2NF 的。

然后分析 S-C 关系模式，这个关系模式的主键是(Sno，Cno)，并且有函数依赖：

$$(Sno, Cno) \xrightarrow{f} Grade$$

因此 S-C 关系模式也是 2NF 的。

下面看一下分解之后的 S-L 关系模式和 S-C 关系模式是否还存在问题，先讨论 S-L 关系模式，现在这个关系包含的数据见表 6-2。

表 6-2 S-L 关系的部分数据示例

Sno	Sname	Ssex	Sdept	Sloc
0811101	李勇	男	计算机系	2 公寓
0811102	刘晨	男	计算机系	2 公寓
0821102	吴宾	女	信息管理系	1 公寓
0821103	张海	男	信息管理系	1 公寓
0831103	张珊珊	女	通信工程系	1 公寓

从表 6-2 所示的数据可以看出，一个系有多少个学生，就会重复描述每个系和其所在的宿舍楼多少遍，因此还存在数据冗余，也就存在操作异常。比如，当新组建一个系时，如果此系还没有招收学生，但已分配了宿舍楼，则还是无法将此系的信息插入到数据库中，因为这时的学号为空。

由此看到，第二范式的关系模式同样还可能存在操作异常情况，因此还需要对此关系模式进行进一步的分解。

3. 第三范式

如果 $R(U,F) \in 2NF$，并且所有的非主属性都不传递依赖于主键，则 $R(U,F) \in 3NF$。

可以看出，如果存在非主属性对主键的传递依赖，则相应的关系模式就不是 3NF 的。

以关系模式 S-L(<u>Sno</u>，Sname，Ssex，Sdept，Sloc)为例，因为有：

$$Sno \rightarrow Sdept, Sdept \rightarrow Sloc$$

因此有：

$$Sno \xrightarrow{传递} Sloc$$

从前边的分析可以知道，当关系模式中存在传递函数依赖时，这个关系模式仍然有操作异常，因此，还需要对其进行进一步的分解，使其成为3NF的关系。

去掉传递函数依赖关系的分解过程有以下几个步骤。

① 对于不是候选码的每个决定因子，从关系模式中删去依赖于它的所有属性。

② 新建一个关系模式，新关系模式中包含在原关系模式中所有依赖于该决定因子的属性。

③ 将决定因子作为新关系模式的主键。

S-L分解后的关系模式为：

S-D(Sno, Sname, Ssex, Sdept)，主键为Sno。

S-L(Sdept, Sloc)，主键为Sdept。

对S-D，有：$Sno \xrightarrow{f} Sname$，$Sno \xrightarrow{f} Ssex$，$Sno \xrightarrow{f} Sdept$，因此S-D是3NF的。

对S-L，有：$Sdept \xrightarrow{f} Sloc$，因此S-L也是3NF的。

对S-C(Sno, Cno, Grade)关系，这个关系的主键是(Sno,Cno)，并且有：

$$(Sno, Cno) \xrightarrow{f} Grade$$

因此S-C也是3NF的。

至此，S-L-C(Sno,Sname,Ssex,Sdept,Sloc,Cno,Grade)关系模式共分解为如下3个关系模式，每个关系模式都是3NF的。

S-D(Sno, Sname, Ssex, Sdept)，Sno为主键，Sdept为引用S-L关系模式的外键。

S-L(Sdept, Sloc)，Sdept为主键，没有外键。

S-C(Sno, Cno, Grade)，(Sno,Cno)为主键，并且Sno为引用S-D关系模式的外键。

由于模式分解之后，使原来在一张表中表达的信息现在被分解在多张表中表达，因此，为了能够表达分解前关系的语义，在分解之后除了要标识主键之外，还要标识相应的外键。

由于3NF关系模式中不存在非主属性对主键的部分依赖和传递依赖关系，因而在很大程度上消除了数据冗余和操作异常，因此在通常的数据库设计中，一般要求达到3NF即可。

规范化的过程实际是通过把范式程度低的关系模式分解为若干个范式程度高的关系模式来实现的，分解的最终目的是使每个规范化的关系模式只描述一个主题。如果某个关系模式描述了两个或多个主题，则它就应该被分解为多个关系模式，使每个关系模式只描述一个主题。

规范化的过程是进行模式分解，但要注意的是分解后产生的关系模式应与原关系模式等价，即模式分解不能破坏原来的语义，同时还要保证不丢失原来的函数依赖关系。

6.3 小结

关系规范化理论是设计没有操作异常的关系数据库表的基本原则，规范化理论主要是研究关系表中各属性之间的依赖关系，根据函数依赖关系的不同，介绍了从各个属性都是不能再分的原子属性的第一范式，到消除了非主属性对主键的部分依赖关系的第二范式，再到消除了非主属性对主键的传递依赖关系的第三范式。范式的每一次升级都是通过模式分解实现的，在进行模式分解时应注意保持分解后的关系能够具有无损连接性并能保持原有的函数依赖关系。

关系规范化理论的根本目的是指导用户设计没有数据冗余和操作异常的关系模式。对于一般的数据库应用来说，设计到第三范式就足够了。因为规范化程度越高，表的个数也就越多，相应的就有可能会降低数据的操作效率。

习题

1. 关系规范化中的操作异常有哪些？它是由什么引起的？解决的办法是什么？

2. 第一范式、第二范式和第三范式的关系的定义分别是什么？

3. 什么是部分依赖？什么是传递依赖？请举例说明。

4. 第三范式的关系模式是否一定不包含部分依赖关系？

5. 对于主键只由一个属性组成的关系模式，如果它是第一范式关系模式，则它是否一定也是第二范式关系模式？

6. 设有关系模式：学生修课管理(学号，姓名，所在系，性别，课程号，课程名，学分，成绩)。设一个学生可以选多门课程，一门课程可以被多名学生选。一个学生有唯一的所在系，每门课程有唯一的课程名和学分。请指出此关系模式的候选码，判断此关系模式是第几范式的，若不是第三范式的，请将其规范化为第三范式关系模式，并指出分解后的每个关系模式的主键和外键。

7. 设有关系模式：学生(学号，姓名，所在系，班号，班主任，系主任)。其语义为：一个学生只在一个系的一个班学习，一个系只有一个系主任，一个班只有一名班主任，一个系可以有多个班。请指出此关系模式的候选码，判断此关系模式是第几范式的，若不是第三范式的，请将其规范化为第三范式关系模式，并指出分解后的每个关系模式的主键和外键。

8. 设有关系模式：教师授课(课程号，课程名，学分，授课教师号，教师名，授课时数)。其语义为：一门课程(由课程号决定)有确定的课程名和学分，每名教师(由教师号决定)有确定的教师名，每门课程可以由多名教师讲授，每名教师也可以讲授多门课程，每名教师对每门课程有确定的授课时数。指出此关系模式的候选码，判断此关系模式属于第几范式，若不属于第三范式，请将其规范化为第三范式关系模式，并指出分解后的每个关系模式的主键和外键。

第7章 数据库设计

数据库设计是指利用现有的数据库管理系统针对具体的应用对象构建适合的数据库模式，建立数据库及其应用系统，使之能有效地收集、存储、操作和管理数据，满足企业中各类用户的应用需求(信息需求和处理需求)。

从本质上讲，数据库设计是将数据库系统与现实世界进行密切的、有机的、协调一致的结合的过程。因此，数据库设计者必须非常清晰地了解数据库系统本身及其实际应用对象这两方面的知识。

本章将介绍数据库设计的全过程，从需求分析、结构设计到数据库的实施和维护。

7.1 数据库设计概述

数据库设计虽然是一项应用课题，但它涉及的内容很广泛，所以，设计一个性能良好的数据库并不容易。数据库设计的质量与设计者的知识、经验和水平有密切的关系。

数据库设计中面临的主要困难和问题有以下几个。

① 懂得计算机与数据库的人一般都缺乏应用业务知识和实际经验，而熟悉应用业务的人又往往不懂计算机和数据库，同时具备这两方面知识的人很少。

② 在开始时往往不能明确应用业务的数据库系统的目标。

③ 缺乏很完善的设计工具和方法。

④ 用户的要求往往不是一开始就明确的，而是在设计过程中不断提出新的要求，甚至在数据库建立之后还会要求修改数据库结构和增加新的应用。

⑤ 应用业务系统千差万别，很难找到一种适合所有应用业务的工具和方法，这就增加了研究数据库自动生成工具的难度。因此，研制适合一切应用业务的全自动数据库生成工具是不可能的。

在进行数据库设计时，必须确定系统的目标，这样可以确保开发工作进展顺利，并能提高工作效率，保证数据模型的准确和完整。数据库设计的最终目标是数据库必须能够满足客户对数据的存储和处理需求，同时定义系统的长期和短期目标，能够提高系统的服务以及新数据库的性能期望值——客户对数据库的期望也是非常重要的。新的数据库能在多大程度上方便最终用户？新数据库的近期和长期发展计划是什么？是否所有的手工处理过程都可以自动实现？现有的自动化处理是否可以改善？这些都只是定义一个新的数据库设计目标时所必须考虑的一部分问题或因素。

成功的数据库系统应具备以下一些特点。

① 功能强大。

② 能准确地表示业务数据。

③ 使用方便,易于维护。

④ 对最终用户操作的响应时间合理。

⑤ 便于数据库结构的改进。

⑥ 便于数据的检索和修改。

⑦ 维护数据库的工作较少。

⑧ 有效的安全机制可以确保数据安全。

⑨ 冗余数据最少或不存在。

⑩ 便于数据的备份和恢复。

⑪ 数据库结构对最终用户透明。

1. 数据库设计的特点

数据库设计的工作量大且比较复杂,是一项数据库工程,也是一项软件工程。数据库设计的很多阶段都可以对应于软件工程的各阶段,软件工程的某些方法和工具同样也适合于数据库工程。但由于数据库设计是与用户的业务需求紧密相关的,因此,它还有很多自己的特点。

(1) 综合性

数据库设计涉及的范围很广,包含了计算机专业知识及业务系统的专业知识,同时它还要解决技术及非技术两方面的问题。

非技术问题包括组织机构的调整,经营方针的改变,管理体制的变更等。这些问题都不是设计人员所能解决的,但新的管理信息系统要求必须有与之相适应的新的组织机构、新的经营方针、新的管理体制,这就是一个较为尖锐的矛盾。另一方面,由于同时具备数据库和业务两方面知识的人很少,因此,数据库设计者一般都需要花费相当多的时间去熟悉应用业务系统知识,这一过程有时很麻烦,可能会使设计人员产生厌烦情绪,从而影响系统的最后成功。而且,由于承担部门和应用部门是一种委托雇佣关系,在客观上存在着一种对立的势态,当在某些问题上意见不一致时会使双方关系比较紧张。这在MIS(管理信息系统)中尤为突出。

(2) 结构设计与行为设计相分离

结构设计是指数据库的模式结构设计,包括概念结构、逻辑结构和存储结构;行为设计是指应用程序设计,包括功能组织、流程控制等方面的设计。在传统的软件工程中,比较注重处理过程的设计,不太注重数据结构的设计。在一般的应用程序设计中只要可能就尽量推迟数据结构的设计,这种方法对于数据库设计就不太适用。

数据库设计与传统的软件工程的做法正好相反。数据库设计的主要精力首先是放在数据结构的设计上,比如数据库的表结构、视图等。

2. 数据库设计方法概述

为了使数据库设计更合理更有效,需要有效的指导原则,这种原则就称为数据库设计方法。

首先，一个好的数据库设计方法，应该能在合理的期限内，以合理的工作量，产生一个有实用价值的数据库结构。这里的“实用价值”是指满足用户关于功能、性能、安全性、完整性及发展需求等方面的要求，同时又服从特定 DBMS 的约束，可以用简单的数据模型来表达。其次，数据库设计方法还应具有足够的灵活性和通用性，不但能够为具有不同经验的人使用，而且不受数据模型及 DBMS 的限制。最后，数据库设计方法应该是可再生的，即不同的设计者使用同一方法设计同一问题时，可以得到相同或相似的设计结果。

多年来，经过人们不断的努力和探索，提出了各种数据库设计方法。运用软件工程的思想和方法提出的各种设计准则和规程都属于规范设计方法。

新奥尔良(New Orleans)方法是一种比较著名的数据库设计方法，这种方法将数据库设计分为 4 个阶段：需求分析、概念结构设计、逻辑结构设计和物理结构设计，如图 7-1 所示。这种方法注重数据库的结构设计，而不太考虑数据库的行为设计。

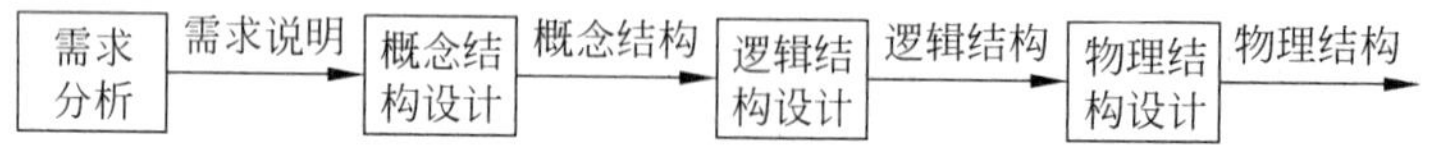

图 7-1　新奥尔良方法的数据库设计步骤

其后，S. B. Yao 等人又将数据库设计分为 5 个阶段，主张数据库设计应包括设计系统开发的全过程，并在每一阶段结束时进行评审，以便及早发现设计错误，及早纠正。各阶段也不是严格线性的，而是采取“反复探寻、逐步求精”的方法。在设计时从数据库应用系统设计和开发的全过程来考察数据库设计问题，既包括数据库模型的设计，也包括围绕数据库展开的应用处理的设计。在设计过程中努力把数据库设计和系统其他成分的设计紧密结合，把数据和处理的需求、分析、抽象、设计和实现在各个阶段同时进行，相互参照，相互补充，以完善两方面的设计。

基于 E-R 模型的数据库设计方法、基于第三范式的设计方法、基于抽象语法规范的设计方法等都是在数据库设计的不同阶段上使用的具体技术和方法。

数据库设计方法从本质上看仍然是手工设计方法，其基本思想是过程迭代和逐步求精。

3. 数据库设计的基本步骤

按照规范设计的方法，同时考虑数据库及其应用系统开发的全过程，可以将数据库设计分为如下几个阶段。

① 需求分析。

② 结构设计，包括概念结构设计、逻辑结构设计和物理结构设计。

③ 行为设计，包括功能设计、事务设计和程序设计。

④ 数据库实施，包括加载数据库数据和调试运行应用程序。

⑤ 数据库运行和维护阶段。

如图 7-2 所示说明了数据库设计的全过程，从这个图中也可以看出，数据库的结构设计和行为设计是分离进行的。

需求分析阶段主要是收集信息并进行分析和整理，为后续的各个阶段提供充足的信息。这个过程是整个设计过程的基础，也是最困难、最耗时间的一个阶段，需求分析做得不好，会导致整个数据库设计重新返工。概念结构设计是整个数据库设计的关键,此过程对需求分析的结果进行综合、归纳,形成一个独立于具体的DBMS的概念模型。逻辑结构设计是将概念结构设计的结果转换为某个具体的DBMS所支持的数据模型,并对其进行优化。物理结构设计是为逻辑结构设计的结果选取一个最适合应用环境的数据库物理结构。数据库的行为设计是设计数据库所包含的功能、这些功能间的关联关系以及一些功能的完整性要求。数据库实施是人们运用DBMS提供的数据语言以及数据库开发工具,根据结构设计和行为设计的结果建立数据库,编制应用程序,组织数据入库并进行试运行。数据库运行和维护阶段是指将已经试运行的数据库应用系统投入正式使用,在数据库应用系统的使用过程中不断对其进行调整、修改和完善。

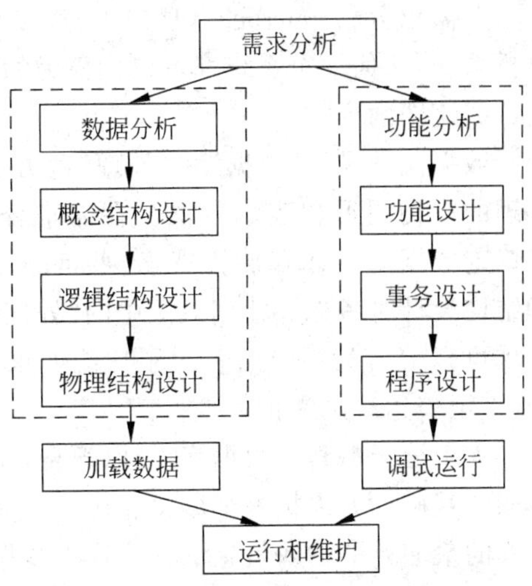

图 7-2　数据库设计的全过程

设计一个完善的数据库应用系统不可能一蹴而就,往往要经过上述几个阶段的不断反复才能设计成功。

7.2　数据库需求分析

简单地说,需求分析就是分析用户的要求。需求分析是数据库设计的起点,其结果将直接影响后续阶段的设计,并影响最终的数据库系统能否被合理地使用。

1. 需求分析的任务

需求分析阶段的主要任务是对现实世界要处理的对象(公司,部门,企业)进行详细调查,在了解现行系统的概况、确定新系统功能的过程中,收集支持系统目标的基础数据及其处理方法。需求分析是在用户调查的基础上,通过分析,逐步明确用户对系统的需求,包括数据需求和围绕这些数据的业务处理需求。

用户调查的重点是“数据”和“处理”。通过调查要从用户那里获得对数据库的下列要求。

① 信息需求。定义所设计的数据库系统用到的所有信息,明确用户将向数据库中输入什么样的数据,从数据库中要求获得哪些内容,将要输出哪些信息。也就是明确在数据库中需要存储哪些数据,对这些数据将作哪些处理等,同时还要描述数据间的联系等。

② 处理需求。定义系统数据处理的操作功能,描述操作的优先次序,包括操作的执行频率和场合,操作与数据间的联系,还要明确用户要完成哪些处理功能,每种处理的执行频度,用户需求的响应时间以及处理的方式(比如是联机处理还是批处理),等等。

③ 安全性与完整性要求。安全性要求描述系统中不同用户对数据库的使用和操作情况,完整性要求描述数据之间的关联关系以及数据的取值范围要求。

在需求分析中，通过自顶向下、逐步分解的方法分析系统，任何一个系统都可以抽象为如图 7-3 所示的数据流图的形式。

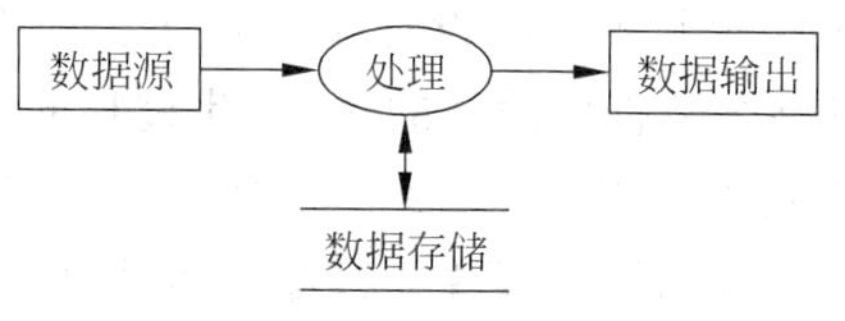

图 7-3 数据处理流图

数据流图是从“数据”和“处理”两方面表达数据处理的一种图形化表示方法。在需求分析阶段，不必确定数据的具体存储方式，这些问题留待进行物理结构设计时考虑。数据流图中的“处理”抽象地表达了系统的功能需求，系统的整体功能要求可以分解为系统的若干子功能要求，通过逐步分解的方法，可以将系统的工作过程细分，直至表达清楚为止。

需求分析是整个数据库设计(严格讲是管理信息系统设计)中最重要的一步，是其他各步骤的基础。如果把整个数据库设计当成一个系统工程看待，那么需求分析就是这个系统工程的最原始的输入信息。如果这一步做得不好，那么后续的设计即使再优化也只能前功尽弃。所以这一步特别重要。

需求分析也是最困难最麻烦的一步，其困难之处不在于技术，而在于要了解、分析、表达客观世界并非易事，这也是数据库自动生成工具的研究中最困难的部分。目前，许多自动生成工具都绕过这一步，先假定需求分析已经有结果，这些自动工具就以这一结果作为后面几步的输入。

2. 需求分析的方法

需求分析首先要调查清楚用户的实际需求，与用户达成共识，然后再分析和表达这些需求。

调查用户的需求的重点是“数据”和“处理”，为达到这一目的，在调查前要拟定调查提纲。调查时要抓住两个“流”，即“信息流”和“处理流”，而且调查中要不断地将这两个“流”结合起来。调查的任务是调研现行系统的业务活动规则，并提取描述系统业务的现实系统模型。

通常情况下，调查用户的需求包括 3 方面内容，即系统的业务现状、信息源流及外部要求。

① 业务现状。包括：业务方针政策，系统的组织机构，业务内容，约束条件和各种业务的全过程。

② 信息源流。包括：各种数据的种类、类型及数据量，各种数据的源头、流向和终点，各种数据的产生、修改、查询及更新过程和频率以及各种数据与业务处理的关系。

③ 外部要求。包括：对数据保密性的要求，对数据完整性的要求，对查询响应时间的要求，对新系统使用方式的要求，对输入方式的要求，对输出报表的要求，对各种数据精度的要求，对吞吐量的要求，对未来功能、性能及应用范围扩展的要求。

在进行需求调查时，实际上就是发现现行业务系统的运作事实。常用的发现事实的方法有检查文档、面谈、观察操作中的业务、研究和问卷调查等。

① 检查文档。当要深入了解为什么客户需要数据库应用时，检查用户的文档是非常有用的。检查文档可以发现文档中有助于提供与问题相关的业务信息(或者业务事务的信息)。如果问题与现存系统相关，则一定有与该系统相关的文档。检查与目前系统相关的文

档、表格、报告和文件是一种非常好的快速理解系统的方法。

② 面谈。面谈是最常用的，通常也是最有用的事实发现方法，通过面对面谈话获取有用的信息。面谈还有其他用处，比如找出事实、确认、澄清事实、得到所有最终用户、标识需求、集中意见和观点。但是，使用面谈这种技术需要良好的交流能力，面谈的成功与否依赖于谈话者的交流技巧，而且，面谈也有它的缺点，比如非常消耗时间。为了保证谈话成功，必须选择合适的谈话人选，准备的问题涉及范围要广，要引导谈话有效地进行。

③ 观察业务的运转。观察是用来理解一个系统的最有效的事实发现方法之一。使用这个技术可以参与或者观察做事的人以了解系统。当用其他方法收集的数据的有效性值得怀疑或者系统特定方面的复杂性阻碍了最终用户作出清晰的解释时，这种技术尤其有用。

与其他事实发现技术相比，成功的观察要求做非常多的准备。为了确保成功，要尽可能多地了解要观察的人和活动。例如，所观察的活动的低谷、正常以及高峰期分别是什么时候？

④ 研究。研究是通过计算机行业的杂志、参考书和因特网来查找是否有相似的解决此问题的方法，甚至可以查找和研究是否存在解决此问题的软件包。但这种方法也有很多缺点，比如，如果存在解决此问题的方法，则可以节省很多时间，但如果没有，则可能会非常浪费时间。

⑤ 问卷调查。另一种事实发现方法是通过问卷来调查。问卷是一种有着特定目的的小册子，这样可以在控制答案的同时，集中一大群人的意见。当和大批用户打交道，其他的事实发现技术都不能有效地把这些事实列成表格时，就可以采用问卷调查的方式。问卷有两种格式，自由形式和固定形式。

在自由格式问卷上，答卷人提供的答案有更大的自由。问题提出后，答卷人在题目后的空白地方写答案。例如，“你当前收到的是什么报表，它们有什么用？”，“这些报告是否存在问题？如果有，请说明”。自由格式问卷存在的问题是答卷人的答案可能难以列成表格，而且，有时答卷人可能答非所问。

在固定格式问卷上，包含的问题答案是特定的。给定一个问题，回答者必须从提供的答案中选择一个，因此，结果容易列表。但另一方面，答卷人不能提供一些有用的附加信息。例如，现在的业务系统的报告形式非常理想，不必改动。答卷人可以选择的答案有“是”或“否”，或者一组选项，包括“非常赞同”、“同意”，“没意见”、“不同意”和“强烈反对”等。

7.3 数据库结构设计

数据库设计主要分为数据库结构设计和数据库行为设计。数据库结构设计包括概念结构设计、逻辑结构设计和物理结构设计。行为设计包括设计数据库的功能组织和流程控制。

数据库结构设计是在数据库需求分析的基础上，逐步形成对数据库概念、逻辑、物理结构的描述。概念结构设计的结果是形成数据库的概念层数据模型，用语义层模型描述，例如E-R模型。逻辑结构设计的结果是形成数据库的模式与外模式，用结构层模型描述，例如基本表、视图等。物理结构设计的结果是形成数据库的内模式,用文件级术语描述。例如数据库文件或目录、索引等。

7.3.1 概念结构设计

概念结构设计的重点在于信息结构的设计,它将需求分析得到的用户需求抽象为信息结构即概念层数据模型,是整个数据库系统设计的关键,独立于逻辑结构设计和数据库管理系统。

1. 概念结构设计的特点和策略

概念结构设计的任务是产生反映企业组织信息需求的数据库概念结构,即概念层数据模型。

(1) 概念结构的特点

概念结构应具备以下几个特点。

① 有丰富的语义表达能力。能表达用户的各种需求,包括描述现实世界中各种事物和事物与事物之间的联系,能满足用户对数据的处理需求。

② 易于交流和理解。概念结构是数据库设计人员和用户之间的主要交流工具,因此必须能通过概念模型和不熟悉计算机的用户交换意见,用户的积极参与是数据库成功的关键。

③ 易于更改。当应用环境和应用要求发生变化时,能方便地对概念结构进行修改,以反映这些变化。

④ 易于向各种数据模型转换,易于导出与 DBMS 有关的逻辑模型。

描述概念结构的一个有力工具是 E-R 模型。有关 E-R 模型的概念已经在第 2 章介绍,本章在介绍概念结构设计时也采用 E-R 模型。

(2) 概念结构设计的策略

概念结构设计的策略主要有以下几种。

① 自底向上。先定义每个局部应用的概念结构,然后按一定的规则把它们集成起来,从而得到全局概念结构。

② 自顶向下。先定义全局概念结构,然后再逐步细化。

③ 由里向外。先定义最重要的核心结构,然后再逐步向外扩展。

④ 混合策略。将自顶向下和自底向上方法结合起来使用。先用自顶向下设计一个概念结构的框架,然后以它为框架再用自底向上策略设计局部概念结构,最后把它们集成起来。

最常用的设计策略是自底向上策略。

从这一步开始,需求分析所得到的结果按“数据”和“处理”分开考虑。概念结构设计重点在于信息结构的设计,而“处理”则由行为设计来考虑。这也是数据库设计的特点,即“行为”设计与“结构”设计分离进行。但由于两者原本是一个整体,因此在设计概念结构和逻辑结构时,要考虑如何有效地为“处理”服务,而设计应用模型时,也要考虑如何有效地利用结构设计提供的条件。

概念结构设计使用集合概念,抽取现实业务系统的元素及其应用语义关联,最终形成

E-R 模型。

2. 采用 E-R 模型方法的概念结构设计

设计数据库概念结构的最著名、最常用的方法是 E-R 方法。采用 E-R 方法的概念结构设计可分为以下 3 步。

① 设计局部 E-R 模型。局部 E-R 模型的设计内容包括确定局部 E-R 模型的范围、定义实体、联系以及它们的属性。

② 设计全局 E-R 模型。这一步是将所有局部 E-R 图集成为一个全局 E-R 图，即全局 E-R 模型。

③ 优化全局 E-R 模型。

下面分别介绍这 3 个步骤的内容。

(1) 设计局部 E-R 模型

概念结构是对现实世界的一种抽象。所谓抽象是对实际的人、物、事和概念进行人为处理，抽取所关心的共同特性，忽略非本质细节，并把这些特性用各种概念准确地加以描述。

抽象方法一般包括以下三种。

① 分类(classification)

定义某一类概念作为现实世界中一组对象的类型，这些对象具有某些共同的特性和行为。它抽象的是对象值和型之间的"is a member of"(是……的成员)的语义。在 E-R 模型中，实体就是这种抽象(是对具有相同特征的实例的抽象)。例如，"张三"是学生(如图 7-4 所示)，表示"张三"是"学生"(实体)中的一员(实例)，即"张三是学生的一个成员"，这些学生具有系统的特性和行为。

② 概括(generalization)

定义了实体之间的一种子集联系，它抽象了实体之间的"is a subset of"(是……的子集)的语义。例如，"学生"是一个实体，"本科生"、"研究生"也是实体。而"本科生"和"研究生"均为"学生"实体的子集。如果把"学生"称为超类，那么"本科生"和"研究生"就是"学生"的子类，如图 7-5 所示。

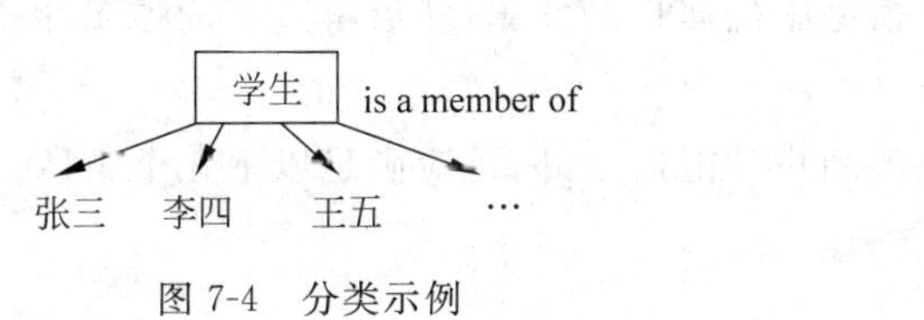

图 7-4　分类示例

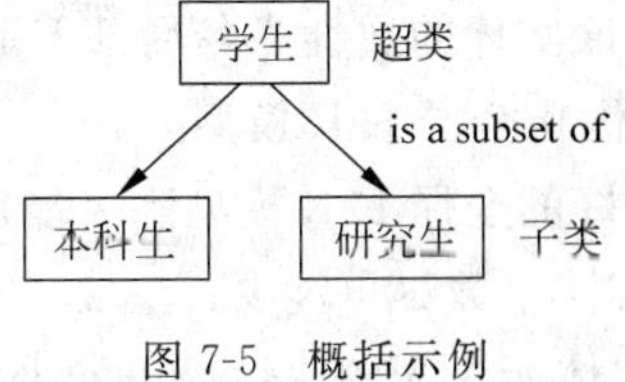

图 7-5　概括示例

③ 聚簇(aggregation)

定义某一类型的组成成分，它抽象了对象内部类型和成分之间的"is a part of"(是……的一部分)语义。在 E-R 模型中，若干个属性的聚簇就组成了一个实体。聚簇的示例如图 7-6 所示。

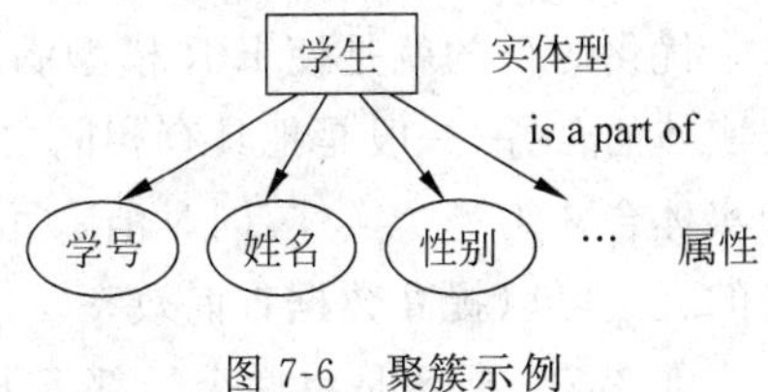

图 7-6　聚簇示例

（2）设计全局 E-R 模型

把局部 E-R 模型集成为全局 E-R 模型时，可以采用一次将所有的 E-R 模型集成在一起的方式，也可以用逐步集成、进行累加的方式，即一次只集成少量几个 E-R 模型，这样实现起来比较容易。

当将局部 E-R 模型集成为全局 E-R 模型时，需要消除各分 E-R 模型合并时产生的冲突。解决冲突是合并 E-R 模型的主要工作和关键所在。

各分 E-R 模型之间的冲突主要有 3 类：属性冲突、命名冲突和结构冲突。

① 属性冲突

属性冲突包括以下几种情况。

- 属性域冲突。即属性的类型、取值范围和取值集合不同。例如，部门编号有的定义为字符型，有的定义为数字型。又如，年龄有的定义为出生日期，有的定义为整数。
- 属性取值单位冲突。例如，学生的身高，有的用“米”为单位，有的用“厘米”为单位。

② 命名冲突

命名冲突包括同名异义和异名同义，即不同意义的实体名、联系名或属性名在不同的局部应用中具有相同的名字，或者具有相同意义的实体名、联系名和属性名在不同的局部应用中具有不同的名字。如科研项目，在财务部门称为项目，在科研处称为课题。

属性冲突和命名冲突通常可以通过讨论、协商等方法解决。

③ 结构冲突

结构冲突有以下两种情况。

- 同一对象在不同应用中具有不同的抽象。例如，“职工”可能在某一局部应用中作为实体，而在另一局部应用中却作为属性。

解决这种冲突的方法通常是把属性转换为实体或者把实体转换为属性，使同样的对象具有相同的抽象。但在转换时要进行认真的分析。

- 同一实体在不同的局部 E-R 模型中所包含的属性的个数和属性的排列次序不完全相同。

这是很常见的一类冲突，原因是不同的局部 E-R 模型关心的实体的侧面不同。解决的方法是让该实体的属性为各局部 E-R 模型中的属性的并集，然后再适当调整属性的顺序。

（3）优化全局 E-R 模型

一个好的全局 E-R 模型除了能反映用户功能需求外，还应满足以下几个条件。

① 实体个数尽可能少；

② 实体所包含的属性尽可能少；

③ 实体间联系无冗余。

优化的目的就是使 E-R 模型满足上述 3 个条件。要使实体个数尽可能少，可以进行相关实体的合并，一般是把具有相同主键的实体进行合并，另外，还可以考虑将 1∶1 联系的两个实体合并为一个实体，同时消除冗余属性和冗余联系。但也应该根据具体情况，有时候适当的冗余可以提高数据查询效率。

如图 7-7 所示是将两个局部 E-R 模型合并成一个全局 E-R 模型的示例。

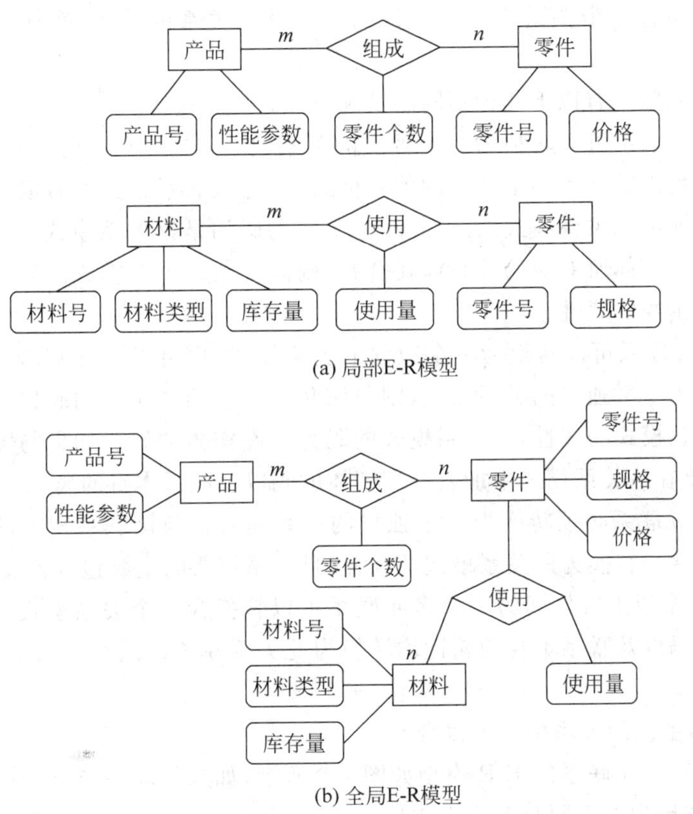

图 7-7　将局部 E-R 模型合并为全局 E-R 模型

7.3.2　逻辑结构设计

逻辑结构设计的任务是把在概念结构设计中设计的基本 E-R 模型转换为具体的数据库管理系统支持的组织层数据模型，也就是导出特定的 DBMS 可以处理的数据库逻辑结构(数据库的模式和外模式)，这些模式在功能、性能、完整性和一致性约束方面满足应用要求。

特定 DBMS 可以支持的组织层数据模型包括层次模型、网状模型、关系模型和面向对象模型等。下面仅讨论从概念模型向关系模型的转换。

逻辑结构设计一般包含以下两个步骤。

① 将概念结构转换为某种组织层数据模型。

② 对组织层数据模型进行优化。

1. E-R 模型向关系模型的转换

E-R 模型向关系模型的转换要解决的问题，是如何将实体以及实体间的联系转换为关系模式，如何确定这些关系模式的属性和主键。

关系模型的逻辑结构是一组关系模式的集合。E-R 模型由实体、实体的属性以及实体之间的联系三部分组成，因此，将 E-R 模型转换为关系模型实际上就是将实体、实体的属性和实体间的联系转换为关系模式，转换一般有以下规则。

一个实体转换为一个关系模式。实体的属性就是关系的属性，实体的码就是关系的主键。

对于实体间的联系有以下几种不同的情况。

① 一个 1∶1 联系可以转换为一个独立的关系模式，也可以与任意一端所对应的关系模式合并。如果可以转换为一个独立的关系模式，则与该联系相连的各实体的码以及联系本身的属性均转换为此关系模式的属性，每个实体的码均是该关系模式的候选键。如果是与联系的任意一端实体所对应的关系模式合并，则需要在该关系模式的属性中加入另一个实体的码和联系本身的属性。

② 一个 1∶n 联系可以转换为一个独立的关系模式，也可以与 n 端所对应的关系模式合并。如果转换为一个独立的关系模式，则与该联系相连的各实体的码以及联系本身的属性均转换为此关系模式的属性，且关系模式的码为 n 端实体的码。如果与 n 端对应的关系模式合并，则需要在该关系模式中加入一端实体的码以及联系本身的属性。

③ 一个 m∶n 联系必须转换为一个独立的关系模式。与该联系相连的各实体的码以及联系本身的属性均转换为此关系模式的属性，且关系模式的主键包含各实体的码。

④ 三个或三个以上实体间的一个多元联系可以转换为一个关系模式。与该多元联系相连的各实体的码以及联系本身的属性均转换为此关系模式的属性，而此关系模式的主键包含各实体的码。

⑤ 具有相同主键的关系模式可以合并。

【例 7-1】 有 1∶1 联系的 E-R 模型如图 7-8 所示，如果将联系与某一端的关系模式合并，则转换后的结果为如下两个关系模式：

部门(部门号，部门名，经理号)，其中“部门号”为主键，“经理号”为引用“经理”关系模式的外键。

经理(经理号，经理名，电话)，其中“经理号”为主键。

或者也可以转换为以下两个关系模式：

部门(部门号，部门名)，其中“部门号”为主键。

经理(经理号，部门号，经理名，电话)，“经理号”为主键，“部门号”为引用“部门”关系模式的外键。

如果将联系转换为一个独立的关系模式，则该 E-R 模型可以转换成 3 个关系模式：

部门(部门号，部门名)，其中“部门号”为主键。

经理(经理号，经理名，电话)，其中“经理号”为主键。

部门_经理(经理号，部门号)，其中“经理号”和“部门号”为候选键，同时也都为外键。

在 1∶1 联系中一般不将联系单独作为一个关系模式，因为这样转换出来的关系模式个数太多，相应的关系表也就越多。查询时涉及的表个数越多，查询效率就越低。

【例 7-2】 有 1∶n 联系的 E-R 模型如图 7-9 所示，如果与 n 端的关系模式合并，则可以转换成以下两个关系模式：

部门(部门号，部门名)，其中“部门号”为主键。

职工(职工号，部门号，职工名，工资)，其中“职工号”为主键，“部门号”为引用“部门”关系模式的“部门号”的外键。

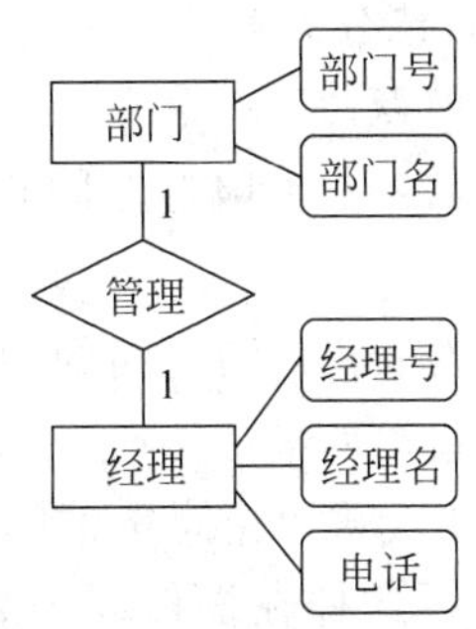

图 7-8　1∶1 联系示例

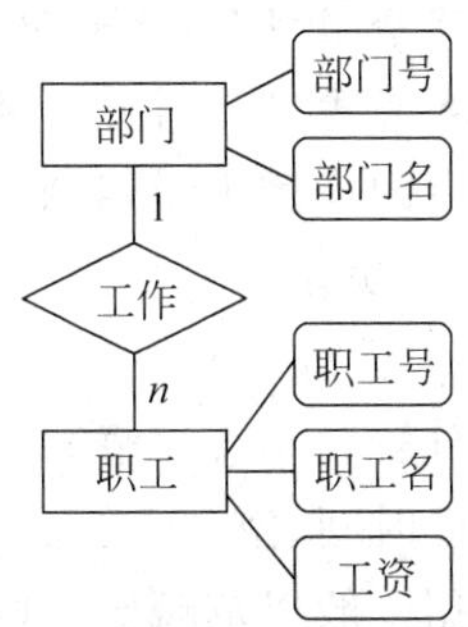

图 7-9　1∶n 联系示例

如果将联系转换为一个独立的关系模式，则该 E-R 模型可以转换为以下 3 个关系模式：

部门(部门号，部门名)，其中“部门号”为主键。

职工(职工号，职工名，工资)，其中“职工号”为主键。

部门_职工(部门号，职工号)，其中“职工号”为主键，同时也为引用“职工”关系模式的“职工号”的外键，“部门号”为引用“部门”关系模式的“部门号”的外键。

同 1∶1 联系一样，在 1∶n 联系中，一般也不将联系转换为一张独立的关系模式。

【例 7-3】 有 m∶n 联系的 E-R 模型如图 7-10 所示，对 m∶n 联系，必须将联系转换为一个独立的关系模式。转换后的结果为：

教师(教师号，教师名，职称)，“教师号”为主键。

课程(课程号，课程名，学分)，“课程号”为主键。

授课(教师号，课程号，授课时数)，(教师号，课程号)为主键，同时“教师号”为引用“教师”关系模式的教师号的外键，“课程号”为引用“课程”关系模式的课程号的外键。

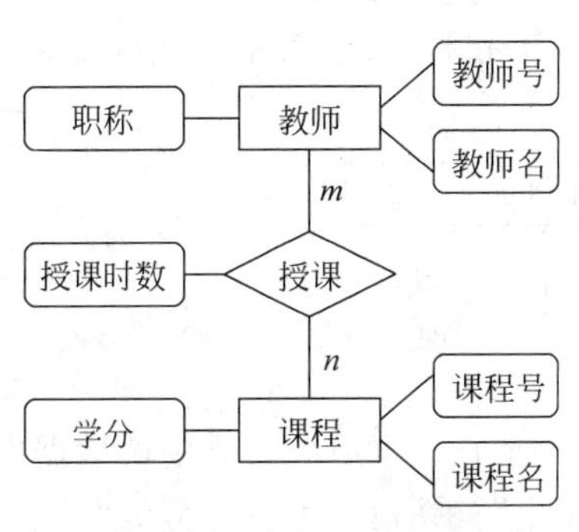

图 7-10　m∶n 示例

2. 数据模型的优化

逻辑结构设计的结果并不是唯一的，为了进一步提高数据库应用系统的性能，还应该根据应用的需要对逻辑数据模型进行适当的修改和调整，这就是数据模型的优化。关系数据模型的优化通常以关系规范化理论为指导，并考虑系统的性能。下面是具体方法。

① 确定各属性间的函数依赖关系。根据需求分析阶段得出的语义，分别写出每个关系模式的各属性之间的函数依赖以及不同关系模式中各属性之间的数据依赖关系。

② 对各个关系模式之间的数据依赖进行极小化处理，消除冗余的联系。

③ 判断每个关系模式的范式，根据实际需要确定最合适的范式。

④ 根据需求分析阶段得到的处理要求，分析这些模式对于这样的应用环境是否合适，确定是否要对某些模式进行分解或合并。

注意：如果系统的查询操作比较多，而且对查询响应速度的要求也比较高，则可以适当地降低规范化的程度，即将几个表合并为一个表，以减少查询时的表的连接个数。甚至可以在表中适当增加冗余数据列，比如把一些经过计算得到的值作为表中的一个列也保存在表中。但这样做时要考虑可能引起的潜在的数据不一致的问题。

对于一个具体的应用来说，到底规范化到什么程度，需要权衡响应时间和潜在问题两者的利弊，做出最佳的决定。

⑤ 对关系模式进行必要的分解，以提高数据的操作效率和存储空间的利用率。常用的分解方法是水平分解和垂直分解。

水平分解是以时间、空间、类型等范畴属性取值为条件，满足相同条件的数据行为一个子表。分解的依据一般以范畴属性取值范围划分数据行。这样在操作同表数据时，时空范围相对集中，便于管理。水平分解过程如图 7-11 所示，其中 K# 代表关系模式的主键。

原表中的数据内容相当于分解后各表数据内容的并集。例如，对于管理学校学生情况的"学生"关系模式，可以将其分解为"历史学生"和"在册学生"两个关系模式。"历史学生"中存放已毕业学生的数据，"在册学生"存放目前在校学生的数据。因为经常需要了解当前在校学生的情况，而对已毕业学生的情况关心较少。因此将历年学生的信息存放在两个关系模式中，可以提高对在校学生的处理速度。当一届学生毕业时，就将这些学生从"在册学生"关系中删除，同时插入到"历史学生"关系中。

垂直分解是以非主属性所描述的数据特征为条件，描述一类相同特征的属性划分在一个子表中。这样操作同表数据时属性范围相对集中，便于管理。垂直分解过程如图 7-12 所示，其中 K# 代表关系模式的主键。

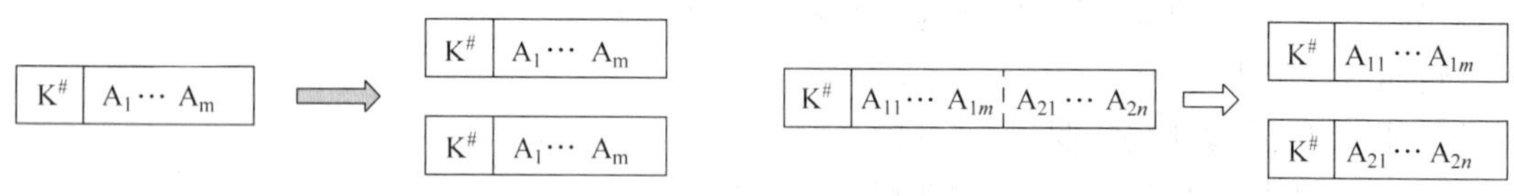

图 7-11 水平分解示意图　　图 7-12 垂直分解示意图

垂直分解后原关系中的数据内容相当于分解后各关系数据内容的连接。例如，可以将"学生"关系模式垂直拆分为"学生基本信息"和"学生家庭信息"两个关系模式。

垂直分解方法还可以解决包含很多列或者列占用空间比较多的表创建问题。一般在数据库管理系统中，表中一行数据的大小(即各列所占的空间总和)都是有限制的(一般受数据页大小的限制，数据页的概念在第 5 章中有简单介绍)，当表中一行数据的大小超过了数据页大小时，就可以使用垂直分解方法，将一个关系模式拆分为多个关系模式。

3. 设计外模式

将概念模型转换为逻辑数据模型之后，还应该根据局部应用需求，并结合具体的数据库管理系统的特点，设计用户的外模式。

外模式概念对应关系数据库的视图，设计外模式是为了更好地满足各个用户的需求。

定义数据库的模式主要是从系统的时间效率、空间效率、易维护等角度出发。由于外模式与模式是相对独立的，因此在定义用户外模式时可以从满足每类用户的需求出发，同时考虑数据的安全和用户的操作方便。在定义外模式时应考虑以下问题。

(1) 使用更符合用户习惯的别名

在概念模型设计阶段，当合并各 E-R 图时，曾进行了消除命名冲突的工作，以使数据库中的同一个关系和属性具有唯一的名字。这在设计数据库的全局模式时是非常必要的。但在修改了某些属性或关系的名字之后，可能会不符合某些用户的习惯，因此在设计用户模式时，可以利用视图的功能，对某些属性重新命名。视图的名字也可以命名成符合用户习惯的名字，使用户的操作更方便。

(2) 对不同级别的用户定义不同的视图，以保证数据的安全

假设有关系模式：职工(职工号，姓名，工作部门，学历，专业，职称，联系电话，基本工资，浮动工资)。在这个关系模式上建立了两个视图：

职工1(职工号，姓名，工作部门，专业，联系电话)

职工2(职工号，姓名，学历，职称，联系电话，基本工资，浮动工资)

职工1视图中只包含一般职工可以查看的基本信息，职工2视图中包含允许领导查看的信息。这样就可以防止用户非法访问不允许他们访问的数据，从而在一定程度上保证了数据的安全。

(3) 简化用户对系统的使用

如果某些局部应用经常要使用某些很复杂的查询，为了方便用户，可以将这些复杂查询定义为一个视图，这样用户每次只对定义好的视图查询，而不必再编写复杂的查询语句，从而简化了用户的使用。

7.3.3 物理结构设计

数据库的物理结构设计是对已经确定的数据库逻辑结构，利用数据库管理系统提供的方法和技术，以较优的存储结构、数据存取路径、合理的数据存储位置以及存储分配，设计出一个高效的、可实现的物理数据库结构。

由于不同的数据库管理系统提供的硬件环境和存储结构、存取方法不同，提供给数据库设计者的系统参数以及变化范围不同，因此，物理结构设计一般没有一个通用的准则，它只能提供一个技术和方法供参考。

数据库的物理结构设计通常分为以下两步。

① 确定数据库的物理结构，在关系数据库中主要指存取方法和存储结构；

② 对物理结构进行评价，评价的重点是时间和空间效率。

如果评价结果满足原设计要求，则可以进入到数据库实施阶段；否则，需要重新设计或修改物理结构，有时甚至要返回到逻辑设计阶段修改数据模式。

1. 物理结构设计的内容和方法

物理数据库设计得好，可以使各事务的响应时间短、存储空间利用率高、事务吞吐量大。因此，在设计数据库时首先要对经常用到的查询和对数据进行更新的事务进行详细的分析，获得物理结构设计所需的各种参数。其次，要充分了解所使用的DBMS的内部特征，特别是系统提供的存取方法和存储结构。

对于数据查询，需要得到以下信息。

① 查询所涉及的关系；

② 查询条件所涉及的属性；

③ 连接条件所涉及的属性；

④ 查询列表中涉及的属性。

对于更新数据的事务，需要得到以下信息。

① 更新所涉及的关系；

② 每个关系上的更新条件所涉及的属性；

③ 更新操作所涉及的属性。

除此之外，还需要了解每个查询或事务在各关系上的运行频率和性能要求。例如，假设某个查询必须在 1s 之内完成，则数据的存储方式和存取方式就非常重要。

注意：在数据库上运行的操作和事务是不断变化的，因此需要根据这些操作的变化不断调整数据库的物理结构，以获得最佳的数据库性能。

通常关系数据库的物理结构设计主要包括以下内容。

(1) 确定数据的存取方法

存取方法是快速存取数据库中数据的技术，数据库管理系统一般都提供多种存取方法。具体采取哪种存取方法由系统根据数据的存储方式决定，一般用户不能干预。

一般用户可以通过建立索引的方法来加快数据的查询效率，如果建立了索引，系统就可以利用索引查找数据。

索引方法实际上是根据应用要求确定在关系的哪个属性或哪些属性上建立索引，在哪些属性上建立复合索引以及哪些索引要设计为唯一索引，哪些索引要设计为聚簇索引。聚簇索引是将数据按索引列在物理上进行有序排列。

建立索引一般有以下几条原则。

① 如果某个(或某些)属性经常作为查询条件，则考虑在这个(或这些)属性上建立索引；

② 如果某个(或某些)属性经常作为表的连接条件，则考虑在这个(或这些)属性上建立索引；

③ 如果某个属性经常作为分组的依据列，则考虑在这个属性上建立索引；

④ 对经常进行连接操作的表建立索引。

一个表可以建立多个非聚簇索引，但只能建立一个聚簇索引。

注意：索引一般可以提高数据查询性能，但会降低数据修改性能。因为在进行数据修改时，系统要同时对索引进行维护，使索引与数据保持一致。维护索引需要占用相当多的时间，而且存放索引信息也会占用空间资源。因此在决定是否建立索引时，要权衡数据库的操作。如果查询多，并且对查询的性能要求比较高，则可以考虑多建一些索引；如果数据更改多，并且对更改的效率要求比较高，则应该考虑少建一些索引。

(2) 确定数据的存储结构

物理结构设计中一个重要的考虑就是确定数据记录的存储方式。常用的存储方式有以下几种。

① 顺序存储。这种存储方式的平均查找次数为表中记录数的 1/2。

② 散列存储。这种存储方式的平均查找次数由散列算法决定。

③ 聚簇存储。为了提高某个属性(或属性组)的查询速度，可以把这个或这些属性(称为聚簇码)上具有相同值的元组集中存放在连续的物理块上，这样的存储方式称为聚簇存储。聚簇存储可以极大提高对聚簇码的查询效率。

一般用户可以通过建立索引的方法来改变数据的存储方式。但其他情况下，数据是采用顺序存储还是散列存储，或其他的存储方式，这由数据库管理系统根据数据的具体情况来决定，一般它都会为数据选择一种最合适的存储方式，而用户并不能对此进行干预。

2. 物理结构设计的评价

物理结构设计过程中要对时间效率、空间效率、维护代价和各种用户要求进行权衡，其结果可以产生多种方案，数据库设计者必须对这些方案进行细致的评价，从中选择一个较优的方案作为数据库的物理结构。

评价物理结构设计的方法完全依赖于具体的DBMS，主要考虑操作开销，即为使用户获得及时、准确的数据所需的开销和计算机资源的开销。具体可分为以下几类。

(1) 查询和响应时间

响应时间是从查询开始到查询结果开始显示之间所经历的时间。一个好的应用程序设计可以减少CUP时间和I/O时间。

(2) 更新事务的开销

主要是修改索引、重写物理块或文件以及写校验等方面的开销。

(3) 生成报告的开销

主要包括索引、重组、排序和结果显示的开销。

(4) 主存储空间的开销

包括程序和数据所占用的空间。对数据库设计者来说，一般可以对缓冲区作适当的控制，如缓冲区的个数和大小。

(5) 辅助存储空间的开销

辅助存储空间分为数据块和索引块两种，设计者可以控制索引块的大小、索引块的充满度等。

实际上，数据库设计者只能对I/O和辅助空间进行有效控制。其他方面都是有限的控制或者根本就不能控制。

7.4 数据库行为设计

到目前为止，已经详细讨论了数据库的结构设计问题，这是数据库设计中最重要的任务。前面已经说过，数据库设计的特点是结构设计和行为设计是分离的。行为设计与一般的传统程序设计区别不大，软件工程中的所有工具和手段几乎都可以用到数据库行为设计中，因此，一些数据库教科书都没有讨论数据库行为设计问题。考虑到数据库应用程序设计毕竟有它特殊的地方，而且不同的数据库应用程序设计也有许多共性，因此，这里介绍一下数据库的行为设计。

数据库行为设计一般分为以下几个步骤。

① 功能分析。

② 功能设计。

③ 事务设计。

④ 应用程序设计与实现。

这里主要讨论前三个步骤。

1. 功能分析

在进行需求分析时，实际上进行了两项工作，一项是“数据流”的调查分析，另一项是“事务处理”过程的调查分析，也就是应用业务处理的调查分析。数据流的调查分析为数据库的信息结构提供了最原始的依据，而事务处理的调查分析则是行为设计的基础。

对于行为特性要进行如下分析。

① 标识所有的查询、报表、事务及动态特性，指出对数据库所要进行的各种处理。

② 指出对每个实体所进行的操作(增、删、改、查)。

③ 给出每个操作的语义，包括结构约束和操作约束，通过下列条件，可定义下一步的操作。

- 执行操作要求的前提；
- 操作的内容；
- 操作成功后的状态。

例如，教师退休行为的操作特征有以下几个。

- 该教师没有未讲授完的课程；
- 从当前在职教师表中删除此教师记录；
- 将此教师信息插入到退休教师表中。

④ 给出每个操作(针对某一对象)的频率。

⑤ 给出每个操作(针对某一应用)的响应时间。

⑥ 给出该系统总的目标。

功能需求分析是在需求分析之后功能设计之前的一个步骤。

2. 功能设计

系统目标的实现是通过系统的各功能模块来达到的。由于每个系统功能又可以划分为若干个更具体的功能模块，因此，可以从目标开始，一层一层分解下去，直到每个子功能模块只执行一个具体的任务。子功能模块是独立的，具有明显的输入信息和输出信息。当然，也可以没有明显的输入和输出信息，只是动作产生后的一个结果。通常按功能关系画成的图叫功能结构图，如图 7-13 所示。

例如，“学籍管理”的功能结构图如图 7-14 所示。

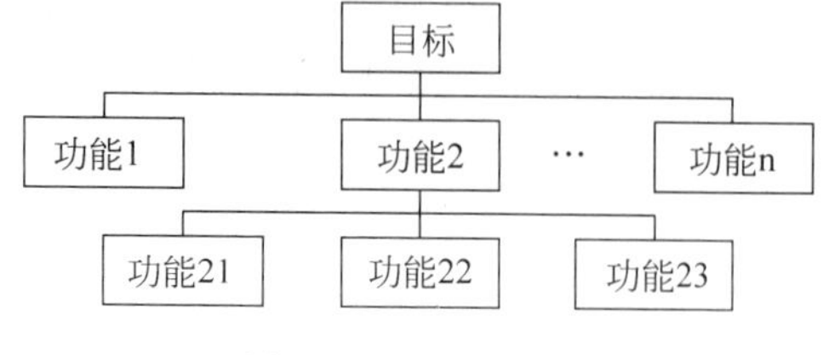

图 7-13　功能结构图

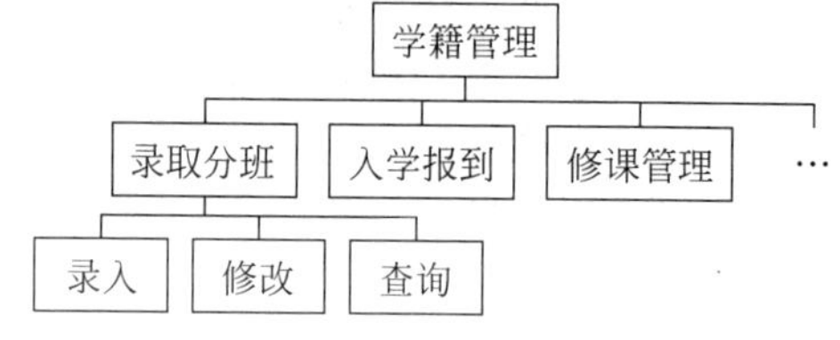

图 7-14　学籍管理的功能结构图

3. 事务设计

事务处理是计算机模拟人处理事务的过程，它包括输入设计、输出设计等。

(1) 输入设计

系统中的很多错误都是由于输入不当引起的，因此设计好输入是减少系统错误的一个重要方面。在进行输入设计时需要完成以下几方面的工作。

① 原始单据的设计格式。对于原有的单据，表格要根据新系统的要求重新设计，其设计的原则是：简单明了，便于填写，尽量标准化，便于归档，简化输入工作。

② 制成输入一览表。将全部功能所用的数据整理成表。

③ 制作输入数据描述文档。包括数据的输入频率、数据的有效范围和出错校验。

(2) 输出设计

输出设计是系统设计中的重要一环。如果说用户看不出系统内部的设计是否科学、合理，那么输出报表是直接与用户见面的，而且输出格式的好坏会给用户留下深刻的印象，它甚至是衡量一个系统好坏的重要标志。因此，要精心设计好输出报表。

在输出设计时要考虑以下几个因素。

① 用途。区分输出结果是给客户还是用于内部或报送上级领导。

② 输出设备的选择。是仅仅显示出来，还是要打印出来或需要永久保存。

③ 输出量。

④ 输出格式。

7.5 数据库实施

完成了数据库的结构设计和行为设计并编写了实现用户需求的应用程序之后，就可以利用 DBMS 提供的功能实现数据库逻辑结构设计和物理结构设计的结果。然后将一些数据加载到数据库中，运行已编好的应用程序，以查看数据库设计以及应用程序是否存在问题。这就是数据库的实施阶段。

数据库实施阶段包括两项重要的工作，一项是加载数据，另一项是调试和运行应用程序。

1. 加载数据

在一般的数据库系统中，数据量都很大，而且数据来源于多个部门，数据的组织方式、结构和格式都可能与新设计的数据库系统有很大的差别，组织数据的录入就是将各类数据从各个局部应用中抽取出来，输入到计算机中，然后再分类转换，最后综合成符合新设计的数据库结构的形式，输入到数据库中。这样的数据转换、组织入库的工作相当耗费人力、物力和财力，特别是原来用手工处理数据的系统，各类数据分散在各种不同的原始表单、凭据和单据之中。在向新的数据库系统中输入数据时，需要处理大量的纸质数据，工作量就更大。

由于各应用环境差异很大，很难有通用的数据转换器，DBMS 也很难提供一个通用的转换工具。因此，为提高数据输入工作的效率和质量，应该针对具体的应用环境设计一个数据录入子系统，专门用来解决数据转换和输入问题。

为了保证数据库中的数据正确、无误，必须十分重视数据的校验工作。在将数据输入系统进行数据转换的过程中，应该进行多次校验。对于重要数据的校验更应该反复进行，确认无误后再输入到数据库中。

如果新建数据库的数据来自已有的文件或数据库，那么应该注意旧的数据模式结构与新的数据模式结构之间的对应关系，然后再将旧的数据导入到新的数据库中。

目前，很多 DBMS 都提供了数据导入功能，有些 DBMS 还提供了功能强大的数据转换功能，比如 SQL Server 就提供了功能强大、方便易用的数据导入和导出功能。

2. 调试和运行应用程序

一部分数据加载到数据库中之后，就可以开始对数据库系统进行联合调试了，这个过程又称为数据库试运行。

这一阶段要实际运行数据库应用程序，执行对数据库的各种操作，测试应用程序的功能是否满足设计要求。如果不满足，则要对应用程序进行修改、调整，直到达到设计要求为止。

在数据库试运行阶段，还要对系统的性能指标进行测试，分析其是否达到设计目标。在对数据库进行物理结构设计时已经初步确定了系统的物理参数，但一般情况下，设计时的考虑在很多方面只是一个近似的估计，和实际系统的运行还有一定的差距，因此必须在试运行阶段实际测量和评价系统的性能指标。事实上，有些参数的最佳值往往是经过调试后找到的。如果测试的结果与设计目标不符，则要返回到物理结构设计阶段，重新调整物理结构，修改系统参数，某些情况下甚至要返回到逻辑结构设计阶段，对逻辑结构进行修改。

特别要强调的是，首先，由于组织数据入库的工作十分费力，如果试运行后要修改数据库的逻辑结构设计，则需要重新组织数据入库。因此在试运行时应该先输入小批量数据，试运行基本合格后，再大批量输入数据，以减少不必要的工作浪费。其次，在数据库试运行阶段，由于系统还不稳定，随时可能发生软硬件故障，而且系统的操作人员对系统也还不熟悉，误操作不可避免，因此应该首先调试运行 DBMS 的恢复功能，做好数据库的备份和恢复工作。一旦出现故障，可以尽快地恢复数据库，以减少对数据库的破坏。

7.6 数据库的运行和维护

数据库投入运行标志着开发工作的基本完成和维护工作的开始，数据库只要存在一天，就需要不断地对它进行评价、调整和维护。

在数据库运行阶段，对数据库的经常性维护工作主要由数据库系统管理员完成，其主要工作包括以下几个方面。

① 数据库的备份和恢复。要对数据库进行定期的备份，一旦出现故障，要能及时地将数据库恢复到尽可能的正确状态，以减少数据库的损失。

② 数据库的安全性和完整性控制。随着数据库应用环境的变化，对数据库的安全性和完整性要求也会发生变化。比如，要收回某些用户的权限，或增加、修改某些用户的权限，增加、删除用户，或者某些数据的取值范围发生变化等，这都需要系统管理员对数据库进行适当的调整，以反映这些新的变化。

③ 监视、分析、调整数据库性能。监视数据库的运行情况，并对检测数据进行分析，找

出能够提高性能的可行性,并适当地对数据库进行调整。目前有些 DBMS 产品提供了性能检测工具,数据库系统管理员可以利用这些工具很方便地监视数据库。

④ 数据库的重组。数据库经过一段时间的运行后,随着数据的不断增加、删除和修改,会使数据库的存取效率降低,这时数据库管理员可以改变数据库数据的组织方式,通过增加、删除或调整部分索引等方法,改善系统的性能。注意数据库的重组并不改变数据库的逻辑结构。

数据库的结构和应用程序设计的好坏只是相对的,它并不能保证数据库应用系统始终处于良好的性能状态。这是因为数据库中的数据随着数据库的使用而发生变化,随着这些变化的不断增加,系统的性能有可能会日趋下降,所以即使在不出现故障的情况下,也要对数据库进行维护,以便数据库始终能够获得较好的性能。总之,数据库的维护工作与一台机器的维护工作相似,花的工夫越多,它服务得就越好。因此,数据库的设计工作并非一劳永逸,一个好的数据库应用系统同样需要精心的维护方能使其保持良好的性能。

7.7 小结

本章介绍了数据库设计的全部过程,数据库设计的特点是行为设计和结构设计相分离,而且在需求分析的基础上是先进行结构设计,再进行行为设计,其中结构设计是关键。结构设计又分为概念结构设计、逻辑结构设计、物理结构设计。概念结构设计是用概念结构来描述用户的业务需求,这里介绍的是 E-R 模型,它与具体的数据库管理系统无关。逻辑结构设计是将概念结构设计的结果转换成组织层数据模型,对于关系数据库来说,是转换为关系表。根据实体之间的不同的联系方式,转换的方式也有所不同。逻辑结构设计与具体的数据库管理系统有关。物理结构设计是设计数据的存储方式和存储结构,一般来说,数据的存储方式和存储结构对用户是透明的,用户只能通过建立索引来改变数据的存储方式。

数据库的行为设计是对系统的功能的设计,一般的设计思想是将大的功能模块划分为功能相对专一的小的功能模块,这样便于用户的使用和操作。

数据库设计完成后,就要进行数据库的实施和维护工作。数据库应用系统不同于一般的应用软件,它在投入运行后必须要有专人对其进行监视和调整,以保证应用系统能够保持持续的高效率。

数据库设计的成功与否与许多具体因素有关,但只要掌握了数据库设计的基本方法,就可以设计出可行的数据库系统。

习题

1. 试说明数据库设计的特点。
2. 简述数据库的设计过程。
3. 数据库结构设计包含哪几个过程?
4. 需求分析中发现事实的方法有哪些?
5. 概念结构应该具有哪些特点?

6. 概念结构设计的策略是什么？

7. 什么是数据库的逻辑结构设计？简述其设计步骤。

8. 把 E-R 模型转换为关系模式的转换规则有哪些？

9. 数据模型的优化包含哪些方法？

10. 设有如图 7-15 所示的两个 E-R 模型，分别将它们转换为合适的关系模式，并指出每个关系模式的主键和外键。

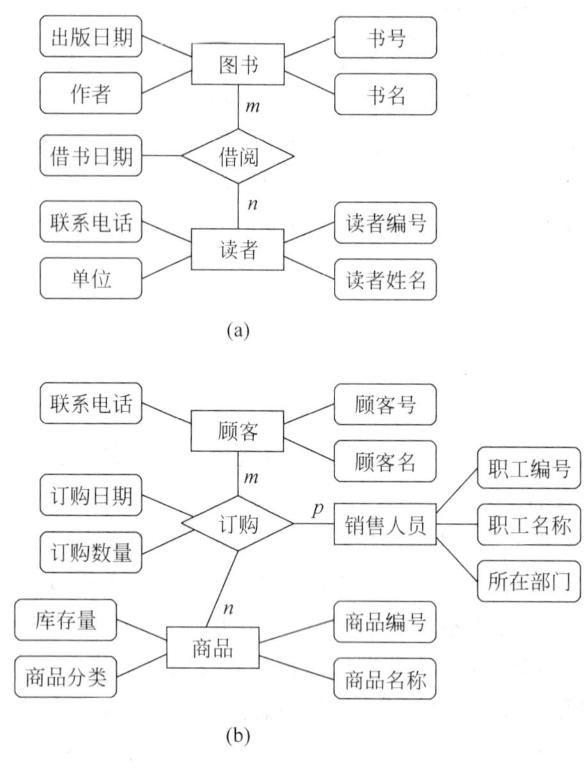

图 7-15 E-R 模型

第8章 事务与并发控制

事务与并发控制属于数据库保护的知识范畴，数据库保护同时还包括安全管理、数据库备份与恢复等部分。本章介绍事务与并发控制的概念，安全管理将在第 12 章介绍，数据库备份和恢复机制将在第13 章介绍。

事务是数据库中一系列的操作，这些操作是一个完整的执行单元，它是保证数据一致性的基本手段。数据库是一个多用户的共享资源，因此当多个用户同时操作相同的数据时，如何保证数据的正确性，是并发控制要解决的问题。

8.1 事务

数据库中的数据是共享的资源，因此，允许多个用户同时访问相同的数据。当多个用户同时增、删、改相同的数据时，如果不采取任何措施，则会造成数据异常。事务就是为防止这种情况的发生而产生的概念。

1. 事务的基本概念

事务(transaction)是用户定义的数据操作系列，这些操作作为一个完整的工作单元执行。一个事务内的所有语句作为一个整体，要么全部执行，要么全部不执行。

例如，A 账户转账给 B 账户 n 元钱，这个活动包含如下两个动作。

第一个动作：A 账户$-n$

第二个动作：B 账户$+n$

可以设想，假设第一个动作成功了，但第二个动作由于某种原因没有成功(比如突然停电等)。那么在系统恢复正常运行后，A 账户的金额是减 n 之前的值还是减 n 之后的值呢？如果 B 账户的金额没有变化(没有加上 n)，则正确的情况是 A 账户的金额应该是没有做减 n 操作之前的值(如果 A 账户是减 n 之后的值，则 A 账户中的金额和 B 账户中的金额就对不上了，这显然是不正确的)。怎样保证在系统恢复之后，A 账户中的金额是减 n 前的值呢？这就需要用到事务的概念。事务可以保证在一个事务中的全部操作或者全部成功，或者全部失败。也就是说，当第二个动作没有成功完成时，系统自动撤销第一个动作，使第一个动作不做。这样当系统恢复正常时，A 账户和 B 账户中的数值就是正确的，必须显式地告诉数据库管理系统哪几个动作属于一个事务，这可以通过标记事务的开始与结束来实现。不同的事务处理模型中，事务的开始标记不完全一样，但不管是哪种事务处理模型，事务的结束标记都是一样的。事务的结束标记有两个：一个是正常结束，用COMMIT（提交）表示，也就是事务中的所有操作都会物理地保存到数据库中，成为永久的操作；另一个是异常结束，用ROLLBACK（回滚）表示，也就是事务中的全部操作被撤销，数据库回到事务开始之前的状态。事务中的操作一般是对数据的更新操作。

2. 事务的特征

事务具有4个特征，即原子性（atomicity）、一致性（consistency）、隔离性（isolation）和持久性（durability）。这4个特征也简称为事务的ACID特征。

（1）原子性

事务的原子性是指事务是数据库的逻辑工作单位，事务中的操作，要么都做，要么都不做。

（2）一致性

事务的一致性是指事务执行的结果必须是使数据库从一个一致性状态变到另一个一致性状态。如前所述的转账事务。当事务成功提交时，数据库就从事务开始前的一致性状态转到了事务结束后的一致性状态。同样，如果由于某种原因，在事务尚未完成时就出现了故障，那么就会出现事务中的一部分操作已经完成，而另一部分操作还没有做，这样就有可能使数据库产生不一致的状态（参考前面转账实例），因此，事务中的操作如果有一部分成功，一部分失败，为避免数据库产生不一致状态，系统会自动将事务中已完成的操作撤销，使数据库回到事务开始前的状态。因此，事务的一致性和原子性是密切相关的。

（3）隔离性

事务的隔离性是指数据库中一个事务的执行不能被其他事务干扰。即一个事务内部的操作及使用的数据对其他事务是隔离的，并发执行的各个事务不能相互干扰。

（4）持久性

事务的持久性也称为永久性（permanence），指事务一旦提交，则其对数据库中数据的改变就是永久的，以后的操作或故障不会对事务的操作结果产生任何影响。

事务是数据库并发控制和恢复的基本单位。

保证事务的ACID特性是事务处理的重要任务。事务的ACID特性可能遭到破坏的因素有以下两个。

① 多个事务并行运行时，不同事务的操作有交叉情况；

② 事务在运行过程中被强迫停止。

在情况①下，数据库管理系统必须保证多个事务在交叉运行时不影响这些事务的原子性。在情况②下，数据库管理系统必须保证被强迫终止的事务对数据库和其他事务没有任何影响。

以上这些工作都由数据库管理系统中恢复和并发控制机制完成。

3. 事务处理模型

事务有两种类型：一种是显式事务，一种是隐式事务。隐式事务是指每一条数据操作语句都自动地成为一个事务，显式事务是有显式的开始和结束标记的事务。对于显式事务，不同的数据库管理系统又有不同的形式，一类是采用ISO制定的事务处理模型，另一类是采用T-SQL的事务处理模型。下面分别介绍这两种模型。

(1) ISO事务处理模型

ISO事务处理模型是明尾暗头,即事务的开始是隐式的,而事务的结束有明确的标记。在这种事务处理模型中,程序的首条SQL语句或事务结束语句后的第一条SQL语句为事务的开始,而在程序正常结束处或在COMMIT或ROLLBACK语句处是事务的终止。

如前面的A账户转账给B账户n元钱的事务,用ISO事务处理模型可描述为:

```
UPDATE 支付表 SET 账户总额 = 账户总额 - n
  WHERE 账户名 = 'A'
UPDATE 支付表 SET 账户总额 = 账户总额 + n
  WHERE 账户名 = 'B'
COMMIT
```

(2) T-SQL事务处理模型

T-SQL事务处理模型是Microsoft SQL Server使用的事务处理模型,这种模型对每个事务都有显式的开始和结束标记。事务的开始标记是BEGIN TRANSACTION (TRANSACTION可简写为TRAN),事务的结束标记有以下两个。

① COMMIT [TRANSACTION|TRAN]:正常结束

② ROLLBACK [TRANSACTION|TRAN]:异常结束

前面的转账例子用T-SQL事务处理模型可描述为:

```
BEGIN TRANSACTION
  UPDATE 支付表 SET 账户总额 = 账户总额 - n
    WHERE 账户名 = 'A'
  UPDATE 支付表 SET 账户总额 = 账户总额 + n
    WHERE 账户名 = 'B'
COMMIT
```

8.2 并发控制

数据库系统一个明显的特点是多个用户共享数据库资源,尤其是多个用户可以同时存取相同的数据,飞机订票系统的数据库、银行系统的数据库等都是典型的多用户共享的数据库。在这样的系统中,在同一时刻同时运行的事务可达数百个。若对多个用户的并发操作不加控制,就会造成数据存取的错误,破坏数据的一致性和完整性。

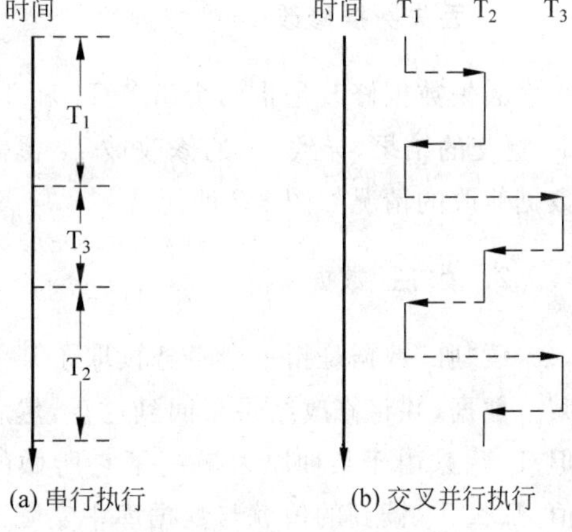

图 8-1 多个事务的执行情况

如果事务是顺序执行的,即一个事务完成之后,再开始另一个事务,则称这种执行方式为串行执行,串行执行的示意图如图8-1(a)所示(图中的T_1、T_2和T_3分别表示不同的事物)。如果数据库管理系统可以同时接受多个事务,并且这些事务在时间上可以重叠执行,则称这种执行方式为并发执行。在单CPU系统中,同一时间只能有一个事务占据 CPU,各个事务交叉地使用 CPU,这种并发方式称为交叉并发。在多 CPU 系统中,多个事务可以同时占有 CPU,这种并发方式称为同时并发,交叉并发执行的示意图如图 8-1(b)所示。这里主要讨论的是单 CPU 中的交叉并发的情况。

8.2.1 并发控制概述

数据库中的数据是可以共享的资源,因此会有很多用户同时使用数据库中的数据,也就是说,在多用户系统中,可能同时运行着多个事务,而事务的运行需要时间,并且事务中的操作需要在一定的数据上完成。那么当系统中同时有多个事务运行时,特别是当这些事务使用同一段数据时,彼此之间就有可能产生相互干扰的情况。

8.1 节提到,事务是并发控制的基本单位,保证事务的 ACID 特性是事务处理的重要任务,而事务的 ACID 特性会因多个事务对数据的并发操作而遭到破坏。为保证事务之间的隔离性和一致性,数据库管理系统应该对并发操作进行正确的调度。

下面来看一下并发事务之间可能出现的相互干扰情况。

假设有两个飞机订票点 A 和 B,如果 A、B 两个订票点恰巧同时办理同一架航班的飞机订票业务。下面是其操作过程及顺序。

① A 订票点(事务 A)读出航班目前的机票余额数,假设为 10 张;

② B 订票点(事务 B)读出航班目前的机票余额数,也为 10 张;

③ A 订票点订出 6 张机票,修改机票余额为 10 − 6 = 4,并将 4 写回到数据库中;

④ B 订票点订出 5 张机票,修改机票余额为 10 − 5 = 5,并将 5 写回到数据库中。

由此可见,这两个事务不能反映出飞机票数不够的情况,而且 B 事务还覆盖了 A 事务对数据的修改,使数据库中的数据不正确。这种情况就称为数据的不一致,这种不一致是由并发操作引起的。在并发操作情况下,会产生数据的不一致,是因为系统对 A、B 两个事务的操作序列的调度是随机的。这种情况在现实当中是不允许发生的,因此,数据库管理系统必须想办法避免出现这种情况,这就是数据库管理系统在并发控制中要解决的问题。

并发操作所带来的数据不一致情况大致可以概括为 4 种:丢失数据修改、读“脏”数据、不可重复读和产生“幽灵”数据,下面分别介绍这 4 种情况。

1. 丢失数据修改

丢失数据修改是指两个事务 T_1 和 T_2 读入同一数据并进行修改,T_2 提交的结果破坏了 T_1 提交的结果,导致 T_1 的修改被 T_2 覆盖掉了。上述飞机订票系统就属于这种情况。丢失数据修改的情况如图 8-2 所示。

2. 读“脏”数据

读“脏”数据是指一个事务读取了某个失败事务运行过程中的数据。即事务 T_1 修改了某一数据,并将修改结果写回到磁盘,然后事务 T_2 读取了同一数据(是 T_1 修改后的结果),但 T_1 后来由于某种原因撤销了它所做的操作,这样被 T_1 修改过的数据又恢复为原来的值,那么 T_2 读到的值就与数据库中实际的数据值不一致了。这时就说 T_2 读取的数据为 T_1 的“脏”数据,或不正确的数据。读“脏”数据的情况如图 8-3 所示。

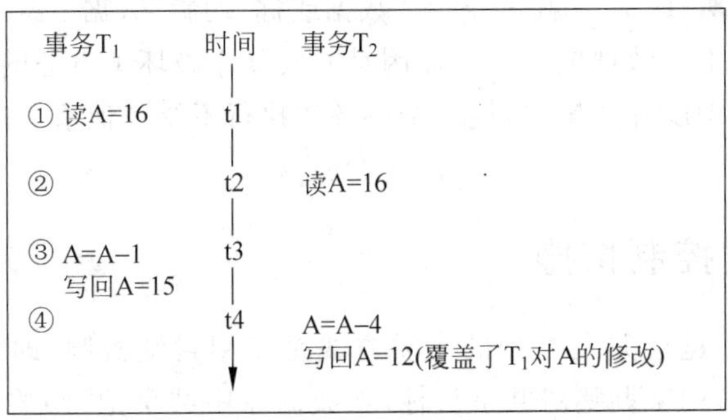

图 8-2　丢失数据修改

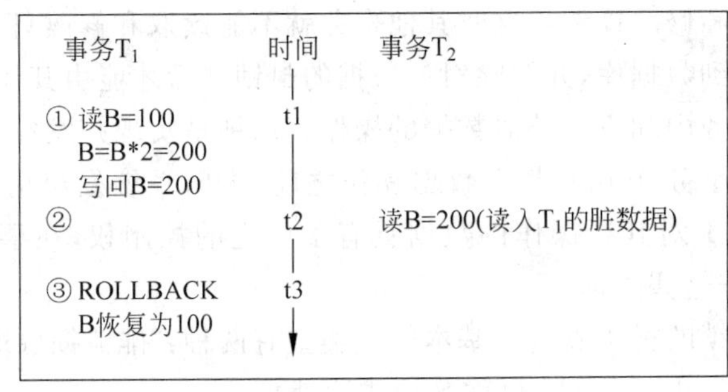

图 8-3　读"脏"数据

3. 不可重复读

不可重复读是指事务 T_1 读取数据后，事务 T_2 执行了更新操作，修改了 T_1 读取的数据，T_1 操作完数据后，又重新读取了同样的数据，但这次读完之后，当 T_1 再对这些数据进行相同操作时，所得的结果与前一次不一样。不可重复读的情况如图 8-4 所示。

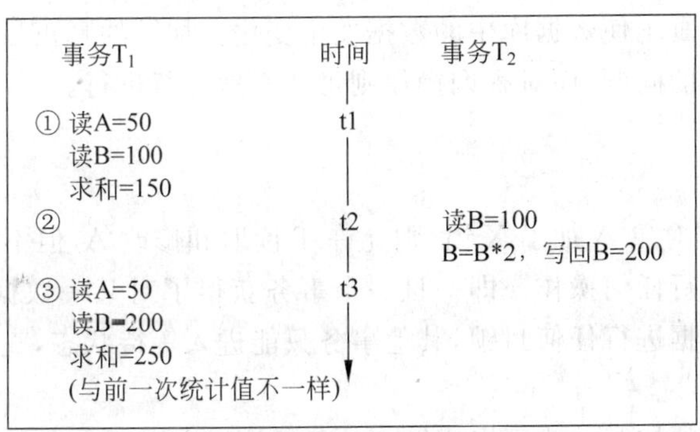

图 8-4　不可重复读

4. 产生"幽灵"数据

产生"幽灵"数据实际属于不可重复读的范畴。它是指当事务 T_1 按一定条件从数据库中读取了某些数据记录后，事务 T_2 删除了其中的部分记录，或者在其中添加了部分记录，那么当 T_1 再次按相同条件读取数据时，发现其中莫名其妙地少了(删除)或多了(插入)一些记录。这样的数据对 T_1 来说就是“幽灵”数据或称“幻影”数据。

产生这 4 种数据不一致现象的主要原因是并发操作破坏了事务的隔离性。并发控制就是要用正确的方法来调度并发操作,使一个事务的执行不受其他事务的干扰,避免造成数据不一致的情况。

8.2.2 并发控制措施

在数据库环境下,进行并发控制的主要方式是使用封锁机制,即加锁(locking)。加锁是一种并行控制技术,用来调整对共享目标(如数据库中共享记录)的并行存取。事务通过向封锁管理程序的系统组成部分发出请求而对记录加锁。

以飞机订票系统为例,当事务 T 要修改订票数时,在读取订票数之前先封锁该数据,然后再对数据进行读取和修改操作。这时其他事务就不能读取和修改订票数,直到事务 T 修改完成并将数据写回到数据库,并解除对该数据的封锁之后才能由其他事务使用这些数据。

加锁就是限制事务内和事务外对数据的操作。加锁是实现并发控制的一个非常重要的技术。所谓加锁就是事务 T 在对某个数据操作之前,先向系统发出请求,封锁其所要使用的数据。加锁后事务 T 对其要操作的数据具有了一定的控制权,在事务 T 释放它的锁之前,其他事务不能操作这些数据。

具体的控制权由锁的类型决定。基本的锁类型有两种:排他锁(exclusive lock,也称为 X 锁或写锁)和共享锁(share lock,也称 S 锁或读锁)。

1. 共享锁

若事务 T 给数据对象 A 加了 S 锁,则事务 T 可以读 A,但不能修改 A,其他事务可以再给 A 加 S 锁,但不能加 X 锁,直到 T 释放了 A 上的 S 锁为止。即对于读操作(检索)来说,可以有多个事务同时获得共享锁,但阻止其他事务对已获得共享锁的数据进行排他封锁。

共享锁的操作基于这样的事实:查询操作并不改变数据库中的数据,而更新操作(插入、删除和修改)才会真正使数据库中的数据发生变化。加锁的真正目的在于防止更新操作带来的使数据不一致的问题,而对查询操作则可放心地并行进行。

2. 排他锁

若事务 T 给数据对象 A 加了 X 锁,则允许 T 读取和修改 A,但不允许其他事务再给 A 加任何类型的锁和进行任何操作。即一旦一个事务获得了对某一数据的排他锁,则任何其他事务均不能对该数据进行任何封锁,其他事务只能进入等待状态,直到第一个事务撤销了对该数据的封锁。

排他锁和共享锁的控制方式可以用图 8-5 所示的相容矩阵来表示。

T_1 \ T_2	X	S	无锁
X	否	否	是
S	否	是	是
无锁	是	是	是

图 8-5 加锁类型的相容矩阵

在如图8-5所示的加锁类型相容矩阵中，最左边一列表示事务T_1已经获得的数据对象上的锁的类型，最上面一行表示另一个事务T_2对同一数据对象发出的加锁请求。T_2的加锁请求能否被满足在矩阵中分别用"是"和"否"表示，"是"表示事务T_2的加锁请求与T_1已有的锁兼容，加锁请求可以满足；"否"表示事务T_2的加锁请求与T_1已有的锁冲突，加锁请求不能满足。

8.2.3 封锁协议

在运用X锁和S锁给数据对象加锁时，还需要约定一些规则，如何时申请X锁或S锁、持锁时间、何时释放锁等，称这些规则为封锁协议或加锁协议(locking protocol)。对封锁方式规定不同的规则，就形成了各种不同级别的封锁协议。不同级别的封锁协议所能达到的系统一致性级别是不同的。

1. 一级封锁协议

一级封锁协议：对事务T要修改的数据加X锁，直到事务结束(包括正常结束和非正常结束)时才释放。

一级封锁协议可以防止丢失修改，并保证事务T是可恢复的，如图8-6所示。事务T_1要对A进行修改，因此，它在读A之前先对A加了X锁，当T_2要对A进行修改时，它也申请给A加X锁，但由于A已经被事务T_1加了X锁，因此T_2的申请被拒绝，只能等待，直到T_1释放了对A加的X锁为止。当T_2能够读取A时，它所得到的已经是T_1更新后的值了。因此，一级封锁协议可以防止丢失修改。

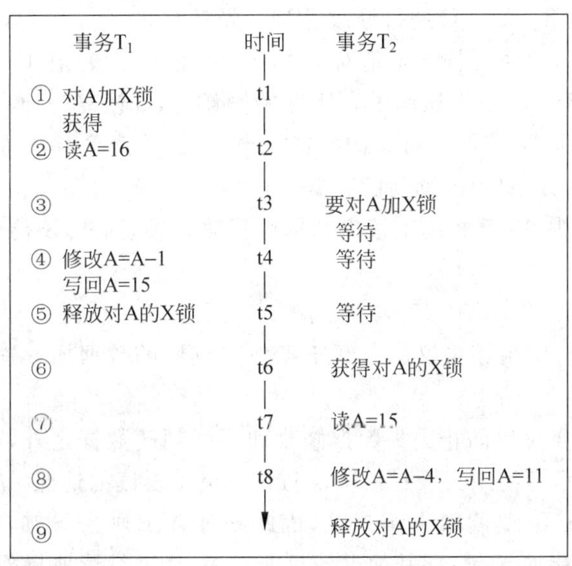

图8-6 没有丢失修改

在一级封锁协议中，如果事务T只是读数据而不对其进行修改，则不需要加锁，因此，不能保证可重复读和不读"脏"数据。

2. 二级封锁协议

二级封锁协议：一级封锁协议加上事务 T 对要读取的数据加 S 锁，读完后即释放 S 锁。

二级封锁协议除了可以防止丢失修改外，还可以防止读“脏”数据。如图 8-7 所示的为使用二级封锁协议防止读“脏”数据的情况。

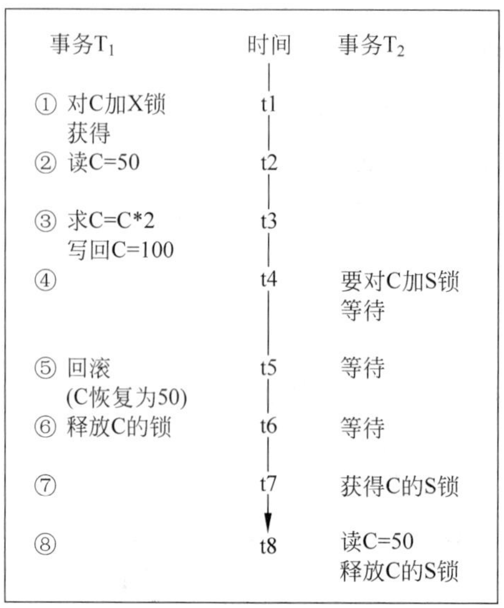

图 8-7 不读“脏”数据

在图 8-7 中，事务 T_1 要对 C 进行修改，因此，先对 C 加了 X 锁，修改后将值写回到数据库中。这时 T_2 要读 C 的值，因此，申请对 C 加 S 锁，由于 T_1 已在 C 上加了 X 锁，因此 T_2 只能等待。当 T_1 由于某种原因撤销了它所做的操作时，C 恢复为原来的值 50，然后 T_1 释放对 C 加的 X 锁，因而 T_2 获得了对 C 的 S 锁。当 T_2 能够读 C 时，C 的值仍然是原来的值，即 T_2 读到的是 50。因此避免了读“脏”数据。

在二级封锁协议中，由于事务 T 读完数据即释放 S 锁，因此，不能保证可重复读数据。

3. 三级封锁协议

三级封锁协议：一级封锁协议加上事务 T 对要读取的数据加 S 锁，并直到事务结束才释放。

三级封锁协议除了可以防止丢失数据修改和不读“脏”数据之外，还进一步防止了不可重复读。如图 8-8 所示为使用三级封锁协议防止不可重复读的情况。

在图 8-8 中，事务 T_1 要读取 A、B 的值，因此先对 A、B 加了 S 锁，这样其他事务只能再对 A、B 加 S 锁，而不能加 X 锁，即其他事务只能对 A、B 进行读取操作，而不能进行修改操作。因此，当 T_2 为修改 B 而申请对 B 加 X 锁时被拒绝，T_2 只能等待。T_1 为验算再读 A、B 的值，这时读出的值仍然是 A、B 原来的值，因此求和的结果也不会变，即可重复读。直到 T_1 释放了在 A、B 上加的锁，T_2 才能获得对 B 的 X 锁。

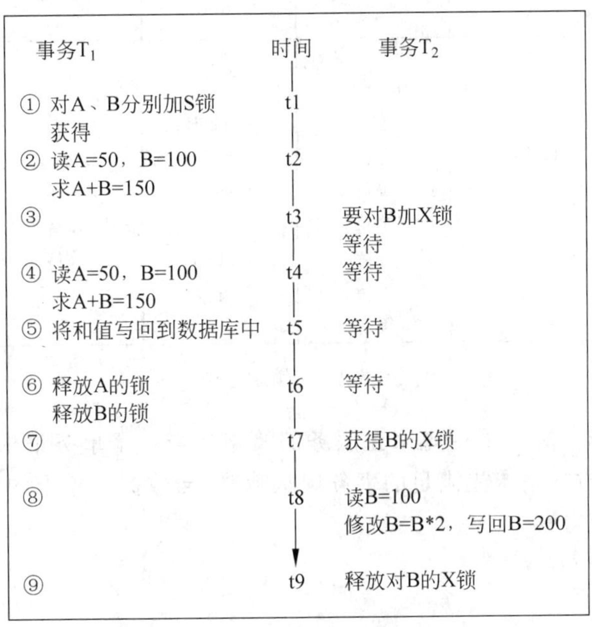

图 8-8 可重复读

三个封锁协议的主要区别在于哪些操作需要申请锁以及何时释放锁。三个级别的封锁协议的总结见表 8-1。

表 8-1 不同级别的封锁协议

封锁协议	X 锁(对写数据)	S 锁(对只读数据)	不丢失数据修改(写)	不读脏数据(读)	可重复读(读)
一级	事务全程加锁	不加	√		
二级	事务全程加锁	事务开始加锁,读完即释放锁	√	√	
三级	事务全程加锁	事务全程加锁	√	√	√

8.2.4 活锁和死锁

和操作系统一样,并发控制的封锁方法可能会引起活锁和死锁等问题。

1. 活锁

如果事务 T_1 封锁了数据 R,事务 T_2 也请求封锁 R,则 T_2 等待数据 R 上的锁的释放。这时又有 T_3 请求封锁数据 R,也进入等待状态。当 T_1 释放了数据 R 上的封锁之后,若系统首先批准了 T_3 对数据 R 的请求,则 T_2 继续等待。然后又有 T_4 请求封锁数据 R。若 T_3 释放了 R 上的锁之后,系统又批准了 T_4 对数据 R 的请求……则 T_2 可能永远在等待,这就是活锁的情形,如图 8-9 所示。

T_1	T_2	T_3	T_4
lock R	⋮		
⋮	lock R	⋮	
	等待	Lock R	⋮
Unlock	等待	等待	Lock R
	等待	Lock R	等待
	等待	⋮	等待
⋮	等待	Unlock	等待
	等待	⋮	Lock R
	等待		⋮

图 8-9 活锁示意图

避免活锁的简单方法是采用先来先服务的策略。当多个事务请求封锁同一数据对象时，数据库管理系统按先请求先满足的事务排队策略，当数据对象上的锁被释放后，让事务队列中第一个事务获得锁。

2. 死锁

如果事务 T_1 封锁了数据 R_1，T_2 封锁了数据 R_2，然后 T_1 又请求封锁 R_2，由于 T_2 已经封锁了 R_2，因此 T_1 等待 T_2 释放 R_2 上的锁。然后 T_2 又请求封锁 R_1，由于 T_1 已经封锁了 R_1，因此 T_2 也只能等待 T_1 释放 R_1 上的锁。这样就会出现 T_1 等待 T_2 先释放 R_2 上的锁，而 T_2 又等待 T_1 先释放 R_1 上的锁的局面，此时 T_1 和 T_2 都在等待对方先释放锁，因而形成死锁，如图 8-10 所示。

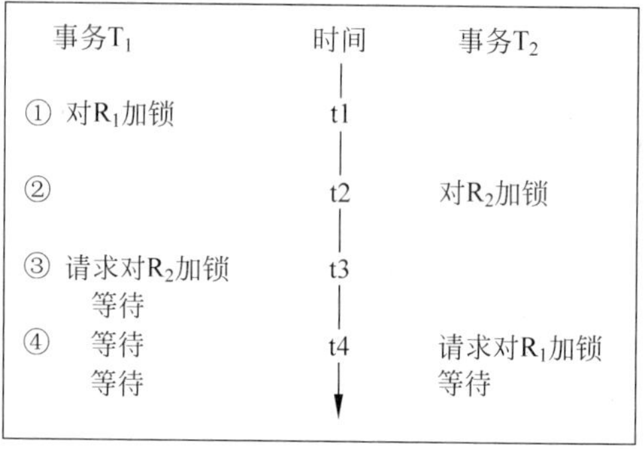

图 8-10 死锁示意图

死锁问题在操作系统和一般并行处理中已经有了深入的阐述，这里不作过多解释。目前在数据库中解决死锁问题的方法主要有两类：一类是采取一定的措施来预防死锁的发生，另一类是允许死锁的发生，但采用一定的手段定期诊断系统中有无死锁，若有，则解除之。

(1) 预防死锁

在数据库中，产生死锁的原因是两个或多个事务都对一些数据进行了封锁，然后又请求为已被其他事务封锁的数据对象进行加锁，从而出现循环等待的情况。由此可见，预防死锁的发生就是解除产生死锁的条件，通常有如下两种方法。

① 一次封锁法

每个事务一次将所有要使用的数据全部加锁，否则就不能继续执行。例如，对于如图 8-10 所示的死锁例子，如果事务 T_1 将数据对象 R_1 和 R_2 一次全部加锁，则 T_2 在加锁时就只能等待，这样就不会造成 T_1 等待 T_2 释放锁的情况，从而也就不会产生死锁。

一次封锁法的问题是封锁范围过大，降低了系统的并发性。而且，由于数据库中的数据不断变化，使原来可以不加锁的数据，在执行过程中可能变成了被封锁对象，进一步扩大了封锁范围，从而更进一步降低了并发性。

② 顺序封锁法

预先对数据对象规定一个封锁顺序，所有事务都按这个顺序封锁。这种方法的问题是若封锁对象很多，则随着插入、删除等操作的不断变化，使维护这些资源的封锁顺序很困难，另外事务的封锁请求可随事务的执行而动态变化，因此很难事先确定每个事务的封锁数据及其封锁顺序。

(2) 死锁的诊断和解除

数据库管理系统中诊断死锁的方法与操作系统相似，一般使用超时法和事务等待图法。

① 超时法

如果一个事务的等待时间超过了规定的时限，则认为发生了死锁。超时法的优点是实现起来比较简单，但不足之处也很明显。一是可能产生误判的情况，比如，如果事务因某些原因造成等待时间比较长，超过了规定的等待时限，则系统会误认为发生了死锁。二是若时限设置的比较长，则不能对发生的死锁进行及时的处理。

② 等待图法

事务等待图是一个有向图 G=(T,U)。T 为结点的集合，每个结点表示正在运行的事务；U 为边的集合，每条边表示事务等待的情况。若 T_1 等待 T_2，则 T_1 和 T_2 之间划一条有向边，从 T_1 指向 T_2，如图 8-11 所示。

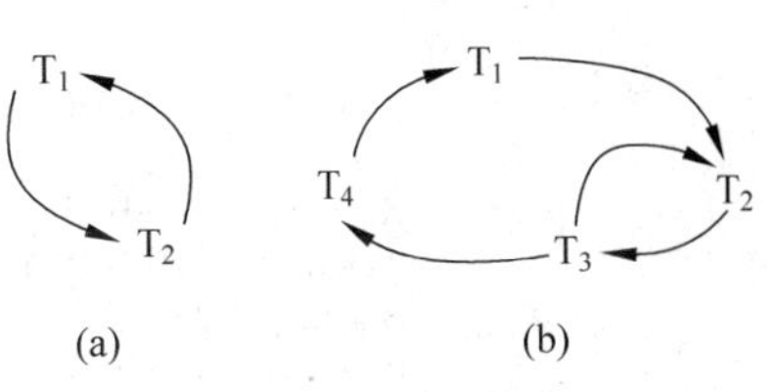

图 8-11 事务等待图法

图 8-11(a)表示事务 T_1 等待 T_2，T_2 等待 T_1，因此产生了死锁。图 8-11(b)表示事务 T_1 等待 T_2，T_2 等待 T_3，T_3 等待 T_4，T_4 又等待 T_1，因此也产生了死锁。

事务等待图动态地反映了所有事务的等待情况。数据库管理系统中的并发控制子系统周期性地(比如每隔几秒)生成事务的等待图，并进行检测。如果发现图中存在回路，则表示系统中出现了死锁。

数据库管理系统的并发控制子系统一旦检测到系统中产生了死锁，就要设法解除。通常采用的方法是选择一个处理死锁代价最小的事务，将其撤销，释放此事务所持有的全部锁，使其他事务可以继续运行下去。而且，对撤销事务所执行的数据修改操作必须加以恢复。

8.2.5 并发调度的可串行性

数据库管理系统对并发事务中操作的调度是随机的，而不同的调度会产生不同的结果，那么哪个结果是正确的，哪个是不正确的？直观地说，如果多个事务在某个调度下的执行结果与这些事务在某个串行调度下的执行结果相同，那么这个调度就一定是正确的。因为所有事务的串行调度策略一定是正确的调度策略。虽然以不同的顺序串行执行事务可能会产生不同的结果，但都不会将数据库置于不一致的状态，因此都是正确的。

多个事务的并发执行是正确的，当且仅当其结果与按某一顺序的串行执行的结果相同时，就称这种调度为可串行化的调度。

可串行性是并发事务正确性的准则，根据这个准则可知，一个给定的并发调度，当且仅当它是可串行化的调度时，才认为是正确的调度。

例如，假设有两个事务，分别包含以下两个操作。

事务 T_1：读 B；A＝B＋1；写回 A；

事务 T_2：读 A；B＝A＋1；写回 B。

假设 A、B 的初值均为 4，则按 $T_1 \to T_2$ 的顺序执行，其结果为 A＝5，B＝6；如果按 $T_2 \to T_1$ 的顺序执行，则其结果为 A＝6，B＝5。则当并发调度时，如果执行的结果是这两者之一，则认为都是正确的结果。

如图 8-12 所示给出了这两个事务的几种不同的调度策略。

T_1	T_2	T_1	T_2	T_1	T_2	T_1	T_2
B加S锁			A加S锁	B加S锁		B加S锁	
Y=B=4			X=A=4	Y=B=4		Y=B=4	
B释放S锁			A释放S锁		A加S锁	B释放S锁	
A加X锁			B加X锁		X=A=4	A加X锁	
A=Y+1			B=X+1	B释放S锁			A加S锁
写回A(5)			写回B(5)		A释放S锁	A=Y+1	等待
A释放X锁			B释放X锁	A加X锁		写回A(5)	等待
	A加S锁	B加S锁		A=Y+1		A释放X锁	等待
	X=A=5	Y=B=5		写回A(5)			X=A=5
	A释放S锁	B释放S锁			B加X锁		A释放S锁
	B加X锁	A加X锁			B=X+1		B加X锁
	B=X+1	A=Y+1			写回B(5)		B=X+1
	写回B(6)	写回A(6)		A释放X锁			写回B(6)
	B释放X锁	A释放X锁			B释放X锁		B释放X锁

(a) 串行调度　(b) 串行调度　(c) 不可串行化调度　(d) 可串行化调度

图 8-12　并发事务的不同调度

为了保证并发操作的正确性，数据库管理系统的并发控制机制必须提供一定的手段来保证调度是可串行化的。

从理论上讲，若在某一事务执行过程中禁止执行其他事务，则这种调度策略一定是可串行化的，但这种方法实际上是不可取的，因为这样不能让用户充分共享数据库资源，降低了事务的并发性。目前的数据库管理系统普遍采用封锁方法来实现并发操作的可串行性，从而保证调度的正确性。

两段锁（Two-Phase Locking，2PL）协议是保证并发调度的可串行性的封锁协议。除此之外还有一些其他的方法，比如乐观方法等来保证调度的正确性。这里只介绍两段锁协议。

8.2.6 两段锁协议

两段锁协议是指所有的事务必须分为两个阶段对数据进行加锁和解锁，具体内容有以下两个方面。

① 在对任何数据进行读写操作之前，首先要获得对该数据的封锁。

② 在释放一个封锁之后，事务不再申请和获得任何其他封锁。

两段锁协议是实现可串行化调度的充分条件。

两段锁的含义是，可以将每个事务分成两个时期：申请封锁期（开始对数据操作之前）和释放封锁期（结束对数据操作之后），申请期申请要进行的封锁，释放期释放所占有的封锁。在申请期不允许释放任何锁，在释放期不允许申请任何锁，这就是两段式封锁。

若某事务遵守两段锁协议，则其封锁序列如图 8-13 所示。

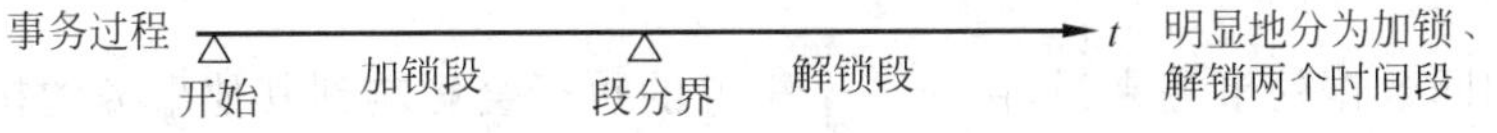

事务过程 开始 加锁段 段分界 解锁段 t 明显地分为加锁、解锁两个时间段

图 8-13 两段锁协议示意图

可以证明，若并发执行的所有事务都遵守两段锁协议，则这些事务的任何并发调度策略都是可串行化的。

事务遵守两段锁协议是可串行化调度的充分条件，而不是必要条件。也就是说，如果并发事务都遵守两段锁协议，则对这些事务的任何并发调度策略都是可串行化的。但若并发事务的某个调度是可串行化的，并不意味着这些事务都遵守两段锁协议，如图 8-14 所示。在图 8-14 中，(a)遵守两段锁协议，(b)不遵守两段锁协议，但它们都是可串行化调度的。

T_1	T_2	T_1	T_2
B加S锁		B加S锁	
Y=B=4		Y=B=4	
	A加S锁	B释放S锁	
	等待	A加X锁	
A加X锁	等待		A加S锁
A=Y+1	等待	A=Y+1	等待
写回A(5)	等待	写回A(5)	等待
B释放S锁	等待	A释放X锁	等待
A释放X锁	等待		X=A=5
	A加S锁		A释放S锁
	X=A=5		B加X锁
	B加X锁		B=X+1
	B=X+1		写回B(6)
	写回B(6)		B释放X锁
	A释放S锁		
	B释放X锁		

(a) 遵守两段锁协议　　(b) 不遵守两段锁协议

图 8-14 可串行化调度

8.3 小结

本章介绍了事务和并发控制的概念。事务在数据库中是非常重要的一个概念，它是保证数据并发控制的基础。事务的特点是事务中的操作是一个完整的工作单元，这些操作，或者全部成功，或者全部不成功。并发控制指当同时执行多个事务时，为了保证一个事务的执行不受其他事务的干扰所采取的措施。并发控制的主要方法是加锁，根据对数据操作的不同，锁分为共享锁和排他锁两种，当只对数据做读取(查询)操作时，加共享锁，当需要对数据进行修改(增、删、改)操作时，需要加排他锁。在一个数据对象上可以同时存在多个共享锁，但只能同时存在一个排他锁。为了保证并发执行的事务是正确的，一般要求事务遵守两段锁协议，即在一个事务中明显地分为锁申请期和释放期，它是保证事务是可并发执行的充分条件。

对操作相同数据的事务来说，由于一个事务的执行会影响到其他事务的执行(一般是等待)，因此，为尽可能保证数据操作的效率，尤其保证并发操作的效率，事务中包含的操作应该尽可能地少，而且最好是只包含修改数据的操作，而将查询数据的操作放置在事务之外。另外需要说明的是，事务所包含的操作是由用户的业务需求决定的，而不是由数据库设计人员随便放置的。

习题

1. 试说明事务的概念及四个特征。
2. 事务处理模型有哪两种？
3. 在数据库中为什么要有并发控制？
4. 并发控制的措施是什么？
5. 设有三个事务：T_1、T_2 和 T_3，其所包含的动作有以下几个。

T_1：A＝A＋2；T_2：A＝A＊2；T_3：A＝A＊＊2(注：A＊＊2 表示 A 的平方)

设 A 的初值为 1，若这三个事务并发执行，则可能的调度策略有几种？A 的最终结果分别是什么？

6. 当某个事务对某段数据加了 S 锁之后，在此事务释放锁之前，其他事务还可以对此段数据添加什么锁？
7. 什么是死锁？
8. 怎样保证多个事务的并发执行是正确的？

SQL Server 2005

本篇主要介绍 SQL Server 数据库管理系统，这里以 SQL Server 2005 版本为主，介绍在 SQL Server 2005 中如何进行数据库的管理、维护和实施。SQL Server 是 Microsoft 公司的数据库产品，也是 Microsoft 公司鼎力推出的数据库管理系统，SQL Server 2005 版本无论在功能上还是在性能上都较以前版本有较大的改进。

本篇的目的是将第 1 篇的一些概念应用到实际的系统中，使读者更深地体会用数据库管理数据的特点以及数据库管理系统的功能。

本篇由下述 5 章组成。

- 第 9 章　安装 SQL Server 2005
- 第 10 章　创建和管理数据库
- 第 11 章　数据库对象的创建与管理
- 第 12 章　安全管理
- 第 13 章　备份和恢复数据库

第9章 安装SQL Server 2005

SQL Server 是 Microsoft 公司推出的适用于大型网络环境的数据库产品，它一经推出，很快得到了广大用户的积极响应并迅速占领了 NT 环境下的数据库领域，成为数据库市场上的一个重要产品。Microsoft 公司经过对 SQL Server 的不断更新换代，目前已经推出到 SQL Server 2008 版本，这里以 SQL Server 2005 版本为基础介绍数据库管理系统的基本功能，这些基本功能在 SQL Server 2005 和 SQL Server 2008 中基本是一样的。

本章介绍 SQL Server 2005 的组件、安装以及安装后的配置。

9.1 SQL Server 2005 平台构成

SQL Server 2005 是微软推出的比较新的数据库管理系统，这个版本较之前的 SQL Server 2000 有了很大的改进，它已经不是传统意义上的数据库，而是整合了数据库、商业智能、报表服务、分析服务等多种技术的数据库平台。

SQL Server 与其他数据库厂商在数据存储能力、并行访问能力、安全管理等关键性指标上并没有太大的差别，但在多功能集成、操作速度、数据仓库构建、数据挖掘方面，有其他数据库厂商所没有的优势。SQL Server 2005 数据库平台的构成比 SQL Server 2000 更加完善。

1. 数据库引擎

数据库引擎实际上就是传统的数据库管理系统，是存储、处理、管理数据的核心模块。SQL Server 2005 的数据库引擎引入了新的可编程性增强功能，比如与微软的.NET Framework 集成，增强 Transact-SQL（SQL Server 访问数据库的语言）功能等。同时 SQL Server 2005 增加了新的 XML 功能和新的数据类型，并改进了数据库的可伸缩性和可用性。数据库引擎是 SQL Server 2005 系统的核心组成部分，也是绝大多数数据库应用系统的后台支撑。

2. 分析服务

SQL Server 2005 不仅具有传统的数据处理能力，而且拥有多维分析、数据挖掘等功能。分析服务（Analysis Services）使用户可以在不购买其他商业智能（Business Intelligence，BI）软件产品的情况下，将数据按数据分析的要求进行组织，并进行多维分析和数据挖掘等工作。而且在数据挖掘方面 SQL Server 2005 比 SQL Server 2000 有了非常大的改进。

3. 集成服务

SQL Server 2005 用集成服务(Integration Services)代替了 SQL Server 2000 的数据转换服务(DTS),它是一种用于构建高性能数据集成解决方案的平台,解决了很多 DTS 的限制。这个服务为构建数据仓库平台提供了强大的数据清理、转换和加载功能。

4. 复制技术

复制是一组技术,它将数据和数据库对象从一个数据库复制和分发到另一个数据库,然后在数据库间进行同步,以维护数据的一致性。复制可以通过局域网和广域网、拨号连接、无线连接和 Internet 将数据分发给不同位置上的用户,并且可以分发给移动用户。

5. 通知服务

通知服务(Notification Services)是一种应用程序,它可以向上百万的订阅者及时发送个性化的消息,还可以向各种各样的设备传递这些消息。通知服务最早发布于 2002 年,是 SQL Server 2000 版本中的一个可下载组件。在 SQL Server 2005 中,这个服务被集成到 SQL Server Management Studio 中,并新增加了数据库独立性,可驻留执行引擎等功能。

6. 报表服务

报表服务(Reporting Services)是 SQL Server 2005 之前的版本所没有的服务。报表服务是一种基于服务器的解决方案,用于生成企业报表,该报表可从多种关系数据源和多维数据源中提取数据。所创建的报表可以通过基于 Web 的连接进行查看,也可以作为 Windows 应用程序进行查看。

7. 服务代理

服务代理(Service Broker)是一项全新的技术,是一种分布式异步数据库应用程序,具有可靠、可伸缩以及安全等特点。在需要异步执行处理程序,或者是需要跨多个计算机处理应用程序时,这个服务起着非常重要的作用。Service Broker 的典型使用包括:异步触发器、可靠的查询处理、可靠的数据收集等。在实际工作中,进程利用此服务完成分布式数据库的事务一致性。

8. 全文搜索

全文搜索是通过建立全文索引实现的,普通的索引基本上是建立在身份证号、职工编号等数值字段或者是长度比较短的字符字段上的,而不是建立在个人简历、产品简介等比较长的字段上的。全文索引可以在大文本上建立索引,进行快速定位并提取数据。其功能不是简单的模糊查询,而是根据特定的语言规则对词和短语进行搜索。

9.2 安装 SQL Server 2005

同其他 Microsoft 产品一样，Microsoft 也为 SQL Server 2005 的安装过程提供了一个很友好的安装向导。但在实际安装之前，还是应该先熟悉一下 SQL Server 2005 所提供的版本以及其对软硬件的需求。

9.2.1 SQL Server 2005 的版本

SQL Server 2005 有多个版本，具体需要安装哪个版本和哪些组件，与具体的应用需求有关。不同版本的 SQL Server 2005 在价格、功能、存储能力、支持的 CPU 等很多方面都不同。当前微软发行的 SQL Server 2005 版本有如下几种。

1. 企业版

企业版（Enterprise Edition，32 位和 64 位）支持超大型企业进行联机事务处理（OLTP）、高度复杂的数据分析、数据仓库系统和网站所需的性能要求。企业版的全面商业智能和分析能力及其高可用性功能（如故障转移群集），使它可以处理大多数关键业务的企业工作负荷，它是最全面的 SQL Server 版本，是超大型企业的理想选择，能够满足最复杂的要求。

2. 标准版

标准版（Standard Edition，32 位和 64 位）是适合中小型企业的数据管理和分析平台。它包括电子商务、数据仓库和业务流解决方案所需的基本功能。标准版的集成商业智能和高可用性功能可以为企业提供支持其运营所需的基本功能，它是需要全面的数据管理和分析平台的中小型企业的理想选择。

3. 工作组版

对于那些需要在大小和用户数量上没有限制的数据库的小型企业，工作组版（Workgroup Edition，仅适用于 32 位）是理想的数据管理解决方案。工作组版可以用作前端 Web 服务器，也可以用于部门或分支机构的运营。它包括 SQL Server 产品系列的核心数据库功能，并且可以轻松地升级至标准版或企业版。工作组版是理想的入门级数据库，具有可靠、功能强大且易于管理的特点。

4. 开发版

开发版（Developer Edition，32 位和 64 位）使开发人员可以在 SQL Server 上生成任何类型的应用程序。它包括 SQL Server 2005 企业版的所有功能，但有许可限制，只能用于开发和测试系统，而不能用作生产服务器。开发版是独立软件供应商（ISV）、咨询人员、系统集成商、解决方案供应商以及创建和测试应用程序的企业开发人员的理想选择。开发版可以根据生产需要升级至 SQL Server 2005 企业版。

5. 简易版

简易版(Express Edition,仅适用于 32 位)是一个免费、易用且便于管理的数据库管理系统。简易版与 Microsoft Visual Studio 2005 集成在一起,可以轻松地开发功能丰富、存储安全、可快速部署的数据驱动应用程序。

SQL Server 简易版是免费的,可以再分发(受制于协议),还可以起到客户端数据库以及基本服务器数据库的作用。该版本通常只适用于非常小的数据集。如果开发人员开发的应用程序只需要一个小型的数据存储库,则可以考虑使用 Express 版本。Express 版本也适合于替换 Microsoft Access 数据库。

SQL Server 2005 各版本所支持的主要功能上的差异见表 9-1。由于开发版和企业版的功能基本相同,因此表 9-1 没有列出开发版功能。

表 9-1　SQL Server 2005 各种版本的主要功能

功　能	简　易　版	工作组版	标　准　版	企　业　版
支持的 CPU 数	1 个。包括对多核处理器的支持	2 个。包括对多核处理器的支持	4 个。包括对多核处理器的支持	无限制。包括对多核处理器的支持
内存需求	1GB	3GB	因操作系统而异	因操作系统而异
是否支持 64 位	使用 Windows on Windows (WOW)时支持	使用 WOW 时支持	本机	本机
最大数据库大小	4GB	无限制	无限制	无限制
分区	不支持	不支持	不支持	支持
数据库镜像	不支持	不支持	支持	支持
Management Studio	没有	有	有	有
数据库引擎优化顾问	没有	没有	有	有
全文搜索	不支持	支持	支持	支持
Report Server	支持	支持	支持	支持
BI Development Studio	支持(只有 Report Designer)	支持(只有 Report Designer)	支持	支持
企业管理工具	没有	有	有	有
Analysis Service	不支持	不支持	支持	支持

9.2.2　安装 SQL Server 2005 所需要的软硬件环境

安装 SQL Server 2005 有一定的软硬件要求,而且不同的 SQL Server 2005 版本对操作系统及软硬件的要求也不完全相同。下面仅介绍 32 位 SQL Server 2005 对操作系统以及硬件的一些要求。

1. 操作系统要求

除了硬件要求之外,安装 SQL Server 2005 还需要一定的操作系统支持。不同版本的 SQL Server 2005 要求不同的 Windows 操作系统版本和补丁(Service Pack)。32 位 SQL

Server 2005 中各个版本对操作系统的要求见表 9-2。

表 9-2　32 位 SQL Server 2005 各版本需要的操作系统

SQL Server 2005 版本	需要的常用操作系统
企业版	• Windows Server 2003 的 Standard Edition、Enterprise Edition 和 Datacenter Edition 版本，同时安装了 SP1 或更高版本 • Windows 2000 的 Server、Advanced Server 和 Datacenter Server 版本，同时安装了 SP4
标准版	• 满足企业版的全部操作系统 • Windows 2000 的 Professional，同时安装 SP4 • Windows XP Professional，同时安装 SP2 或更高版本
工作组版	• 满足企业版和标准版的全部操作系统
简易版	• 满足企业版、标准版和工作组版的全部操作系统 • Windows XP Home Edition，同时安装 SP2 或更高版本 • Windows Server 2003 Web Edition，同时安装 SP1 或更高版本
开发版	• 满足企业版、标准版和工作组版的全部操作系统 • Windows XP Home Edition，同时安装 SP2 或更高版本

2. 内存要求

与操作系统要求一样，不同版本的 SQL Server 2005 要求有不同数量的内存才能有效执行。32 位的 SQL Server 2005 各个版本对内存要求见表 9-3。

表 9-3　32 位 SQL Server 2005 各版本对内存的要求

SQL Server 2005 版本	内 存 要 求
企业版	最少 512MB，建议使用 1GB 或更多的内存
标准版	最少 512MB，建议使用 1GB 或更多的内存
工作组版	最少 512MB，建议使用 1GB 或更多的内存(最多 3GB)
简易版	最少 192MB，建议使用 512MB 或更多的内存(最多 1GB)
开发版	最少 512MB，建议使用 1GB 或更多的内存

3. 硬盘空间要求

SQL Server 2005 比 SQL Server 2000 需要更多的硬盘空间。不考虑用户数据库所占用的空间，所有版本的完全安装都需要 350MB 左右的硬盘空间，若要安装示例数据库则还需要 390MB 空间。当然，具体占用空间的多少与所选择的安装选项有关。通过不选择某些安装选项，可以减少对硬盘空间的要求。

除了预留安装 SQL Server 2005 所需要的空间外，还需要预留其他的额外空间，以备 SQL Server 和数据库的扩展需要。另外，还需要为开发过程中用到的临时文件准备足够的硬盘空间。

4. 最低的处理器要求

所有版本的 SQL Server 2005 都要求一个 Pentium Ⅲ兼容处理器，最低处理速度为 600MHz。但为了实现更好的性能，建议使用 1GHz 或更快速的处理器。而且请记住，这是最低要求，与 SQL Server 2005 的所有其他要求一样，在实际应用中，应尽可能使用多个快速处理器。

5. Internet 和网络要求

32 位各版本的 SQL Server 2005 对 Internet 和网络要求见表 9-4。

表 9-4　32 位版本的 SQL Server 2005 对 Internet 和网络要求

组　　件	要　　求
Internet 软件	所有版本的 SQL Server 2005 的安装都需要 Microsoft Internet Explorer 6.0，同时安装 SP1 或更高版本，因为 Microsoft 管理控制台(Microsoft Management Console，MMC)和 HTML 帮助需要它。只需 Internet Explorer 的最低安装即可满足要求，并且不需要将 Internet Explorer 配置为默认浏览器
Internet 信息服务(IIS)	如果要编写 XML 应用程序，则必须配置 IIS。安装 Reporting Services 需要 IIS 5.0 或更高版本
网络	操作系统具有 SQL Server 安装所需的内置网络软件。在安装 SQL Server 2005 之前，必须启用 TCP/IP

9.2.3　实例

在安装 SQL Server 之前，首先需要理解一个名词——实例。各个数据库厂商对实例的理解不完全一样，在 SQL Server 中可以这样理解实例：当在一台计算机上安装一次 SQL Server 时，就形成了一个实例。

1. 默认实例和命名实例

如果是在计算机上第一次安装 SQL Server 2005(并且此计算机上也没有安装其他的 SQL Server 版本)，则 SQL Server 2005 安装向导会提示用户选择把这次安装的 SQL Server 实例作为默认实例还是命名实例(通常默认选项是默认实例)。命名实例只是表示在安装过程中为实例指定了一个名称，然后就可以用该名称访问该实例。默认实例是用当前使用的计算机的网络名作为其实例名。

在客户端访问默认实例的方法是：在 SQL Server 客户端工具中输入“计算机名”或者是计算机的“IP 地址”。访问命名实例的方法是：在 SQL Server 客户端工具中输入“计算机名/命名实例名”。

在一台计算机上只能安装一个默认实例，但可以有多个命名实例。

注意：在第一次安装 SQL Server 2005 时，建议选择使用默认实例，这样便于初级用户理解和操作。

2. 多实例

数据库管理系统的一个实例代表一个独立的数据库管理系统，SQL Server 2005 支持在同一台服务器上安装多个 SQL Server 2005 实例，或者在同一个服务器上同时安装 SQL Server 2005 和 SQL Server 的早期版本。在安装过程中，数据库管理员可以选择安装一个不指定名称的实例（默认实例），在这种情况下，实例名将采用服务器的机器名作为默认实例名。在一台计算机上除了安装 SQL Server 的默认实例外，如果还要安装多个实例，则必须给其他实例取不同的名称，这些实例均是命名实例。如果在一台服务器上安装了多个 SQL Server 实例，则可以使不同的用户将自己的数据放置在不同的实例中，从而避免不同用户数据之间的相互干扰。多实例的功能使用户不仅能够使用计算机上已经安装的 SQL Server 的早期版本，而且还能够测试开发软件，并且可以互相独立地使用 SQL Server 数据库管理系统。

但并不是在一台服务器上安装的 SQL Server 2005 实例越多越好，因为安装多个实例会增加管理开销，导致组件重复。SQL Server 和 SQL Server Agent 服务的多个实例需要额外的计算机资源，包括内存和处理能力。

9.2.4 安装及安装选项

本节以在 Windows XP＋SP2 的操作系统上安装 SQL Server 2005 中文开发版为例，说明 SQL Server 2005 的安装过程及安装过程中的选项。在其他 Windows 操作系统平台上的安装过程与此相似。

(1) 将包含 SQL Server 2005 软件的光盘插入光驱后，系统将自动启动 SQL Server 2005 的安装程序，也可以在资源管理器中通过运行 SQL Server 2005 光盘中的 Setup.exe 程序来启动安装程序。启动安装程序后，界面如图 9-1 所示。在这个界面中说明了正在安装的 SQL Server 2005 的版本（图中是“Developer Edition”，即开发版）。

图 9-1 SQL Server 2005 安装的第一个界面

(2) 安装程序在第一个界面上停留很短的时间后自动进入如图 9-2 所示的第二个界面，在这个界面上单击“基于 X86 的操作系统”链接，进入如图 9-3 所示的选择安装内容界面。

图 9-2　选择安装 SQL Server 2005 的操作系统类型

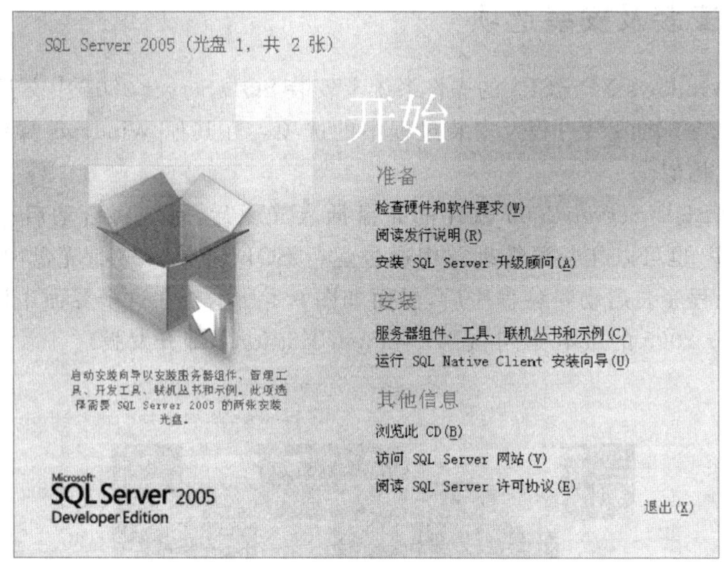

图 9-3　选择安装内容

（3）在如图 9-3 所示的界面中，单击“服务器组件、工具、联机丛书和示例”链接进入如图 9-4 所示的安装程序中的“最终用户许可协议”对话框。

（4）在如图 9-4 所示的“最终用户许可协议”对话框中，选中“我接受许可条款和条件”复选框，然后单击“下一步”按钮，进入如图 9-5 所示的“安装必备组件”对话框。

（5）在如图 9-5 所示的对话框中单击“安装”按钮，开始安装必备组件，这需要花费一些时间。安装完毕后显示的对话框如图 9-6 所示。

（6）在如图 9-6 所示的对话框中单击“下一步”按钮，进入如图 9-7 所示的“系统配置检查”界面。

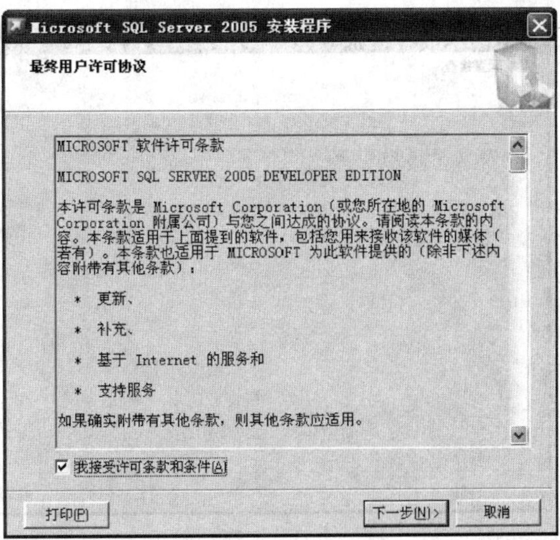

图 9-4 “最终用户许可协议”对话框

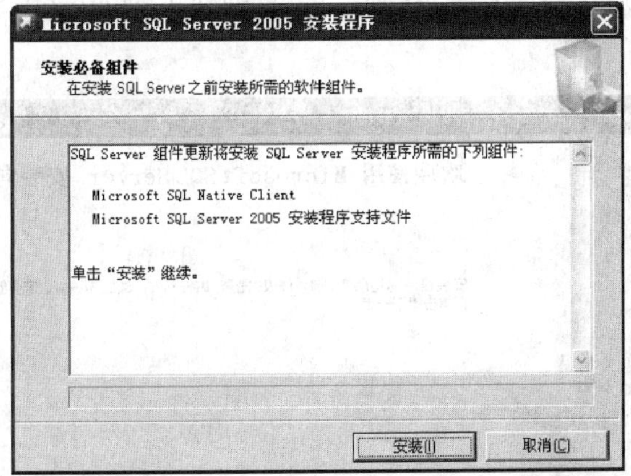

图 9-5 “安装必备组件”对话框

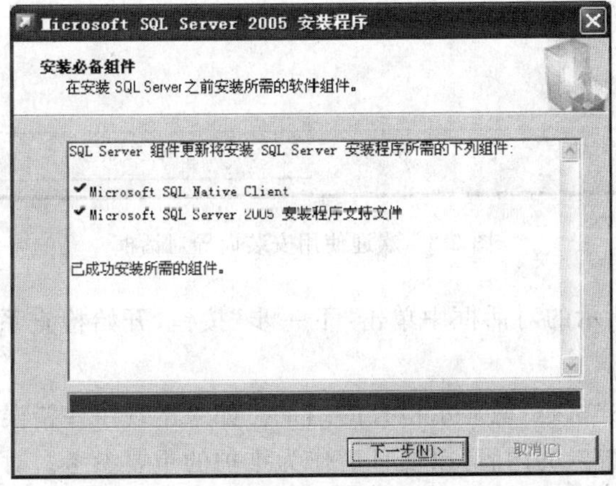

图 9-6 安装完所需组件后的对话框

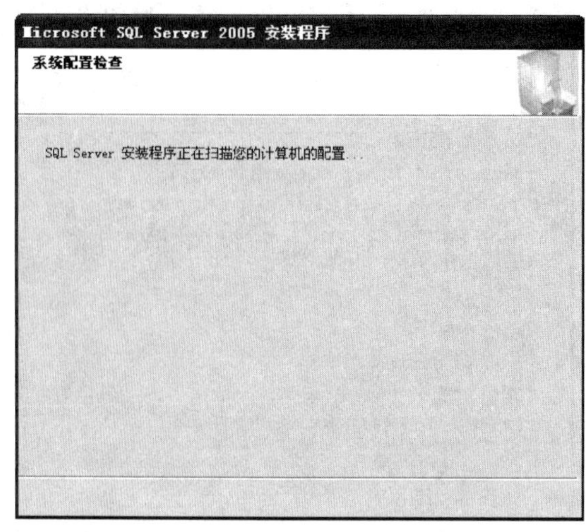

图 9-7　检查系统配置界面

检查完系统配置后自动进入图 9-8 所示的“欢迎使用 Microsoft SQL Server 安装向导”对话框。

图 9-8　欢迎使用安装向导对话框

(7) 在如图 9-8 所示的对话框中单击“下一步”按钮，开始检查系统配置情况，如图 9-9 所示。

检查完成后，会在“状态”栏显示检查的结果。如果出现一些错误和警告，则用户应该详细记录下这些错误与警告的内容，以便日后作为维护的重要参考。对于警告可以不处理，但对错误则必须将其排除后才能进行下一步的安装。

图 9-9 所示的系统配置检查状态均为“成功”，因此可以单击“下一步”按钮继续安装。

图 9-9　“系统配置检查”对话框

(8) 单击“下一步”按钮后将弹出如图 9-10 所示的“Microsoft SQL Server 安装”对话框，准备完成后自动进入如图 9-11 所示的“注册信息”对话框。

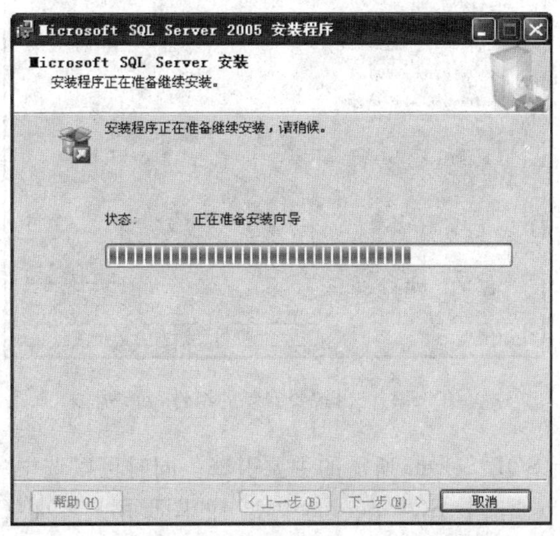

图 9-10　“Microsoft SQL Server 安装”对话框

(9) 在图 9-11 所示的对话框中的“姓名”文本框中填入合适的用户名(这里输入的是：HYJ)，在“公司”文本框中填入合适的公司名(这里输入的是：BITI)，如图 9-11 所示。单击“下一步”按钮进入如图 9-12 所示的选择“要安装的组件”对话框。

(10) 用户可根据自己的实际需要指定要安装的组件，这里至少要选中如图 9-12 所示的“SQL Server Database Services”复选框，因为这个组件这是 SQL Server 2005 数据库管

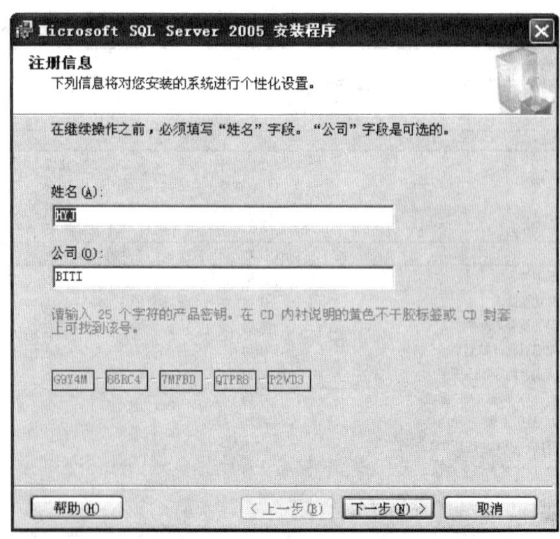

图 9-11　填写“注册信息”对话框

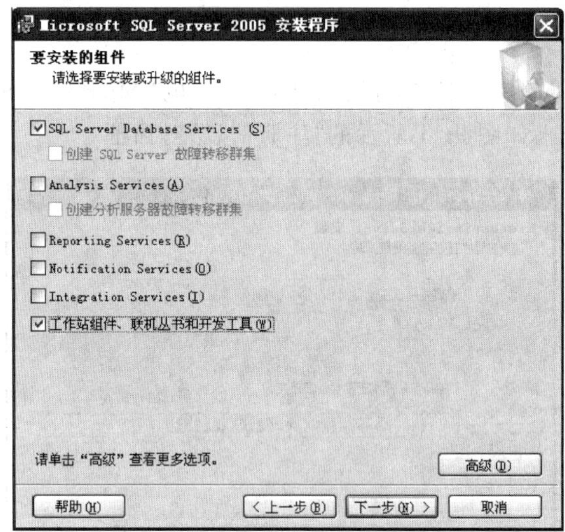

图 9-12　选择“要安装的组件”对话框

理系统的核心，是运行 SQL Server 所需的主要引擎。同时可以选中“工作站组件、联机丛书和开发工具”复选框，以便安装 SQL Server 中使用的图形用户界面(GUI)，也可以安装帮助和联机丛书。

(11) 单击“高级”按钮进入“功能选择”对话框，在这个对话框中可以更详细地设置要安装的各个组件的具体功能，如图 9-13 所示。

(12) 在如图 9-13 所示的对话框中，选中一个组件，然后单击“浏览”按钮，可以更改该组件的安装位置(默认的安装位置是“C:\Program Files\Microsoft SQL Server”)。展开组件对应的加号，可以设置要安装的该组件的功能。

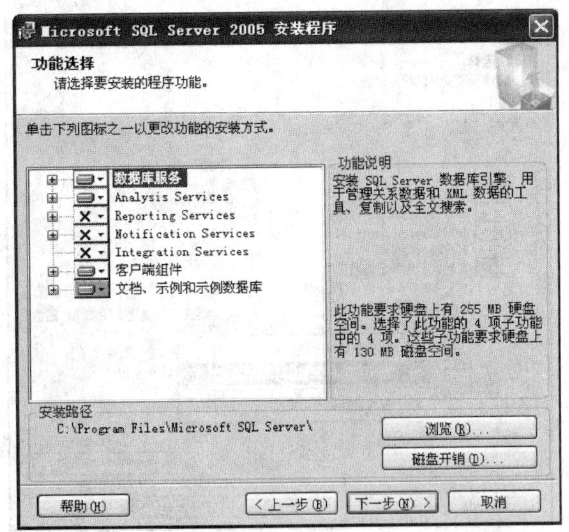

图 9-13 “功能选择”对话框

首先展开“数据库服务”左边的加号，然后单击“复制”的下三角按钮，在弹出的菜单中选择“整个功能将不可用”(如图 9-14 所示)，表示不安装数据库服务的“复制”功能。用同样的方法将“全文搜索”也设置为不安装。因为在本教材中没有用到这两个功能，可以暂时先不安装，以免安装内容太多而占用过多资源。

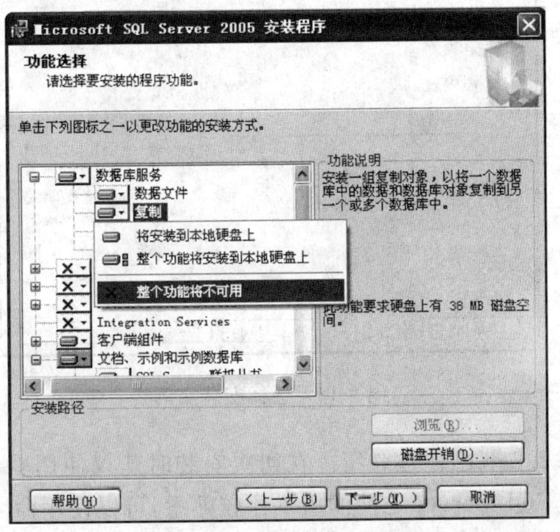

图 9-14 设置不安装“复制”功能

展开“文档、示例和示例数据库”左边的加号，单击“AdventureWorks 示例 OLTP”的下三角按钮，在弹出的菜单中选择“整个功能将安装到本地磁盘上”(如图 9-15 所示)，表示安装 SQL Server 2005 自带的 AdventureWorks 示例数据库。以后用户可以在此数据库上进行一些操作练习，以便于学习和掌握数据库知识。

设置好后单击“下一步”按钮，进入如图 9-16 所示的选择安装实例的“实例名”对话框。

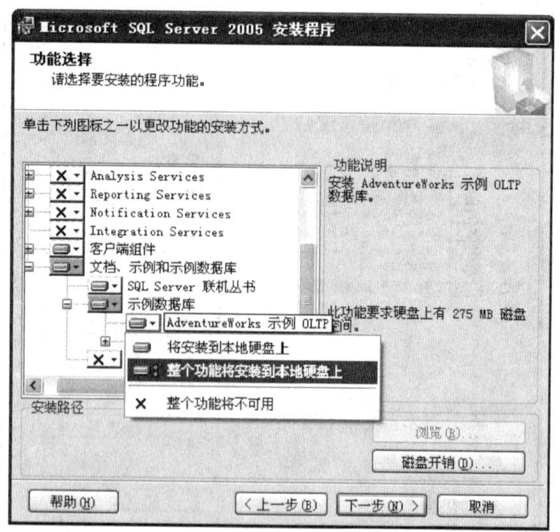

图 9-15　设置安装“AdventureWorks”示例数据库

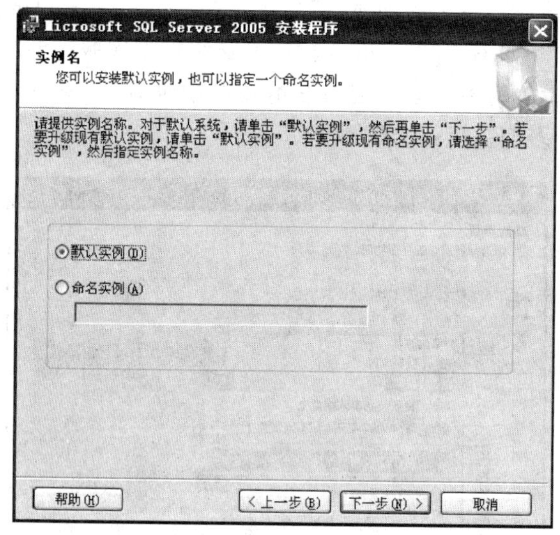

图 9-16　选择安装实例

实例的概念在 9.2.3 节已作过介绍。在初次安装时建议使用默认实例，以便于以后的学习和操作。如果对 SQL Server 之前的版本比较熟悉，可以使用命名实例。注意命名实例的实例名中不能包含“+”、“-”、“*”、“%”等特殊符号，应该使用容易辨认的英文单词或缩写。

(13) 在如图 9-16 所示的对话框中选中“默认实例”单选按钮，单击“下一步”按钮进入如图 9-17 所示的确定“服务账户”对话框。

正如用户在使用操作系统前必须先登录到 Windows 一样，在启动 SQL Server 服务以及在“功能组件”对话框(如图 9-14 所示)中定义的服务时，启动者必须先登录到 Windows，这个启动者就是服务账户。

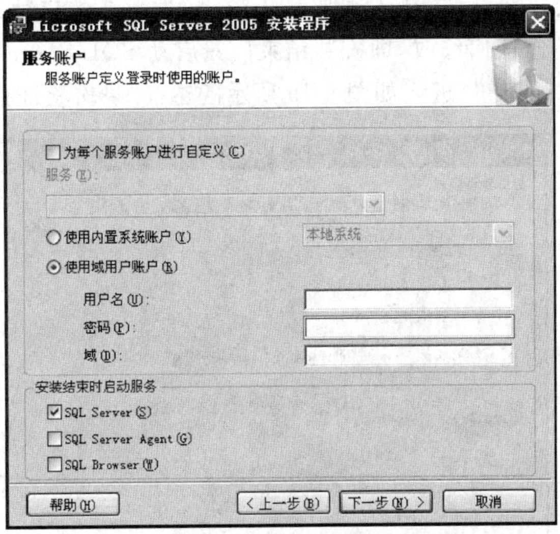

图 9-17　确定启动服务的账户对话框

SQL Server 服务和 SQL Server Agent 服务有两种账户类型可供选择：内置系统账户和域用户账户，内置系统账户又包含“本地系统”和“网络服务”两类账户供选择，如图 9-18 所示。

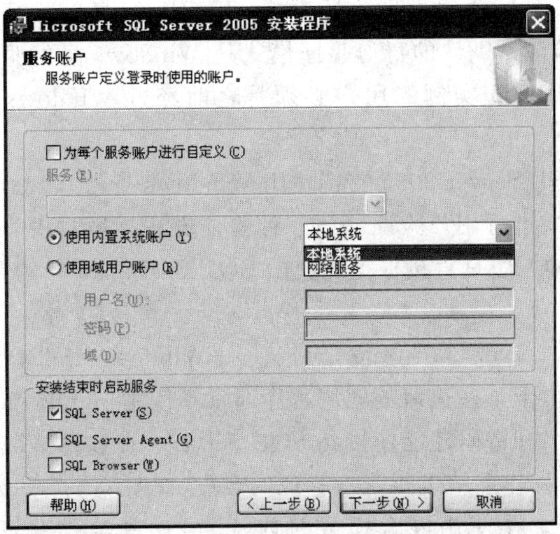

图 9-18　“内置系统账户”下可供选择的两类账户

“网络服务”账户是一个特殊的内置系统账户，类似于已验证的用户账户。该账户对系统资源和对象的访问权限与 Users 组的成员一样。“本地系统”账户是一个 Windows 操作系统账户，它对本地计算机具有完全管理权限，但是没有网络访问权限。

为简单起见这里选择对所有的服务使用相同的服务账户启动，并且选中“使用内置系统账户”单选按钮，并选择“本地系统”选项(如图 9-18 所示)。

图 9-18 下面的“安装结束时启动服务”选项区域，若选中某个服务前的复选框，则表示

在安装完 SQL Server 2005 后立刻启动那个服务。这些服务的启动方式也可以在安装完成之后手工修改，这里不作任何修改，即安装结束后只启动 SQL Server 服务。

（14）单击“下一步”按钮，进入如图 9-19 所示的选择“身份验证模式”对话框。

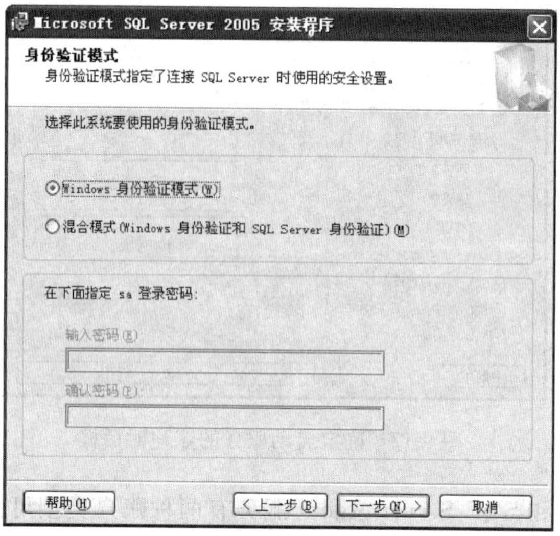

图 9-19　选择“身份验证模式”对话框

SQL Server 2005 支持两种身份验证模式：Windows 身份验证和混合模式（Windows 和 SQL Server 身份验证），默认的身份验证模式是 Windows 身份验证，这种模式指定能够连接到该 SQL Server 2005 实例的用户必须是之前经过 Windows 操作系统身份验证的用户。

混合模式表示 SQL Server 2005 支持使用 Windows 身份和 SQL Server 身份两种验证模式中的任何一种模式进行用户验证。第一种验证方法是通过 Windows 操作系统对用户进行身份验证；第二种方法是直接根据提交给 SQL Server 2005 的用户名和密码对用户进行身份验证。

对于大多数 SQL Server 2005 环境，应当使用 Windows 身份验证模式，因为它提供了最高的安全等级。但由于某些遗留的应用程序通常不使用 Windows 用户账户，因此它们必须通过发送一个用户名和密码才能连接到 SQL Server。在这种情况下，或者在数据库环境包括不能用 Windows 操作系统进行身份验证的客户（如 UNIX 客户）的情况下，可以使用混合模式进行身份验证。在使用混合模式时应注意，这种身份验证模式应该对 sa（SQL Server 默认的数据库管理员）账户设置强密码，因为这个账户在 SQL Server 内具有全部的权限，为防止被人窃取 sa 的密码后破坏系统，因此应加强其密码的设置。

（15）这里选中“Windows 身份验证模式”单选按钮，单击“下一步”按钮进入如图 9-20 所示的“排序规则设置”对话框。一般情况下，都是让 SQL Server 2005 使用 Windows 操作系统所用语言的排序规则。

（16）这里不作任何修改（即按操作系统区域设置中的语言所使用的排序规则：简体中文，区分重音），单击“下一步”按钮，进入如图 9-21 所示的“错误和使用情况报告设置”窗口。

（17）在图 9-21 所示的对话框中，可以配置错误和使用情况报告，这里可选中自动发送

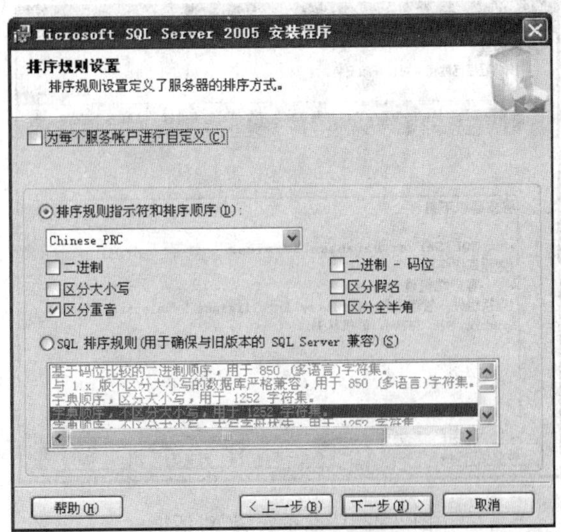

图 9-20　“排序规则设置”对话框

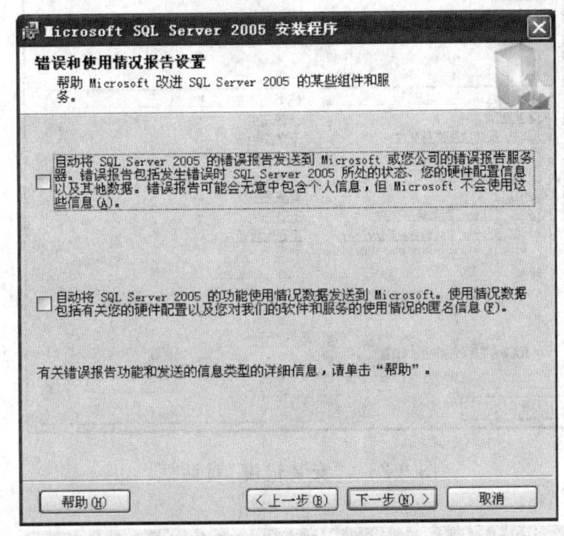

图 9-21　“错误和使用情况报告设置”对话框

错误报告和自动发送功能使用情况数据复选框。

(18) 这里不进行任何选择，单击“下一步”按钮，进入如图 9-22 所示的“准备安装”对话框。

(19) 在图 9-22 所示的对话框中单击“安装”按钮，开始真正安装 SQL Server 2005，“安装进度”对话框如图 9-23 所示。安装完成后弹出图 9-24 所示的显示安装结果的对话框。

(20) 单击图 9-24 所示的对话框中的“下一步”按钮，进入图 9-25 所示的完成 SQL Server 2005 安装的对话框。

(21) 在图 9-25 所示的对话框中单击“完成”按钮关闭此窗口。

至此完成了对 SQL Server 2005 的安装。

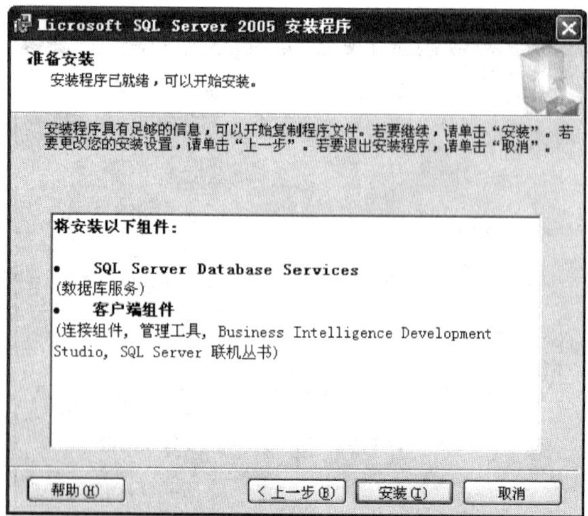

图 9-22 “准备安装”对话框

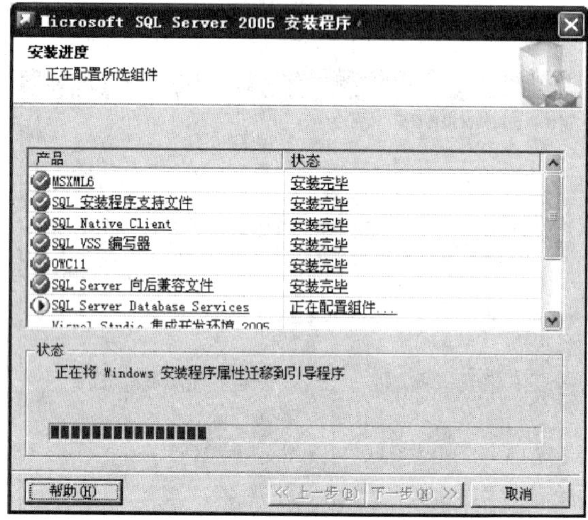

图 9-23 “安装进度”对话框

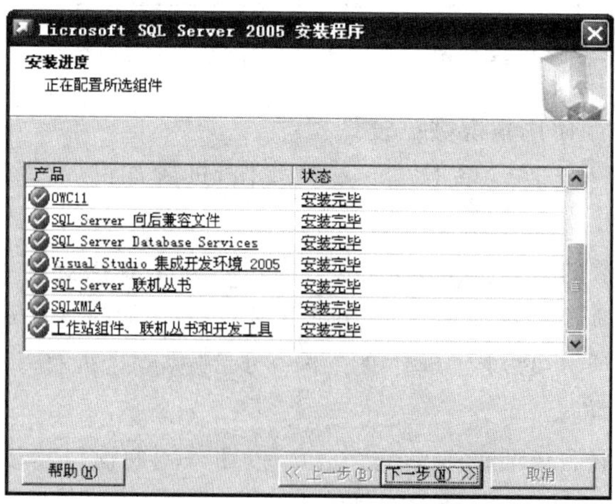

图 9-24 安装完各组件及功能后的窗口

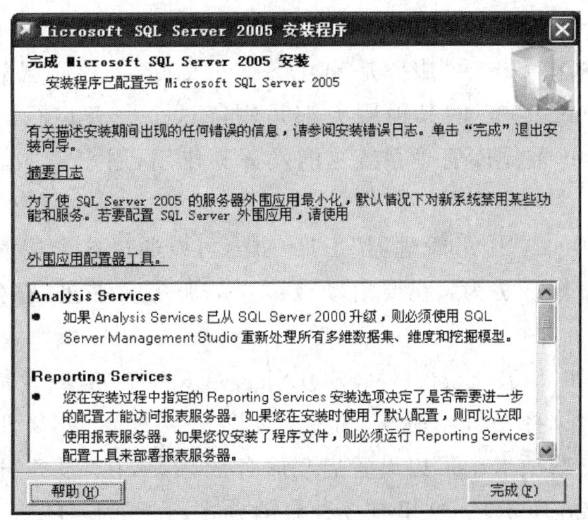

图 9-25　成功完成 SQL Server 2005 安装后的窗口

9.3　配置 SQL Server 2005

成功安装了 SQL Server 2005 之后，需要对 SQL Server 2005 的服务器端和客户端进行适当的配置，才能正常地使用 SQL Server 2005。本节介绍使用配置管理器工具配置 SQL Server 2005 的方法。

SQL Server 配置管理器(SQL Server Configuration Manager)综合了 SQL Server 2000 中的服务管理器、服务器网络实用工具和客户端网络实用工具的功能。

选择“开始”→“所有程序”→Microsoft SQL Server 2005→“配置工具”→SQL Server Configuration Manager 命令，可打开 SQL Server Configuration Manager 窗口(SQL Server 配置管理器工具)，如图 9-26 所示。此工具可以对 SQL Server 服务、网络和协议等进行配置，配置好后客户端才能顺利地连接和使用 SQL Server。

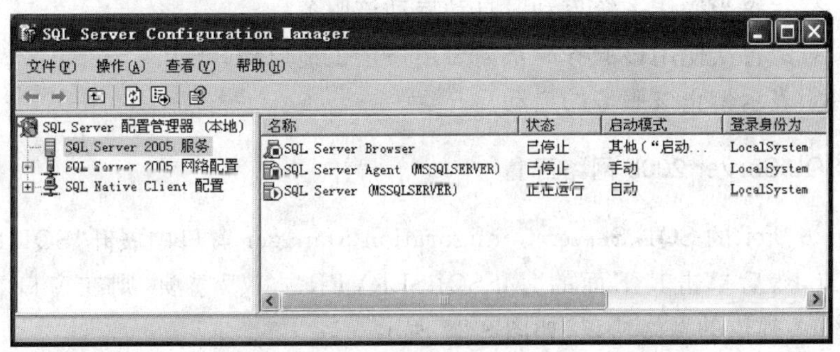

图 9-26　“SQL Server Configuration Manager”窗口

1. 配置 SQL Server 2005 服务

单击如图 9-26 所示窗口左边的“SQL Server 服务”节点，在窗口的右边将列出已安装的 SQL Server 服务。这里有 3 个服务，分别为：SQL Server Browser、SQL Server Agent 和 SQL Server，其中"SQL Server"服务是 SQL Server 2005 的核心服务，也就是通常所说的数据库引擎，SQL Server 2005 的其他服务都是围绕这个服务运行的。只有启动了 SQL Server 服务，SQL Server 数据库管理系统才能发挥其作用，用户也才能建立与 SQL Server 数据库服务器的连接。

与 SQL Server 2000 的"服务管理器"工具一样，可以通过这个配置管理器来启动、停止所安装的服务。具体操作方法为：在要启动或停止的服务上右击，在弹出的快捷菜单中选择"启动"、"停止"等命令即可。

双击某个服务，比如"SQL Server(MSSQLSERVER)"服务，或者是在该服务上右击，然后在弹出的快捷菜单中选择"属性"命令，均弹出如图 9-27 所示的"属性"对话框。

在此窗口的"登录"选项卡中可以设置启动服务的账户，在"服务"选项卡中可以设置服务的启动方式(如图 9-28 所示)。这里有 3 种启动方式，分别为：自动、手动和已禁用。

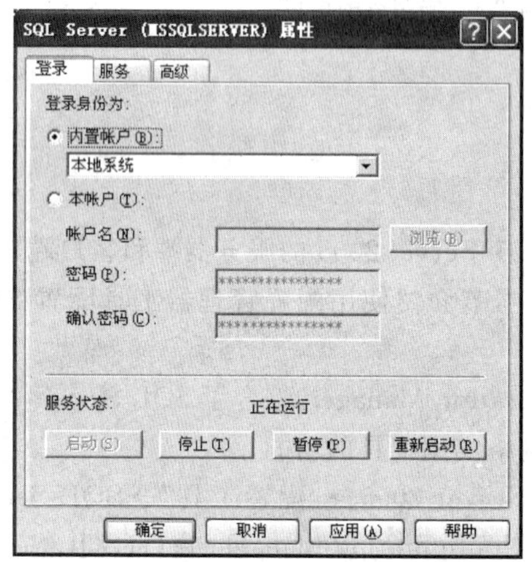

图 9-27 "SQL Server(MSSQLSERVER)属性"对话框

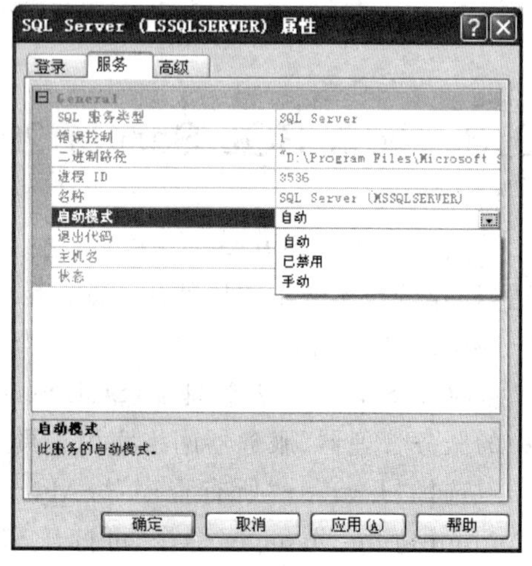

图 9-28 设置服务的启动方式

① 自动：表示每当操作系统启动时自动启动该服务；

② 手动：表示每次使用该服务时都需要用户手工地启动；

③ 已禁用：表示禁止该服务的启动。

2. 配置 SQL Server 2005 网络配置

在如图 9-26 所示的 SQL Server Configuration Manager 窗口中展开"SQL Server 2005 网络配置"节点，然后单击其下面的"MSSQLSERVER 协议"选项，则在窗口右边将显示 SQL Server 2005 提供的网络协议，如图 9-29 所示。

从如图 9-29 所示的窗口中可以看到，SQL Server 2005 共提供了 Shared Memory(共享内存)、Named Pipes(命名管道)、TCP/IP、VIA 四种网络协议，在服务器端至少要启用这四种协议中的一个协议，SQL Server 2005 才能正常工作。

下面简单介绍这四种网络协议。

① Shared Memory：是可供使用的最简单协议，不需要设置。使用该协议的客户端仅

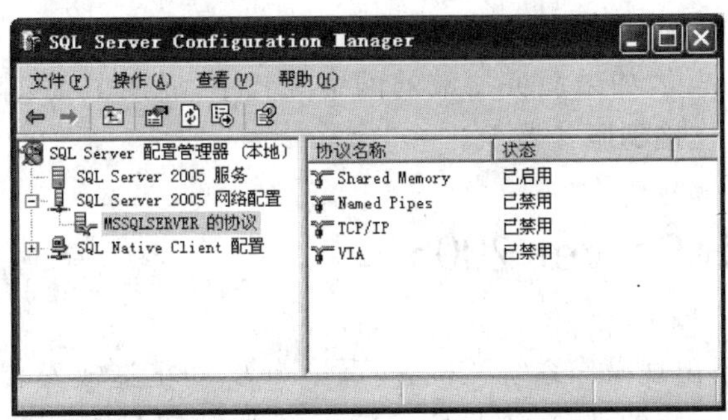

图 9-29　配置 SQL Server 2005 的网络

可以连接到在同一台计算机上运行的 SQL Server 2005 实例。这个协议对于其他计算机上的数据库是无效的。

② Named Pipes：是为局域网开发的协议。某个进程使用一部分内存来向另一个进程传递信息，因此一个进程的输出就是另一个进程的输入。第二个进程可以是本地的（与第一个进程位于同一台计算机上），也可以是远程的（位于联网的计算机上）。

③ TCP/IP：是互联网上使用最广泛的通用协议，可以与互联网中硬件结构和操作系统各异的计算机进行通信。其中包括路由网络流量的标准，并能够提供高级安全功能，是目前商业中最常用的协议。

④ VIA：虚拟接口适配器（VIA）协议与 VIA 硬件一同使用。VIA 协议是 SQL Server 2005 新推出的协议，适合在局域网内部使用。

从如图 9-29 所示的窗口中可以看到，SQL Server 2005 的服务器端已经启用了 Shared Memory 协议。因此，在客户端网络配置中，至少也要启用这个协议，否则用户将连接不到数据库服务器。

在某个协议上右击，然后在弹出的快捷菜单中，通过选择“启用”、“禁用”命令可以启用或禁用某个协议。

3. 配置 SQL Server 2005 Native Client 配置

实际上此功能就是 SQL Server 2000 的“客户端网络实用工具”，用于配置 SQL Server 2005 的客户端能够使用哪种网络协议来连接到 SQL Server 2005 服务器。

在如图 9-26 所示的 SQL Server Configuration Manager 窗口中展开“SQL Native Client 配置”节点，然后单击其中的“客户端协议”选项，出现如图 9-30 所示的窗口。

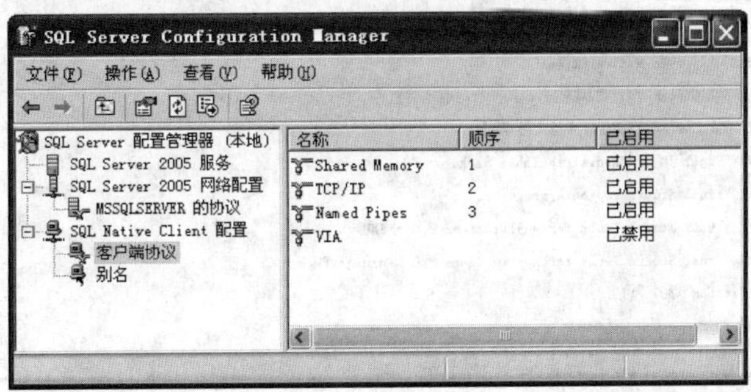

图 9-30　配置客户端协议

在如图9-30所示的窗口中，当前客户端已启用了Shared Memory、TCP/IP和Name Pipes三种协议，也就是说，如果服务器端的网络配置中，启用了上述三种协议中的任何一种，那么客户端就可以连接到服务器上。

9.4 卸载SQL Server 2005

在安装过程中由于出现操作系统死机、病毒影响等，可能造成安装SQL Server 2005失败，这时就需要将原来安装的部分SQL Server 2005服务卸载掉。或者也有可能在成功安装之后，由于各种原因用户需要卸载SQL Server 2005并重新进行安装。本节介绍卸载SQL Server 2005的方法。

9.4.1 正常的卸载方法

如果在安装完SQL Server 2005之后，需要对其进行卸载，则必须首先停止SQL Server 2005的全部服务(如果已经被启动的话)，然后再执行卸载操作。

停止SQL Server 2005服务有以下几个步骤。

(1) 选择"开始"→"所有程序"→"Microsoft SQL Server 2005"→"配置工具"→"SQL Server Configuration Manager"命令，打开"SQL Server Configuration Manager"窗口。

(2) 在要停止的服务上右击，在弹出的菜单中选择"停止"命令，即可停止选中的服务。

SQL Server 2005本身没有提供卸载工具，需要借助Windows的控制面板来实现。一般使用控制面板卸载SQL Server 2005有以下几个步骤(以Windows XP操作系统为例)。

(1) 打开Windows的"控制面板"。

(2) 双击"添加或删除程序"图标，打开"添加或删除程序"窗口。

(3) 在"当前安装的程序"列表框中选中"Microsoft SQL Server 2005"选项(如图9-31所示)，然后单击"删除"按钮，弹出如图9-32所示的"选择组件"对话框。

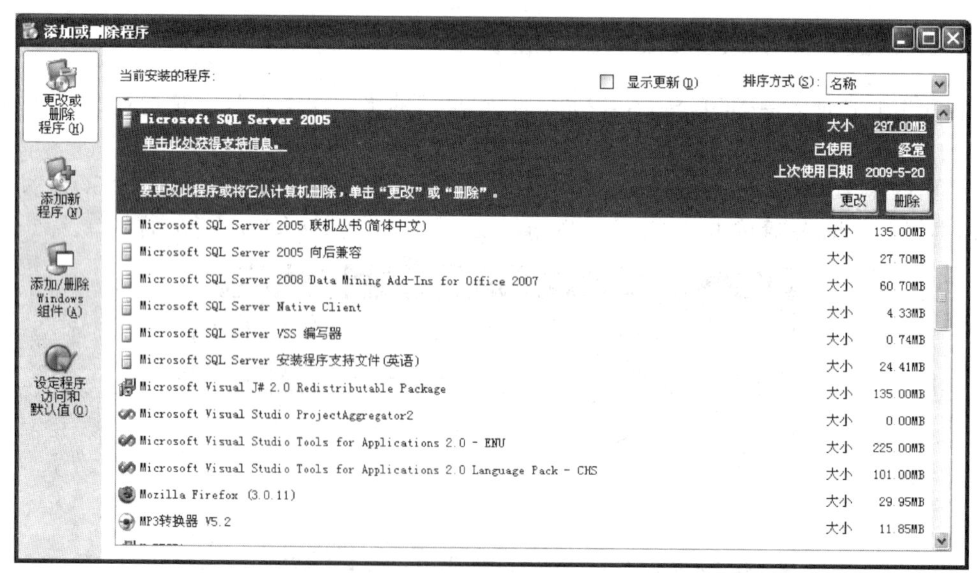

图9-31 选择删除"Microsoft SQL Server 2005"

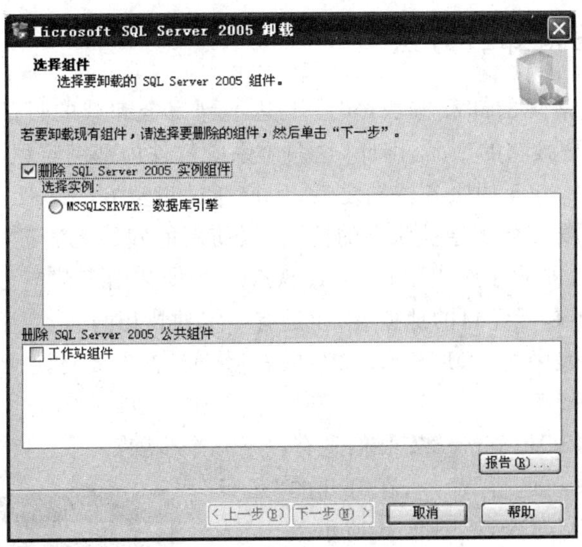

图 9-32　选择要删除的组件

(4) 在如图 9-32 所示的窗口中，选中要删除的实例和组件。选中“删除 SQL Server 2005 实例组件”复选框，在“选择实例”列表框中可以选择要删除的实例，若要将工作组组件一起删除，可选中下面的“工作站组件”复选框。

(5) 单击“下一步”按钮，弹出如图 9-33 所示的“确认”对话框，在此对话框中列出了要删除的组件。

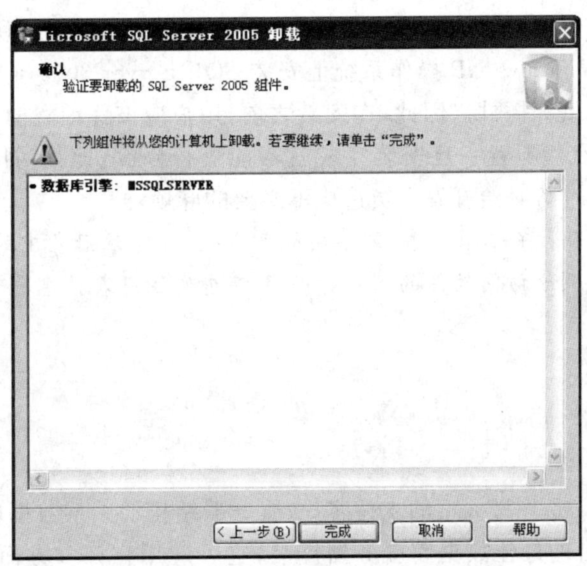

图 9-33　确认卸载 SQL Server 2005 对话框

(6) 在如图 9-33 所示的对话框中单击“完成”按钮，完成对 SQL Server 2005 的卸载。若还要删除 SQL Server 2005 的其他部分，可重复此步骤。

9.4.2 非正常卸载方法

9.4.1 节介绍的常规的卸载方法，实际上达不到完全卸载的目的。由于 SQL Server 2005 与 Windows 同是微软的产品，因此，这两个系统软件内部绑定程度很高。当在计算机上安装了 SQL Server 2005 的服务器端之后，用户通过正常方法卸载后，在重新安装时，经常会出现以前的一个安装处于悬挂状态的情况，致使新的安装无法进行。这个时候就要采取非正常的卸载方法，即从注册表中将 SQL Server 的安装信息清空。清空注册表中 SQL Server 的安装信息，不是漫无目的地搜寻，而是有一定的技巧的。

注意在删除注册表中的 SQL Server 安装信息之前，首先要对注册表进行备份，以防由于误操作而导致系统瘫痪。

删除注册表中的 SQL Server 安装信息有以下几个步骤。

(1) 选择"开始"→"运行"命令，在打开的"运行"对话框中输入"regedit"命令，如图 9-34 所示。

(2) 单击"确定"按钮，打开"注册表编辑器"窗口。

(3) 在"注册表编辑器"窗口中，打开 HKEY_LOCAL_MACHINE→SOFTWARE→Microsoft，将 Microsoft 下的有关 SQL Server 的子节点全部删除。

图 9-34 "运行"对话框

(4) 关闭"注册表编辑器"窗口。然后在资源管理器中删除"C:\Program Files\"或"D:\Program Files"文件夹中残留的 SQL Server 文件。

(5) 重新启动计算机，之后就可以重新安装 SQL Server 了。

在安装 SQL Server 时，最常见的问题是用户对 SQL Server 2005 所支持的操作系统不是很了解，比如，在 Windows XP 操作系统上安装 SQL Server 2005 企业版，或者没有安装 Windows Installer 3.1 等插件。因此，在安装之前，用户应该仔细阅读安装前的准备文档。SQL Server 2005 的有些配置一旦安装完成就不能进行修改(比如，排序规则)，如果要修改，只能卸载后重装，这势必给开发人员造成不必要的麻烦。

注意： 如果对注册表不是很熟悉，则不要随意更改、删除注册表中的信息。删除注册表中的相关信息是为了删除访问软件的入口。而且在更改注册表信息之前，一定要先备份好注册表。

9.5 小结

SQL Server 2005 是一种大型的支持客户/服务器结构的关系数据库管理系统，作为基于各种 Windows 平台的最佳数据库服务器产品，它可应用在许多方面，包括电子商务等。在满足软硬件需求的前提下，可在各种 Windows 平台上安装 SQL Server 2005。SQL Server 2005 提供了易于使用的图形化工具和向导，为创建和管理数据库，包括数据库对象和数据库资源，都带来了很大的方便。

本章主要介绍了 SQL Server 2005 平台的构成，SQL Server 2005 提供的版本，各版本的功能以及对操作系统和计算机软硬件环境的要求，较详细地介绍了 SQL Server 2005 的安装过程及安装过程中的一些选项。SQL Server 2005 是与操作系统紧密集成的数据库管理系统,因此,其在安全性方面很多也借助于 Windows 操作系统提供的功能,支持 Windows 身份验证模式。同时为满足广域网上的要求以及非 Windows 平台上的用户能够访问 SQL Server,也提供了 SQL Server 身份验证模式。

SQL Server 允许在一台服务器上运行多个 SQL Server 实例,也就是允许在一台服务器上同时有多个数据库管理系统存在,这些系统之间彼此没有相互干扰。

SQL Server 2005 本身没有提供卸载功能,可以用控制面板中的"添加或删除程序"卸载 SQL Server 2005。在卸载完 SQL Server 2005 之后,系统并不删除用户的很多信息,如果要彻底删除这些内容,需要手工完成。

习题

1. SQL Server 2005 提供了几个版本,每个版本分别适用于哪些操作系统?
2. "Windows 身份验证模式"和"混合模式"的区别是什么?
3. SQL Server 实例的含义是什么? 实例名的作用是什么?
4. SQL Server 的默认安装位置是什么?
5. SQL Server 2005 的核心引擎是什么?
6. 为保证客户和 SQL Server 数据库服务器能够正常连接,对客户端和服务器端的网络协议有什么要求?
7. SQL Server 2005 提供的启动 SQL Server 服务的工具是哪个? 通过这个工具可以将服务设置成几种状态?
8. 简单说明正常地卸载 SQL Server 2005 的过程。

上机练习

1. 查看你所用机器的操作系统和软硬件配置,如果满足要求,安装合适的 SQL Server 2005 版本,并选择"混合模式"的身份验证模式。
2. 安装正常完成后,运用"SQL Server Configuration Manager"工具,将 SQL Server 服务设置为"手动"启动方式,并启动该服务。
3. 运用"SQL Server Configuration Manager"工具,在服务器端和客户端分别启用"Shared Memory"和"TCP/IP"网络协议。

第10章 创建和管理数据库

数据库是存放数据的仓库，用户在利用数据库管理系统提供的功能时，首先必须将自己的数据保存到数据库中，然后才能利用数据库管理系统提供的功能。本章介绍如何在 SQL Server 2005 中创建和修改用户数据库，以及如何对用户数据库的空间进行维护，包括如何扩大和缩小数据库空间。最后介绍了一种实现数据库迁移的方法——分离和附加数据库技术。

10.1 SQL Server 数据库概述

SQL Server 2005 中的数据库由包含数据的表集合以及其他对象(如视图、索引等)组成，目的是为执行与数据有关的活动提供支持。存储在数据库中的数据通常与特定的主题或过程相关，如人事信息、财务信息等。

SQL Server 支持在一个实例中创建多个数据库，每个数据库在物理上和逻辑上都是独立的，相互之间没有影响。每个数据库存储相关的数据，例如，可以用一个数据库存储商品及销售信息，另一个数据库存储人事信息。

从数据库的应用和管理的角度看，SQL Server 将数据库分为两大类：系统数据库和用户数据库。系统数据库是 SQL Server 数据库管理系统自动创建和维护的，这些数据库用于保存维护系统正常运行的信息，如：一个 SQL Server 实例上共建有多少个数据库，每个数据库的属性以及其所包含的对象，每个数据库的用户以及用户的权限等。用户数据库保存的是与用户的业务有关的数据，用户数据库中的数据是用户来维护的。通常所说的建立数据库都指的是创建用户数据库，对数据库的维护也指的是对用户数据库的维护。一般用户对系统数据库没有操作权。

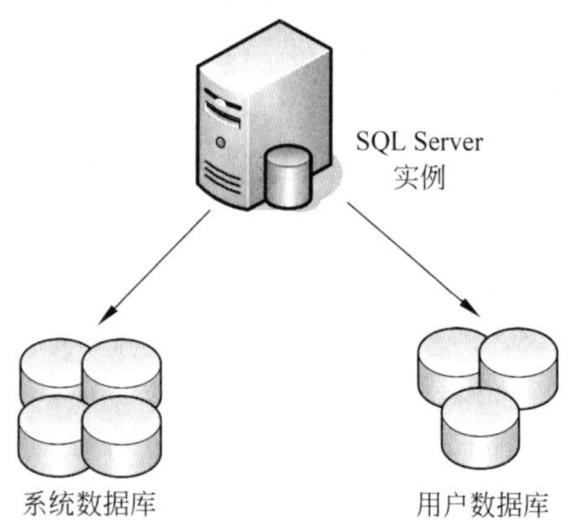

图 10-1　数据库的分类

一个 SQL Server 实例中所包含的数据库的种类如图 10-1 所示。

10.1.1 系统数据库

安装完 SQL Server 2005 之后，除了用户指定安装的示例数据库(AdventureWorks)外，安装程序还自动创建了 4 个用于维护系统正常运行的系统数据库，分别是：master、 msdb、model 和 tempdb。在关系数据库管理系统中，系统的正常运行是靠系统数据库支持的，关系数据库管理系统是一个自维护的系统，它用系统表来维护用户以及系统的信息。根据系统表的作用的不同，SQL Server 又对系统数据库进行了划分，不同的系统数据库存放不同的系统表。

(1) master：是 SQL Server 2005 中最重要的数据库，用于记录 SQL Server 系统中所有系统级信息，如果该数据库损坏，则 SQL Server 将无法正常工作。

master 数据库保护的主要信息有：

① 所有的登录账户及登录账户所属的角色；

② 所有的系统配置，比如，数据排序信息、安全信息、默认语言等；

③ 服务器中的数据库名及相关信息；

④ 数据库文件的物理存储位置；

⑤ SQL Server 的初始化信息。

(2) msdb：是另一个非常重要的数据库。供 SQL Server 代理服务调度报警、作业以及记录操作员时使用，保存关于调度报警、作业、操作员等信息，作业是在 SQL Server 中定义的自动执行的一系列操作的集合，作业的执行不需要任何人工干预。

(3) model：是在 SQL Server 中创建的用户数据库的模板，其中包含所有用户数据库的共享信息。当用户创建一个数据库时，系统自动将 model 数据库中的全部内容复制到新建数据库中。因此，用户创建的数据库不能小于 model 数据库的大小。如果用户在 model 数据库中建立了自己的数据库对象，比如建立了一个表或定义了一个数据类型，则在此之后所创建的用户数据库均自动包含这些内容。

(4) tempdb：是 SQL Server 中的临时数据库，用于存储用户创建的临时表、用户声明的变量以及用户定义的游标数据等，并为数据的排序等操作提供一个临时工作空间。默认情况下，tempdb 数据库会根据需要自动增长。每次在启动 SQL Server 时，系统都自动重新创建 tempdb，以便在启动后该数据库总是空的。当用户断开与 SQL Server 的连接后，该用户在 tempdb 数据库中所创建的对象及占用的空间也会被系统自动删除掉。

10.1.2　SQL Server 数据库的组成

SQL Server 的一个数据库由若干个文件组成，这些文件被分为两类：数据文件和日志文件。数据文件用于存放数据库中的数据信息，日志文件用于存放对数据库的操作记录。

在 SQL Server 中创建数据库时，了解 SQL Server 如何存储数据是很有必要的，这样用户可以知道如何估算数据库占有空间的大小以及如何为数据文件和日志文件分配磁盘空间。

在考虑数据库的空间分配时，需要了解以下规则。

(1) 所有数据库都包含一个主数据文件与一个或多个日志文件，此外，还可以包含零个或多个辅助数据文件。实际的文件都有两个名称：操作系统管理的物理文件名和数据库管理系统管理的逻辑文件名(在数据库管理系统中使用的、用在 T-SQL 语句中的名字)。SQL Server 2005 数据文件和日志文件的默认存放位置为：Program Files\Microsoft SQL Server\MSSQL.1\MSSQL\Data 文件夹。

(2) 在创建用户数据库时，包含系统表的 model 数据库自动被复制到新建数据库中，而且是复制到主数据文件中。

(3) 在 SQL Server 2005 中，数据的存储单位是页(Page，也称为数据页)。一页是一块8KB(8×1024 字节，其中用 8060 字节存放数据，另外的 132 字节存放系统信息)的连续磁盘空间，页是存储数据的最小单位。页的大小决定了数据库表中一行数据的最大大小。

(4) 在 SQL Server 中，不允许表中的一行数据存储在不同页上，即行不能跨页存储。因此表中一行数据的大小(即各列所占空间之和)不能超过 8060 字节。

一般的大型数据库管理系统都不允许行跨页存储，当一页中剩余的空间不够存储一行数据时，系统将舍弃页内的这块空间，并分配一个新的数据页，将这行数据完整地存储在新的数据页上。根据一行数据不能跨页存储的规则，再根据一个表中包含的数据行数以及每行占用的字节数，就可以估算出一个数据表所需占用的大致空间。例如：假设一个数据库表有 10000 行数据，每行 3000 字节。则每个数据页可存放两行数据(如图 10-2 所示)，此表需要的空间就为：(10000/2)×8KB＝40MB。其中，每页中有 6000 字节用于存储数据，有 2060 个字节是浪费的。因此该数据表的空间浪费情况大约为 25%。

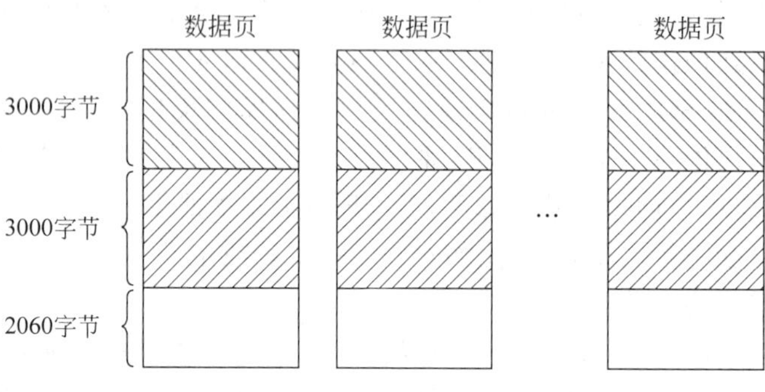

图 10-2 数据的存储情况

因此，在设计数据库表时应考虑表中每行数据的大小，使一个数据页尽可能存储更多的数据行，以减少空间浪费。

10.1.3 数据文件和日志文件

1. 数据文件

数据文件用于存放数据库数据。数据文件又分为：主数据文件和辅助数据文件。

(1) 主数据文件：主数据文件的推荐扩展名是.mdf，它包含数据库的系统信息，并可存放用户数据库的数据。每个数据库都有且仅有一个主数据文件。为数据库创建的第一个数据文件即是主数据文件。

(2) 辅助数据文件：辅助数据文件的推荐扩展名是.ndf。一个数据库可以不包含辅助数据文件，也可以包含多个辅助数据文件，而且这些辅助数据文件可以建立在一个磁盘上，也可以分别建立在不同的磁盘上。

有时有些数据库包含的数据量可能非常大，需要占用很大的磁盘空间，这可能造成计算机上的任何一个磁盘都不能满足数据库对空间的要求。这种情况下，就可以为数据库创建多个辅助数据文件，让每个文件建立在不同的磁盘上。在主数据文件之后建立的所有数据文件都是辅助数据文件。

辅助数据文件的使用和主数据文件的使用对用户来说是没有区别的，而且对用户也是透明的，用户不需要关心自己的数据是存放在主数据文件上，还是存放在辅助数据文件上。

让一个数据库包含多个数据文件，并且让这些数据文件分别建立在不同的磁盘上，不仅有利于充分利用多个磁盘上的存储空间，而且可以提高数据的存取效率。

2. 事务日志文件

事务日志文件的推荐扩展名为.ldf，用于存放恢复数据库的所有日志信息。每个数据库必须至少有一个日志文件，也可以有多个日志文件。日志文件最小为512KB，但最好不要小于1MB。

注意：SQL Server 2005不强制使用.mdf、.ndf和.ldf文件扩展名，但建议使用这些扩展名以利于标识文件的用途。

10.1.4　数据库文件的属性

在定义数据库时，除了指定数据库的名字之外，其余要做的工作就是定义数据库的数据文件和日志文件，定义这些文件需要指定的信息包括以下几项。

1. 文件名及其位置

数据库的每个数据文件和日志文件都具有一个逻辑文件名（引用这些文件时，在SQL Server中使用的文件名称）和物理存储位置（包括物理文件名，即操作系统管理的文件名）。一般情况下，如果有多个数据文件的话，为了获得更好的性能，建议将文件分散存储在多个磁盘上。

2. 初始大小

可以指定每个数据文件和日志文件的初始大小。在指定主数据文件的初始大小时，其大小不能小于model数据库主数据文件的大小，因为系统是将model数据库中主数据文件的内容复制到用户数据库的主数据文件上。

3. 增长方式

如果需要的话，可以指定文件是否自动增长。该选项的默认配置为自动增长，即当数据库的空间用完后，系统自动扩大数据库的空间，这样可以防止由于数据库空间用完而造成的不能插入新数据或不能进行数据操作的错误。

4. 最大大小

文件的最大大小指的是文件增长的最大空间限制。默认情况是无限制。建议用户设定允许文件增长的最大空间大小，因为，如果用户不设定最大空间大小，但设置了文件自动增长方式，则文件将会无限制增长直到磁盘空间用完为止。

10.2 创建数据库

创建数据库可以在 SQL Server Management Studio(SSMS)工具中用图形化的方式实现,也可以通过 T-SQL 语句实现。下面分别介绍这两种创建数据库的方法。

10.2.1 用 SSMS 创建数据库

用 SSMS 图形化的方法创建数据库有以下几个步骤。

(1) 启动 SQL Server Management Studio 工具,并以数据库管理员身份连接到 SQL Server 数据库服务器的一个实例上。

(2) 在 SQL Server Management Studio 的“对象资源管理器”中,在实例下的“数据库”节点上右击,或者是在某个用户数据库上右击,在弹出的快捷菜单中选择“新建数据库”命令,如图 10-3 所示,弹出如图 10-4 所示的“新建数据库”对话框。

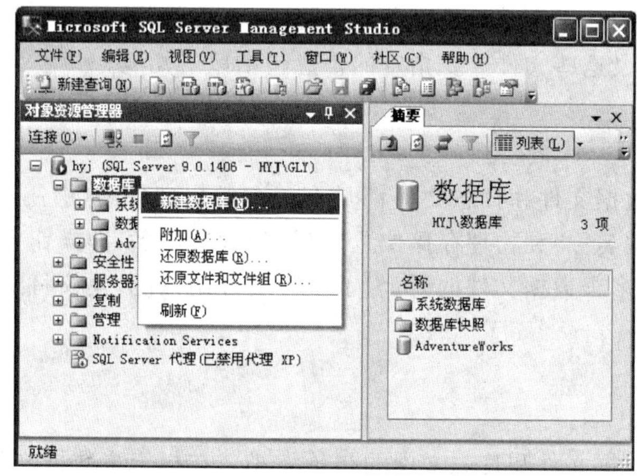

图 10-3 选择“新建数据库”命令

(3) 在如图 10-4 所示的对话框中,在“数据库名称”文本框中输入数据库名,如本例的 students。

注意在命名数据库时必须遵守 SQL Server 2005 的标识符命名规则,具体为:

① 名字的长度为 1~128 个字符;

② 名字的第一个字符必须是字母或“_”、“@”或“#”中的任何一个字符;

③ 在中文版的 SQL Server 2005 中,可以直接用中文命名。

当输入完数据库名后,在下面的逻辑名称中就会有相应的名称,这只是用于辅助用户命名逻辑文件名,用户可以对这些名字进行修改。

(4) 数据库名称下面是“所有者”,数据库的所有者可以是任何具有创建数据库权限的登录账户,数据库所有者对其拥有的数据库具有全部的操作权限,包括修改、删除数据库以及对数据库内容进行操作。默认时,数据库的拥有者是“＜默认值＞”,表示该数据库的所有

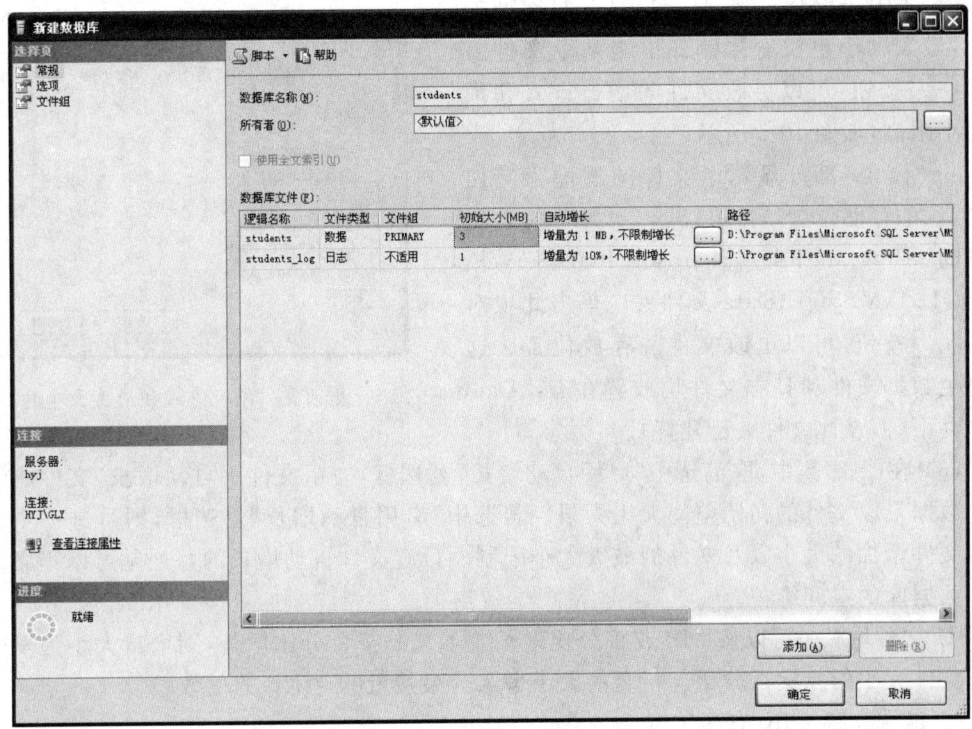

图 10-4 “新建数据库”对话框

者是当前登录到 SQL Server 的账户。关于登录账户及数据库安全性将在第 12 章进行详细介绍。

(5) 在如图 10-4 所示的“数据库文件”网格中,可以定义数据库包含的数据文件和事务日志文件。

① 在“逻辑名称”处可以指定文件的逻辑文件名,默认的主数据文件的逻辑文件名同数据库名,默认的第一个日志文件的逻辑文件名为:“数据库名”+“_log”。

② “文件类型”框显示了该文件的类型是数据文件还是日志文件,用户新建文件时,可通过此框指定文件的类型,初始时,数据库必须至少有一个主数据文件和一个日志文件,因此这两个文件的类型是不能修改的。

③ “文件组”框显示了数据文件所在的文件组(日志文件没有文件组概念),文件组是由一组文件组成的逻辑组织。默认情况下,所有的数据文件都属于 PRIMARY 主文件组。主文件组是系统预定义好的,每个数据库都必须有一个主文件组,而且主数据文件必须存放在主文件组中。用户可以根据自己的需要添加辅助文件组,辅助文件组用于组织辅助数据文件,目的是为了提高数据访问性能,文件组中的文件可以是位于不同的磁盘空间上的文件。为了简便,也可以将全部的数据文件都放置在 PRIMARY 文件组中。

④ 在“初始大小”部分可以指定文件创建后的初始大小,默认情况下,主数据文件的初始大小是 3MB,日志文件的初始大小是 1MB。假设这里将 students_log 日志文件的初始大小设置为 2MB。

⑤ 在“自动增长”部分可以指定文件的增长方式,默认情况下,主数据文件是每次增加

1MB,最大大小没有限制,日志文件是每次增加10%,最大大小也没有限制。单击某个文件对应的[...]按钮,可以更改文件的增长方式和最大大小限制,如图10-5所示。

⑥"路径"部分显示了文件的物理存储位置,默认的存储位置是SQL Server 2005安装磁盘下的:Program Files\Microsoft SQL Server\MSSQL.1\MSSQL\Data文件夹。单击此项对应的[...]按钮,可以更改文件的存放位置。这里将主数据文件和日志文件均放置在F:\Data文件夹下(假设此文件夹已建好)。

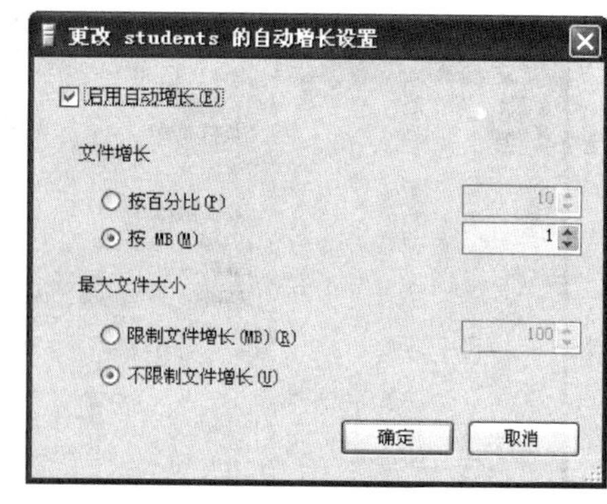

图10-5 更改文件增长方式和最大大小的对话框

(6)在图10-5中,取消选中"启用自动增长"复选框,表示文件不自动增长,文件能够存放的数据量以文件的初始空间大小为限。若选中"启用自动增长"复选框,则可进一步设置每次文件增加的大小以及文件的最大大小限制。设置文件自动增长的好处是可以不必时刻担心数据库的空间维护。

① 文件增长:可以按MB或百分比增长。如果是按百分比增长,则增量大小为发生增长时文件大小的指定百分比。指定的大小舍入为最接近的64KB的倍数。

② 最大文件大小,有两种方式。

③ 限制文件增长:指定文件可增长的最大空间。

④ 不限制文件增长:以磁盘空间容量为限制,在有磁盘空间的情况下,可以一直增长。选择这个选项是有风险的,如果因为某种原因造成数据恶意增长,则会将整个磁盘空间占满。清理一块彻底被占满的磁盘空间是非常麻烦的事情。

假设这里将students_log日志文件设置为限制增长,且最大大小为6MB。

注意:在实际生产环境中,经常选择"限制文件增长",这样可以防止耗尽磁盘空间,也可以避免系统无法继续运行。

这里将日志文件的最大大小限制为6MB。

(7)单击图10-4上的"添加"按钮,可以增加该数据库的辅助数据文件和日志文件,如图10-6所示。

(8)这里添加一个辅助数据文件。在如图10-6所示的对话框中,对该文件进行以下设置。

① 在"逻辑名称"部分输入:students_data1。

② 在"文件类型"下拉列表框中选择"数据"选项。

③ 将初始大小改为:5。

④ 单击"自动增长"对应的[...]按钮,设置文件自动增长,每次增加1MB,最多增加到10MB。

⑤ 将"路径"改为:D:\Data。

设置好后的形式如图10-7所示。

(9)选中某个文件后,单击图10-7中的"删除"按钮,可删除选中的文件。这里不进行任何删除。

图 10-6 添加数据库文件的对话框

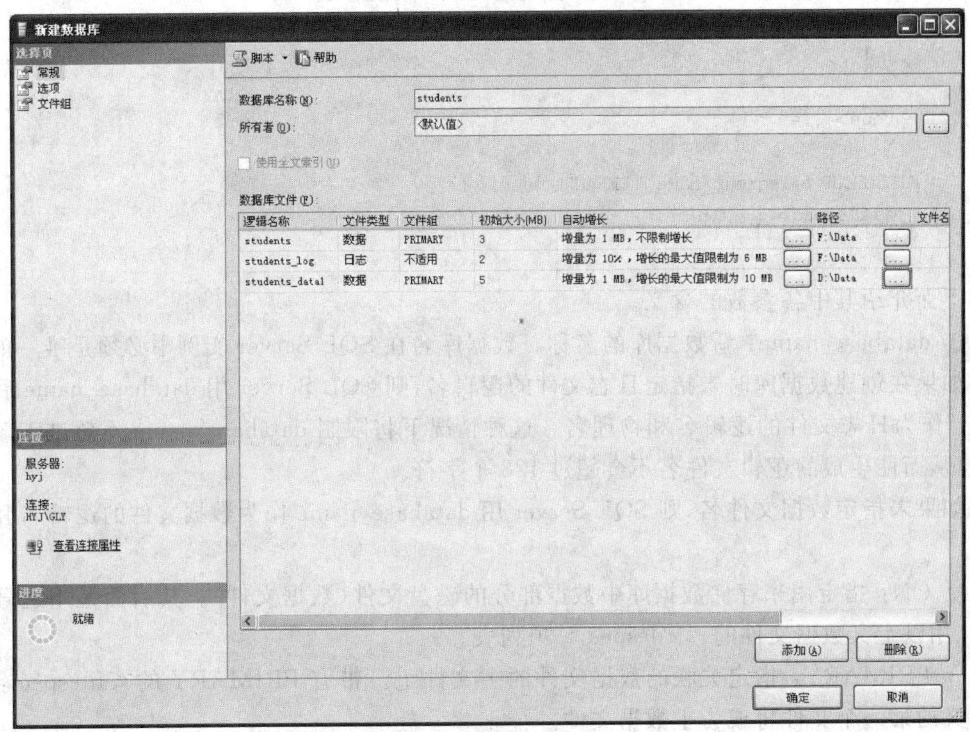

图 10-7 增加了一个辅助数据文件后的情形

(10) 单击"确定"按钮,完成数据库的创建。

创建成功后,在 SQL Server Management Studio 的"对象资源管理器"中,通过刷新对象资源管理器中的内容,可以看到新建立的数据库。

10.2.2 用 T-SQL 语句创建数据库

除了可以使用 SSMS 图形化地创建数据库外,还可以使用 T-SQL 语句来创建数据库。对 SQL 语句的编写和执行是在 SQL Server Management Studio 的查询编辑器中实现的。

创建数据库的 T-SQL 语句为: CREATE DATABASE,此语句的大致语法格式为:

```
CREATE DATABASE database_name
    [ ON
        [ PRIMARY ] [ <filespec> [ ,...n ]
        [ , <filegroup> [ ,...n ] ]
    [ LOG ON { <filespec> [ ,...n ] } ]
    ]
]
<filespec> ::=
{
(   NAME = logical_file_name ,
    FILENAME = { 'os_file_name' | 'filestream_path' }
    [ , SIZE = size [ KB | MB | GB | TB ] ]
    [ , MAXSIZE = { max_size [ KB | MB | GB | TB ] | UNLIMITED } ]
    [ , FILEGROWTH = growth_increment [ KB | MB | GB | TB | % ] ]
) [ ,...n ]
}
<filegroup> ::=
{
    FILEGROUP filegroup_name [ DEFAULT ]
      <filespec> [ ,...n ]
}
```

下面介绍其中各参数的含义。

① database_name: 新数据库的名称。数据库名在 SQL Server 实例中必须是唯一的。

如果在创建数据库时未指定日志文件的逻辑名,则 SQL Server 用 database_name 后加"_log"作为日志文件的逻辑名和物理名。这种情况下将限制 database_name 不超过 123 个字符,从而使生成的逻辑文件名不会超过 128 个字符。

如果未指定数据文件名,则 SQL Server 用 database_name 作为数据文件的逻辑名和物理名。

② ON: 指定用来存储数据库中数据部分的磁盘文件(数据文件)。其后面是用逗号分隔的、用以定义数据文件的 <filespec> 项列表。

③ PRIMARY: 指定关联的数据文件的主文件组。带有 PRIMARY 的<filespec>部分定义的第一个文件将成为主数据文件。

如果没有指定 PRIMARY,则 CREATE DATABASE 语句中列出的第一个文件将成为主数据文件。

④ LOG ON：指定用来存储数据库中日志部分的磁盘文件(日志文件)。其后面跟以逗号分隔的用以定义日志文件的 <filespec> 项列表。如果没有指定 LOG ON，系统将自动创建一个日志文件，其大小为该数据库的所有数据文件大小总和的 25% 或 512 KB，取两者之中的较大者。

⑤ <filespec> ：定义文件的属性。下面是其中各参数的含义。

- NAME＝logical_file_name：指定文件的逻辑名称。指定 FILENAME 时，需要使用 NAME 的值。在一个数据库中逻辑名必须唯一，而且必须符合标识符规则。名称可以是字符或 Unicode 常量，也可以是常规标识符或分隔标识符。
- FILENAME＝ 'os_file_name'：指定操作系统(物理)文件名称。'os_file_name'是创建文件时由操作系统使用的路径和文件名。

注意：在执行 CREATE DATABASE 语句前，指定的路径必须已经存在。不应将数据文件放在压缩文件系统中，除非这些文件是只读的辅助数据文件或数据库是只读的。日志文件一定不要放在压缩文件系统中。

- SIZE＝size：指定文件的初始大小。如果没有为主文件提供 size，则数据库引擎将使用 model 数据库中主数据文件的大小。如果指定了辅助数据文件或日志文件，但未指定该文件的 size，则数据库引擎将以 1MB 作为该文件的初始大小。为主数据文件指定的大小应不小于 model 数据库的主数据文件的大小。

  可以使用千字节 (KB)、兆字节 (MB)、千兆字节 (GB) 或兆兆字节 (TB) 后缀。默认为 MB。Size 是一个整数值，不能包含小数位。
- MAXSIZE＝max_size：指定文件可增大到的最大大小。可以使用 KB、MB、GB 和 TB 后缀。默认为 MB。max_size 为一个整数值，不能包含小数位。如果未指定 max_size，则表示文件大小无限制，文件将一直增大，直至磁盘空间满。
- UNLIMITED：指定文件的增长无限制。在 SQL Server 2005 中，指定为不限制增长的日志文件的最大大小为 2TB，而数据文件的最大大小为 16TB。
- FILEGROWTH＝growth_increment：指定文件的自动增量。FILEGROWTH 的大小不能超过 MAXSIZE 的大小。

  growth_increment 为每次需要新空间时为文件添加的空间量。该值可以 MB、KB、GB、TB 或百分比(%)为单位指定。如果未在数字后面指定单位，则默认为 MB。如果指定了"%"，则增量大小为发生增长时文件大小的指定百分比。指定的大小舍入为最接近的 64KB 的倍数。FILEGROWTH＝0 表明将文件自动增长设置为关闭，即不允许增加空间。

如果未指定 FILEGROWTH，则数据文件的默认增长值为 1MB，日志文件的默认增长比例为 10%，并且最小值为 64KB。

注意：在 SQL Server 2005 中，将数据文件的默认增量从之前版本的 10%更改为 1MB，日志文件的默认增量值仍为 10%。

- <filegroup> ：控制文件组属性。下面是其中各参数的含义。
- FILEGROUP filegroup_name：文件组的逻辑名称。filegroup_name 在数据库中必须唯一，而且不能是系统提供的名称 PRIMARY 和 PRIMARY_LOG，名称必须符合标识符规则。

• DEFAULT：指定该文件组为数据库中的默认文件组。

在使用 T-SQL 语句创建数据库时，最简单的情况是可以省略所有的参数，只提供一个数据库名即可，这时系统会按各参数的默认值创建数据库。编写和执行 T-SQL 语句是在查询编辑器中实现的，通过下列方法之一均可打开查询编辑器。

• 在 SQL Server Management Studio 工具中，单击工具栏上的 新建查询(N) 按钮；
• 单击工具栏上的"新建数据库引擎查询" 按钮，然后在弹出的"连接到数据库引擎"对话框中单击"连接"按钮。

然后在打开的查询编辑器窗口中输入 T-SQL 语句即可(参见图 10-8)。若要执行 T-SQL 语句，可首先选中要执行的代码段，然后单击工具栏上的 ! 执行(X) 按钮，则系统将执行所选中的代码。若未选中任何代码，则表示执行全部代码。

单击工具栏上的"分析" 按钮，可对选中的代码进行语法检查。若未选中任何代码，则是对全部代码进行语法检查。

单击工具栏上的"保存" 按钮，可将 T-SQL 代码(如果光标的焦点在代码编辑区)保存到文件中，或者是将查询结果(如果光标的焦点在查询结果区)保存到文件中。

下面举例说明如何在查询编辑器中，用 T-SQL 语句创建数据库。

【例 10-1】 创建一个名字为"学生管理数据库"的数据库，其他选项均采用默认设置。

```
CREATE  DATABASE 学生管理数据库
```

执行情况如图 10-8 所示。

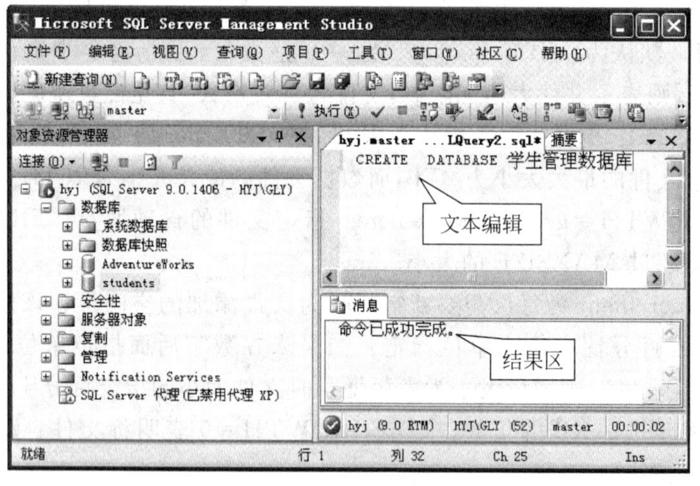

图 10-8 创建一个数据库

【例 10-2】 创建一个名为："RShDB"的数据库，该数据库由一个数据文件和一个事务日志文件组成。数据文件只有主数据文件，其逻辑文件名为"RShDB_Data"，其物理文件名为"RShDB_Data.mdf"，存放在"D:\RShDB_Data"文件夹下，其初始大小为 10MB，最大大小为 30MB，自动增长时的递增量为 5MB。事务日志文件的逻辑文件名为"RShDB_log"，物理文件名为"RShDB_log.ldf"，也存放在"D:\RShDB_Data"文件夹下，初始大小为 3MB，最大大小为 12MB，自动增长时的递增量为 2MB。

创建此数据库的 SQL 语句为：

```
CREATE DATABASE RShDB
ON
 ( NAME = RShDB_Data,
   FILENAME = 'D:\RShDB_Data\RShDB_Data.mdf',
   SIZE = 10,
   MAXSIZE = 30,
   FILEGROWTH = 5 )
LOG ON
 ( NAME = RShDB_log,
   FILENAME = 'D:\RShDB_Data\RShDB_log.ldf',
   SIZE = 3,
   MAXSIZE = 12,
   FILEGROWTH = 2 )
```

【例 10-3】 用 CREATE DATABASE 语句创建 10.2.1 小节中用图形化方法创建的 students 数据库。

① 主数据文件逻辑名为：students，存放在 PRIMARY 文件组上，初始大小为 3MB，每次增加 1MB，最大大小无限制，物理存储位置为：F:\Data 文件夹，物理文件名为：students.mdf。

② 辅助数据文件的逻辑名为：students_data1，初始大小为 5MB，自动增长，每次增加 1MB，最多增加到 10MB，物理存储位置为：D:\Data 文件夹，物理文件名为：students_data1.ndf。

③ 日志文件的逻辑名为：students_log，初始大小为 2MB，每次增加 10%，最多增加到 6MB，物理存储位置为：F:\Data 文件夹，物理文件名为：students_log.ndf。

创建此数据库的 SQL 语句为：

```
CREATE DATABASE students
ON PRIMARY
 ( NAME = students,
   FILENAME = 'F:\Data\students.mdf',
   SIZE = 3MB,
   MAXSIZE = UNLIMITED),
 ( NAME = students_data1,
   FILENAME = 'D:\Data\students_data1.ndf',
   SIZE = 5MB,
   MAXSIZE = 10MB,
   FILEGROWTH = 1MB
 )
LOG ON
 ( NAME = students_log,
   FILENAME = 'F:\Data\students_log.ldf',
   SIZE = 2MB,
   MAXSIZE = 6MB,
  FILEGROWTH = 10%
 )
```

10.3 查看和设置数据库选项

数据库选项是指在数据库范围内有效的一些参数，可以用于控制这个数据库的某些特性和行为。所有的数据库选项都是真、假值，只能取 True 或 False。

创建完数据库后可以通过“数据库属性”对话框查看和设置所建数据库和数据库文件的属性。下面介绍其具体操作方法。

在 SQL Server Management Studio 的资源管理器中，展开“数据库”节点，在要查看属性的数据库上右击(假设这里选择的是“students”数据库)，然后在弹出的快捷菜单中选择“属性”命令，弹出“数据库属性”对话框，如图 10-9 所示。

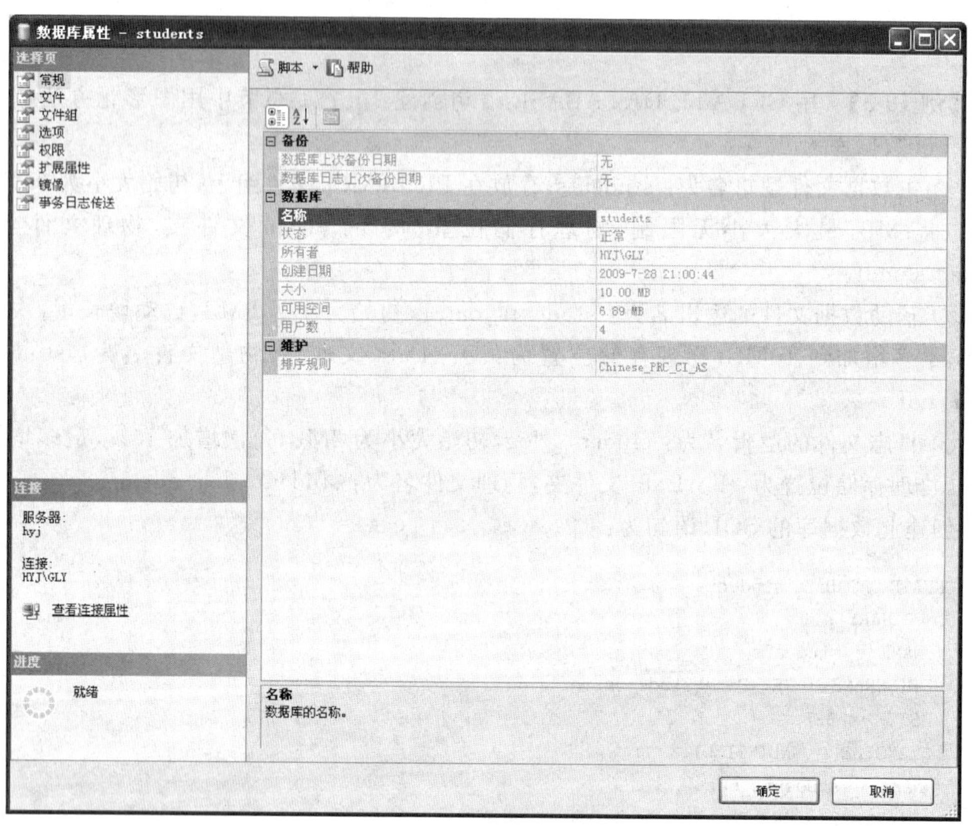

图 10-9 “数据库属性”对话框

在如图 10-9 所示对话框的“常规”节点所对应的对话框中，可以看到数据库的名称、状态、所有者、创建日期、占用空间总量(包括数据文件和日志文件的空间)等信息。

单击“文件”节点可以查看该数据库包含的全部文件以及各文件的属性，如图 10-10 所示。在这个对话框中可以更改文件的逻辑名称，而且可以增大文件的初始大小(注意只能增大，不能减小)。除此之外，其他各项均不能在此对话框修改。

单击图 10-10 中的“添加”按钮可以添加新的数据文件和日志文件。

单击图 10-9 中的“选项”节点，可以查看和设置该数据库的选项，如图 10-11 所示。

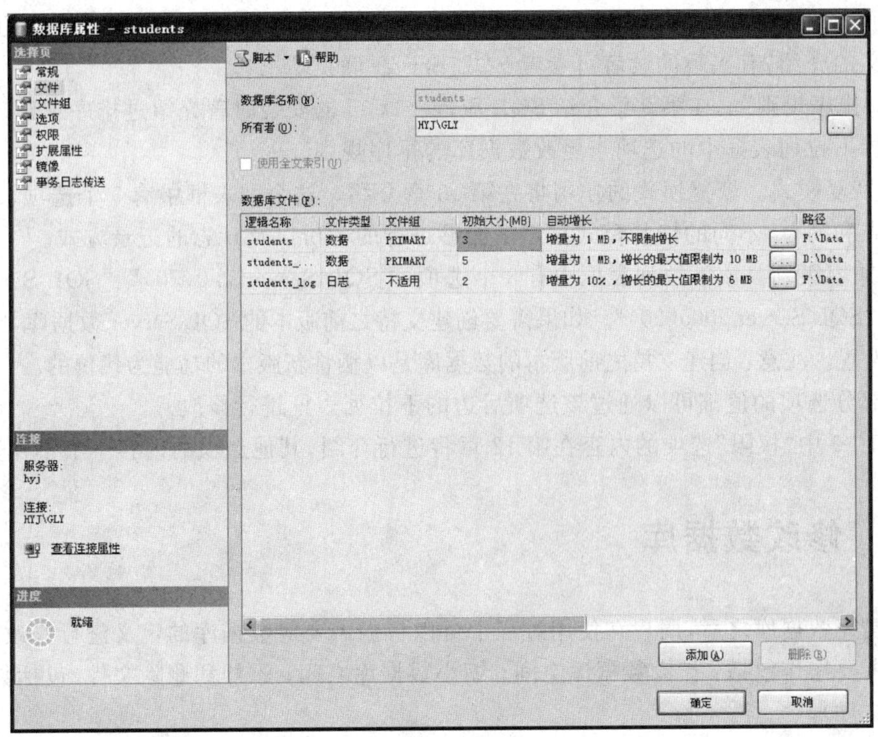

图 10-10　“文件”节点所对应的对话框

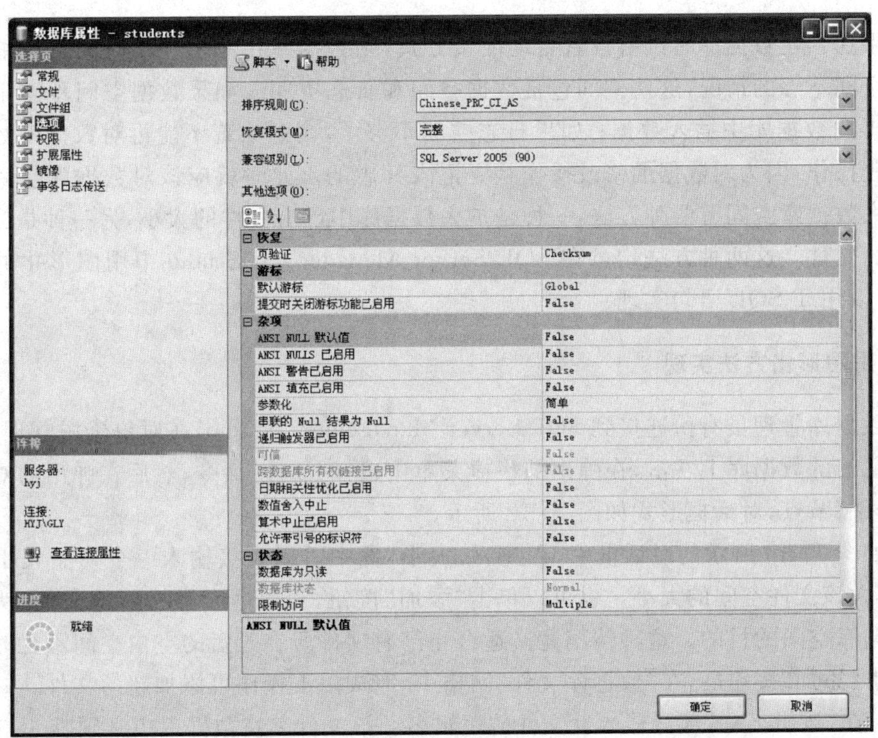

图 10-11　查看和设置数据库选项

下面介绍在如图 10-11 所示的"选项"界面中，上面几个选项的含义（本书略去了对其他选项含义的介绍，有兴趣的读者可参考 SQL Server 联机丛书）。

① "排序规则"。在第 9 章介绍 SQL Server 2005 的安装时曾介绍过排序规则。在这里可以选择下拉列表框中的选项来更改数据库的排序规则。

② 恢复模式。恢复模式的作用将在第 13 章介绍。这个列表框中有 3 个选项：完整、大容量日志和简单，不同的恢复模式决定了能够进行的备份以及日志的记录方式。

③ 兼容级别。该下拉列表框中有 3 个选项："SQL Server 7.0(70)"、"SQL Server 2000(80)"和"SQL Server 2005(90)"。如果需要创建支持之前版本的 SQL Server 数据库，则可在这里进行设置。注意：创建支持之前版本的数据库是以牺牲新版本的功能为代价的。

大部分选项的值都可以通过该选项后边的下拉列表框进行修改。

图 10-9 中"权限"选项的内容在第 12 章将进行介绍，其他选项的内容本书不作介绍。

10.4 修改数据库

创建完数据库之后，用户在使用过程中可以根据需要对数据库的定义进行修改，修改数据库的主要操作包括：扩大数据库空间；缩小数据库空间；添加和删除文件（包括数据文件和日志文件）。

10.4.1 扩大数据库空间

如果在创建数据库时没有设置自动增长方式，则数据库在使用一段时间后可能会出现数据库空间不够的情况，这些空间包括数据空间和日志空间。如果数据空间不够了则意味着不能再向数据库中插入数据；如果日志空间不够了，则意味着不能再对数据库数据进行任何修改操作，因为对数据的修改操作是要记入日志的。此时就应该对数据库空间进行扩大。扩大数据库空间有两种方法，一种是扩大数据库中已有文件的大小，另一种是为数据库添加新的文件。这两种方法均可在 SQL Server Management Studio 中用图形化的方法实现，也可以用 T-SQL 语句实现。

1. 用图形化方法实现

以数据库管理员身份连接到 SQL Server Management Studio，在对象资源管理器中，在要扩大空间的数据库上右击，在弹出的快捷菜单中选择"属性"命令，然后在弹出的对话框中单击"文件"节点，对话框形式如图 10-10 所示。

在如图 10-10 所示的对话框中，在"初始大小"框中可以直接输入一个初始大小更大的值，来扩大该文件空间的大小。也可以单击"添加"按钮，为数据库增加新的文件，从而达到扩大数据库空间的目的。这种情况尤其适合当已有文件所在磁盘的空白空间不足时。

单击"添加"按钮后，在"数据库文件"网格中，完成以下操作可添加新的文件。

(1) 在"逻辑名称"部分输入新文件的逻辑名。该文件名在数据库中必须唯一。

(2) 在"文件类型"列表框中指定文件的类型（"数据"或"日志"）。

(3) 如果是数据文件，则可从列表中选择文件所属的文件组，或选择 ＜新文件组＞ 以创建新的文件组。

（4）在“初始大小”部分指定文件的初始大小。

（5）如果要指定文件的增长方式，可单击“自动增长”列中的[...]按钮，然后从弹出的“自动增长设置”对话框（参见图10-5）中进行相应的设置。

（6）在“路径”部分指定文件的存储位置。

可通过多次单击“添加”按钮添加多个文件。添加完成后单击“确定”按钮，完成添加文件操作，关闭“数据库属性”对话框。

2. 用 T-SQL 语句实现

用 T-SQL 的 ALTER DATABASE 语句可以实现扩大数据库空间的目的，包括增加新的文件和扩大已有文件的初始大小。

扩大数据库空间的 ALTER DATABASE 语句的语法格式为：

```
ALTER DATABASE database_name
{
    <add_or_modify_files>
}
<add_or_modify_files>::=
{
    ADD FILE <filespec> [ ,...n ]
        [ TO FILEGROUP { filegroup_name | DEFAULT } ]
    | ADD LOG FILE <filespec> [ ,...n ]
    | MODIFY FILE <filespec>
```

下面介绍其中各参数的含义。

① database_name：要修改的数据库的名称。

② <add_or_modify_files>::=：指定要添加或修改的文件。

③ ADD FILE：在数据库中添加新数据文件。

④ TO FILEGROUP { filegroup_name | DEFAULT }：说明要将指定文件添加到的文件组。如果指定了 DEFAULT，则将文件添加到当前的默认文件组中。

⑤ <filespec>：同 CREATE DATABASE 语句的<filespec>。

⑥ ADD LOG FILE：在数据库中添加新日志文件。

⑦ MODIFY FILE：指定要修改的文件。一次只能更改一个<filespec>属性。必须在<filespec>中指定 NAME，以标识要修改的文件。如果指定了 SIZE，则新大小必须大于文件当前大小。

通过 MODIFY FILE 选项还可以修改数据文件或日志文件的逻辑名称，可以将数据文件或日志文件移动到新的位置，对具体实现方法有兴趣的读者可参考 SQL Server 2005 联机丛书。

【例 10-4】 为“RShDB”数据库添加一个新的数据文件，逻辑文件名为：RShDB_Data2，物理存储位置为：E:\Data 文件夹，物理文件名为：RShDB_Data2.ndf，初始大小为 6MB，不自动增长。

```
ALTER DATABASE RShDB
```

```
ADD FILE
(
    NAME = RShDB_Data2,
    FILENAME = 'E:\Data\RShDB_Data2.ndf',
    SIZE = 6MB,
    FILEGROWTH = 0
)
```

【例 10-5】 增加 students 数据库中 students 文件的初始大小，将其初始大小改为 8MB。

```
ALTER DATABASE students
MODIFY FILE
(
    NAME = students,
    SIZE = 8MB
)
```

【例 10-6】 为 students 数据库添加一个新的日志文件，逻辑文件名为：students_log1，物理存储位置为：D:\Data 文件夹，物理文件名为：students_log1.ldf，初始大小为 2MB，每次增加 1MB，最多增加到 10MB。

```
ALTER DATABASE students
ADD LOG FILE
(
    NAME = students_log1,
    FILENAME = 'D:\Data\students_log1.ldf',
    SIZE = 2MB,
    FILEGROWTH = 1MB,
    MAXSIZE = 10MB
)
```

10.4.2 收缩数据库空间

如果数据库的空间存在着大量的空白，势必造成磁盘空间的浪费。因为，操作系统将空间分配给数据库之后，就不再使用数据库的这些空间，不管这些空间中有多少浪费，操作系统都不会将这些空白空间收回。这种情况下就可能需要在数据库管理系统中进行收缩数据库空间的操作，以将多余的空白空间还给操作系统。造成数据库空间存在大量浪费的一种情况可能是当数据库运行一段时间后，由于删除了数据库中的大量数据，使数据库所需的空间减少，或者是由于之前对数据库中将要存储的数据量估计有误，造成初始空间过大。收缩数据库就是释放数据库中未使用的空间，并将释放的空间交还给操作系统。

数据文件和事务日志文件的空间都可以收缩，而且可以成组或单独地手动收缩数据库文件，也可以通过设置数据库选项，使其按照指定的间隔自动收缩。

文件的收缩都是从末尾开始的，例如，假设某文件的大小是 5GB，如果希望收缩到 4GB，则数据库引擎将从文件的最后一个 1GB 开始释放尽可能多的空间。如果文件中被释放的空间部分包含使用过的页，则数据库引擎先将这些页重新放置到保留的空间部分，然后再进行收缩。只能将数据库收缩到没有剩余的可用空间为止。例如，如果某个大小为5GB的文件中存有4GB的数据，则在对其进行收缩时，最多只能收缩到4GB。

如果希望数据库能够实现自动收缩，只需将该数据库的“自动收缩”(AUTO_SHRINK)选项设置为“ON”即可(在“数据库属性”对话框的“选项”对应的对话框中，在“自动”部分的“自动收缩”选项)，数据库引擎将自动收缩有可用空间的数据库。默认情况下，该选项被设置为“False”。如果将“自动收缩”选项设置为“True”，则数据库引擎会定期检查数据库空间的使用情况，并减少数据库中文件的大小。该活动是在后台进行的，不会影响数据库中用户的活动。

手动收缩数据库分为两种情况，一种是收缩数据库中某个数据文件或事务日志文件的大小，另一种是收缩整个数据库中全部文件的空间大小。注意，当收缩整个数据库空间的大小时，收缩后各文件的大小不能小于创建这些文件时指定的初始大小。若是收缩某个文件的大小则无此限制。

手动收缩数据库可以通过SSMS图形化地实现，也可以通过T-SQL语句实现。

1. 用SSMS图形化地收缩数据库

收缩数据库的操作包括收缩整个数据库的大小(即收缩其中的每个文件)和收缩指定文件大小两种方式。

(1) 收缩整个数据库的大小

下面介绍在SQL Server Management Studio中图形化地收缩整个数据库的大小的方法。

① 在SQL Server Management Studio的对象资源管理器中，展开“数据库”节点。

② 在要收缩的数据库上右击，然后在弹出的快捷菜单中选择“任务”→“收缩”→“数据库”命令(如图10-12所示，这里假设对“students”数据库进行收缩)。弹出如图10-13所示的对话框。

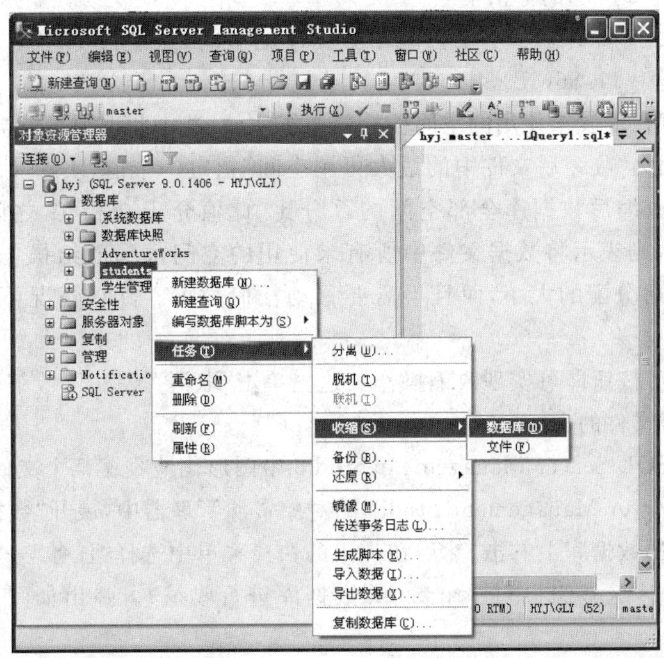

图10-12　选择收缩数据库

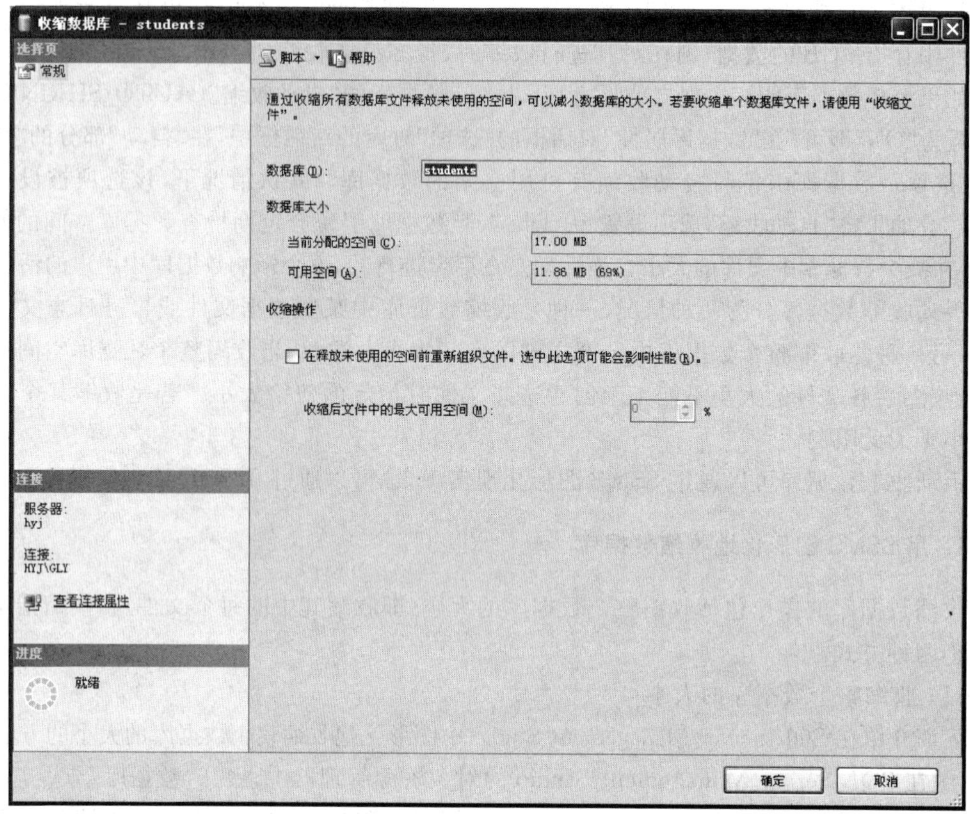

图 10-13 “收缩数据库”对话框

③ 在如图 10-13 所示的对话框中：

- “数据库大小”部分显示了已分配给数据库的空间(这里为 17MB)和数据库的可用空间(这里为 11.86MB)。
- 如果选中“在释放未使用的空间前重新组织文件，选中此选项可能会影响性能”复选框，则必须为“收缩后文件中的最大可用空间”指定一个值，表示收缩后数据库中空白空间占收缩后数据库全部空间的百分比，此值介于 0 和 99 之间。如果不选中该复选框，则表示将数据文件中所有未使用的空间都释放给操作系统，并将文件收缩到最后分配的大小，而且不需要移动任何数据。默认情况下，该选项为未选中状态。

④ 单击“确定”按钮即可实现收缩操作。这里单击“取消”按钮，不收缩数据库。

(2) 收缩某个文件的大小

下面介绍在 SQL Server Management Studio 中图形化地收缩某个文件大小的方法。

① 在 SQL Server Management Studio 的对象资源管理器中，展开“数据库”节点。

② 在要收缩的数据库上右击，然后在弹出的快捷菜单中选择“任务”→“收缩”→“文件”命令(参见图 10-12，这里假设对“students”数据库进行收缩)。弹出如图 10-14 所示的对话框。

③ 在如图 10-14 所示的对话框中，可以进行以下设定。

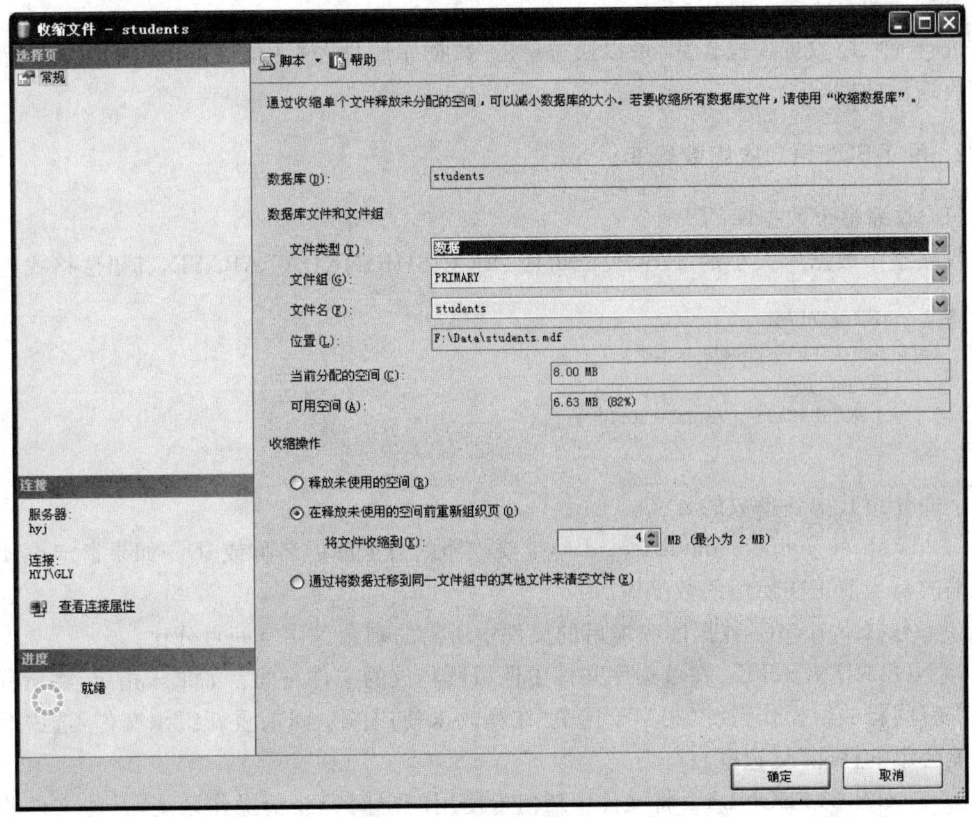

图 10-14　"收缩文件"对话框

- 在"文件类型"下拉列表框中指定要收缩的文件是数据文件还是日志文件(这里选择的是"数据")；
- 如果收缩的是数据文件，可在"文件组"下拉列表框中指定要收缩文件所在的文件组(这里选择的是"PRIMARY")；
- 在"文件名"下拉列表框中指定要收缩的具体文件(这里指定的是"students")。

在"收缩操作"部分进行以下设定。

- "释放未使用的空间"：选中此单选按钮，表示释放文件中所有未使用的空间给操作系统，并将文件收缩到上次分配的大小。这将减小文件的大小，但不移动任何数据。
- "在释放未使用的空间前重新组织页"：若选中此单选按钮，则必须指定"将文件收缩到"值，该值指定文件收缩的目标大小(这里指定的值是：4)。
- "通过将数据迁移到同一文件组中的其他文件来清空文件"：选中此单选按钮后，将指定文件中的所有数据移至同一文件组中的其他文件中，使该文件为空，之后就可以删除该空文件。

④ 单击"确定"按钮，完成对文件的收缩操作。

注意：当收缩整个数据库的大小时，收缩后的所有文件的大小都不能小于创建这些文件时指定的初始大小，或者是上一次进行收缩文件操作时设置的大小。当对某个具体的文件进行收缩时则无此限制。不管是哪种收缩方法，收缩后的文件都不能小于其当前存放数据所占空间的大小。

进行完收缩数据库操作后，可以通过单击“数据库属性”对话框中的“文件”节点查看数据库收缩后的情况。

2. 用 T-SQL 语句收缩数据库

（1）收缩整个数据库的大小

收缩整个数据库大小的 T-SQL 语句是 DBCC SHRINKDATABASE，其语法格式为：

```
DBCC SHRINKDATABASE
( 'database_name' | database_id | 0
    [ ,target_percent ]
    [ , { NOTRUNCATE | TRUNCATEONLY } ]
)
```

下面介绍其中各参数的含义。

① 'database_name' | database_id | 0：要收缩的数据库的名称或 ID。如果指定 0，则表示收缩的是当前正在使用的数据库。

② target_percent：数据库收缩后的文件中所需的剩余可用空间百分比。

③ NOTRUNCATE：在数据库文件中保留所释放的文件空间。如果未指定，将所释放的文件空间释放给操作系统（相当于选中“在释放未使用的空间前重新组织文件，选中此选项可能会影响性能”复选框）。

④ TRUNCATEONLY：将文件中任何未使用的空间释放给操作系统，并将文件收缩到最后分配的大小，从而无需移动任何数据即可减小文件大小。使用 TRUNCATEONLY 时，将忽略 target_percent 选项（相当于不选中“在释放未使用的空间前重新组织文件，选中此选项可能会影响性能”复选框）。

例如，收缩 students 数据库，使该数据库中所有的文件都有 20%的可用空间。

```
DBCC SHRINKDATABASE(students, 20)
```

（2）收缩指定文件的大小

收缩指定文件大小的 T-SQL 语句是 DBCC SHRINKFILE，其语法格式为：

```
DBCC SHRINKFILE
(
    { 'file_name' | file_id }
    { [ , EMPTYFILE ]
    | [ [ , target_size ] [ , { NOTRUNCATE | TRUNCATEONLY } ] ]
    }
)
```

下面介绍其中各参数的含义。

① 'file_name'：要收缩的文件的逻辑名称。

② file_id：要收缩的文件的标识（ID）号。可通过 FILE_ID 函数或在当前数据库查询 sys. database_files 文件获得文件所对应的 ID 号。

③ EMPTYFILE：将指定文件中的所有数据迁移到同一文件组的其他文件中，使该文

件为空。将文件设置为空是为了方便删除该文件(可以使用图形化方法或者是 ALTER DATABASE 语句,参见本书 10.4.3 小节)。当某文件有 EMPTYFILE 选项时,数据库引擎不会再将数据保存在该文件上。

④ target_size:指定收缩后文件的目标大小(用整数表示,单位为 MB)。如果未指定,则 DBCC SHRINKFILE 将文件大小减少到默认文件大小。

该语句不会将文件收缩到小于文件中存储数据所需要的大小。例如,如果大小为 10MB 的数据文件中有 7MB 的数据,如果将 target_size 指定为 6,则该语句只能将该文件收缩到 7MB,而不能收缩到比 7MB 小的空间。

⑤ NOTRUNCATE:将释放的文件空间保留在文件中。如果未指定 NOTRUNCATE,则所有释放的文件空间都返回给操作系统。

⑥ TRUNCATEONLY:将文件中的所有未使用空间都释放给操作系统,并将文件收缩到最后一次分配的大小,从而减小文件的大小。该选项并不移动任何数据。使用 TRUNCATEONLY 时,将忽略 target_size。

例如,将 students 数据库中的 students_data1 文件收缩到 4MB。

```
DBCC SHRINKFILE (students_data1, 4)
```

10.4.3　添加和删除文件

可以添加数据和事务日志文件以扩充数据库空间,也可以删除文件以减小数据库空间。

1. 添加文件

SQL Server 对每个文件组中的所有数据文件都是按比例填充数据的,这使得各文件中存储的数据量与文件中的可用空间成正比,这种方式使得所有数据文件几乎是同时被填满的。例如,假设某文件组中有 DataFile1、DataFile2 和 DataFile3 三个数据文件,每个文件的大小分别为:10MB、20MB 和 30MB。设该文件组中的数据总量为 30MB,则各文件中的数据量分别为:5MB、10MB 和 15MB。其示意图如图 10-15 所示。因此,当添加数据文件时,系统会立刻使用新添加文件。

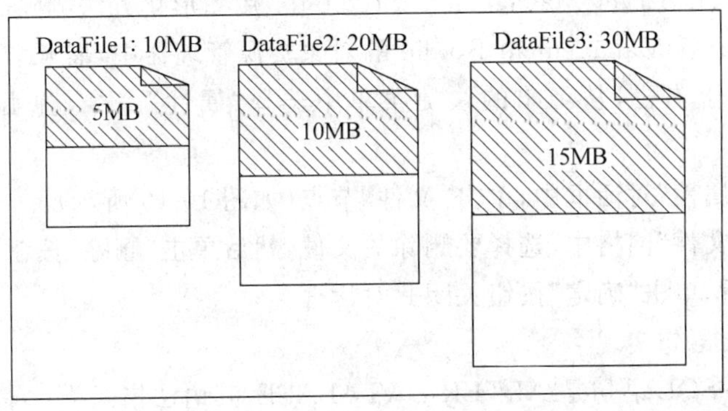

图 10-15　数据文件空间使用情况

事务日志文件的使用方式与数据文件不同，事务日志文件彼此是相互独立的，没有文件组。在向日志文件写入信息时，使用的是填充到满的策略而不是按比例填充策略。即先填充第一个日志文件，第一个日志文件填满后，再填充第二个日志文件，依次类推。因此，当添加日志文件时，系统并不立刻使用该文件，直到其他文件被填充满。

向数据库添加文件时，可以指定文件的初始大小、存放位置、增长方式等属性，这与创建数据库时指定文件属性的方法相同，也可以指定新添加的数据文件所属的文件组。

添加数据库文件可以用图形化方法实现，也可以用 T-SQL 语句实现。

(1) 用图形化方法实现

在 SQL Server Management Studio 中用图形化方法添加数据库文件的方法与扩大数据库空间中的添加文件方法相同，读者可参阅本书 10.4.1 小节。

(2) 用 T-SQL 语句实现

添加数据库文件的 T-SQL 语句是 ALTER DATABASE，具体添加方法参见 10.4.1 小节中的 ALTER DATABASE 的解释和示例。

2. 删除文件

删除数据或事务日志文件是将该文件从数据库中删除。只有当文件中没有数据或事务日志信息，文件完全为空时，才可以从数据库中删除该文件。

若要让某个数据文件为空，需要将该数据文件中的数据移到同一文件组的其他文件中，这可使用 DBCC SHRINKFILE 语句并指定 EMPTYFILE 子句实现(参见本书 10.4.2 小节)。执行了有 EMPTYFILE 子句的 DBCC SHRINKFILE 语句后，SQL Server 就不允许再在该文件中放置数据，因此就可以删除该数据文件了。

但将事务日志数据从一个日志文件移到另一个日志文件后并不能删除该事务日志文件。只有当事务日志文件中不包含任何活动或不活动的事务时，才可以从数据库中删除该日志文件。通过截断事务日志或者是备份事务日志的方法可以清除日志文件中的事务记录。通过备份清除日志文件内容的实现方法将在第 13 章介绍。

删除文件可以用图形化方法实现，也可以用 T-SQL 语句实现。

(1) 用图形化方法实现

下面介绍在 SQL Server Management Studio 中，用图形化方法删除文件的方法。

① 在 SQL Server Management Studio 的对象资源管理器中，展开“数据库”节点，在要删除文件的数据库上右击，从弹出的快捷菜单中选择“属性”命令，弹出“数据库属性”对话框。

② 在“数据库属性”对话框中，单击“文件”节点(如图 10-10 所示)。

③ 在“数据库文件”网格中，选择要删除的文件，然后单击“删除”按钮。

④ 删除完毕后，单击“确定”按钮关闭此对话框。

(2) 用 T-SQL 语句实现

删除文件的 T-SQL 语句是 ALTER DATABASE，其语法格式为：

```
ALTER DATABASE database_name
   REMOVE FILE logical_file_name
```

下面介绍其中各参数的含义。

① database_name：要删除文件的数据库名。

② logical_file_name：被删除文件的逻辑文件名。

【例 10-7】 删除 students 数据库中的 students_data1 文件。

```
ALTER DATABASE students
   REMOVE FILE students_data1
```

【例 10-8】 删除 students 数据库中的 students_log1 文件。

```
ALTER DATABASE students
   REMOVE FILE students_log1
```

10.5 删除数据库

当不再需要某个数据库时，可以把它从 SQL Server 中删除。删除一个数据库，也就删除了该数据库的全部对象，包括数据文件和日志文件也从磁盘上被删除。一旦数据库被删除，它即被永久删除，并且不能再对其进行任何操作，除非之前对数据库进行了备份，并利用备份恢复了数据库。

删除数据库有两种方法：一种是用图形化的方法，另一种方法是用 T-SQL 语句——DROP DATABASE。

1. 用图形化方法实现

在 SQL Server Management Studio 的对象资源管理器中，选中要删除的数据库，然后按 Delete 键，或者在要删除的数据库上右击，然后在弹出的快捷菜单中选择"删除"命令，均弹出如图 10-16 所示的对话框。

在如图 10-16 所示对话框的下面有两个复选框。

①"删除数据库备份和还原历史记录信息"：选中该复选框表示删除完成数据库备份或还原后产生的历史记录信息，不选中表示保留这些历史记录信息。

②"关闭现有连接"：如果某个程序是基于要删除的数据库运行的，或者有打开的设计窗口或查询窗口正连接到该数据库，则选中该复选框将关闭这些连接。被删除的数据库应该是没有任何连接的数据库，这时就可以选中这个复选框关闭该数据库的所有连接，然后再删除之。

在如图 10-16 所示的对话框中单击"确定"按钮即可删除数据库。

注意：不能删除系统数据库，也不能删除用户正在使用的数据库。

2. 用 T-SQL 语句实现

删除数据库的 T-SQL 语句是 DROP DATABASE，该语句的语法格式为：

```
DROP DATABASE database_name [ , … n ]
```

其中：database_name 为要删除的数据库的名称。

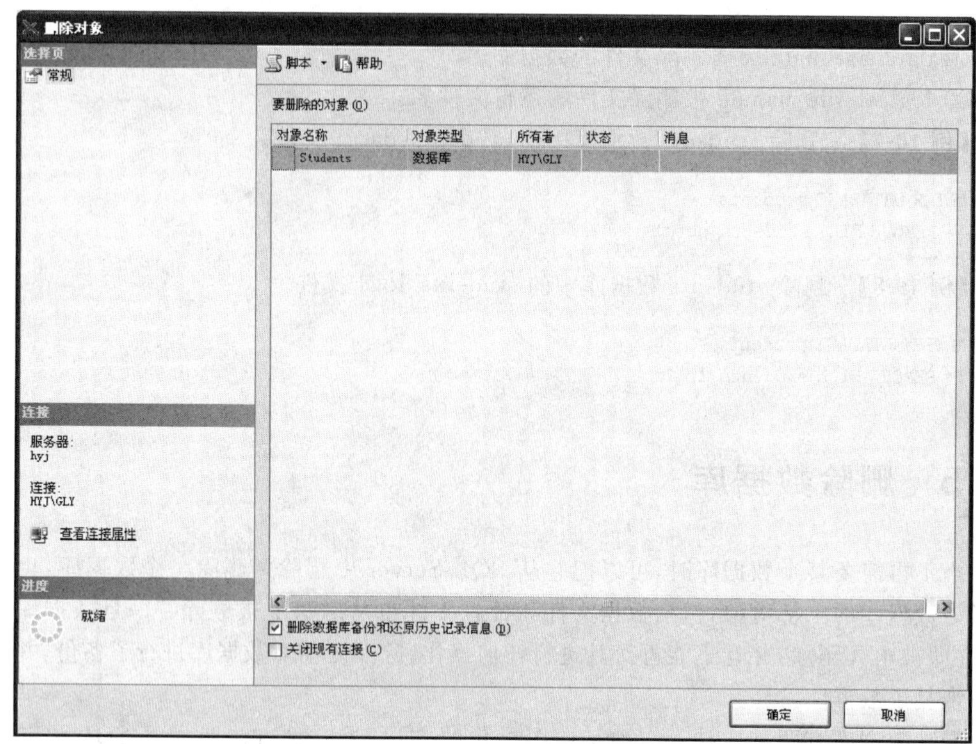

图 10-16　删除数据库

【例 10-9】　删除单个数据库：删除“studnets”数据库。

```
DROP DATABASE students
```

【例 10-10】　同时删除多个数据库：删除“学生管理数据库”和“RShDB”数据库。

```
DROP DATABASE 学生管理数据库, RShDB
```

10.6　分离和附加数据库

分离和附加数据库的操作可以实现将数据库从一台计算机移动到另一台计算机，而不需要重新创建数据库。

可以分离数据库的数据文件和事务日志文件，然后将它们重新附加到同一台数据库服务器的其他 SQL Server 实例中，或者是附加到其他数据库服务器上。如果要将数据库更改到同一台服务器的不同 SQL Server 实例中，或者要移动数据库的数据文件或日志文件的位置，分离和附加数据库是一种有效的方法。

10.6.1　分离数据库

分离数据库是指将数据库从 SQL Server 实例中删除，但不删除数据库中的数据文件和事务日志文件。这与删除数据库不同，删除数据库会将数据库的所有数据文件和日志文件均删除,而分离数据库会保持数据库的数据文件和日志文件的完整和一致。

数据库被分离后用户就不能再使用该数据库了,分离数据库实际就是让数据库的数据文件和日志文件不受数据库管理系统的管理,使用户可以将数据库的数据文件和日志文件复制到另一台计算机上或者是同一台计算机的其他地方。

分离数据库可以用图形化的方法实现,也可以通过 T-SQL 语句实现。

1. 用图形化方法实现

下面介绍在 SQL Server Management Studio 中分离数据库的方法。

(1) 在 SQL Server Management Studio 的对象资源管理器中,连接到 SQL Server 的某个实例上,展开该实例。

(2) 展开"数据库"节点,在要分离的数据库上右击,在弹出的快捷菜单中选择"任务"→"分离"命令,弹出如图 10-17 所示的对话框(假设这里分离的是 students 数据库)。

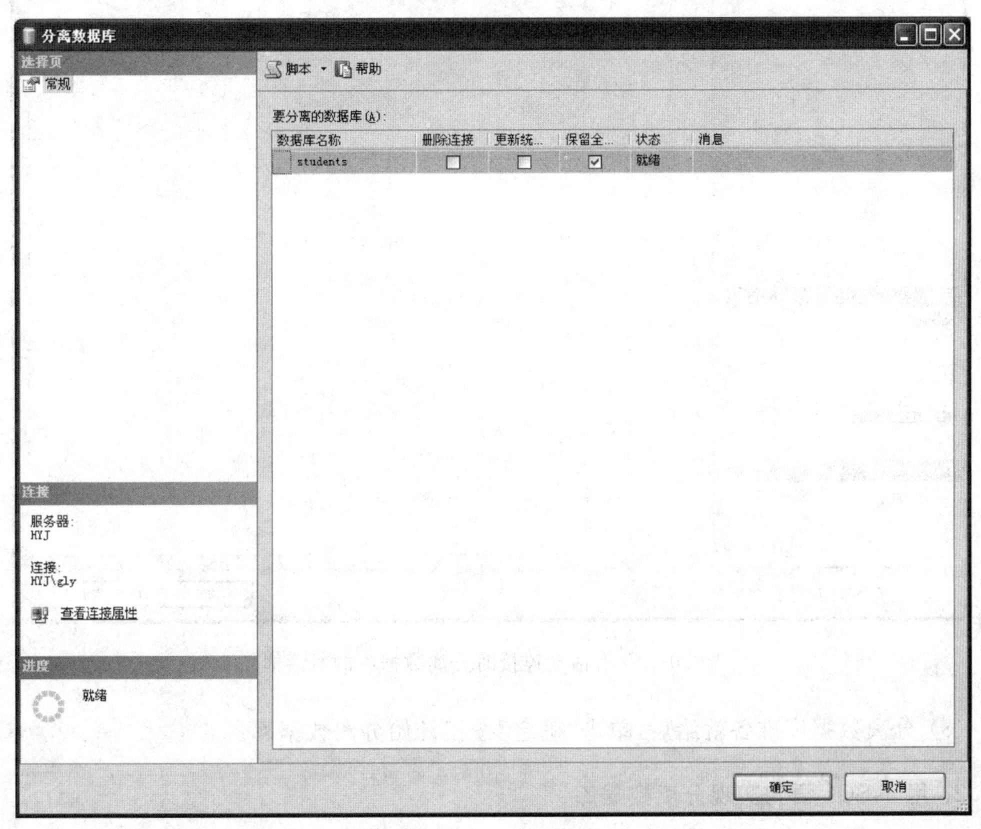

图 10-17 "分离数据库"对话框

(3) "要分离的数据库"网格中的"数据库名称"列中显示了要分离的数据库名,用户可在此验证这是否为要分离的数据库。

(4) 默认情况下,分离操作将在分离数据库时保留过期的优化统计信息。若要更新现有的优化统计信息,可选中"更新统计信息"复选框。

(5) 默认情况下,分离操作将保留所有与数据库关联的全文目录。若要删除全文目录,则取消选中“保留全文目录”复选框。

(6)“状态”列显示了当前数据库的状态(“就绪”表示可以被分离;“未就绪”表示不可以被分离)。

(7)如果状态是“未就绪”,则“消息”列将显示未就绪原因的超链接信息,如图10-18所示。当被分离的数据库有一个或多个活动连接时,“消息”列将显示有多少个活动连接(如图10-18中的“1活动连接”)。因此在分离数据库之前,必须选中“删除连接”复选框来断开所有与数据库的活动连接。

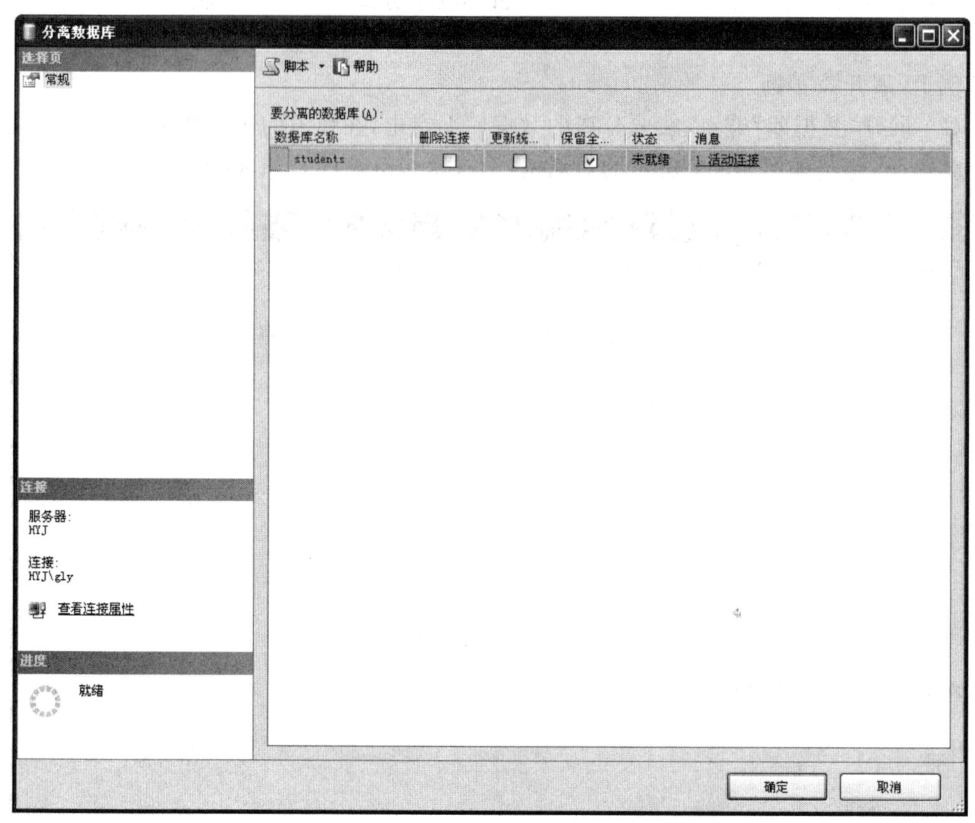

图10-18 有活动连接时分离数据库的对话框

(8)分离数据库准备就绪后,单击“确定”按钮开始分离数据库。

2. 用T-SQL语句实现分离数据库

分离数据库使用的是sp_detach_db系统存储过程,其语法格式为:

```
sp_detach_db [ @dbname = ] 'dbname'
    [ , [ @skipchecks = ] 'skipchecks' ]
    [ , [ @KeepFulltextIndexFile = ] 'KeepFulltextIndexFile' ]
```

下面介绍其中各参数的含义。

① [@dbname =] 'dbname':要分离的数据库名称。

② [@skipchecks =] 'skipchecks'：指定跳过还是运行“更新统计信息”。skipchecks 的数据类型为 nvarchar(10)，默认值为 NULL。如果要跳过“更新统计信息”，则指定 True；如果要显式运行“更新统计信息”，则指定 False。

③ [@KeepFulltextIndexFile =] 'KeepFulltextIndexFile'：指定在数据库分离操作过程中是否保留“全文目录”。KeepFulltextIndexFile 的数据类型为 nvarchar(10)，默认值为 True。如果 KeepFulltextIndexFile 为 NULL 或 False，则会删除与数据库关联的所有全文索引文件以及全文索引的元数据。

例如，分离 students 数据库，并跳过“更新统计信息”。

```
EXEC sp_detach_db 'students', 'true'
```

10.6.2 附加数据库

与分离数据库对应的操作是附加数据库。附加数据库就是将分离的数据库重新附加到数据库管理系统中，可以附加到本机的另一个 SQL Server 实例上，也可以附加到另一台数据库服务器上。在附加数据库之前，应先将要附加的数据库所包含的全部数据文件和日志文件放置到合适的位置。

在附加数据库时，必须指定主数据文件的物理存储位置和文件名，因为主数据文件中包含查找组成该数据库的其他文件所需的信息。如果在复制数据库文件时，更改了其他文件(包括辅助数据文件和日志文件)的存储位置，则还应该明确指出所有已改变了位置的文件的存储信息。否则，SQL Server 将试图基于存储在主数据文件中的文件位置信息附加其他文件，而这将导致附加数据库失败。

附加数据库可以用图形化的方法实现，也可以通过 T-SQL 语句实现。下面以附加之前分离的 students 数据库为例，说明附加的过程。

1. 用图形化方法实现

下面介绍在 SQL Server Management Studio 中附加数据库的方法。

(1) 在 SQL Server Management Studio 的对象资源管理器中，连接到要附加数据库的 SQL Server 实例上，展开该实例。

(2) 在“数据库”节点上右击，在弹出的快捷菜单中选择“附加”命令，弹出如图 10-19 所示的对话框。

(3) 在如图 10-19 所示的对话框中，单击“添加”按钮，然后在弹出的“定位数据库文件”对话框中指定 students 数据库的主数据文件所在的磁盘位置，并选中主数据文件(这里是 F:\Data 文件夹下的 students.mdf)，单击“确定”按钮，指定好文件后的“附加数据库”对话框如图 10-20 所示。

(4) 如果在附加数据库时要更改数据库的名字，可在“附加为”框中指定新的数据库名。

(5) 单击“确定”按钮完成附加数据库操作。

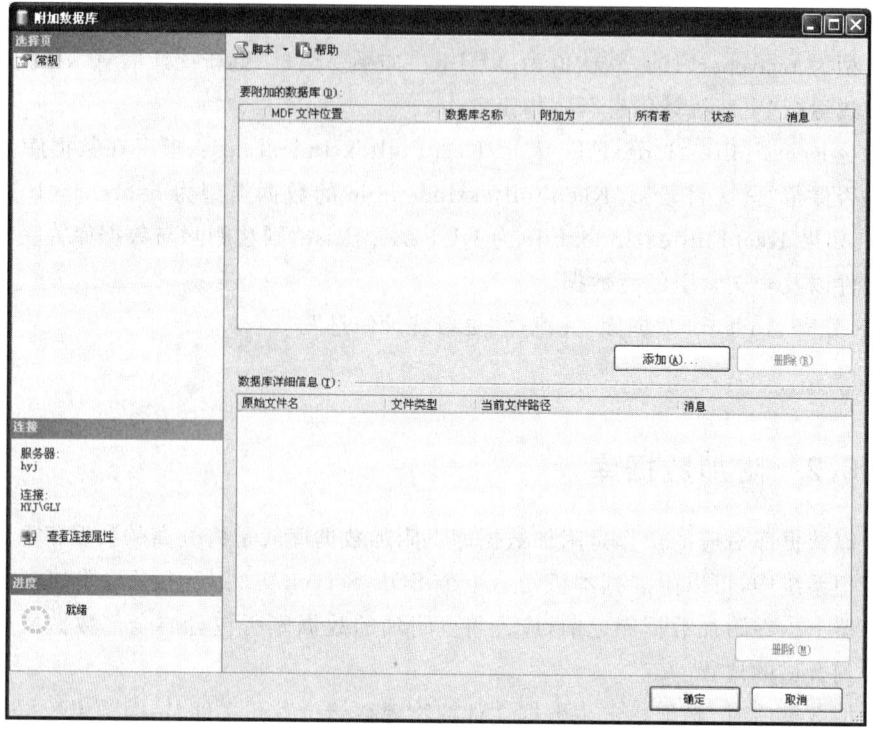

图 10-19 “附加数据库”对话框

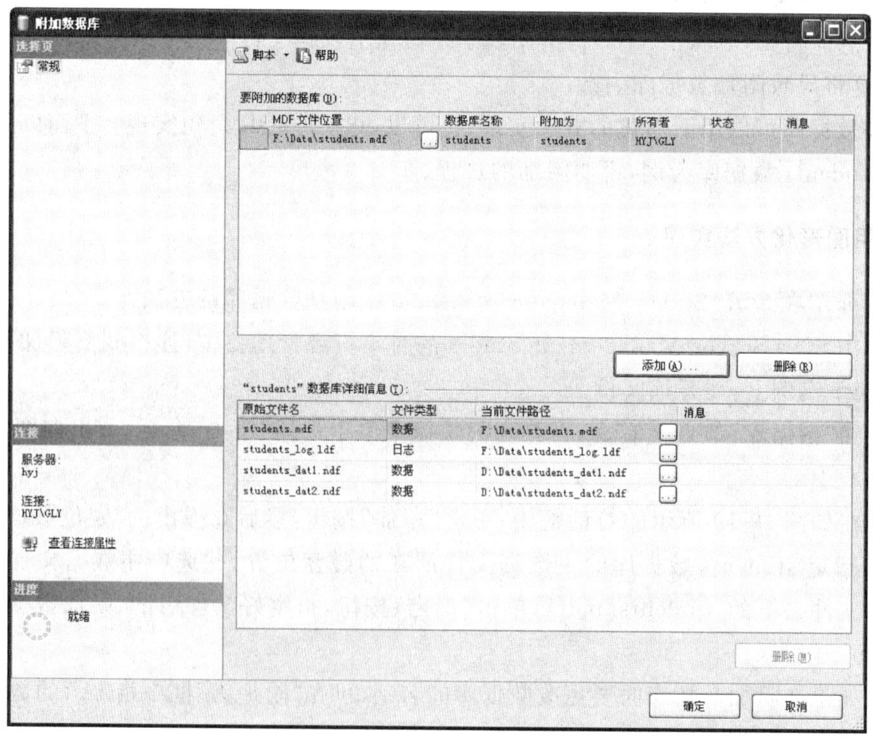

图 10-20 指定好文件后的“附加数据库”对话框

2. 用 T-SQL 语句实现

附加数据库的 T-SQL 语句是 CREATE DATABASE，语法格式如下：

```
CREATE DATABASE database_name
    ON <filespec> [ ,...n ]
    FOR { ATTACH | ATTACH_REBUILD_LOG }
```

下面介绍其中各参数的含义。

① database_name：要附加的数据库名。

② <filespec>：同创建数据库语句的<filespec>，用于指定要附加的数据库的主数据文件。

③ FOR ATTACH：指定通过附加一组现有的操作系统文件来创建数据库。必须有一个指定主数据文件的<filespec> 项。至于其他文件的<filespec>项，只需要指定与第一次创建数据库或上一次附加数据库时路径不同的文件即可。

FOR ATTACH 对数据库文件具有如下要求：

- 所有数据文件(MDF 和 NDF)都必须可用；
- 如果存在多个日志文件，这些文件也都必须可用。

④ FOR ATTACH_REBUILD_LOG：指定通过附加一组现有的操作系统文件来创建数据库。该选项只限于可读/写的数据库。如果缺少一个或多个事务日志文件，将重新生成日志文件。必须有一个指定主数据文件的<filespec>项。

FOR ATTACH_REBUILD_LOG 有如下要求：

- 通过附加来创建的数据库是关闭的；
- 所有数据文件(MDF 和 NDF)都必须可用。

FOR ATTACH_REBUILD_LOG 选项通常用于将有大型日志的可读/写数据库复制到另一台服务器上，在这台服务器上，将频繁使用数据库副本或仅用于读操作，因而所需的日志空间要少于原始数据库的日志空间。

【例 10-11】 附加之前分离的 students 数据库。

```
CREATE DATABASE students
  ON (FILENAME = 'F:\Data\students.mdf')
  FOR ATTACH
```

【例 10-12】 假设已对 students 数据库进行了分离操作，并将其中的"students_data1.ndf"文件和"students_log1.ldf"文件均移动到了"F:\Data"文件夹下(分离前这两个文件均在"D:\Data"文件夹下)。移动数据库文件后，附加该数据库。

```
CREATE DATABASE students
  ON ( FILENAME = 'F:\Data\students.mdf'),
     ( FILENAME = 'F:\Data\students_data1.ndf'),
     ( FILENAME = 'F:\Data\students_log1.ldf')
  FOR ATTACH
```

10.7 小结

数据库是存放数据和各种数据库对象的场所。为维护系统正常运行,SQL Server将数据库分为系统数据库和用户数据库两大类。系统数据库是SQL Server数据库管理系统自己创建和维护的,用户不能删除和更改系统数据库中的系统信息。用户数据库用于存放用户自己的业务数据,由用户负责管理和维护。

本章对创建、管理和删除数据库进行了详细的介绍。SQL Server 2005的数据库由数据文件和日志文件组成,而且每个数据库至少包含一个主数据文件和一个日志文件,用户数据库的主数据文件的大小不能小于model数据库的主数据文件的大小。为了能充分利用多个磁盘的存储空间,同时也为了提高数据的访问效率,可以将数据文件和日志文件分别建立在不同的磁盘上。

SQL Server将数据文件按文件组的形式组织,一个数据库可以包含多个文件组,每个文件组可用于分类存放不同的数据文件。文件组中至少有一个是PRIMARY文件组,该文件组主要用于存放系统信息,数据库的主数据文件一定是存放在该文件组中的。

创建数据库实际上就是定义数据库所包含的数据文件和日志文件,定义这些文件的基本属性。定义好数据文件也就定义好了数据库三级模式中的内模式。数据库中的数据文件和日志文件的属性是一样的,这些文件都有逻辑文件名、物理存储位置、初始大小、增长方式和最大大小限制五个属性。数据库创建完成之后,可以对数据库进行修改,主要的修改操作包括扩大和缩小数据库空间,创建和更改数据库的文件组,更改数据库的所有者等。当不再需要某个数据库时,可以将其删除,删除数据库也就删除了此数据库所包含的全部数据文件和日志文件。

当希望将数据库从一台服务器复制到另一台服务器时,可以使用分离和附加数据库的方法来实现。分离数据库是将数据库从数据库管理系统中删除,但并不删除数据库的文件,因此可以使用附加技术将分离后的数据库再附加到数据库管理系统中。利用分离和附加数据库技术还可以实现将数据库从低版本向高版本的升级。

习题

1. 根据数据库的用途的不同,SQL Server将数据库分为哪两类?
2. 安装完SQL Server之后系统提供了哪些系统数据库?每个系统数据库的作用是什么?
3. 文件组的作用是什么?每个数据库至少包含几个文件组?
4. 数据库的系统信息存放在哪个文件组中?用户能删除这个文件组吗?
5. SQL Server数据库由哪两类文件组成?这些文件的推荐扩展名分别是什么?
6. SQL Server数据库可以包含几个主数据文件?几个辅助数据文件?几个日志文件?
7. 数据文件和日志文件分别包含哪些属性?

8. SQL Server 中数据的存储单位是什么？存储单位对存储数据有何限制？

9. SQL Server 2005 每个数据页的大小是多少？数据页的大小对表中一行数据大小的限制有何关系？

10. 如何估算某个数据表所占的存储空间？如果某个数据表包含 20000 行数据，每行的大小是 5000 字节，则此数据库表大约需要多少存储空间？在这些存储空间中，有多少空间是浪费的？

11. 用户创建数据库时，对数据库主数据文件的初始大小有什么要求？

上机练习

1. 分别用图形化方法和 CREATE DATABASE 语句创建符合以下条件的数据库。

数据库的名字为：students。

数据文件的逻辑文件名为：students_dat，物理文件名为：students.mdf，存放在 D:\Test 目录下(若 D:中无此子目录，可先建立此目录，然后再创建数据库)。

文件的初始大小为：5MB。

增长方式为自动增长，每次增加 1MB。

日志文件的逻辑文件名字为：students_log，物理文件名为：students.ldf，也存放在 D:\Test 目录下。

日志文件的初始大小为：2MB。

日志文件的增长方式为自动增长，每次增加 10%。

2. 分别用图形化方法和 CREATE DATABASE 语句创建符合以下条件的数据库，此数据库包含两个数据文件和两个事务日志文件。

数据库的名字为：财务数据库。

数据文件 1 的逻辑文件名为：财务数据 1，物理文件名为：财务数据 1.mdf，存放在 D:\财务数据目录下(若 D:中无此子目录，可先建立此目录，然后再创建数据库)。

文件的初始大小为：2MB。

增长方式为自动增长，每次增加 1MB。

数据文件 2 的逻辑文件名为：财务数据 2，物理文件名为：财务数据 2.mdf，存放在与主数据文件相同的目录下。

文件的初始大小为：3MB。

增长方式为自动增长，每次增加 10%。

日志文件的名字为：财务日志。

日志文件 1 的逻辑文件名为：财务日志 1，物理文件名为：财务日志 1_log.ldf，存放在 D:\财务日志目录下。

文件的初始大小为：1MB。

增长方式为自动增长，每次增加 10%。

日志文件 2 的逻辑文件名为：财务日志 2，物理文件名为：财务日志 2_log.ldf，存放在 D:\财务日志目录下。

初始大小为：2MB。

不自动增长。

3. 在 SQL Server Management Studio 中查看在第 1,第 2 题所建的数据库的选项。

4. 删除新建立的“财务数据库”,观察该数据库包含的文件是否一起被删除了。

5. 分别用图形化方法和 T-SQL 语句对第 1 题所建的“students”数据库空间进行如下扩展:增加一个新的数据文件,文件的逻辑名为“students_dat2”,物理文件名为“students2. mdf,”存放在 D:\Test 目录下,文件的初始大小为:2MB,不自动增长。

6. 将第 5 题新添加的“students_dat2”文件的初始大小改为 6MB。

7. 分别用图形化方法和 T-SQL 语句对扩展后的“students”数据库进行如下缩小:

(1) 将“students”数据库缩小到使数据库中的空白空间为 60%;

(2) 将数据文件“students_dat”的初始大小缩小为 3MB。

8. 分别用图形化方法和 T-SQL 语句实现如下分离和附加数据库的操作:

首先分离新建立的 students 数据库,然后将此数据库所包含的全部文件(包括数据文件和日志文件)移动到计算机的 D:\students_db 文件夹下(首先建立好该文件夹),然后再将该数据库附加回计算机的数据库管理系统中。

第11章 数据库对象的创建与管理

SQL Server 支持在一个实例中创建多个数据库,一个数据库中可以包含关系表、视图、索引等数据库对象。在本书第 3 章介绍了如何用 SQL 语句定义关系表,在第 5 章介绍了视图和索引的概念和作用,同时还介绍了如何用 SQL 语句创建视图和索引。本章将介绍如何在 SQL Server 2005 中创建和管理关系表、视图和索引。

11.1 基本表的创建与管理

在第 3 章已经介绍了如何使用 SQL 语句定义表及其约束,本节将介绍如何在 SQL Server 2005 中利用图形化的方法创建表及定义表的完整性约束。

11.1.1 创建表

在 SQL Server 2005 中可以通过图形化的方法创建表、定义表的完整性约束。这里以第 3 章创建的 Student、Course 和 SC 表为例说明图形化建表的方法。

首先以创建 Student 表为列,说明表的创建过程,在表 11-1 中列出了 Student 表的结构。

表 11-1 Student 表结构

列 名	含 义	数据类型	约 束
Sno	学号	CHAR(7)	主键
Sname	姓名	NCHAR(5)	非空
Ssex	性别	NCHAR(1)	
Sage	年龄	TINYINT	
Sdept	所在系	NVARCHAR(20)	

使用 SQL Server Management Studio 工具图形化地创建 Student 表有以下几个步骤(假设是在“students”数据库中创建这 3 张表)。

(1) 在 SQL Server Management Studio 的对象资源管理器中,展开包含 students 数据库的实例,并展开“students”数据库。

(2) 在“students”数据库下的“表”节点上右击,在弹出的快捷菜单中选择“新建表”命令,在 SQL Server Management Studio 窗口的中间部分将多出一个新建表的选项卡,称为表设计器,如图 11-1 所示。

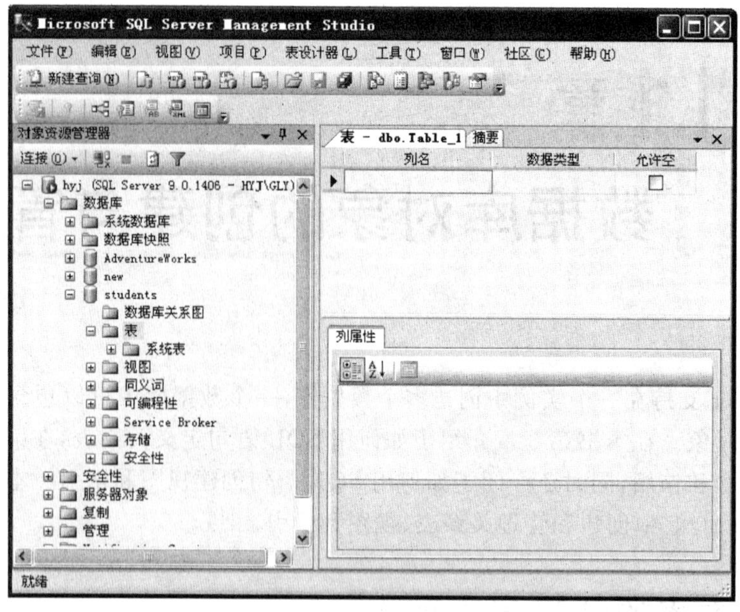

图 11-1 新建表的表设计器

(3) 在“列名”部分输入表中各列的名字，在“数据类型”部分指定对应列的数据类型。“允许空”复选框表示该列取值是否允许有 NULL 值，选中表示允许 NULL，不选中表示不允许 NULL。

(4) 如图 11-2 所示为输入第一个列 Sno 后的情形，在输入列名后，即可在“数据类型”下拉列表框中指定该列的数据类型。如果是字符类型，则还应指定字符串长度(默认的长度是 10)，也可以在窗口右下角的“列属性”窗格中指定列的数据类型、长度以及是否允许为空等。

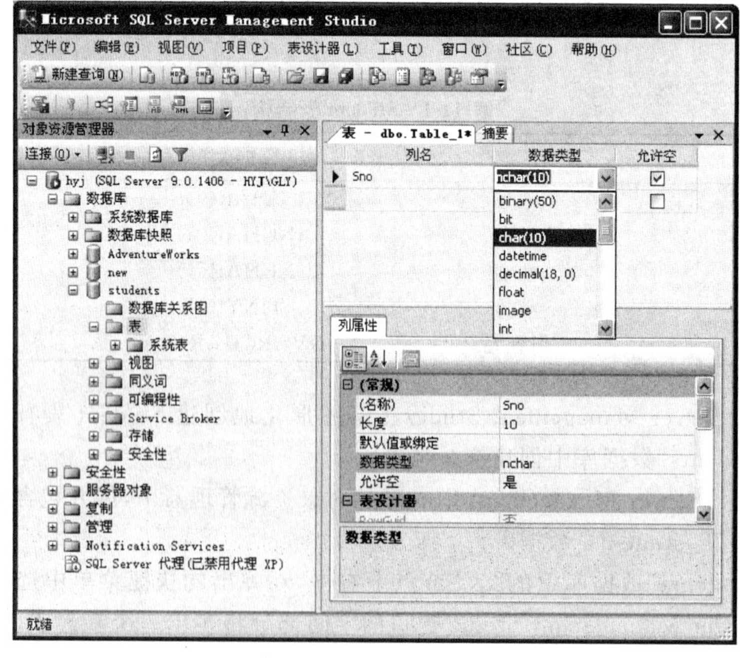

图 11-2 输入列名后的情形

(5) 依次定义 Student 表的后续列。定义好 Student 表的各列后，表设计器形式如图 11-3 所示。

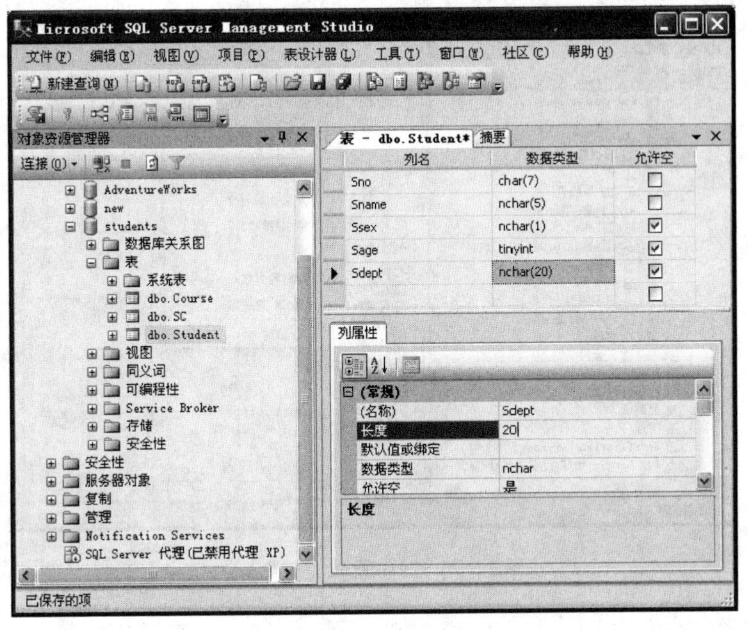

图 11-3　定义好 Student 表后的情形

(6) 定义好表结构之后，单击工具栏上的“保存”按钮，或者是选择“文件”菜单下的“保存”命令，均弹出如图 11-4 所示的“选择名称”对话框，在此对话框的“输入表名称”文本框中可以指定表的名字，如图 11-4 所示的“Student”。

图 11-4　“选择名称”对话框

(7) 单击“确定”按钮保存表的定义。

11.1.2　定义完整性约束

在 SSMS 工具中也可以用图形化的方法定义在第 3 章介绍的完整性约束，包括主键、外键、CHECK、UNIQUE 和 DEFAULT 约束。

1. 定义主键约束

下面介绍在 SSMS 中定义主键的方法。

(1) 在要定义主键的表设计器中(假设是 Student 表)，单击主键列(Sno)前边的行选择器，选中 Sno 列。若主键由多个列组成(比如 SC 表的主键是 Sno,Cno)，则可在单击其他主键列时按住 Ctrl 键，以达到同时选中多个列的目的。

(2) 单击工具栏上的“设置主键”按钮，或者是在主键列上右击，然后在弹出的快捷菜单中选择“设置主键”命令(如图 11-5 所示)，均可将选中的列设置为主键。

设置好主键后，在主键列的行选择器上会出现一个钥匙图标，如图 11-6 所示。

图 11-5　选择"设置主键"命令

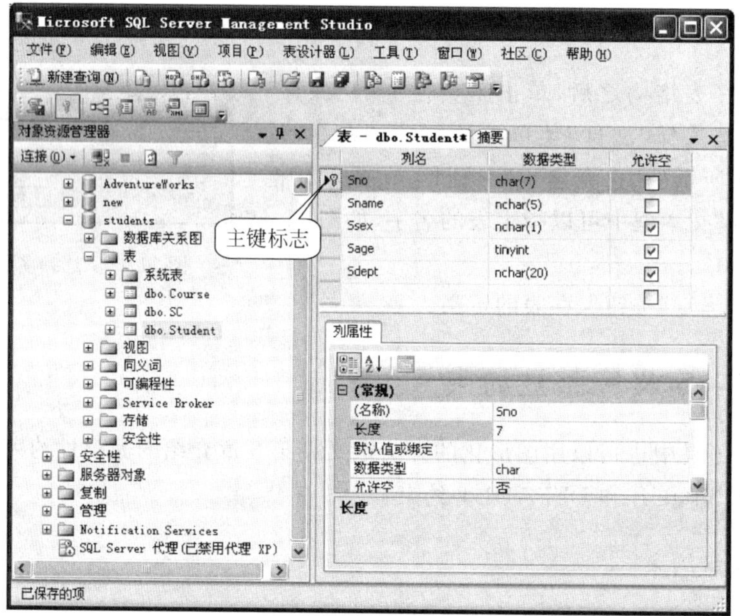

图 11-6　设置好 Student 表的主键后的情形

(3) 单击"保存"按钮保存表的定义。

2. 定义外键约束

下面介绍定义外键约束的方法。按照前述 Student 表的创建方法,创建好第 3 章表 3-8 和表 3-9 的 Course 表和 SC 表。在 SC 表中,除了定义主键之外,还需要定义外键。定义好

SC 表后的形式如图 11-7 所示。

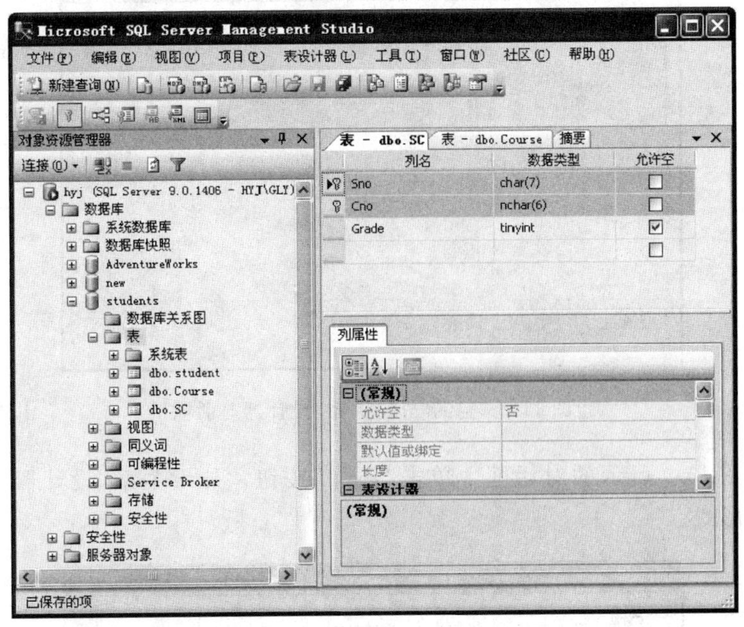

图 11-7　定义好 SC 表后的情形

下面开始定义 SC 表的外键，有以下几个步骤。

(1) 在如图 11-7 所示窗口中，单击工具栏上的"关系"按钮，或者是在表的任一列上右击，然后在弹出的快捷菜单中选择"关系"命令(如图 11-8 所示)，均弹出如图 11-9 所示的"外键关系"设计器对话框，这时候这个对话框还是空的。

图 11-8　选择"关系"命令

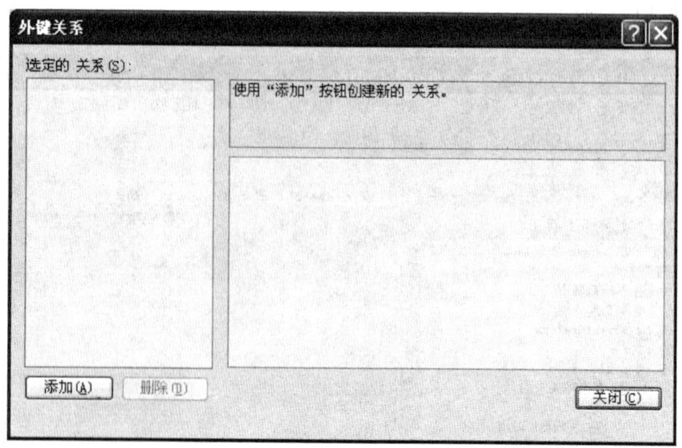

图 11-9　空的“外键关系”设计器对话框

(2) 在如图 11-9 所示的对话框中单击“添加”按钮，“外键关系”设计器对话框变成如图 11-10 所示形式。

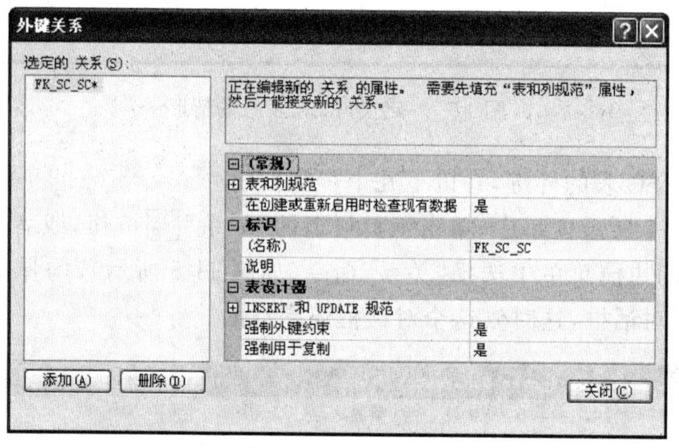

图 11-10　有内容的“外键关系”设计器对话框

(3) 在如图 11-10 所示的对话框中，在“选定的关系”列表框中列出了系统提供的默认关系名称(FK_SC_SC)，名称格式为 FK_<tablename>_<tablename>，其中 tablename 是外键表的名称。选中该关系。

(4) 展开对话框右边的“表和列规范”选项，然后单击右边出现的按钮(如图 11-11 所示)，弹出如图 11-12 所示的“表和列”对话框。

(5) 在如图 11-12 所示对话框中，从“主键表”下拉列表中选择外键所引用的主键所在的表，这里选中“Student”表。

(6) 在如图 11-12 所示的“主键表”下边的网格中，单击第一行，当出现按钮时，单击此按钮，从列表框中选择外键所引用的主键列，这里选择“Sno”，如图 11-13 所示。

(7) 在指定好外键之后，在“关系名”部分系统自动对名字进行了更改，如这里是 FK_SC_Student。用户可以更改此名，也可以采用系统提供的名字，这里不做修改。

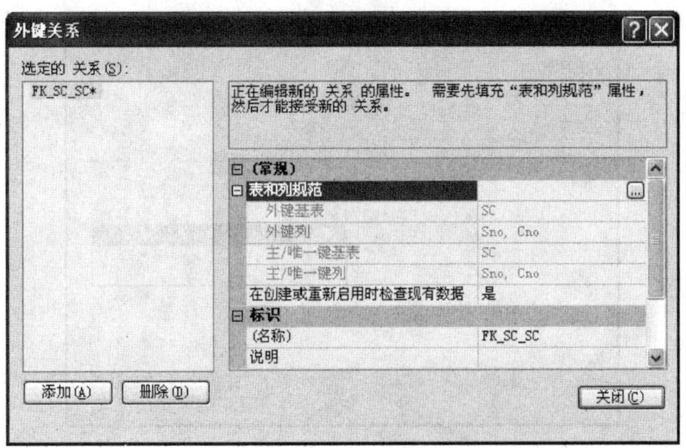

图 11-11 展开"表和列规范"后的对话框形式

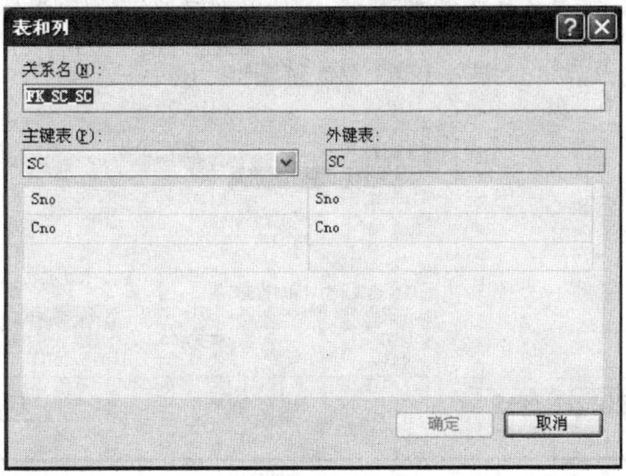

图 11-12 指定外键列和所引用的主键列的对话框

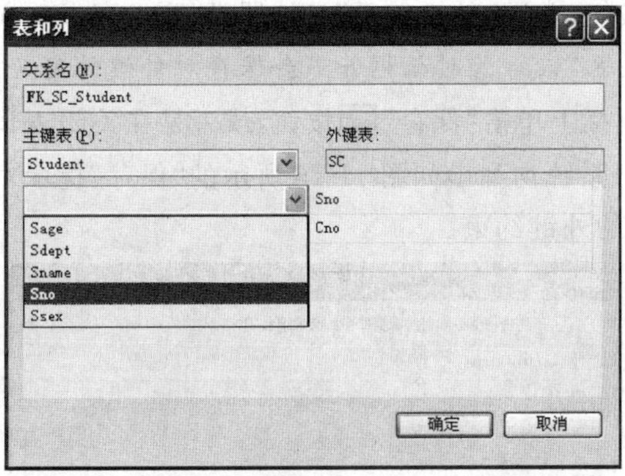

图 11-13 选择 Student 表和 Sno 列

(8) 在右边的"外键表"下面的网格中，单击"Cno"列，然后单击出现的 ▾ 按钮，从列表框中选择"＜无＞"选项，如图 11-14 所示。表示目前定义的外键不包含 Cno。

(9) 单击"确定"按钮，关闭"表和列"对话框，回到如图 11-15 所示的"外键关系"设计器对话框。至此，定义好了 SC 表的 Sno 外键。按同样的方法定义 SC 表的 Cno 外键。

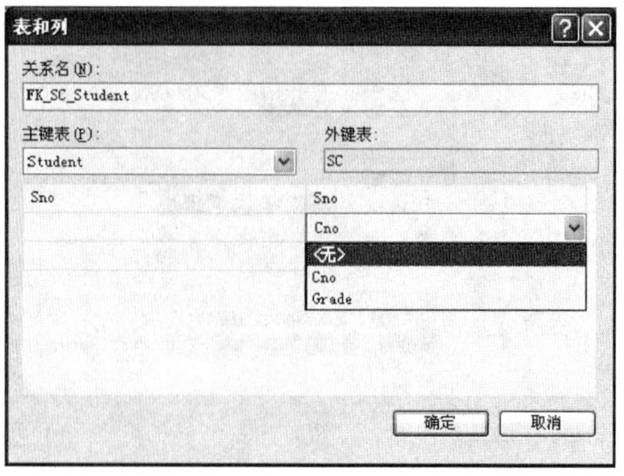

图 11-14 在 Cno 的下拉列表框中选择“＜无＞”

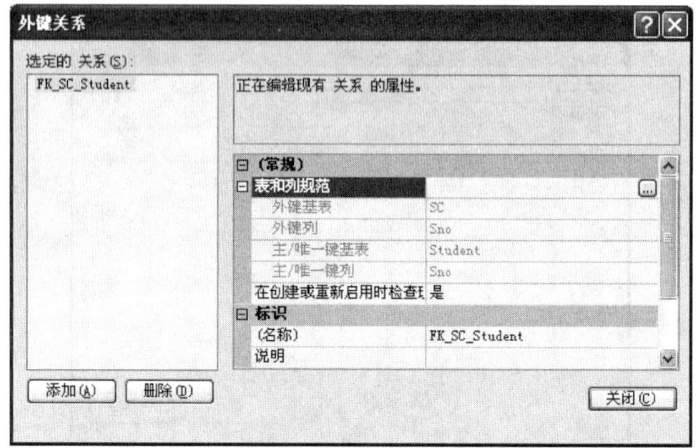

图 11-15 定义好 Sno 外键后的对话框

(10) 单击“关闭”按钮，关闭“外键关系”设计器，回到 SQL Server Management Studio。

注意：关闭“外键关系”设计器对话框并不会保存对外键的定义。

(11) 在 SSMS 工具栏上单击“保存”按钮，或者是在关闭表设计器时，在弹出的提示对话框中单击“是”按钮，系统均弹出如图 11-16 所示的“保存”提示对话框，在此对话框中单击“是”按钮保存所定义的外键约束。

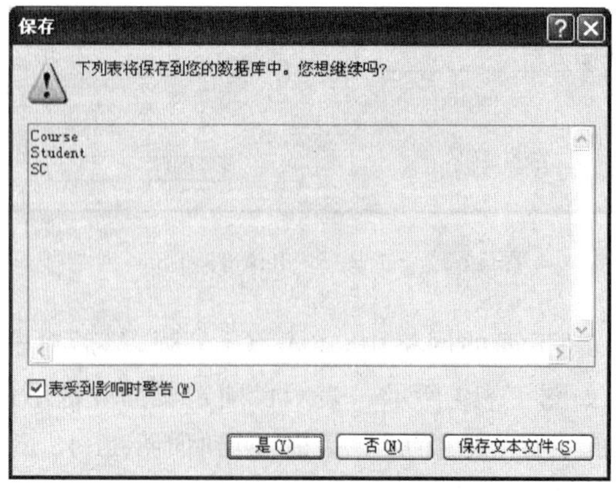

图 11-16 “保存”提示对话框

3. 定义 UNIQUE 约束

UNIQUE 约束用于定义列的取值不重复。这里假设要为 Student 表的 Sname 列添加 UNIQUE 约束。在 SSMS 中定义 UNIQUE 约束有以下几个步骤。

(1) 在 SSMS 的对象资源管理器中展开"Students"数据库,然后展开其中的"表"节点,在要设置 UNIQUE 约束的 Student 表上右击,在弹出的快捷菜单中选择"修改"命令,出现 Student 的表设计器选项卡。

(2) 单击工具栏上的"管理索引和键"按钮,或者是在该表的列上右击,然后在弹出的快捷菜单中选择"索引/键"命令,均弹出如图 11-17 所示的定义"索引/键"对话框。在该对话框中,可以看到左边的"选定的主/唯一键或索引"列表框中已有一项: PK_Student,这是系统自动为主键列定义的索引。

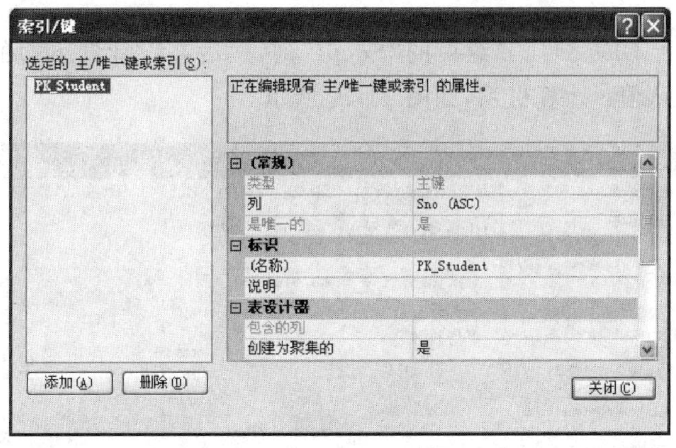

图 11-17 "索引/键"对话框

(3) 在如图 11-17 所示的对话框中,单击"添加"按钮,然后在右边"(常规)"中的"类型"选项中,在其对应的下拉列表框中选择"唯一键"选项,如图 11-18 所示。实际上,数据库管理系统是用唯一索引来实现 UNIQUE 约束的,因此,定义 UNIQUE 约束,实际上就是建立了一个唯一索引。

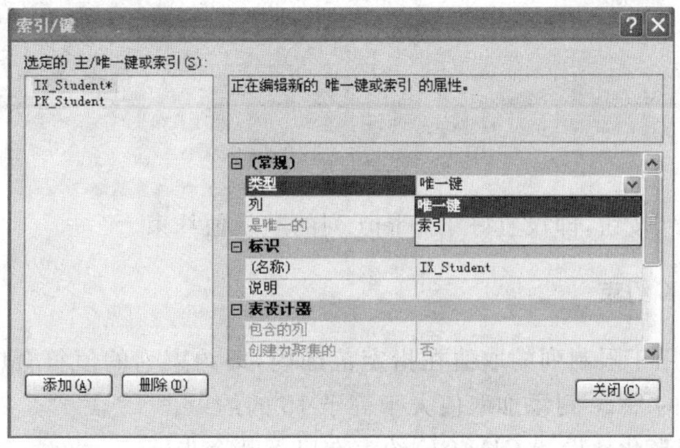

图 11-18 选择"唯一键"选项

(4) 在"索引/键"对话框的"(名称)"框中可以修改 UNIQUE 约束的名字,也可以采用系统提供的名字(这里是: IX_Student),这里不进行修改。

(5) 单击"关闭"按钮,关闭创建唯一值约束窗口,回到 SSMS,在 SSMS 上单击"保存"按钮,然后在弹出的"保存"提示对话框中,单击"是"按钮保存新定义的约束。

4. 定义 DEFAULT 约束

在第 3 章已经介绍过,DEFAULT 约束用于指定列的默认值。现在假设要为 Student 表的 Sdept 列定义默认值: 计算机系。

在 SSMS 中图形化地设置 DEFAULT 约束有以下几个步骤。

(1) 在 SSMS 的对象资源管理器中展开"students"数据库并展开其下的"表"节点,在"Student"表上右击,在弹出的快捷菜单中选择"修改"命令,弹出 Student 的表设计器选项卡。

(2) 选中要设置 DEFAULT 约束的"Sdept"列,然后在设计器下边的"默认值或绑定"框中输入本列的默认值: 计算机系,如图 11-19 所示。

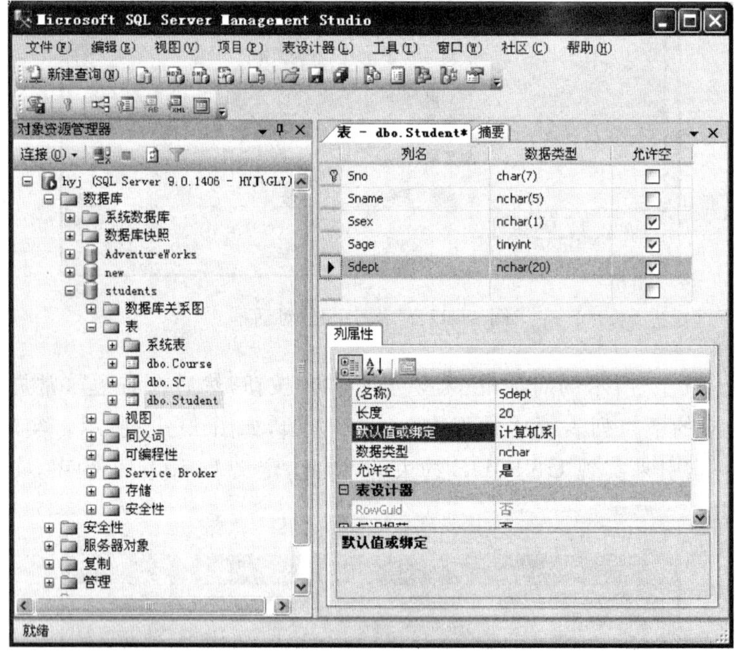

图 11-19 指定列的默认值

(3) 单击"保存"按钮,即设置好了 Sdept 列的默认值约束。

5. 定义 CHECK 约束

CHECK 约束用于限制列的取值在指定范围内,即约束列的值符合应用语义。这里假设要为 Student 表的 Sage 列添加取值大于等于 15 的约束。

在 SSMS 中图形化地设置 CHECK 约束有以下几个步骤。

(1) 在 Student 的表设计器选项卡上,在该表的任意一个列上右击,然后从弹出的快捷菜单中选择“CHECK 约束”命令(如图 11-20 所示),弹出如图 11-21 所示的“CHECK 约束”对话框。

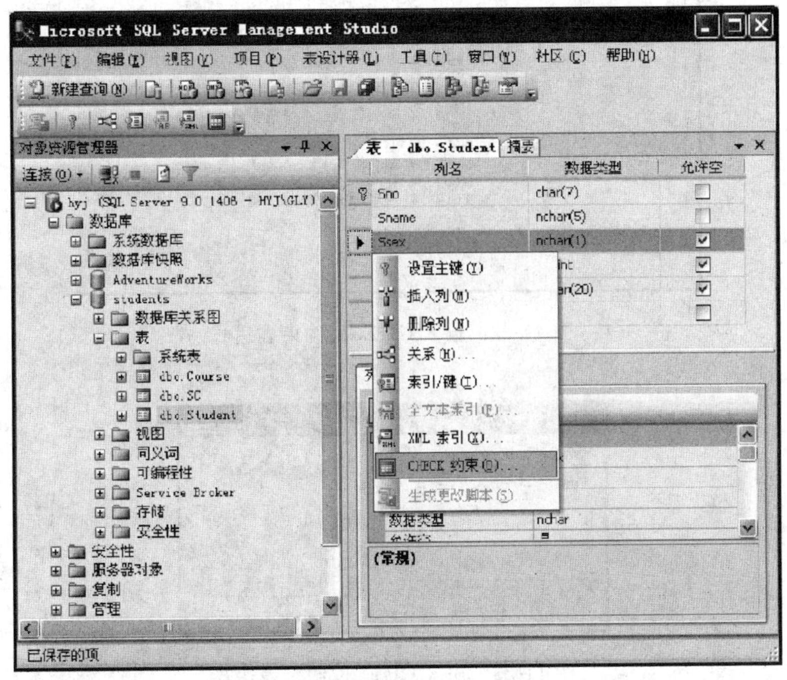

图 11-20 选择“CHECK 约束”命令

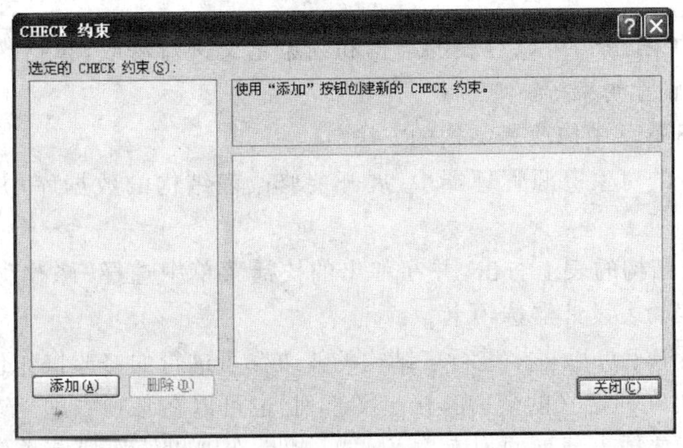

图 11-21 定义“CHECK 约束”对话框

(2) 在如图 11-21 所示的对话框中单击“添加”按钮,“CHECK 约束”对话框变成如图 11-22 所示形式。可以在“(名称)”框中输入约束的名字(也可以采用系统提供的默认名)。

(3) 在“表达式”框中输入约束的表达式(如图 11-22 所示:Sage >= 15),也可以单击“表达式”右边的[...]按钮,然后在弹出的“CHECK 约束表达式”对话框中输入 CHECK 约束表达式,如图 11-23 所示。

(4) 单击“关闭”按钮,回到 SSMS 窗口,单击“保存”按钮,保存所做的修改。

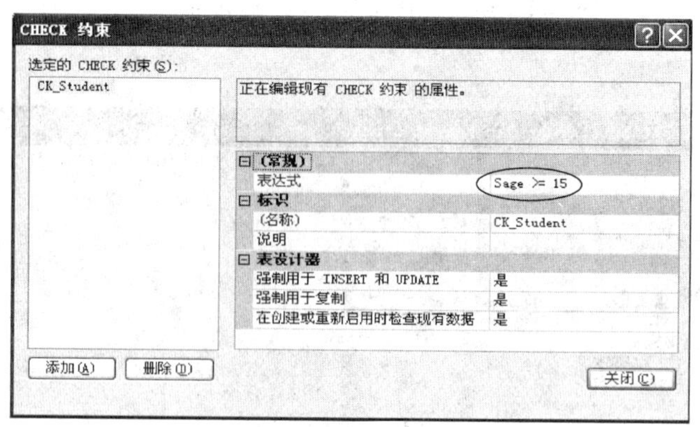

图 11-22　输入 CHECK 约束表达式

图 11-23　输入 CHECK 约束表达式

11.1.3　修改表

创建完表和约束之后，可以对表的结构和约束定义进行修改，包括：为表添加列、修改列的定义、添加和删除约束等。

下面介绍在 SSMS 中修改表结构的方法。

(1) 在 SSMS 的对象资源管理器中，展开要修改表结构的数据库，并展开其中的“表”节点。

(2) 在要修改结构的表上右击，并在弹出的快捷菜单中选择“修改”命令。这时 SSMS 窗口中将出现该表的表设计器选项卡。

(3) 在此选项卡上可以直接进行表结构的修改。可进行的修改操作包括以下几项。

① 添加列：可在列定义的最后直接定义新列，也可以在各列中间插入新列。在中间插入新列的方法是在要插入新列的列定义上右击，然后在弹出的快捷菜单中选择“插入列”命令，这时会在此列前空出一行，用户可在此行定义新插入的列。

② 删除列：选中要删除的列，然后在该列上右击，在弹出的快捷菜单中选择“删除列”命令。

③ 修改已有列的数据类型或长度：只需在“数据类型”项上选择一个新的类型或在“长度”项上输入一个新的长度值即可。

④ 为列添加约束：添加约束的方法与创建表时定义约束的方法相同。

(4) 修改完毕后，单击“保存”按钮，可保存所做的修改。

11.1.4 删除表

下面介绍在 SSMS 中删除表的操作。

展开包含要删除表的数据库，展开其中的“表”节点，在要删除的表上右击，并在弹出的快捷菜单中选择“删除”命令，弹出“删除对象”对话框，如图 11-24 所示(假设这里要删除 Student 表)。

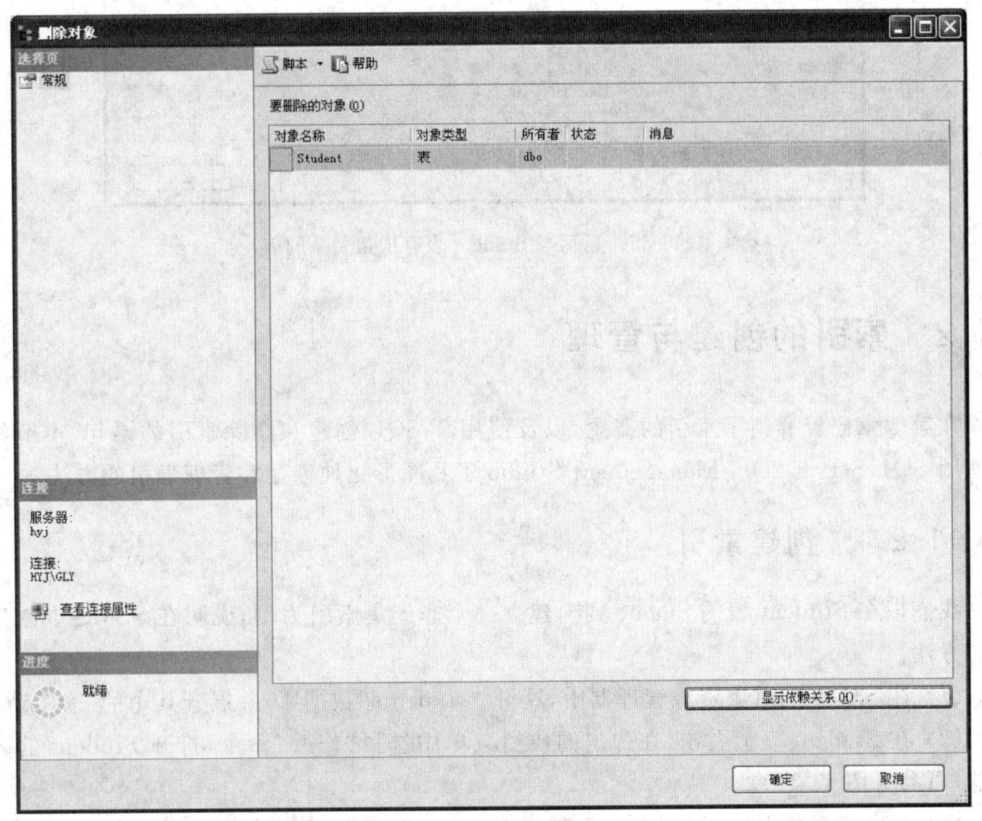

图 11-24 “删除对象”对话框

单击“确定”按钮可删除此表。

注意：在删除表时，系统会检查参照完整性约束，若删除操作违反了参照完整性约束，则系统拒绝删除表。因此用户应该先删除外键表，后删除主键表。若先删除有外键引用的主键表，则系统将显示一个错误，并且不删除该表。

若要判定某个表是否可以被删除，可单击图 11-24 上的“显示依赖关系”按钮，查看是否有外键表引用了该被删除的表。

在图 11-24 上单击“显示依赖关系”按钮后，显示的依赖关系对话框如图 11-25 所示。

从图 11-25 可以看到，与 Student 表有依赖关系的表是 SC 表，因此，Student 表现在不能被删除。

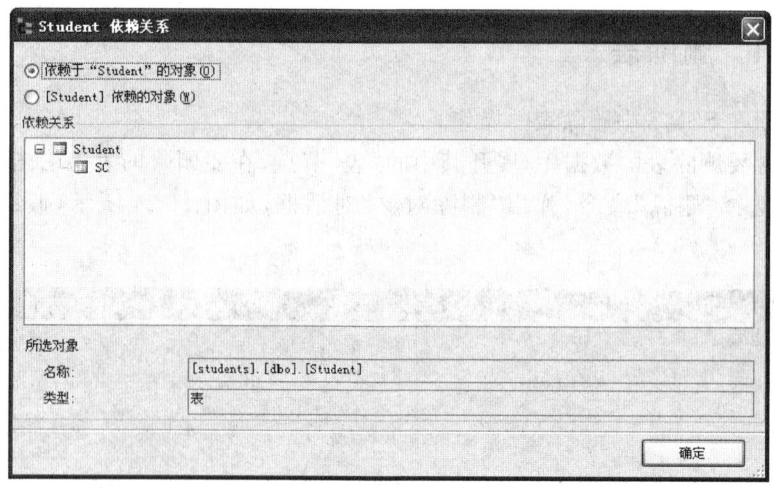

图 11-25 显示与 Student 表有依赖关系的表

11.2 索引的创建与管理

在第 5 章已经介绍了索引的概念，以及使用 T-SQL 创建和删除索引的语句，本节将介绍使用 SQL Server 2005 Management Studio 工具图形化地创建和管理索引的方法。

11.2.1 创建索引

我们以在 Student 表的 Sname 列上建立一个非聚集索引为例，说明在 SSMS 中创建索引的方法。

（1）在 SSMS 的对象资源管理器中，展开"students"数据库，并展开其中的"表"节点。

（2）在 Student 表上右击，在弹出的快捷菜单中选择"修改"命令，打开 Student 的表设计器(可参见图 11-19)。

（3）单击工具栏上的"管理索引和键"按钮，弹出如图 11-26 所示的创建索引的"索引/键"对话框。

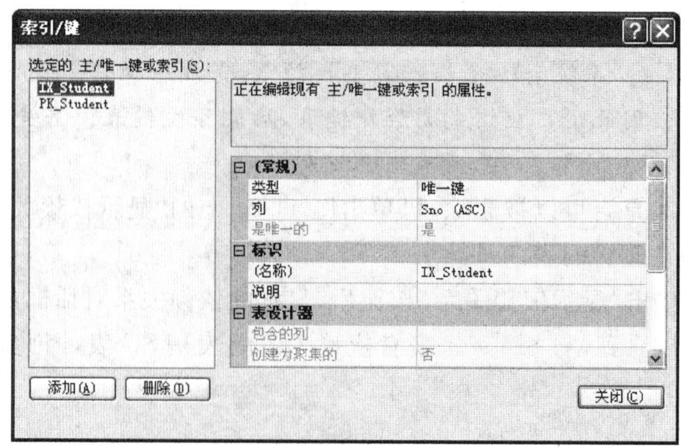

图 11-26 创建索引的对话框

(4) 单击"添加"按钮,然后单击对话框右边"(常规)"部分"列"右边的框,出现 ... 按钮后单击该按钮,弹出指定索引列的对话框,如图 11-27 所示。

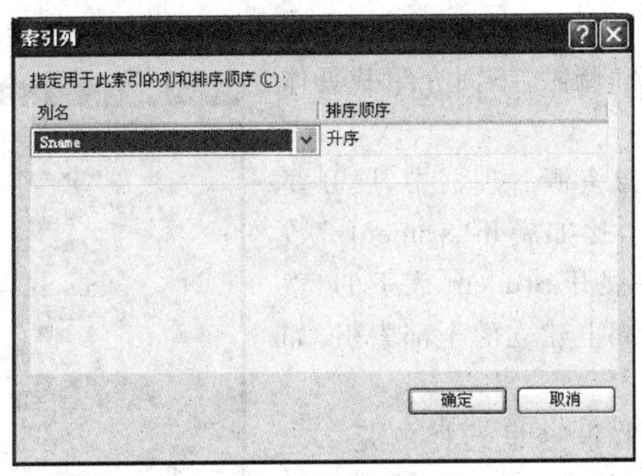

图 11-27　指定索引列的对话框

(5) 在如图 11-27 所示的对话框中,在"列名"下拉列表框中选择要建立索引的列(这里选择 Sname),在"排序顺序"部分可以指定索引项的排序顺序(升序或降序,默认是升序),这里不进行修改。如果要定义由多个列组成的索引,可继续从"列名"列表框中选择其他的列。

(6) 单击"确定"按钮,关闭"索引列"对话框,回到"索引/键"对话框,这时在"列"右边的框中显示的是新定义索引的列,如图 11-28 所示。

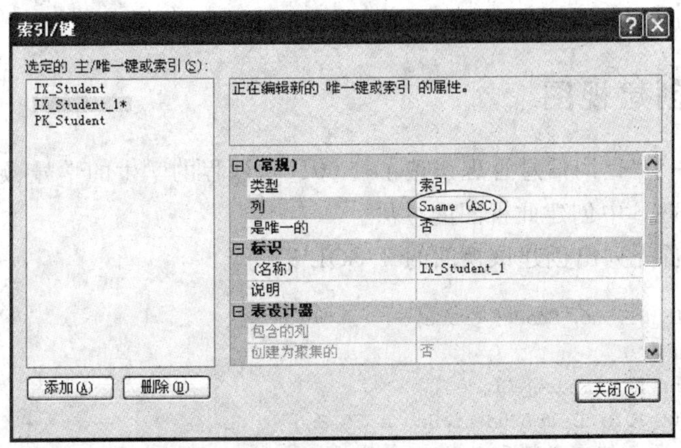

图 11-28　创建好索引后的对话框

(7) 在如图 11-28 所示对话框的"(名称)"框中可以重新命名索引的名字,也可以选用系统提供的名字(系统命名的索引名的前缀是 IX_)。比较好的命名索引的方法是让索引名能够表明索引所涉及的表和列,一般格式为:IX_表名_索引列名,例如 IX_Student_Sname,这里选用系统提供的名字。

(8) 设置完成后,单击"关闭"按钮关闭"索引/键"对话框,回到 SSMS。在这里单击"保存"按钮保存所创建的索引。

11.2.2 查看和删除索引

创建好表中的索引之后，可以在SSMS中查看表中已创建的全部索引，同时还可以对已创建的索引进行修改和删除，下面介绍其具体方法。

(1) 在SSMS的对象资源管理器中，展开要查看索引的数据库和表，比如展开"students"数据库中的Student表，并展开Student表下的"索引"节点，可以看到在该表上建立的全部索引，如图11-29所示。

(2) 在某个索引(假设这里选择的是IX_Student_1索引)上右击，然后在弹出的快捷菜单中选择"删除"命令，将弹出"删除对象"对话框(与图11-24类似)，在此对话框上单击"确定"按钮可删除选定的索引。

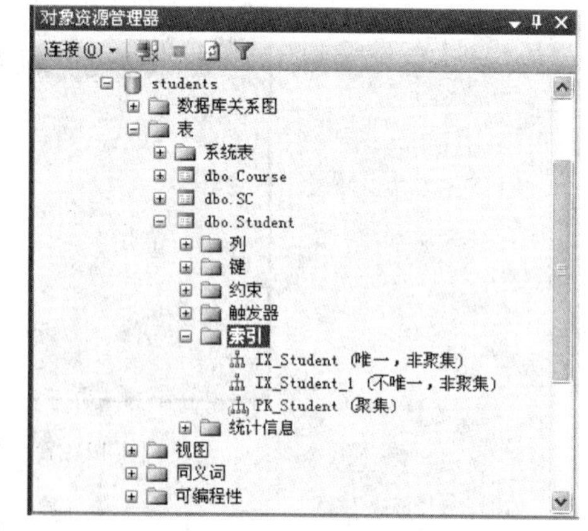

图11-29 查看表中建立的索引

11.3 视图的创建与管理

在本书第5章中介绍了视图的作用以及如何用T-SQL语句创建和修改视图，本节将介绍如何在SQL Server 2005的SSMS工具中创建和修改视图。

11.3.1 创建视图

现在以建立一个"查询信息管理系选了'C001'号课程的学生的学号、姓名和成绩"的视图为列，说明在SSMS中创建此视图的方法。

为方便比较，首先列出创建该视图的T-SQL语句：

```
CREATE VIEW V_IS_S1(Sno, Sname, Grade)
AS
  SELECT Student.Sno, Sname, Grade
    FROM Student JOIN SC ON Student.Sno = SC.Sno
    WHERE Sdept = '信息管理系' AND SC.Cno = 'C001'
```

(1) 在SSMS中，展开"students"数据库，并找到其中的"视图"节点，在"视图"节点上右击，在弹出的快捷菜单中选择"新建视图"命令，弹出如图11-30所示的"添加表"对话框。

(2) 由于要创建的视图只涉及Student表和SC表，因此选中这两个表并单击"添加"按钮，将这两个表添加到视图设计器中，并单击"关闭"按钮，关闭"添加表"对话框。进入到如图11-31所示的视图设计器窗口。

(3) 从图11-31可以看到，在视图设计器上有四个窗格。最上边的窗格(关系图窗格)显示了该视图涉及的表(图中为SC表和Student表，同时显示了这两个表之间的关联关系)，如果需要在关系图中添加新的表，可在此窗格中右击，然后从弹出的快捷菜单中选择

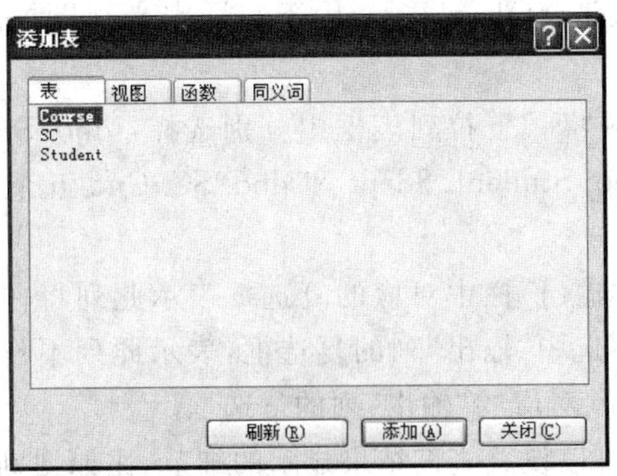

图 11-30　创建视图的“添加表”对话框

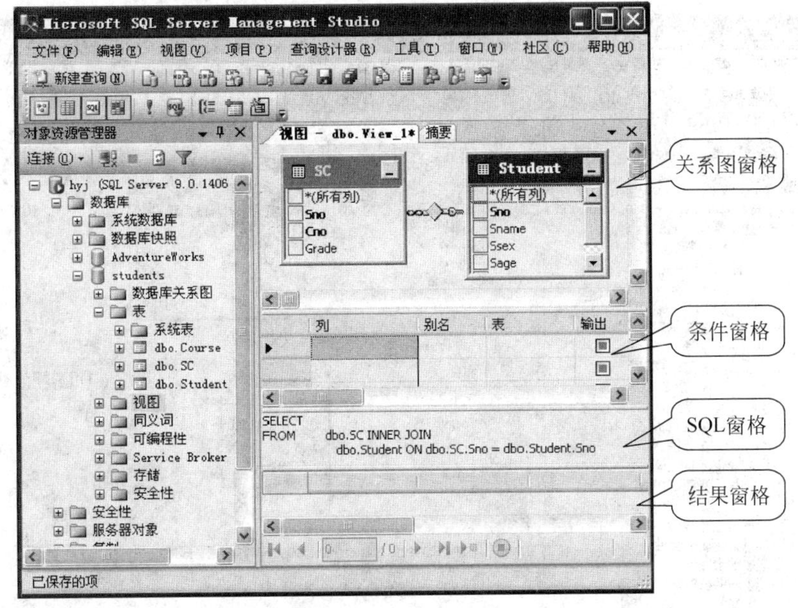

图 11-31　视图设计器窗口

“添加表”命令，会弹出如图 11-30 所示的“添加表”对话框，在这里用户可以继续为视图添加新表。第二个窗格(条件窗格)用于筛选视图显示的数据，第三个窗格(SQL 窗格)显示了生成该视图的 SELECT 语句，最下面的窗格(结果窗格)用于显示视图包含的数据。

(4) 接下来了解一下视图设计器工具栏上各图标按钮的作用，从左端开始介绍。

① 第一个按钮(显示关系图窗格)：用于控制是否显示最上边的窗格，通过这个窗格可以看到视图所涉及的表。

② 第二个按钮(显示条件窗格)：用于控制是否显示条件窗格，通过这个窗格可以筛选视图显示的数据。

③ 第三个按钮(显示 SQL 窗格)：用于控制是否显示 SQL 语句窗格。

④ 第四个按钮(显示结果窗格)：用于控制是否显示视图的结果窗格。

⑤ 第五个按钮(执行 SQL)：通过这个按钮可以执行定义视图的查询语句。

⑥ 第六个按钮 (验证 SQL 句法)：用于验证定义视图的 SQL 语句在语法上是否正确。

(5) 在条件窗格中，从“列”下拉列表框中分别选择：dbo. Student. Sno、dbo. Student. Sname、dbo. SC. Grade、dbo. Student. Sdept 和 dbo. SC. Cno 五个列(也可以在关系图窗格中直接勾选这些列)。

(6) 选中条件窗格中“输出”栏中对应的复选框表示此列将作为视图的显示数据(相当于 SELECT 子句部分)，不选中“输出”列的复选框，表示此列不作为查询结果的显示数据，这里取消选中 Sdept 和 Cno 对应的“输出”列的复选框。

(7) 在条件窗格中还可以设置查询结果显示的细节，比如列别名、排序类型等。假设这里给 Sno、Sname 和 Grade 列分别取别名：学号、姓名和成绩。设置好后的设计器形式如图 11-32 所示。

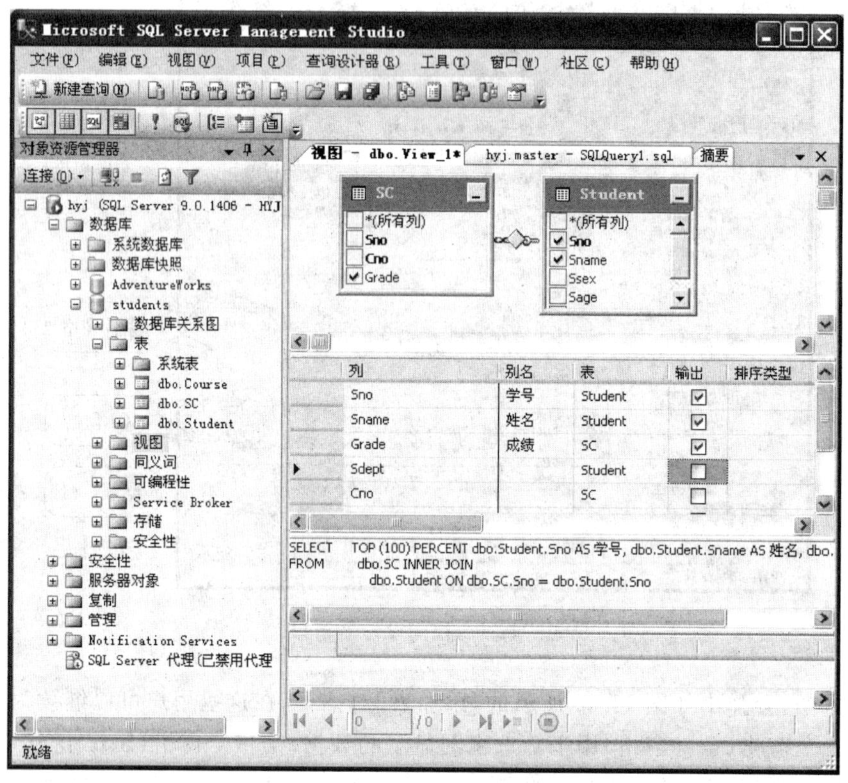

图 11-32 设置好视图的查询列后的情形

(8) 在条件窗格中，拖动水平滚动条到窗格右边，可以看到“筛选器”栏，在此栏中可以设置视图数据的筛选条件(相当于 SELECT 语句中的 WHERE 子句部分)。在 Sdept 列对应的此栏中输入：信息管理系，在 Cno 列对应的此栏中输入：C001。输入完成后系统自动将其变成标准表达形式，如图 11-33 所示。

(9) 定义好视图的条件后，可以单击 (验证 SQL 句法)按钮检查定义视图的 SELECT 语句的语法是否正确，若正确，可单击 (执行 SQL)按钮执行定义视图的 SELECT 语句，以查看视图的数据。如图 11-34 所示是执行该查询语句后的结果。

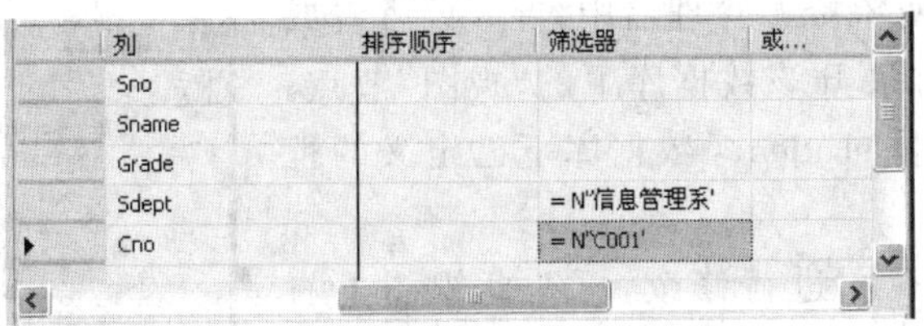

图 11-33　设置视图数据的筛选条件

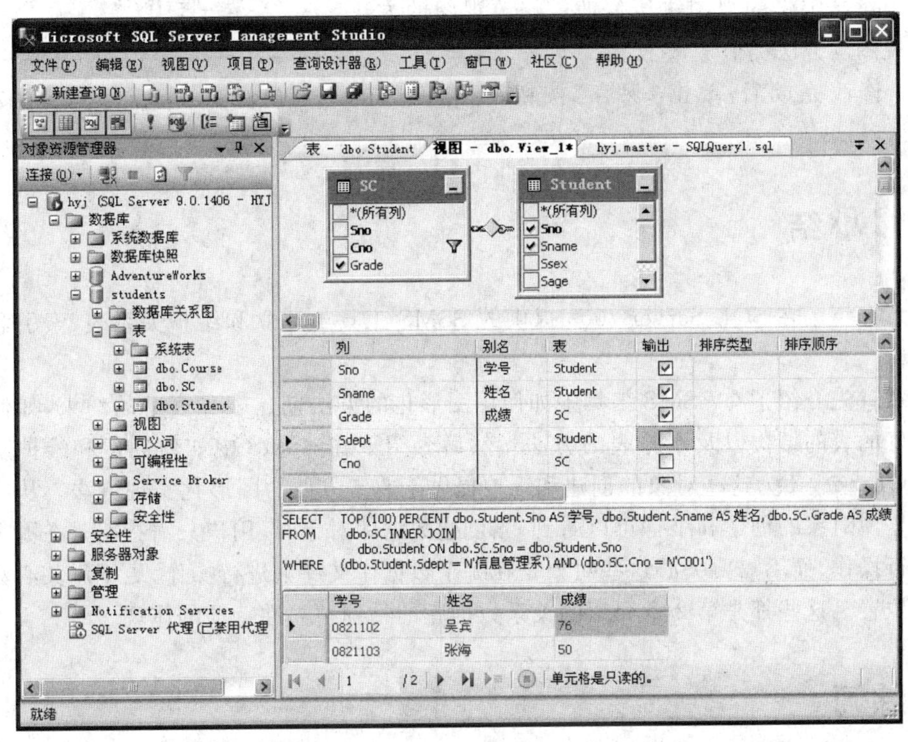

图 11-34　所定义视图的执行结果

(10) 至此已完成了该视图的创建，接下来就是保存所创建的视图，单击“保存”按钮，或者是关闭视图设计器，然后在弹出的提示是否保存更改的对话框中单击“是”按钮，均弹出如图 11-35 所示的“选择名称”对话框。

图 11-35　“选择名称”对话框

(11) 系统提供的默认视图名为：View_1，这里将该视图命名改为：V_IS。

(12) 单击“确定”按钮，关闭“选择名称”对话框。

11.3.2　查看和修改视图

在本书第 5 章介绍了使用 ALTER VIEW 语句对定义好的视图进行修改的方法，修改视图的操作也可以在 SSMS 中实现，而且通过 SSMS 还可以查看数据库中已定义的视图。

下面介绍在 SSMS 中查看和修改已定义的视图的方法。

(1) 在 SSMS 的对象资源管理器中,展开要查看或修改视图的数据库,并展开该数据库下的"视图"节点。如图 11-36 所示为查看 students 数据库下已定义的视图的情况。

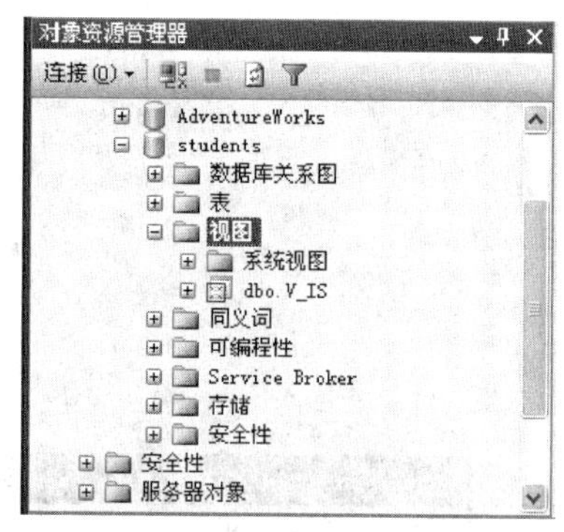

图 11-36 查看已定义的视图

(2) 如果要对某视图进行修改,可在此视图上右击,然后从弹出的快捷菜单中选择"修改"命令,将弹出视图设计器窗口(参见图 11-32)。然后用户就可以在这个窗口中对已定义的视图进行修改。修改视图的方法与定义视图的方法类似。

(3) 修改完成后,单击"保存"按钮,保存所做的修改。

11.4 小结

本章介绍了在 SQL Server 2005 提供的 SSMS 工具中建立和维护关系表、索引和视图的方法。

本章首先介绍了在 SSMS 工具中如何用图形化的方法创建表和表中的约束,如何修改已创建好的表的结构以及删除表的方法。然后介绍了在 SSMS 中如何创建和维护索引及视图,SQL Server 为这些对象的创建和维护提供了非常方便的图形化实现方法。从本章介绍的数据库对象的创建和维护可以看到,当创建数据库对象时,用户只需指明是在哪个数据库上进行操作,而不需要关心这些对象是在哪个数据库文件上进行操作,更不用关心数据库的存储位置。这些都是第 2 章介绍的关系数据库的物理独立性特征的体现。

上机练习

利用 SSMS 工具,在第 10 章建立的 students 数据库中完成以下操作。

1. 分别创建满足以下条件的 3 张表,见表 11-2～表 11-4(注:"说明"信息不作为创建表的内容)。

表 11-2 教师表

列 名	说 明	数 据 类 型	约 束
Tno	教师号	普通编码定长字符串,长度为 7	主键
Tname	姓名	普通编码定长字符串,长度为 10	非空
Tsex	性别	普通编码定长字符串,长度为 2	取值为"男"、"女"
Birthday	出生日期	小日期时间型	允许空
Dept	所在部门	普通编码定长字符串,长度为 20	允许空
Sid	身份证号	普通编码定长字符串,长度为 18	取值不重

表 11-3　课程表

列　名	说　明	数 据 类 型	约　束
Cno	课程号	普通编码定长字符串，长度为 10	主键
Cname	课程名	普通编码定长字符串，长度为 20	非空
Credit	学分	小整型	大于 0
Property	课程性质	字符串，长度为 10	默认值为“必修”

表 11-4　授课表

列　名	说　明	数 据 类 型	约　束
Tno	教师号	普通编码定长字符串，长度为 7	主键，引用教师表的外键
Cno	课程名	普通编码定长字符串，长度为 10	主键，引用课程表的外键
Hours	授课时数	整数	大于 0

2. 修改表结构。

(1) 在授课表中添加一个授课类别列：列名为 Type，类型为 char(4)。

(2) 将授课表的 Type 列的类型改为 char(8)。

(3) 删除课程表中的 Property 列。

3. 在 Teacher 表的 Tname 列上建立一个按降序排序的非聚集索引，索引名为：Idx_Tname。

4. 建立满足第 3 章表 3-7～表 3-9 所列要求的 Student、Course 和 SC 表，并将第 4 章表 4-1～表 4-3 中的数据插入到这些表中(说明：可通过在查询编辑器中编写 INSERT 语句实现，也可以在 SSMS 中，通过在表上右击，并在弹出的快捷菜单中选择“打开表”命令，然后在弹出的选项卡中直接输入数据)。

5. 针对已建立的 Student、Course 和 SC 表，建立以下视图，并执行查看其结果。

(1) 查询计算机系学生的学号、姓名和年龄。

(2) 查询计算机系学生的姓名、性别、所选课程的课程号和成绩。

(3) 查询计算机系选修 VB 课程的学生的姓名、性别和成绩。

6. 修改第 5 题(3)所建的视图，将其修改为：计算机系和信息管理系选修 VB 课程的学生的姓名、性别、所在系和成绩。

第12章 安全管理

安全性对于任何使用数据库的用户来说都是至关重要的。数据库通常存储了大量的数据,这些数据可能是个人信息、客户清单或其他机密资料。如果有人未经授权非法侵入了数据库,并窃取了查看和修改数据的权限,将会造成极大的危害,特别是在银行、金融等系统中更是如此。SQL Server 2005 对数据库数据的安全管理使用身份验证、数据库用户权限确认等措施来保护数据库中的信息资源,以防止这些资源被破坏。本章将首先介绍数据库安全控制模型,然后讨论如何在 SQL Server 2005 中实现安全控制,包括用户身份的确认和用户操作权限的管理等。

12.1 安全控制概述

安全性问题并非数据库应用系统所独有,实际上在许多系统中都存在同样的问题。数据库中的安全控制是指：在数据库应用系统的不同层次提供对有意和无意损害行为的安全防范。

在数据库中,对有意的非法活动可采用加密存、取数据的方法控制；对有意的非法操作可使用用户身份验证、限制操作权来控制；对无意的损坏可采用提高系统的可靠性和数据备份等方法来控制。

在介绍数据库管理系统如何具体实现对数据的安全控制之前,有必要先了解一下数据库的安全控制模型和数据库中对数据库用户的分类。

12.1.1 安全控制模型

在一般的计算机系统中,安全措施是一级一级层层设置的。图 12-1 显示了计算机系统中从用户使用数据库应用程序开始一直到访问后台数据库数据,可能经过的安全认证过程。

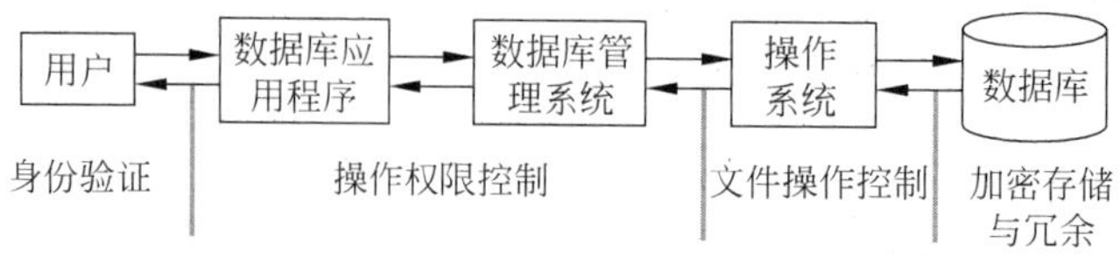

图 12-1 计算机系统的安全模型

当用户要访问数据库数据时，应该首先进入数据库系统。用户进入数据库系统通常是通过数据库应用程序实现的，这时用户要向数据库应用程序提供其身份（用户名和密码），然后数据库应用程序将用户的身份递交给数据库管理系统进行验证，只有合法的用户才能进入下一步的操作。对合法的用户，当其在数据库中执行某个操作时，数据库管理系统还要验证此用户是否具有执行该操作的权限。如果有操作权限，才执行操作，否则拒绝执行用户的操作。在操作系统一级也可以有自己的保护措施。比如，设置文件的访问权限等。对于存储在磁盘上的数据库文件，还可以进行加密存储，这样即使数据被人窃取，也很难读懂数据。另外，还可以将数据库文件保存多份，当出现意外情况时（如磁盘破损），可以不至于丢失数据。

12.1.2　SQL Server 的安全控制

当前，几乎所有的数据库管理系统都是在一定的操作系统平台上运行的，操作系统是所有软件的运行平台，而数据库管理系统本身作为一个系统软件，也是访问数据库应用程序的运行平台。SQL Server 2005 作为一个大型的关系数据库管理系统，其安全控制分为五个级别：客户机、网络传输、服务器、数据库以及数据库对象。

1. 客户机的安全机制

如果用户想通过网络登录到 SQL Server 服务器并访问数据库，首先要有客户端计算机操作系统的使用权限，因此，可以将客户机的安全检查看成是 SQL Server 2005 安全机制的第一个安全检查。

一般在网络环境下，用户不需要直接登录到操作系统后再访问数据库，用户可以通过客户计算机上的 SQL Server 2005 客户端访问，或者使用服务器上的用户访问本地 SQL Server 实例。

操作系统安全性设置是操作系统或网络管理员的任务，由于 SQL Server 2005 采用并集成了 Windows 的安全机制，因此，SQL Server 的安全性得到了增强。

2. 网络传输的安全机制

这个安全机制是 SQL Server 2005 的新特性，网络传输的安全涉及 SQL Server 的加密与解密技术。实际上，对于一个安全性要求比较高的大型应用系统，在数据传输过程中，可以使用加密技术。在 SQL Server 2005 之前，都是通过应用程序来实现加密的，例如，比较有名的是 MD5 加密算法。还有一些大型系统，没有采用加密技术，而是通过硬件来实现的，比如 Internet。Internet 实际上是建立了一个与外界互联网隔离的内部网络。用硬件实现网络传输的安全成本太高，因此，现在一般比较流行的还是使用软件加密技术。

SQL Server 2005 专门提供了在数据传输过程中的加密与解密技术，这样用户就不需要在应用程序中使用加密算法来实现数据在网络上的安全传输。加密的 SQL Server 2005 会在发送数据包的过程中进行加密运算，在收到数据包的服务器上进行解密运算。但加密和解密会降低 SQL Server 2005 的运行效率。因此，在一般对安全性要求不高的网络上都是采用明文的方式实现与 SQL Server 的数据传输。

在网络数据的传输中可以对数据进行加密是 SQL Server 2005 安全机制的第二个安全

检查。

3. 实例级的安全机制

当用户成功地通过了前两次安全检查之后，就到了SQL Server的实例级安全检查。每个登录到SQL Server实例的用户都需要有一个登录账户，登录账户包括登录名和登录密码两部分。

登录到SQL Server的账户名不再是Windows操作系统的用户，而是保存在SQL Server 2005实例中的账户。

SQL Server 2005支持两种类型的登录账户。

① Windows授权用户：来自于Windows的用户或组。

② SQL授权用户：来自于非Windows的用户，也将这类用户称为SQL用户。

针对这两种类型的登录账户，SQL Server 2005提供了两种身份验证模式：Windows身份验证模式和混合身份验证模式，这些身份验证模式可以在安装SQL Server 2005时指定(可参见第9章9.2.4小节中的图9-19)，也可以在安装好之后通过SSMS工具设置，设置方法将在本章12.1.4小节介绍。

(1) Windows身份验证模式

由于SQL Server 2005和Windows操作系统都是微软公司的产品，因此，微软公司将SQL Server与Windows操作系统进行了绑定，提供了以Windows操作系统用户身份登录到SQL Server的方式，也就是SQL Server将用户的身份验证交给了Windows操作系统来完成。在这种身份验证模式下，SQL Server将通过Windows操作系统来获得用户信息，并对登录名和密码进行重新验证。

当使用Windows身份验证模式时，用户必须首先登录到Windows操作系统中，然后再登录到SQL Server。而且用户登录到SQL Server时，只需选择Windows身份验证模式，而无须再提供登录名和密码，系统会从用户登录到Windows操作系统时提供的用户名和密码中查找当前用户的登录信息，以判断其是否是SQL Server的合法用户。

对于SQL Server来说，一般推荐使用Windows身份验证模式，因为这种安全模式能够与Windows操作系统的安全系统集成在一起，以提供更多的安全功能。

Windows身份验证模式主要用在域环境下，所有用户信息都保存在域的活动目录中，由域服务器来控制其安全性，并决定客户机上的用户能否登录到SQL Server实例中。

注意：*如果网络上的两台不同计算机存在用户名和密码均相同的Windows用户，则一台计算机上的用户可以直接访问另一台计算机上的SQL Server实例，这并不是一个BUG，而是Windows认为如果在网络上存在两个用户名和密码均相同的用户，就将他们看成是一个用户。所以应该尽量将Windows的登录名和密码设置的复杂一些，以避免相同。*

(2) 混合身份验证模式

混合身份验证模式表示SQL Server允许Windows授权用户和SQL授权用户登录到SQL Server数据库服务器。如果希望允许非Windows操作系统的用户也能登录到SQL Server数据库服务器上，则应该选择混合身份验证模式。如果在混合身份验证模式下选择使用SQL授权用户登录到SQL Server数据库服务器上，则用户必须提供登录名和密码两部分内容，因为SQL Server必须要用这两部分内容来验证用户的合法身份。

SQL Server 身份验证的登录信息(用户名和密码)都保存在 SQL Server 实例中,而 Windows 身份验证的登录信息是由 Windows 和 SQL Server 实例共同保存的。

实例级别的安全检查是 SQL Server 安全机制的第三个检查。

4. 数据库级的安全机制

当用户登录到 SQL Server 实例后,并不代表该用户就能够访问实例中的数据库了。实际情况是,当用户成功登录到 SQL Server 实例后,并不能访问任何用户数据库。只有当数据库中有与登录账户对应的数据库用户时,该用户才可以访问该数据库。

用户登录到 SQL Server 实例的目的是为了能够操作数据库及数据库中的数据,当用户登录到 SQL Server 实例时,将会自动进入到该用户的默认数据库中。

数据库级别的安全检查是 SQL Server 安全机制的第四个检查。

5. 对象级别的安全机制

当用户进入到 SQL Server 的某个数据库之后,并不代表他就能访问该数据库中的数据,或者是操作该数据库中的对象。实际情况是,当用户进入到数据库之后,该用户对数据库中的所有用户数据和对象都没有任何操作权限。这时就需要用到 SQL Server 的对象级别的安全机制,这也是 SQL Server 安全机制中的第五个安全检查。

实际上,对于一般的应用来说,用户最常利用的是后 3 个安全检查,而且这 3 个检查也是用户必须要经历的。因此,总体来说,用户要访问 SQL Server 数据库中的数据,必须至少经过三个认证过程。第一个认证过程是身份验证,SQL Server 使用登录账户来标识用户。身份验证只验证用户是否具有连接到 SQL Server 数据库服务器的资格,即验证该用户是否具有连接到数据库服务器的“连接权”。第二个认证过程是当用户访问数据库时,他必须具有对具体数据库的访问权,即验证用户是否是数据库的合法用户。第三个认证过程是当用户操作数据库中的数据或对象时,他必须具有所要执行的操作的操作权,即验证用户是否具有操作许可。

本书也只讨论由数据库管理系统实现的这三个认证过程。

12.1.3 权限的种类及用户的分类

在对象级别的安全机制中,不同的用户在数据库中具有不同的操作权限。权限按其作用的不同,可以分为系统维护权限和数据库对象及数据库数据的操作权限。在数据库中一般将用户分为系统管理员、数据库对象拥有者和普通用户 3 类。

1. 权限的种类

通常情况下,将数据库中的权限划分为两类。一类是对数据库管理系统进行维护的权限,另一类是对数据库中的对象和数据进行操作的权限。这类权限又可以分为两类,一类是对数据库对象的操作权限,包括创建、删除和修改数据库对象,这类权限称为语句权限;另一类是对数据库数据的操作权限,包括对表、视图数据的增加、删除、修改、查询权限,这类权限称为对象权限。

2. 数据库用户的分类

数据库中的用户按其操作权限的不同可分为以下 3 类。

(1) 系统管理员

系统管理员在数据库服务器上具有全部的权限，包括对服务器的配置和管理权限，也包括对全部数据库的操作权限。当用户以系统管理员身份进行操作时，系统不对其权限进行检验。每个数据库管理系统在安装好之后都有自己默认的系统管理员，SQL Server 2005 的默认系统管理员是“sa”。在安装好之后可以授予其他用户具有系统管理员的权限。

(2) 数据库对象拥有者

创建数据库对象的用户即为数据库对象拥有者。数据库对象拥有者对其所拥有的对象具有全部权限。

(3) 普通用户

普通用户只具有对数据库数据的增加、删除、修改、查询权限。

12.1.4 设置身份验证模式

系统管理员可以根据系统的实际应用情况设置 SQL Server 的身份验证模式。设置身份验证模式可以在安装 SQL Server 2005 时进行，也可以在安装完成之后通过 SSMS 工具进行。

在 SSMS 中设置身份验证模式有以下几个步骤。

(1) 以系统管理员身份连接到 SSMS，在 SSMS 的对象资源管理器中，在要设置身份验证模式的 SQL Server 实例上右击，然后从弹出的快捷菜单中选择“属性”命令(如图 12-2 所示)，弹出“服务器属性”对话框。

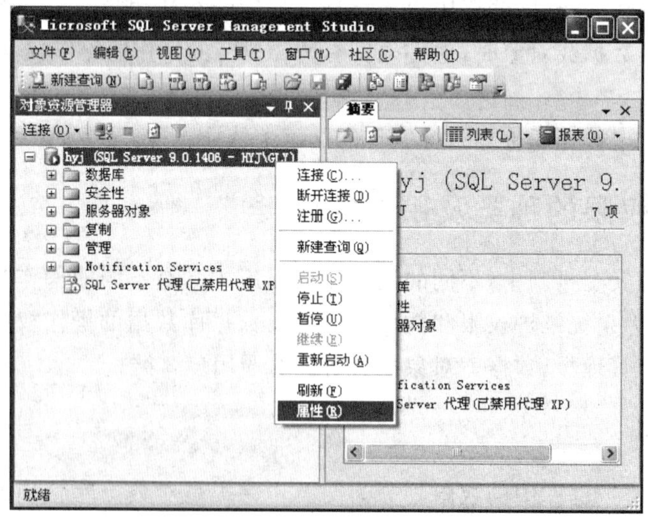

图 12-2 选择“属性”命令

(2) 在“服务器属性”对话框左边的“选择页”部分，单击“安全性”选项，对话框形式如图 12-3 所示。

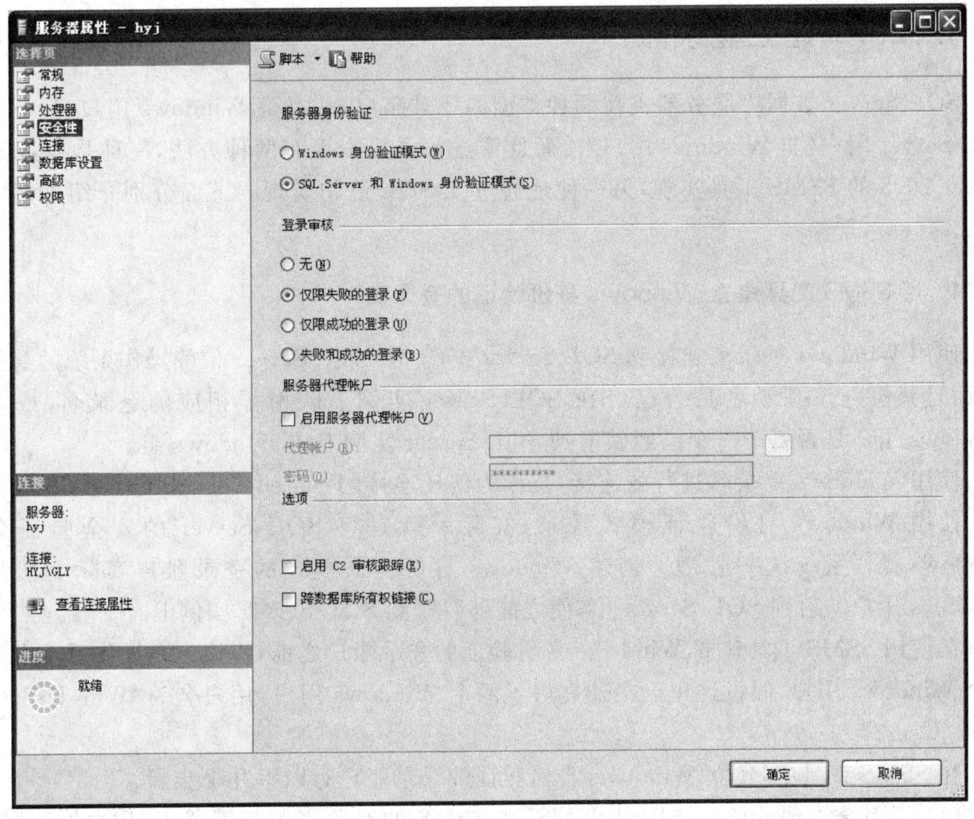

图 12-3 “安全性”选项的对话框

(3) 在如图 12-3 所示对话框的“服务器身份验证”部分,可以设置该实例的身份验证模式。

① Windows 身份验证模式:仅允许 Windows 身份的用户登录到该 SQL Server 实例。

② SQL Server 和 Windows 身份验证模式:即混合身份验证模式,同时允许 Windows 身份的用户和非 Windows 身份的用户(SQL Server 用户)登录到 SQL Server 实例。

(4) 设置好后(这里选择的是“SQL Server 和 Windows 身份验证模式”),单击“确定”按钮,保存设置,关闭“服务器属性”对话框。

12.2 登录账户

SQL Server 2005 的安全权限是基于标识用户身份的登录标识符(Login ID,登录 ID)的,登录 ID 就是控制访问 SQL Server 数据库服务器的用户账户。如果未指定有效的登录 ID,则用户不能连接到 SQL Server 数据库服务器。

在 SQL Server 2005 中,有两类登录账户。一类是由 SQL Server 自身负责身份验证的登录账户;另一类是登录到 SQL Server 的 Windows 网络账户,可以是组账户或用户账户。在安装完 SQL Server 2005 之后,系统本身会自动地创建一些登录账户,称为内置系统账户,用户也可以根据自己的需要创建自己的登录账户。

12.2.1 建立登录账户

SQL Server 数据库服务器支持两种类型的登录账户，一类是 Windows 用户，另一类是 SQL Server 用户（非 Windows 用户）。而且建立登录账户也有两种方法，一种是通过 SQL Server 2005 的 SSMS 工具实现，另一种是通过 T-SQL 语句实现。下面分别介绍这些实现方法。

1. 用 SSMS 工具建立 Windows 身份验证的登录账户

使用 Windows 登录名连接到 SQL Server 2005 时，SQL Server 依赖操作系统的身份验证，而且只检查该登录名是否已经在 SQL Server 实例上映射了相应的登录名，或者该 Windows 用户是否属于一个已经映射到 SQL Server 实例上的 Windows 组。

使用 Windows 登录名进行的连接，被称为信任连接（Trusted Connection）。

使用 Windows 身份验证模式登录，实际上就是将 SQL Server 的安全验证交给 Windows 操作系统统一管理。创建 Windows 身份验证模式的登录账户实际上就是将 Windows 用户映射到 SQL Server 中，使之能够登录到 SQL Server 实例上。

在使用 SSMS 工具建立 Windows 身份验证的登录账户之前，应该先在操作系统中建立一个 Windows 用户，假设这里已经建立好了两个 Windows 用户，用户名为“Win_User1”和“Win_User2”。

在 SSMS 工具中，建立 Windows 身份验证的登录账户有以下几个步骤。

（1）以系统管理员身份连接到 SSMS，在 SSMS 的对象资源管理器中，依次展开“安全性”→“登录名”节点。在“登录名”节点上右击，在弹出的快捷菜单中选择“新建登录名”命令（如图 12-4 所示），弹出如图 12-5 所示的“登录名-新建”对话框。

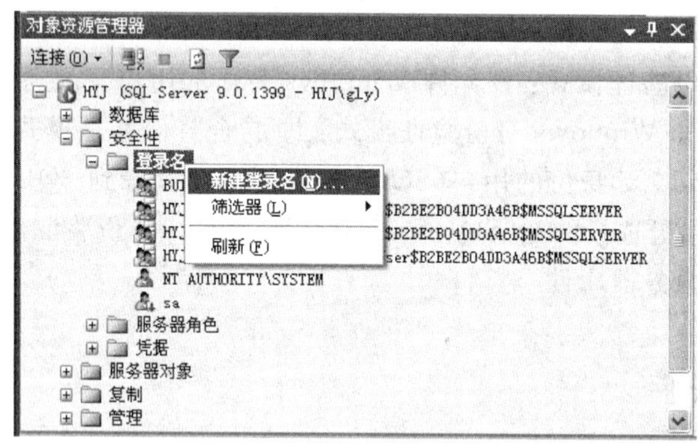

图 12-4 选择“新建登录名”命令

（2）在如图 12-5 所示的对话框中单击“搜索”按钮，弹出如图 12-6 所示的“选择用户或组”对话框。

（3）在如图 12-6 所示的对话框中单击“高级”按钮，弹出如图 12-7 所示的“选择用户或组”的高级选项对话框。

（4）在如图 12-7 所示的对话框中单击“立即查找”按钮，在下面的“名称”列表框中将列出查找的结果，其窗口的形式如图 12-8 所示。

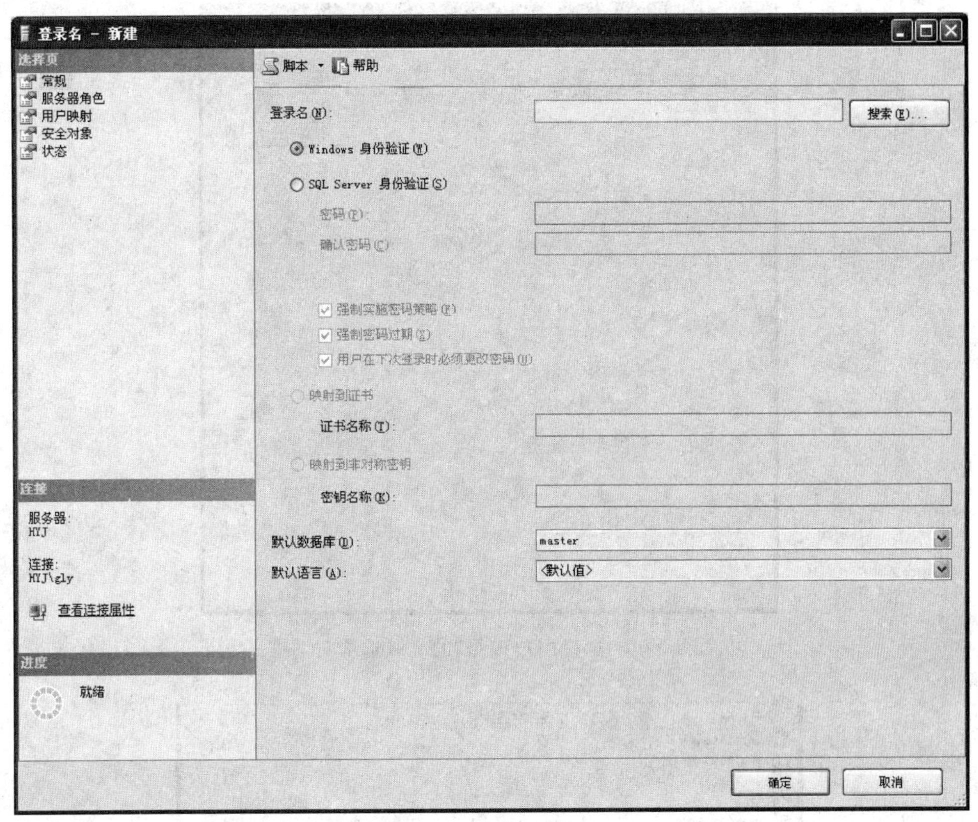

图 12-5　"登录名-新建"对话框

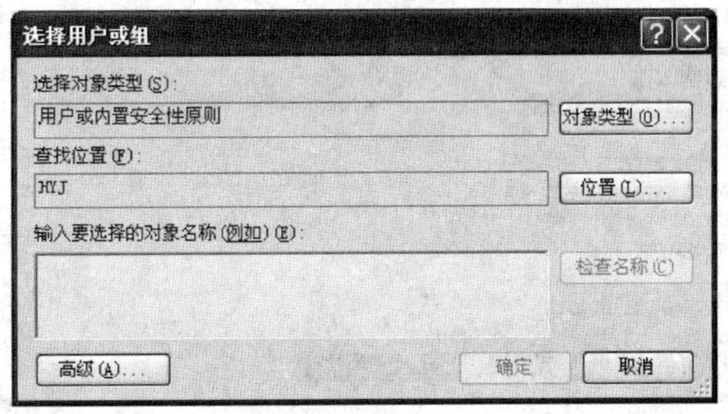

图 12-6　"选择用户或组"对话框

(5) 在如图 12-8 所示的窗口中列出了全部可用的 Windows 用户和组。在这里可以选择组，也可以选择用户。如果选择一个组，则表示该 Windows 组中的所有用户都可以登录到 SQL Server，而且他们都对应到 SQL Server 的一个登录账户上。这里选中"Win_User2"，然后单击"确定"按钮，回到"选择用户或组"对话框，此时对话框的形式如图 12-9 所示。

(6) 在如图 12-9 所示的对话框中单击"确定"按钮，回到如图 12-5 所示的"登录名-新建"对话框，此时在此对话框的"登录名"框中会出现：HYJ\Win_User2。在此对话框中单击"确定"按钮，完成对登录账户的创建。

选择用户或组
选择此对象类型(S):
用户或内置安全性原则
对象类型(O)...
查找位置(F):
HYJ
位置(L)...
一般性查询
名称(A):
开始
描述(D):
开始
列(C)...
立即查找(N)
停止(T)
禁用的帐户(B)
不过期密码(X)
自上次登录后的天数(I):
确定
取消
名称 (RDN)
在文件夹中

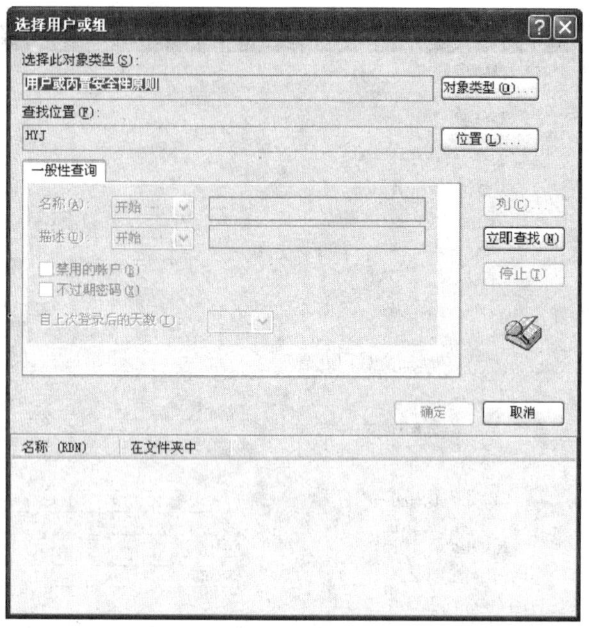

图 12-7 “选择用户或组”的高级选项对话框

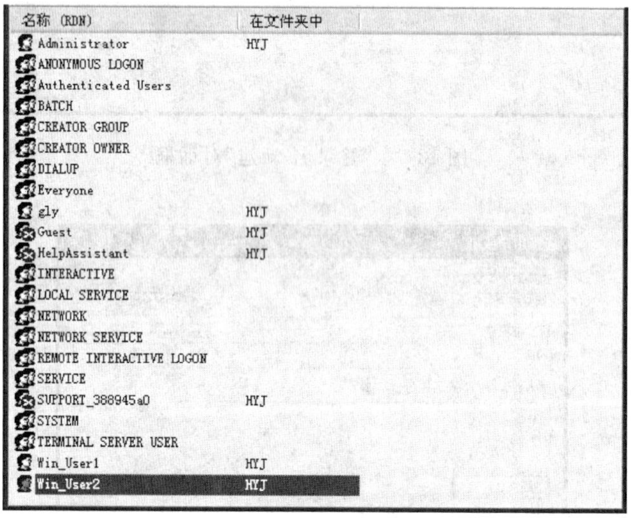

名称 (RDN)
在文件夹中
Administrator HYJ
ANONYMOUS LOGON
Authenticated Users
BATCH
CREATOR GROUP
CREATOR OWNER
DIALUP
Everyone
gly HYJ
Guest HYJ
HelpAssistant HYJ
INTERACTIVE
LOCAL SERVICE
NETWORK
NETWORK SERVICE
REMOTE INTERACTIVE LOGON
SERVICE
SUPPORT_388945a0 HYJ
SYSTEM
TERMINAL SERVER USER
Win_User1 HYJ
Win_User2 HYJ

图 12-8 查询结果窗口

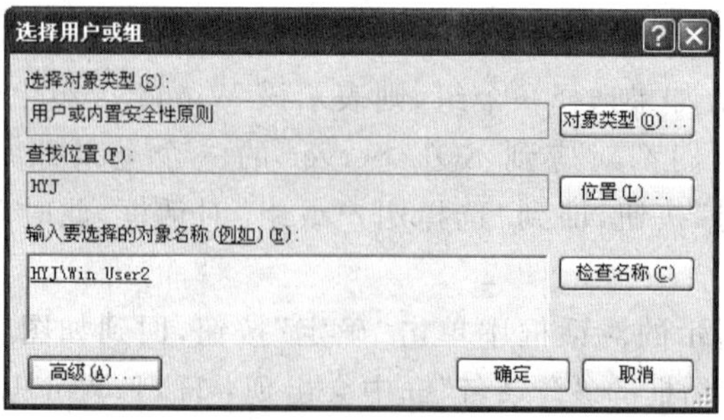

选择用户或组
选择对象类型(S):
用户或内置安全性原则
对象类型(O)...
查找位置(F):
HYJ
位置(L)...
输入要选择的对象名称(例如)(E):
HYJ\Win_User2
检查名称(C)
高级(A)...
确定
取消

图 12-9 选择好登录名后的对话框

这时如果用户用 Win_User2 登录操作系统，并连接到 SQL Server，则连接界面中的登录名应该是 HYJ\Win_User2。

2. 用 SSMS 工具建立 SQL Server 身份验证的登录账户

在建立 SQL Server 身份验证的登录账户之前，必须确保 SQL Server 实例支持的身份验证模式是混合模式的。如果仅是 Windows 身份验证模式，则不支持 SQL Server 身份的账户登录到 SQL Server。设置身份验证模式的方法可参见 12.1.4 小节。

通过 SSMS 工具建立 SQL Server 身份验证的登录账户有以下几个步骤。

(1) 以系统管理员身份连接到 SSMS，在 SSMS 的对象资源管理器中，依次展开"安全性"→"登录名"节点。在"登录名"节点上右击，在弹出的快捷菜单中选择"新建登录名"命令(参见图 12-4)，弹出"登录名-新建"对话框(参见图 12-5)。

(2) 在如图 12-5 所示对话框的"常规"标签页上，在"登录名"文本框中输入：SQL_User1，在身份验证模式部分选中"SQL Server 身份验证"单选按钮，表示新建立一个 SQL Server 身份验证模式的登录账户。选中该单选按钮后，"密码"、"确认密码"等选项成为可用状态，如图 12-10 所示。

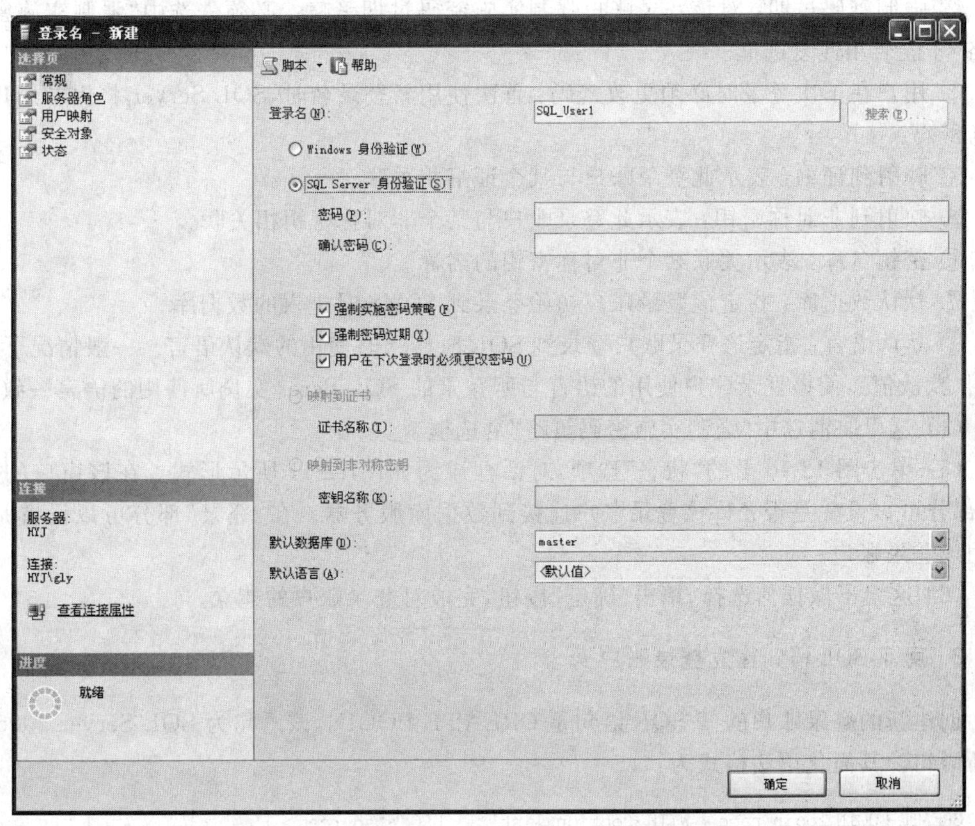

图 12-10 输入登录名并选中"SQL Server 身份验证"

(3) 在"密码"和"确认密码"文本框中输入该登录账户的密码。下面介绍中间几个选项的作用。

① 强制实施密码策略：表示对该登录账户强制实施密码策略，这样可强制用户的密码具有一定的复杂性。在 Windows Server 2003 或更高版本环境下运行 SQL Server 2005 时，可以使用 Windows 密码策略机制(在 Windows XP 操作系统下不支持密码策略)。SQL Server 2005 可以将 Windows Server 2003 中使用的复杂性策略和过期策略应用于 SQL Server 内部使用的密码。

强密码具有以下几个特征。

- 长度至少有七个字符。
- 密码组合中包含字母、数字和符号字符。
- 字典中查不到。
- 不是命令名。
- 不是人名。
- 不是用户名。
- 定期更改。
- 与以前的密码明显不同。

SQL Server 2005 密码最多可包含 128 个字符，其中包括字母、符号和数字。

② 强制密码过期：对该登录账户强制实施密码过期策略。必须先选中“强制实施密码策略”才能启用此复选框。

③ 用户在下次登录时必须更改密码：首次使用新登录名时，SQL Server 将提示用户输入新密码。

④ 映射到证书：表示此登录账户与某个证书相关联。

⑤ 映射到非对称密钥：表示此登录账户与某个非对称密钥相关联。

⑥ 密钥名称：表示关联某个非对称密钥的名称。

⑦ 默认数据库：指定该登录账户初始登录到 SSMS 时进入的数据库。

⑧ 默认语言：指定该登录账户登录到 SQL Server 时使用的默认语言。一般情况下，都使用“默认值”，使该登录账户使用的语言与所登录的 SQL Serer 实例所使用的语言一致。

(4) 这里取消选中“强制实施密码策略”复选框。

(5) 单击图 12-10 上的“状态”选项，对话框成为如图 12-11 所示形式。在该窗口的“设置”部分可以设置是否允许该登录账户连接到数据库服务器。在“登录”部分可以设置是否启用该登录账户。

(6) 这里不做任何选择，单击“确定”按钮，完成对登录账户的建立。

3. 用 T-SQL 语句建立登录账户

创建新的登录账户的 T-SQL 语句是 CREATE LOGIN，该语句为 SQL Server 2005 中的新语句。其简化语法格式为：

```
CREATE LOGIN login_name { WITH < option_list1 > | FROM < sources > }
< sources > ::=
    WINDOWS [ WITH < windows_options > [ ,... ] ]
< option_list1 > ::=
    PASSWORD = 'password' [ , < option_list2 > [ ,... ] ]
< option_list2 > ::=
```

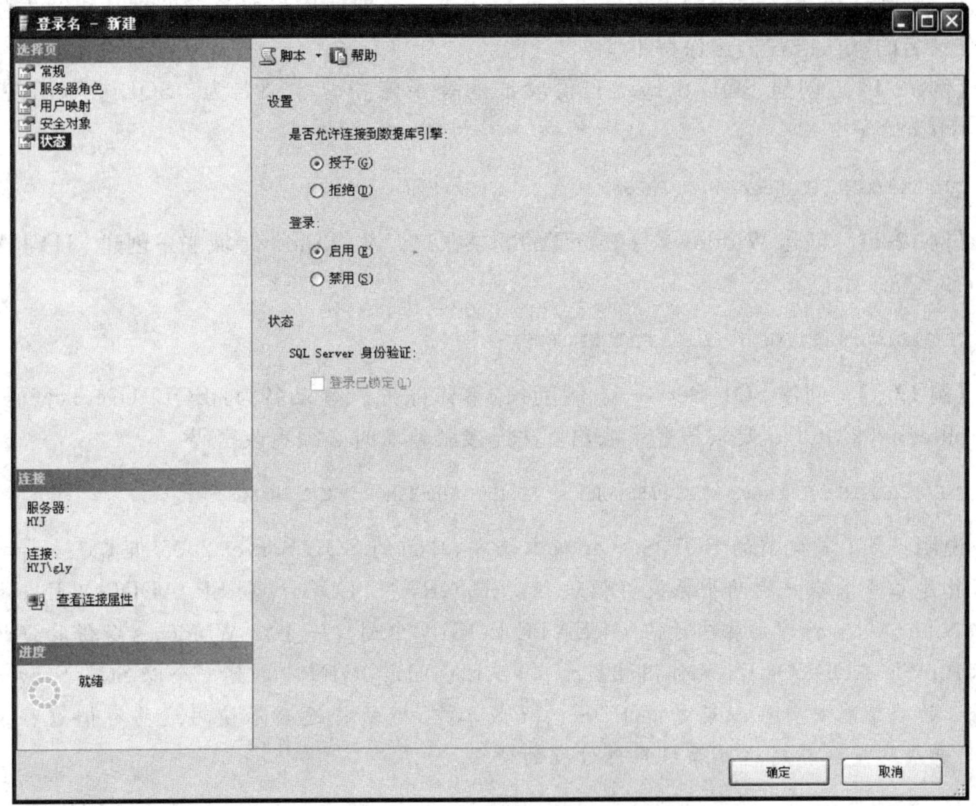

图 12-11　登录账户的状态设置对话框

```
    SID = sid
    | DEFAULT_DATABASE = database
    | DEFAULT_LANGUAGE = language
<windows_options> ::=
    DEFAULT_DATABASE = database
    | DEFAULT_LANGUAGE = language
```

下面介绍其中各参数的含义。

① login_name：指定创建的登录名。有 4 种类型的登录名：SQL Server 身份验证的登录名、Windows 身份验证的登录名、证书映射的登录名和非对称密钥映射的登录名。如果从 Windows 域账户映射 login_name，则 login_name 必须用方括号（[ ]）括起来。

② WINDOWS：指定将登录名映射到 Windows 用户名。

③ PASSWORD = 'password'：仅适用于 SQL Server 身份验证的登录名。指定正在创建的登录名的密码。

④ SID = sid：仅适用于 SQL Server 身份验证的登录名。指定新 SQL Server 登录名的 GUID(全球唯一标识符)。如果未选择此选项，则 SQL Server 将自动指派 GUID。

⑤ DEFAULT_DATABASE = database：指定新建登录名的默认数据库。如果未包括此选项，则默认数据库将设置为 master。

⑥ DEFAULT_LANGUAGE = language：指定新建登录名的默认语言。如果未包括

此选项，则默认语言将设置为服务器的当前默认语言。即使以后服务器的默认语言发生更改，登录名的默认语言仍然保持不变。

【例 12-1】 创建 SQL Server 身份验证的登录账户。登录名为：SQL_User2，密码为：a1b2c3XY。

```
CREATE LOGIN SQL_User2 WITH PASSWORD = 'a1b2c3XY';
```

【例 12-2】 创建 Windows 身份验证的登录账户。从 Windows 域账户创建［HYJ\Win_User2］登录账户。

```
CREATE LOGIN [HYJ\Win_User2] FROM WINDOWS;
```

【例 12-3】 创建 SQL Server 身份验证的登录账户。登录名为：SQL_User3，密码为：AD4h9fcdhx32MOP。要求该登录账户首次连接服务器时必须更改密码。

```
CREATE LOGIN SQL_User3 WITH PASSWORD = 'AD4h9fcdhx32MOP' MUST_CHANGE;
```

说明：为了与之前的 SQL Server 版本兼容，目前的 SQL Server 2005 版本还支持之前版本的建立登录账户的两个系统存储过程：SP_GRANTLOGIN 和 SP_ADDLOGIN。SP_GRANTLOGIN 的作用相当于在 CREATE LOGIN 中创建一个以 Windows 身份验证的登录账户；SP_ADDLOGIN 的作用相当于在 CREATE LOGIN 中创建一个以 SQL Server 身份验证的登录账户。在以后的 SQL Server 版本中，微软将逐渐不使用这些存储过程。因此，读者应尽量放弃对这些系统存储过程的使用。

12.2.2 修改登录账户的属性

对于已经建立好的 SQL Server 登录账户，还可以对登录账户的密码、默认数据库等属性进行修改。修改登录账户属性可以在 SSMS 工具中实现，也可以使用 T-SQL 语句实现。

1. 用 SSMS 工具实现

使用 SSMS 工具修改登录账户属性有以下几个步骤。

(1) 以系统管理员身份连接 SSMS，在 SSMS 的对象资源管理器中，依次展开“安全性”→“登录名”节点。

(2) 在要更改属性的登录名上右击，从弹出的快捷菜单中选择“属性”命令，即可在弹出的对话框中对登录账户属性进行修改。这个对话框与建立新登录账户的对话框基本一样。

2. 用 T-SQL 语句实现

修改登录账户属性的 T-SQL 语句是 ALTER LOGIN，其语法格式为：

```
ALTER LOGIN login_name
    {
    <status_option>
    | WITH <set_option> [ ,... ]
}
<status_option> ::=
    ENABLE | DISABLE
```

```
<set_option> ::=
    PASSWORD = 'password'
    [
        OLD_PASSWORD = 'oldpassword'
     ]
    | DEFAULT_DATABASE = database
    | DEFAULT_LANGUAGE = language
    | NAME = login_name
```

下面介绍其中各参数的含义。

① login_name：指定正在更改的登录名。

② ENABLE | DISABLE：启用或禁用此登录名。

③ PASSWORD = 'password'：仅适用于 SQL Server 身份验证的登录账户。指定正在更改的登录名的密码。

④ OLD_PASSWORD = 'oldpassword'：仅适用于 SQL Server 身份验证的登录账户。要指定新密码的登录名的当前密码。

⑤ DEFAULT_DATABASE = database：指定将指派给该登录名的默认数据库。

⑥ DEFAULT_LANGUAGE = language：指定将指派给该登录名的默认语言。

⑦ NAME = login_name：重命名该登录名的新名称。如果是 Windows 身份验证的用户，则与新名称对应的 Windows 的用户名必须与 SQL Server 中的登录名相关联。SQL Server 身份验证的登录名的新名称不能包含反斜杠字符（\）。

【例 12-4】 启用已禁用的登录。启用 SQL_User1 登录账户。

```
ALTER LOGIN SQL_User1 ENABLE;
```

【例 12-5】 更改登录账户的密码。将 SQL_User1 登录账户的密码改为：IsaPwd324。

```
ALTER LOGIN SQL_User1 WITH PASSWORD = 'IsaPwd324';
```

【例 12-6】 更改登录账户名。将 SQL_User3 登录账户名改为：NewUser。

```
ALTER LOGIN SQL_User3 WITH NAME = NewUser;
```

12.2.3 删除登录账户

由于 SQL Server 的登录账户可以是多个数据库中的合法用户，因此在删除登录账户时，应该先将该登录账户在各个数据库中映射的数据库用户删除掉（如果有的话），然后再删除登录账户，否则会产生没有对应登录账户的孤立的数据库用户。

删除登录账户可以在 SSMS 工具中实现，也可以使用 T-SQL 语句实现。

1. 用 SSMS 工具实现

这里以删除 NewUser 登录账户为例（假设系统中已有此登录账户），说明删除登录账户的步骤。

(1) 以系统管理员身份连接到 SSMS，在 SSMS 的对象资源管理器中，依次展开“安全性”→“登录名”节点。

(2) 在要删除的登录账户(NewUser)上右击,从弹出的快捷菜单中选择“删除”命令。弹出如图 12-12 所示的删除登录账户属性的对话框。

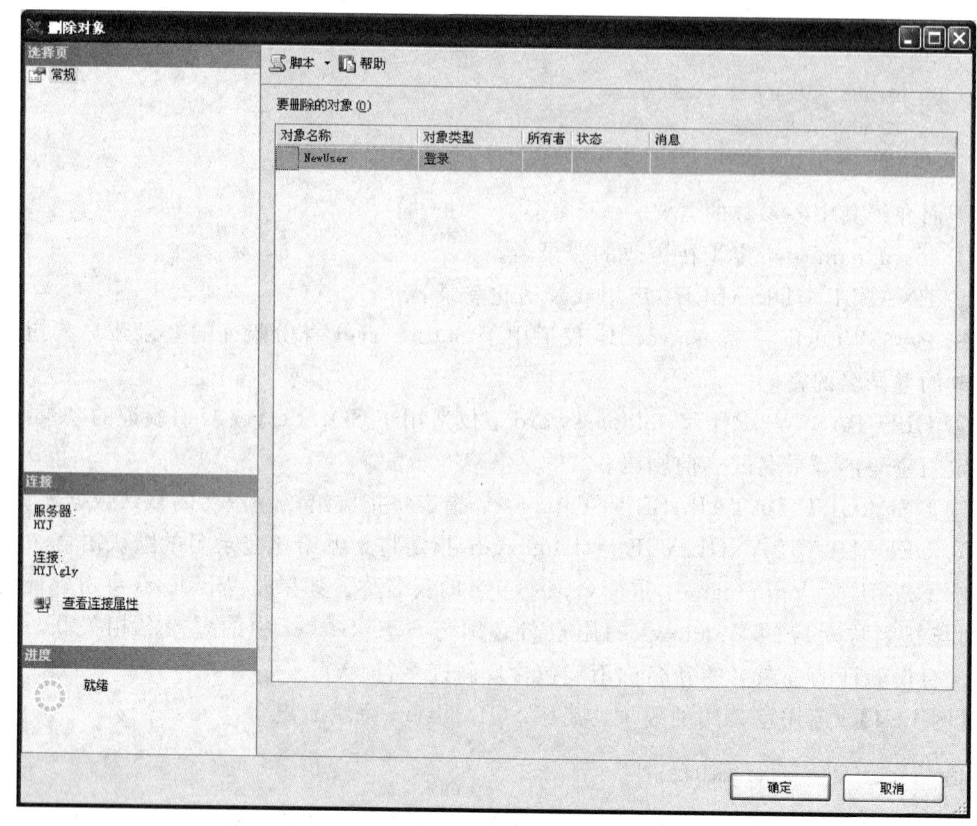

图 12-12 删除登录账户的对话框

(3) 在如图 12-12 所示的对话框中,若确实要删除此登录账户,单击“确定”按钮,否则单击“取消”按钮。这里单击“确定”按钮,系统会弹出如图 12-13 所示的提示对话框,该对话框提示用户,删除登录账号并不会删除对应的数据库用户。

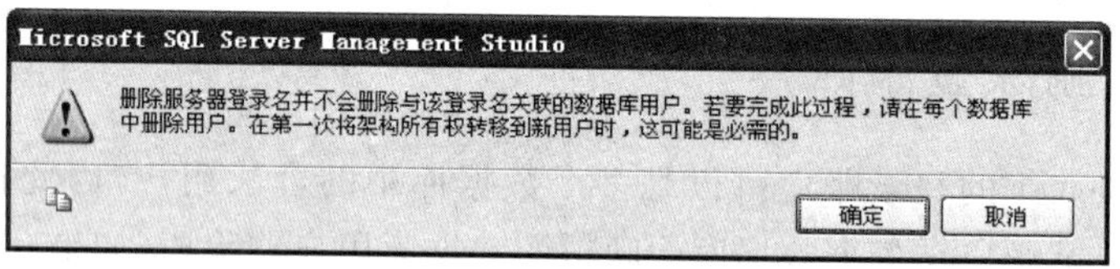

图 12-13 删除登录账户的提示对话框

(4) 单击“确定”按钮,删除 NewUser 登录账户。

2. 用 T-SQL 语句实现

删除登录账户的 T-SQL 语句为 DROP LOGIN,其语法格式为:

```
DROP LOGIN login_name
```

其中 login_name 为要删除的登录账户的名字。

注意：不能删除正在使用的登录账户，也不能删除拥有任何数据库对象、服务器级别对象的登录账户。

【例 12-7】 删除 SQL_User2 登录账户。

```
DROP LOGIN SQL_User2;
```

说明：为了与之前的 SQL Server 版本兼容，目前的 SQL Server 2005 版本还支持之前版本的实现删除登录账户操作的两个系统存储过程：SP_REVOKELOGIN 和 SP_DROPLOGIN。SP_REVOKELOGIN 的作用是删除以 Windows 身份验证的登录账户，SP_DROPLOGIN 的作用是删除以 SQL Server 身份验证的登录账户。

在以后的 SQL Server 版本中，微软将逐渐不使用这些存储过程，因此，读者应尽量放弃对这些系统存储过程的使用。

12.3 数据库用户

数据库用户是数据库级别上的主体。用户在具有了登录账户之后，只能连接到 SQL Server 数据库服务器上，并不具有访问任何用户数据库的权限，只有成为了数据库的合法用户后，才能访问此数据库。本节将介绍如何对数据库用户进行管理。

数据库用户一般都来自于服务器上已有的登录账户，让登录账户成为数据库用户的操作称为“映射”。一个登录账户可以映射为多个数据库中的用户，这种映射关系为同一服务器上不同数据库的权限管理带来了很大的方便。管理数据库用户的过程实际上就是建立登录账户与数据库用户之间的映射关系的过程。默认情况下，新建立的数据库只有一个用户：dbo，它是数据库的拥有者。

12.3.1 建立数据库用户

建立数据库用户可以用 SSMS 工具实现，也可以使用 T-SQL 语句实现。

1. 用 SSMS 工具实现

让一个登录账户可以访问某个数据库，实际就是将这个登录账户映射为此数据库中的合法用户。在 SSMS 工具中建立数据库用户有以下几个步骤。

(1) 以系统管理员身份连接到 SSMS，在 SSMS 工具的对象资源管理器中，展开要建立数据库用户的数据库(假设这里展开 students 数据库)。

(2) 展开“安全性”节点，在“用户”节点上右击，在弹出的快捷菜单中选择“新建用户”命令，弹出如图 12-14 所示的对话框。

(3) 在如图 12-14 所示的对话框中，在“用户名”文本框中可以输入一个与登录名对应的数据库用户名，在“登录名”部分指定将要成为此数据库用户的登录账户名。可单击“登录名”文本框右边的[...]按钮，查找某登录名。

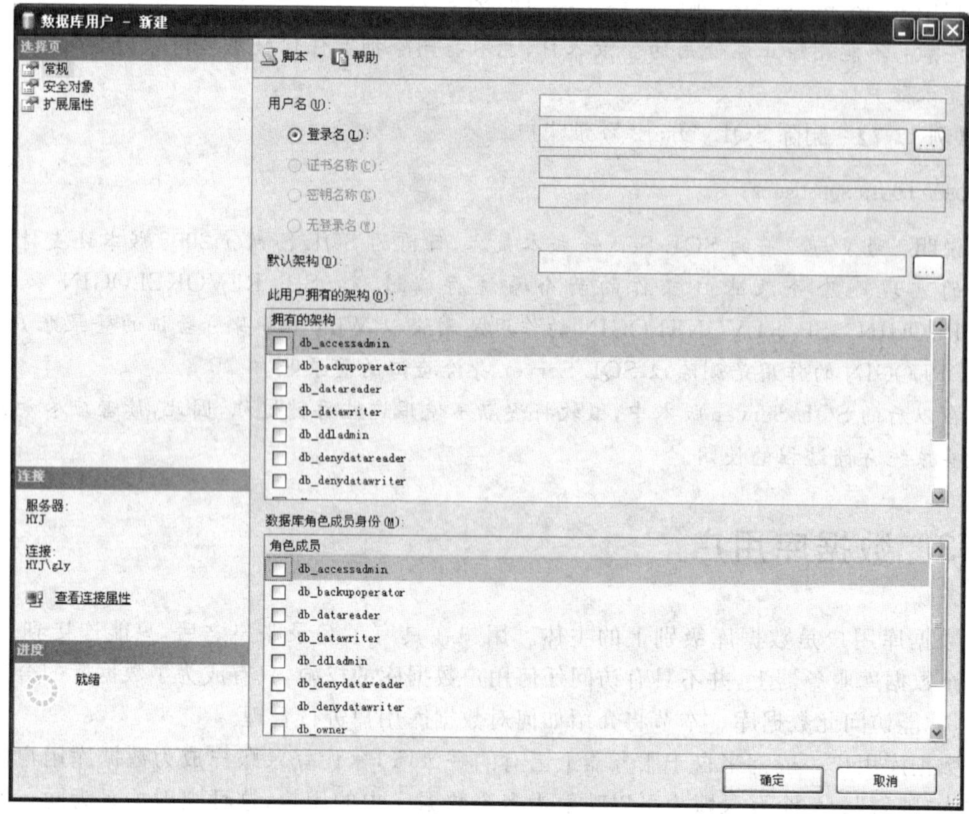

图 12-14 “数据库用户-新建”对话框

这里在“用户名”文本框中输入：SQL_User1，然后单击“登录名”文本框右边的[...]按钮，弹出如图 12-15 所示的“选择登录名”对话框。

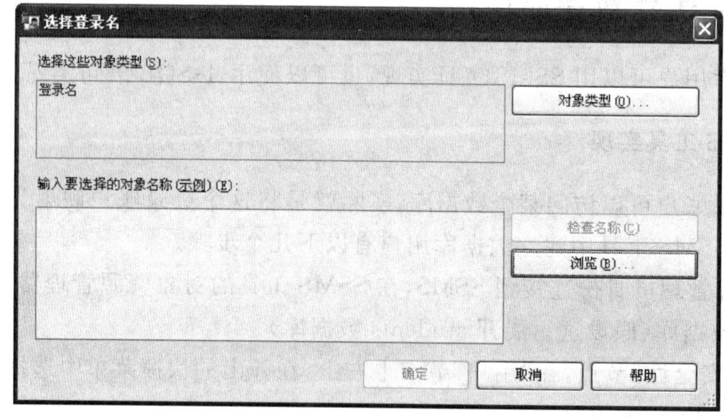

图 12-15 “选择登录名”对话框

(4) 在如图 12-15 所示的对话框中，单击“浏览”按钮，弹出如图 12-16 所示的“查找对象”对话框。

(5) 在如图 12-16 所示的对话框中，选中“[SQL_User1]”前的复选框，表示让该登录账

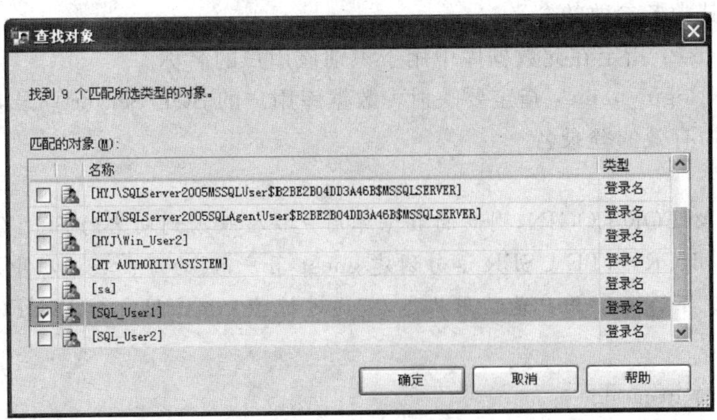

图 12-16　查找登录账户

户成为 students 数据库中的用户。单击“确定”按钮关闭“查找对象”对话框，回到“选择登录名”对话框，这时该对话框的形式如图 12-17 所示。

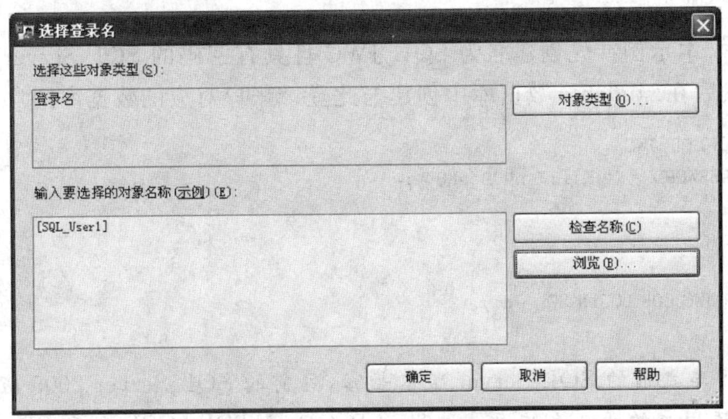

图 12-17　指定好登录账户后的情形

(6) 在如图 12-17 所示的对话框中单击“确定”按钮，关闭该对话框，回到“数据库用户-新建”对话框。在此对话框中再次单击“确定”按钮关闭该对话框，完成数据库用户的建立。

这时展开 students 数据库下的“安全性”节点及该节点下的“用户”节点，可以看到 SQL _User1 已经在该数据库的用户列表中。

2. 用 T-SQL 语句实现

建立数据库用户的 T-SQL 语句是 CREATE USER，该语句也是 SQL Server 2005 中的新语句。其简化的语法格式如下：

```
CREATE USER user_name [ { { FOR | FROM }
      {
        LOGIN login_name
      }
    ]
```

下面介绍其中各参数的含义。

① user_name：指定在此数据库中用于识别该用户的名称。

② LOGIN login_name：指定要映射为数据库用户的 SQL Server 登录名。login_name 必须是服务器中有效的登录名。

注意：

① 如果省略 FOR LOGIN，则新的数据库用户将被映射到同名的 SQL Server 登录名。

② 不能使用 CREATE USER 语句创建 guest 用户，因为每个数据库中均已存在 guest 用户。默认情况下，guest 用户是禁用状态，可通过授予 guest 用户 CONNECT 权限来启用该用户，例如：

```
GRANT CONNECT TO guest;
```

【例 12-8】 让 SQL_User2 登录账户成为 students 数据库中的用户，并且用户名与登录名相同。

```
USE students;
GO
CREATE USER SQL_User2;
```

【例 12-9】 本示例首先创建名为 SQL_JWC 且具有密码的 SQL Server 身份验证的服务器登录名，然后在 students 数据库中创建与此登录账户对应的数据库用户 JWC。

```
CREATE LOGIN SQL_JWC
    WITH PASSWORD = 'jKJl3 $ nN09jsK84';
GO
USE students;
GO
CREATE USER JWC FOR LOGIN SQL_JWC;
GO
```

说明：为了与之前的 SQL Server 版本兼容，目前的 SQL Server 2005 版本还支持之前版本建立数据库用户的两个系统存储过程：SP_GRANTDBACCESS 和 SP_ADDUSER，这两个存储过程的作用都相当于 GREATE USER。在以后的 SQL Server 版本中，微软将逐渐不使用这些存储过程，因此，读者应尽量放弃对这些系统存储过程的使用。

注意：一定要清楚服务器登录账户与数据库用户是两个完全不同的概念。具有登录账户的用户可以登录到 SQL Server 实例上，而且只局限在实例上进行操作。而数据库用户则是登录账户以什么样的身份在该数据库中进行操作，是登录账户在具体数据库中的映射，这个映射名(数据库用户名)可以和登录账户一样，也可以不一样。一般为了便于理解和管理，都采用相同的名字。

12.3.2 Guest 用户

Guest 是 SQL Server 中一个特殊的数据库用户，在实际工作中经常作为数据库的匿名访问者使用。

1. 系统数据库中的 guest 用户

前面已经介绍过，用户要访问数据库，必须具有登录账户和数据库用户两个身份。这里做一个实验来看一下 guest 用户的作用，有以下几个步骤。

(1) 以系统管理员身份打开查询编辑器窗口，在此窗口中执行下述代码，创建一个 SQL Server 身份验证的登录账户，账户名为：test，密码为：123456，默认数据库是 master。

```
USE master;
GO
CREATE LOGIN test WITH PASSWORD = '123456',DEFAULT_DATABASE = master;
```

(2) 以 test 身份登录到 SQL Server。

经过以上操作，test 账户成功登录到 SQL Server 并进入到了 master 数据库中。在前边曾经讲过，如果用户要进入到数据库中，则必须是该数据库中的合法用户，即登录账户在该数据库中有对应的用户。而 test 显然并不是 master 数据库中的用户，那为什么它可以访问 master 数据库？这时与 test 登录账户对应的数据库用户是谁呢？

在 SSMS 的对象资源管理器中，展开 master 数据库下的"安全性"→"用户"节点，发现有一个 guest 用户，而且是启用状态（guest）。用同样的方法打开 students 数据库，并展开该数据库下的"安全性"→"用户"节点，发现也有 guest 用户，只是该用户是禁用状态（guest）。

其实还可以通过查看数据库属性的方法查看该数据库中的全部合法用户。在"master"数据库上右击，在弹出的快捷菜单中选择"属性"命令，在弹出的"属性"对话框上单击"权限"选项，其对话框如图 12-18 所示。在"用户或角色"列表框中，可以看到 guest 用户。而如果查看用户数据库，比如 students 数据库的属性，则在其"权限"页上没有 guest 用户，如图 12-19 所示。

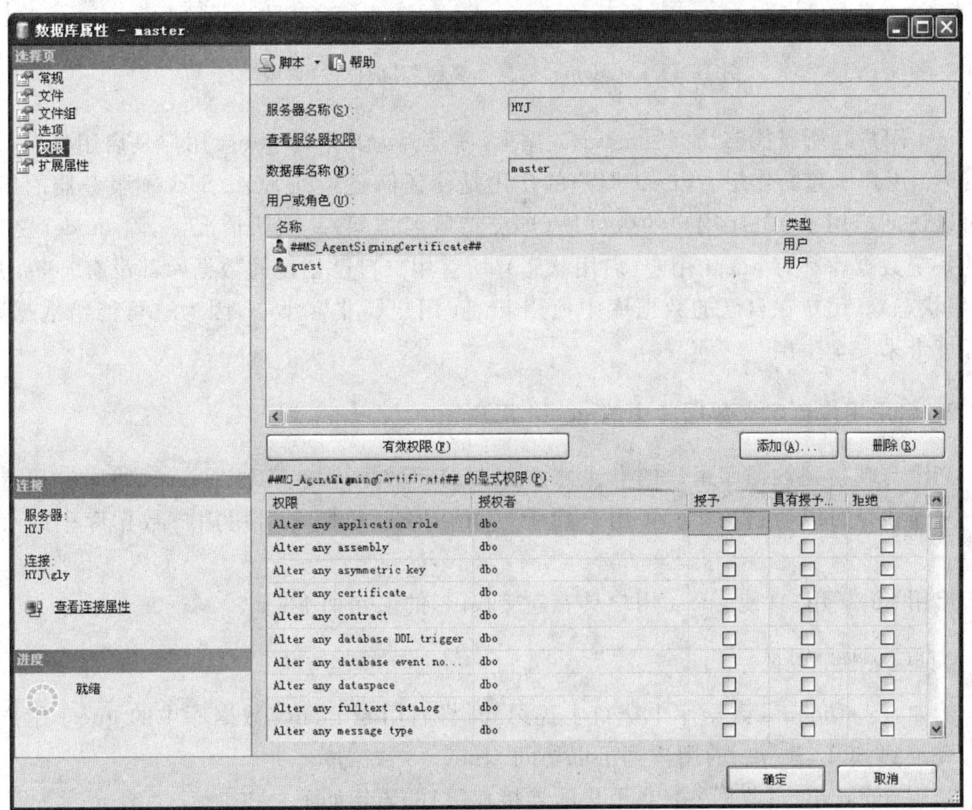

图 12-18 master"数据库属性"对话框的"权限"页

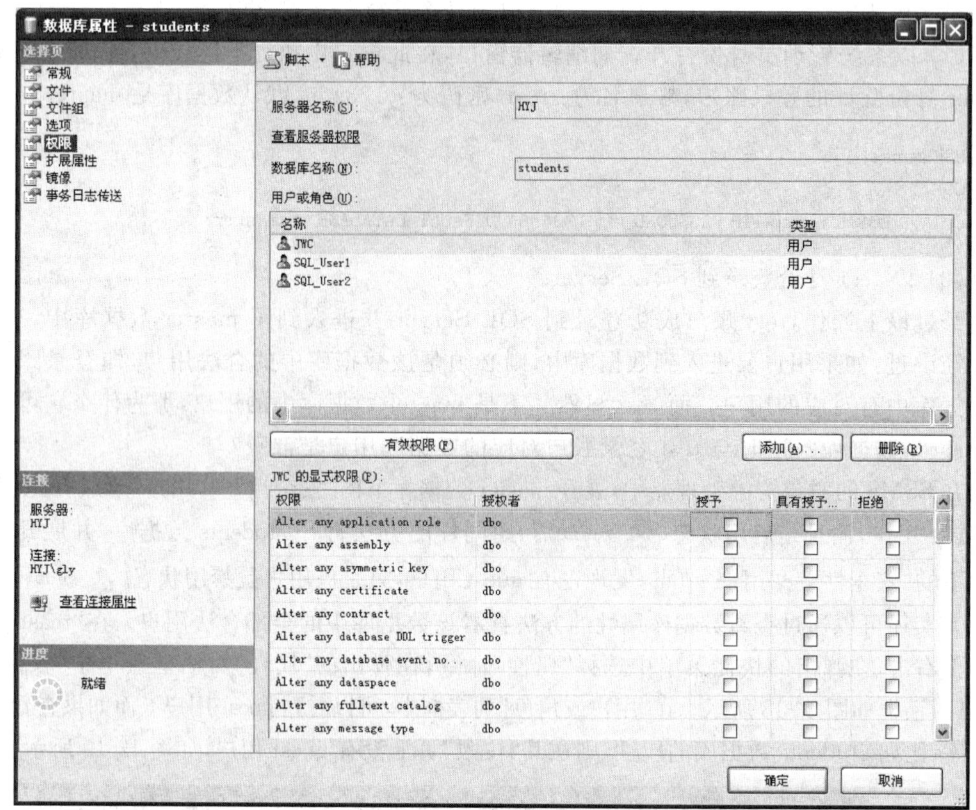

图 12-19　students“数据库属性”对话框的“权限”页

test 用户之所以能够访问 master 数据库，就是因为其中的 guest 用户是启用状态，这是由 guest 用户所起的作用。guest 用户的作用是使任何登录到 SQL Server 服务器的用户，都可以访问启用了 guest 用户的数据库(即支持匿名访问)。默认情况下，除 model 之外所有的系统数据库都有 guest 用户(启用状态)，所有用户自己创建的数据库都没有 guest 用户(禁用状态)。用户在自己的数据库中使用 guest 用户要非常小心，因为这可能给数据库系统环境带来安全隐患。

2. 启用用户自定义数据库中的 guest 用户

当没有映射到数据库用户的登录账户试图访问数据库时，SQL Server 将尝试用 guest 用户来连接。可以通过为 guest 用户授予 CONNECT 权限来启用用户数据库中的 guest 用户。

启用 guest 用户(使 guest 用户具有连接权限)的语句如下：

```
GRANT CONNECT TO guest;
```

例如，在 students 数据库中执行上述语句，将启用 students 数据库中的 guest 用户，使所有登录到 SQL Server 的用户都可以访问 students 数据库。

禁用 guest 用户(收回 guest 用户的连接权限)的语句如下：

```
REVOKE CONNECT TO guest;
```

注意：在每个数据库中还有一个特殊用户，即 dbo，该用户的全称是 database owner。dbo 是创建该数据库的登录账户映射到该数据库中的用户，其所创建的对象都是 dbo.对象名。

12.3.3　删除数据库用户

从当前数据库中删除一个用户，实际就是解除了登录账户和数据库用户之间的映射关系，但并不影响登录账户的存在。删除数据库用户之后，其对应的登录账户仍然存在。

删除数据库用户可以用 SSMS 工具实现，也可以使用 T-SQL 语句实现。

1. 用 SSMS 工具实现

现在以删除 students 数据库中的 SQL_User2 用户为例，说明使用 SSMS 工具删除数据库用户的步骤。

(1) 以系统管理员身份连接到 SSMS，在 SSMS 工具的对象资源管理器中，依次展开"数据库"→"students"→"安全性"→"用户"节点。

(2) 在要删除的"SQL_User2"用户名上右击，在弹出的快捷菜单中选择"删除"命令，弹出如图 12-20 所示的"删除对象"对话框。

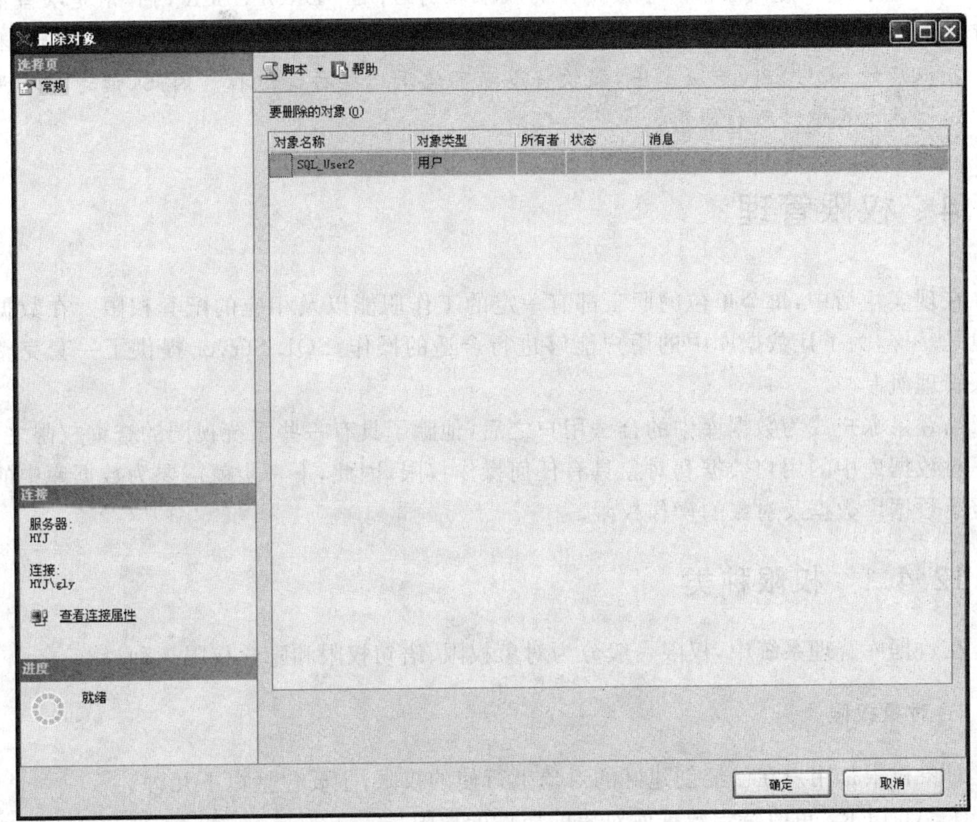

图 12-20　"删除对象"对话框

(3) 在“删除对象”对话框中，如果确实要删除，则单击“确定”按钮，删除此用户，否则单击“取消”按钮。这里选择“确定”按钮，删除“SQL_User2”。

2. 用 T-SQL 语句实现

删除数据库用户的 T-SQL 语句是 DROP USER，其语法格式为：

```
DROP USER user_name
```

其中 user_name 为要在此数据库中删除的用户名。

注意：

① 不能从数据库中删除拥有对象的用户。必须先删除或转移安全对象的所有者，然后再删除拥有这些对象的数据库用户；

② 不能删除 guest 用户，但可以在除 master 和 temp 之外的任何其他数据库中执行：

```
REVOKE CONNECT FROM guest;
```

来撤销 guest 用户的 CONNECT 权限，从而禁用 guest 用户。

说明： 为了与之前的 SQL Server 版本兼容，目前的 SQL Server 2005 版本还支持之前版本的实现删除数据库用户操作的两个系统存储过程：SP_REVOKEDBACCESS 和 SP_DROPUSER。SP_REVOKEDBACCESS 的作用是从当前数据库中删除用户，而且在删除数据库用户时，也一起删除依赖于该用户的权限和别名；SP_DROPUSER 的作用是从当前数据库中删除用户，执行该存储过程时，其内部实际是执行 SP_REVOKEDBACCESS 存储过程。

在以后的 SQL Server 版本中，微软将逐渐不使用这些存储过程。因此，读者应尽量放弃对这些系统存储过程的使用。

12.4 权限管理

在现实生活中，每个单位的职工都有一定的工作职能以及相应的配套权限。在数据库中也是一样，为了让数据库中的用户能够进行合适的操作，SQL Server 提供了一套完整的权限管理机制。

当登录账户成为数据库中的合法用户之后，他除了具有一些系统视图的查询权限之外，并不对数据库中的用户数据和对象具有任何操作权限，因此，下一步就需要为数据库中的用户授予数据库数据及对象的操作权限。

12.4.1 权限种类

在数据库管理系统中，权限一般分为对象权限、语句权限和隐含权限 3 种。

1. 对象权限

对象权限是用户在已经创建好的对象上行使的权限，主要包括以下几种。

① ALTER：更改特定数据库对象的属性的权限。

② DELETE、INSERT、UPDATE 和 SELECT：对表和视图数据进行删除、插入、更改

和查询的权限，其中 UPDATE 和 SELECT 可以对表或视图的单个列进行授权。

③ EXECUTE：执行存储过程的权限。

④ REFERENCES：通过外键引用其他表的权限。

2. 语句权限

SQL Server 除了提供对象的操作权限外，还提供了创建对象的权限，即语句权限。SQL Server 提供的语句权限主要包括以下几种。

① CRAETE TABLE：在数据库中创建表的权限。

② CREATE VIEW：在数据库中创建视图的权限。

③ CREATE PROCEDURE：在数据库中创建存储过程的权限。

④ CREATE DATABASE：创建数据库的权限。

⑤ BACKUP DATABASE：备份数据库的权限。

⑥ BACKUP LOG：备份日志的权限。

3. 隐含权限

隐含权限是指由 SQL Server 预定义的服务器角色、数据库角色（在下一节中介绍）、数据库拥有者和数据库对象拥有者所具有的权限，隐含权限相当于内置权限，不需要再明确地授予这些权限。例如，数据库拥有者自动地具有对数据库进行一切操作的权限。

12.4.2　权限的管理

在上面介绍的 3 种权限中，隐含权限是由系统预先定义好的，这类权限不需要也不能进行设置。因此，权限的设置实际上是指对对象权限和语句权限的设置。权限的管理包含以下 3 个内容。

① 授予权限：授予用户或角色具有某种操作权。

② 收回权限：收回（或称为撤销）曾经授予给用户或角色的权限。

③ 拒绝访问：拒绝某用户或角色具有某种操作权限，即使用户或角色由于继承而获得这种操作权限，也不允许执行相应的操作。

1. 对象权限的管理

对对象权限的管理可以通过 SSMS 工具实现，也可以通过 T-SQL 语句实现。

(1) 用 SSMS 工具实现

现在以在 students 数据库中，授予 SQL_User1 用户具有 Student 表的 SELECT 和 INSERT 权限、Course 表的 SELECT 权限为例，说明在 SSMS 工具中授予用户对象权限的过程。

在授予 SQL_User1 用户权限之前，先做个实验。首先用 SQL_User1 用户建立一个新的数据库引擎查询，在查询编辑器中，输入如下代码：

```
SELECT * FROM Student
```

执行该代码后，SSMS 的窗口如图 12-21 所示。

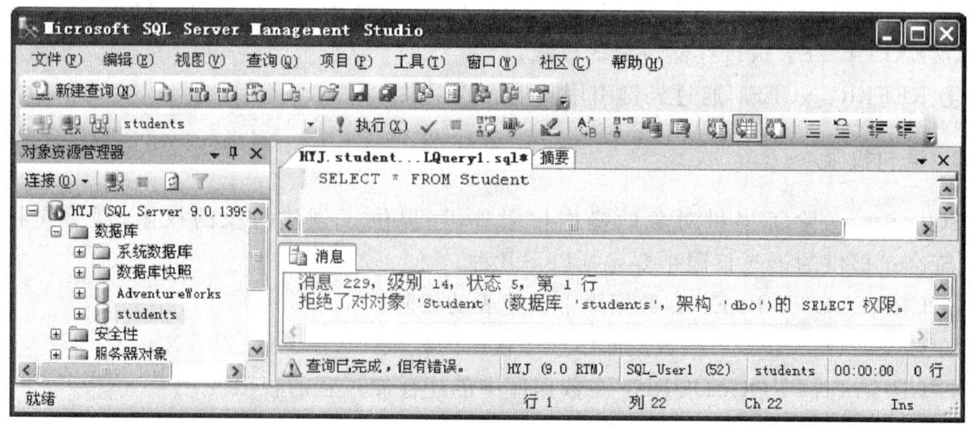

图 12-21　没有查询权限时执行查询语句出现的错误

这个实验表明，数据库用户在数据库中对用户数据没有任何操作权限。下面说明在SSMS工具中对数据库用户授权的方法。

① 在SSMS工具的对象资源管理器中，依次展开“数据库”→“students”→“安全性”→“用户”节点，在“SQL_User1”用户上右击，在弹出的快捷菜单中选择“属性”命令，弹出如图12-22所示的“数据库用户”属性对话框。

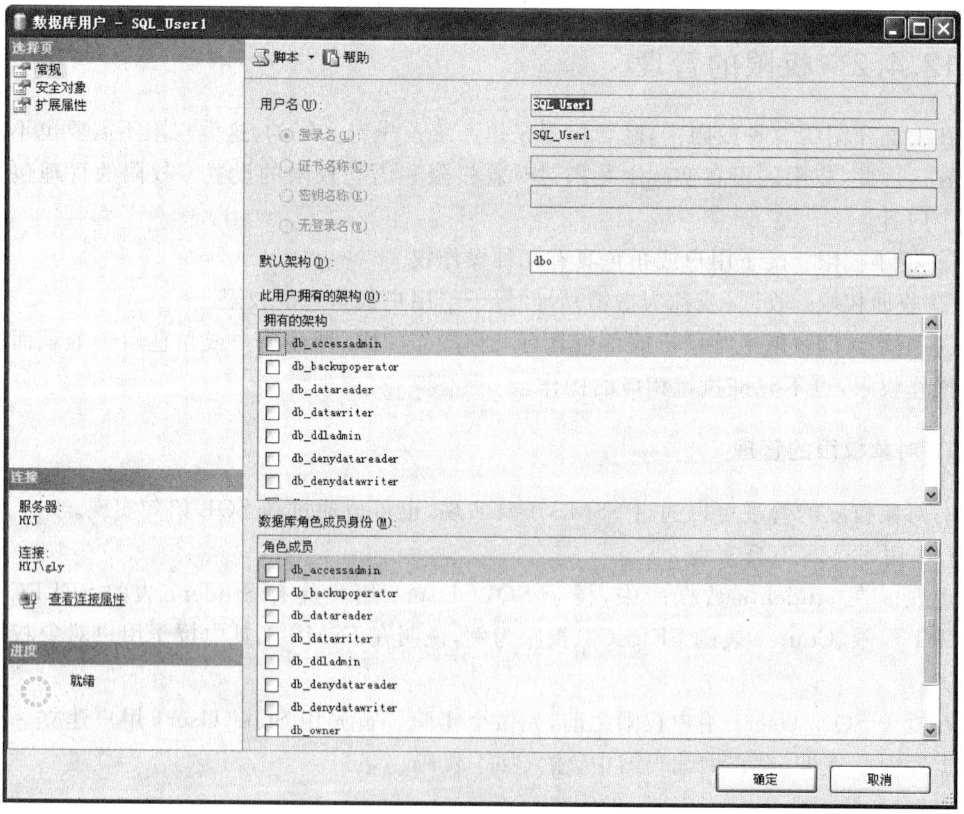

图 12-22　“数据库用户”属性对话框

② 单击左边“选择页”中的“安全对象”选项，出现如图 12-23 所示的“安全对象”对话框。

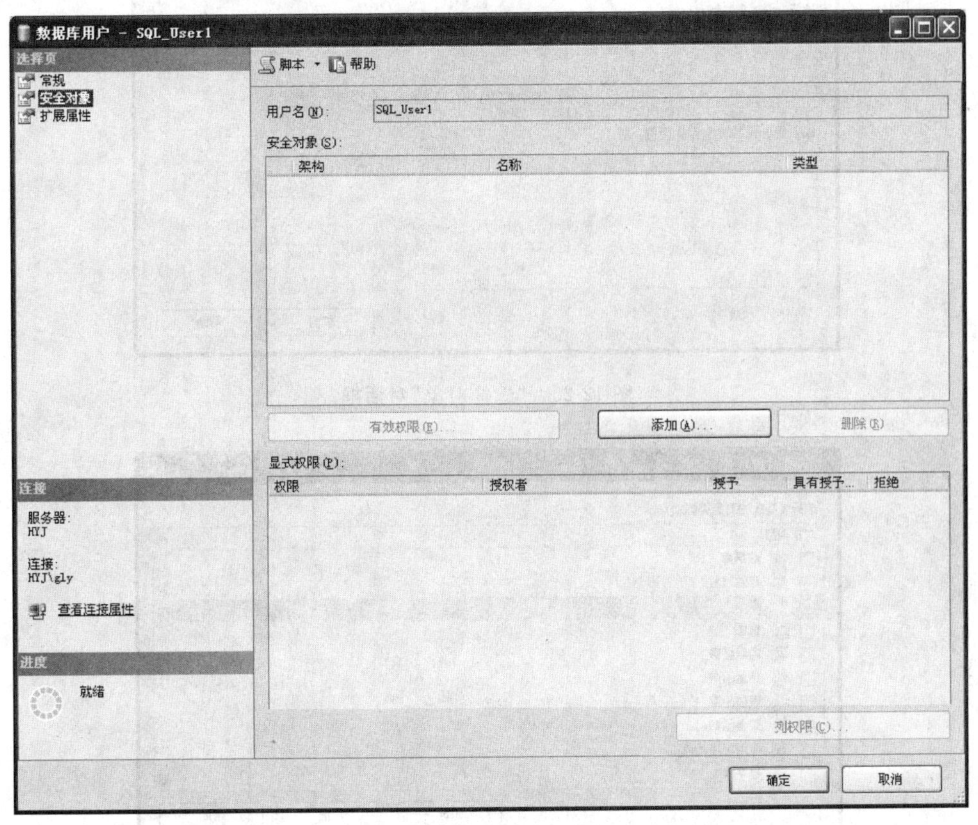

图 12-23 用户的“安全对象”对话框

③ 在如图 12-23 所示的对话框中，单击“添加”按钮，弹出如图 12-24 所示的“添加对象”对话框，在这个对话框中可以选择要添加的对象类型。默认是添加“特定对象”类。

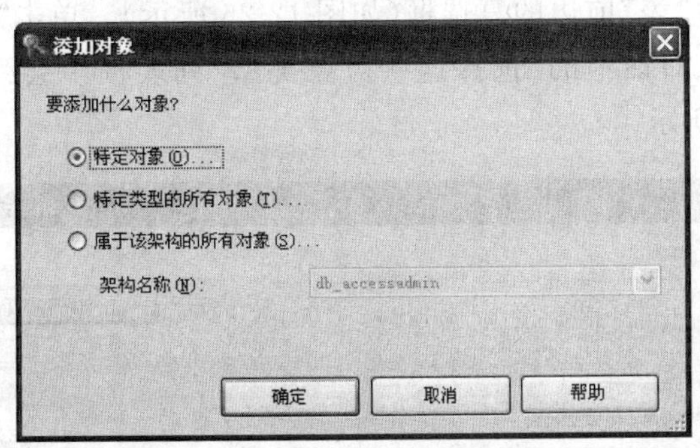

图 12-24 “添加对象”对话框

④ 在“添加对象”对话框中，不进行任何修改，单击“确定”按钮，弹出如图 12-25 所示的“选择对象”对话框。在这个对话框中可以通过选择对象类型来对对象进行筛选。

⑤ 在“选择对象”对话框中，单击“对象类型”按钮，弹出如图 12-26 所示的“选择对象类型”对话框。在这个对话框中可以选择要授予权限的对象类型。

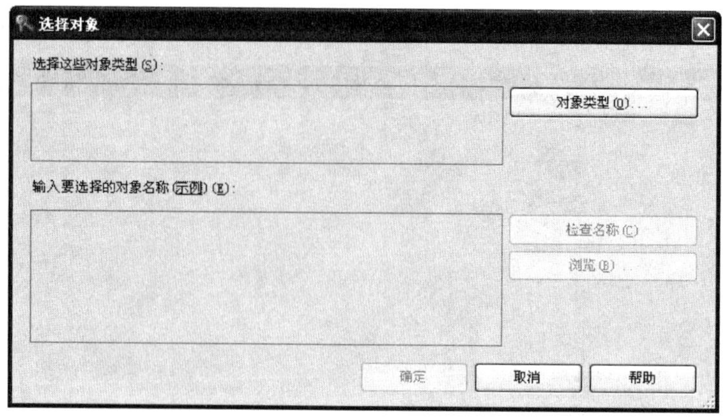

图 12-25 “选择对象”对话框

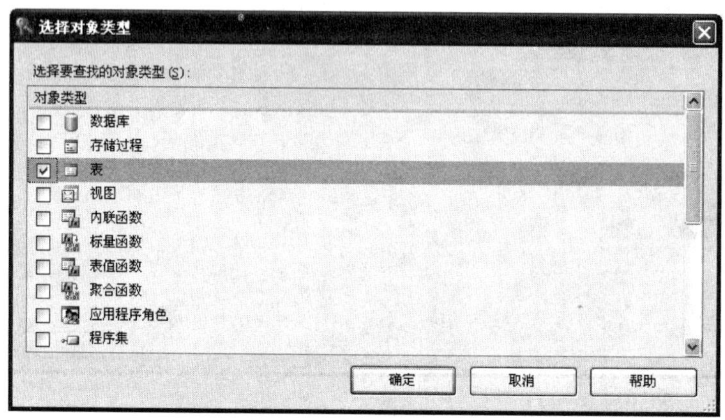

图 12-26 “选择对象类型”对话框

⑥ 由于此处是要授予 SQL_User1 用户对 Student 和 Course 表的权限，因此在“添加对象类型”对话框中，选中“表”前边的复选框（如图 12-26 所示）。单击“确定”按钮，回到“选择对象”对话框，这时在该对话框的“选择这些对象类型”列表框中会列出所选的“表”对象类型，对话框如图 12-27 所示。

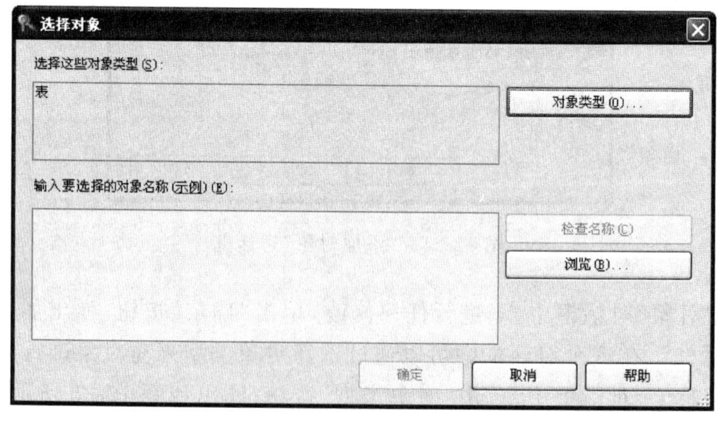

图 12-27 指定好对象类型后的“选择对象”对话框

⑦ 在如图 12-27 所示的对话框中，单击“浏览”按钮，弹出如图 12-28 所示的“查找对象”对话框。在该对话框中列出了当前可以被授权的全部表。这里选中“Student”和“Course”表前边的复选框。

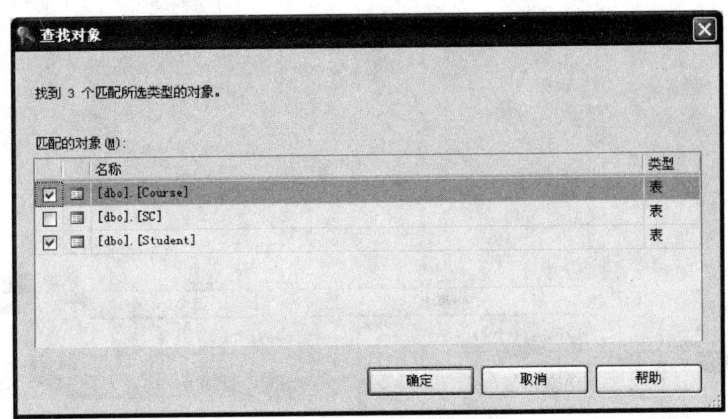

图 12-28 选择要授权的表

⑧ 在“查找对象”对话框中指定好要授权的表之后，单击“确定”按钮，回到“选择对象”对话框，此时该对话框的形式如图 12-29 所示。

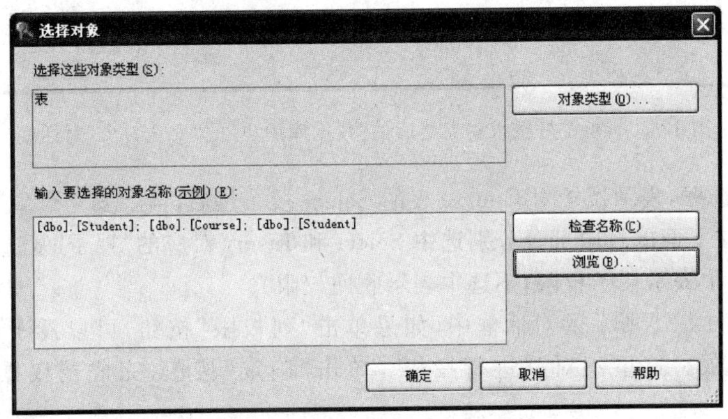

图 12-29 指定要授权的表之后的“选择对象”对话框

⑨ 在如图 12-29 所示的对话框中，单击“确定”按钮，回到“数据库用户”属性中的“安全对象”对话框，此时该对话框形式如图 12-30 所示。现在可以在这个对话框上对选择的对象授予相关的权限。

⑩ 在如图 12-30 所示的对话框中：

- 选中“授予”对应的复选框表示授予该项权限；
- 选中“具有授予权限”对应的复选框表示在授权时同时授予了该权限的转授权，即该用户还可以将其获得的权限授予其他人；
- 选中“拒绝”对应的复选框表示拒绝该用户获得该权限，不做任何选择表示用户没有此项权限。

这里首先在“安全对象”列表框中选中“Course”，然后在下面的权限部分选中 Select 对

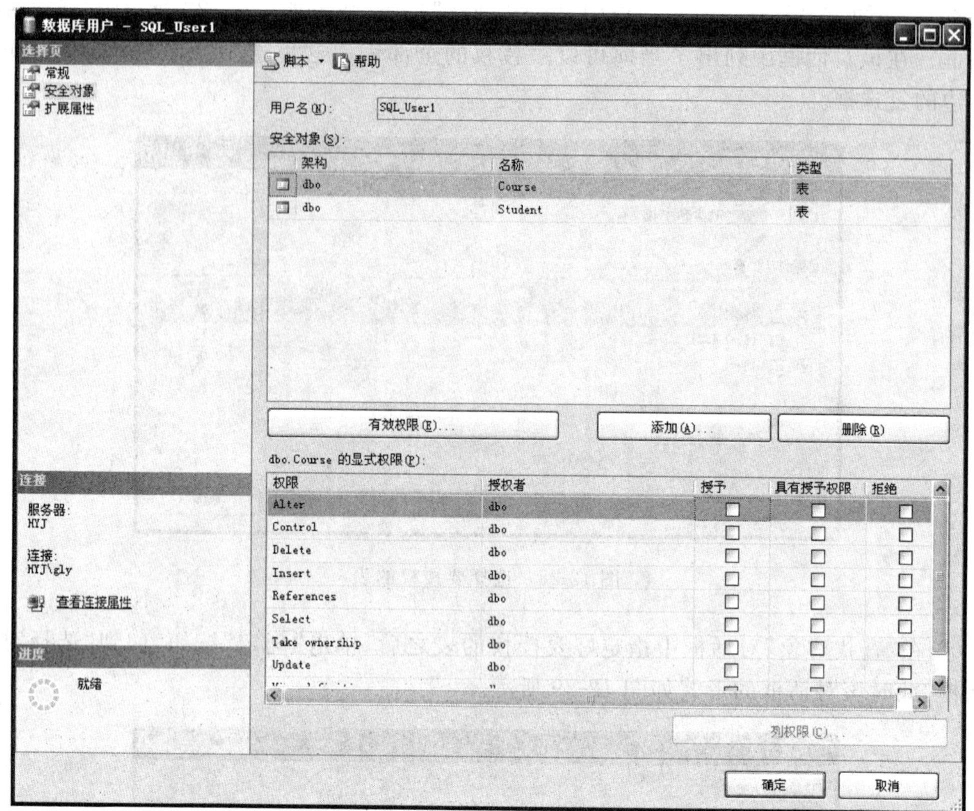

图 12-30　指定好授权对象之后的“数据库用户”的“安全对象”对话框

应的“授予”复选框，表示授予对 Course 表的 Select 权。然后再在“安全对象”列表框中选中“Student”，并在下面的权限部分分别选中 Select 和 Insert 对应的“授予”复选框，如图 12-31 所示(说明：选中表示授予权限，不选中表示收回权限)。

⑪ 在如图 12-31 所示的对话框中，如果单击“列权限”按钮，可以授予用户对表中某些列的操作权限。这里不对列进行授权。单击“确定”按钮，完成授权操作，关闭该对话框。

至此，完成了对数据库用户的授权。

此时，以 SQL_User1 身份再次执行代码：

```
SELECT * FROM Student
```

此时代码执行成功，并返回所需要的结果。

(2) 用 T-SQL 语句实现

在 T-SQL 语句中，用于管理权限的语句有以下 3 个。

- GRANT 语句：授予权限。
- REVOKE 语句：收回或撤销权限。
- DENY 语句：拒绝权限。

下面给出管理语句权限的语句的语法格式。

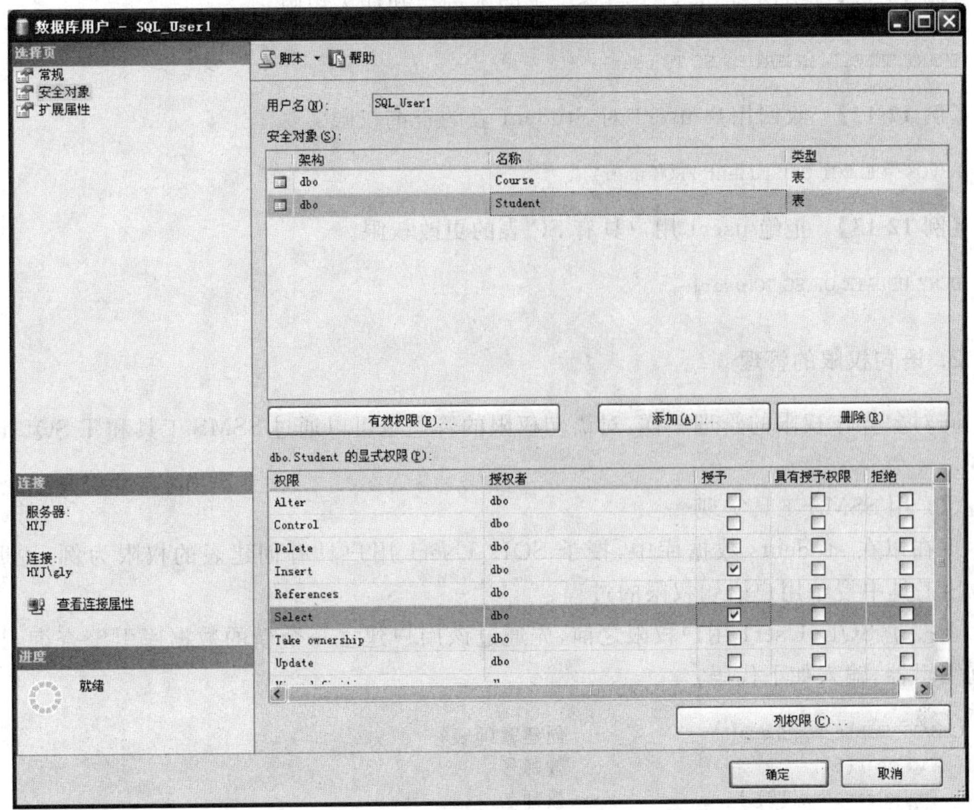

图 12-31 授予对 Student 表的 SELECT 和 INSERT 权限

① 授权语句

授权语句的格式如下：

```
GRANT 对象权限名 [ ,...] ON {表名 | 视图名 | 存储过程名}
 TO { 数据库用户名 | 用户角色名 } [ ,...]
```

② 收权语句

收权语句的格式如下：

```
REVOKE 对象权限名 [ , … ] ON { 表名 | 视图名 | 存储过程名 }
    FROM { 数据库用户名 | 用户角色名 } [ , … ]
```

③ 拒绝权限

拒绝权限语句的格式如下：

```
DENY 对象权限名 [ , … ] ON {表名 | 视图名 | 存储过程名}
    TO { 数据库用户名 | 用户角色名 } [ , … ]
```

其中对象权限包括：INSERT、DELETE、UPDATE 和 SELECT 权限（主要是对表和视图）；EXECUTE 权限（对存储过程）。

【例 12-10】 为用户 user1 授予 Student 表的查询权限。

```
GRANT SELECT ON Student TO user1
```

【例 12-11】 为用户 user1 授予 SC 表的查询权和插入权限。

```
GRANT SELECT, INSERT ON SC TO user1
```

【例 12-12】 收回用户 user1 对 Student 表的查询权限。

```
REVOKE SELECT ON Student FROM user1
```

【例 12-13】 拒绝 user1 用户具有 SC 表的更改权限。

```
DENY UPDATE ON SC TO user1
```

2. 语句权限的管理

同对象操作权限的管理一样，对语句权限的管理也可以通过 SSMS 工具和 T-SQL 语句实现。

(1) 用 SSMS 工具实现

现在以在 students 数据库中，授予 SQL_User1 用户具有创建表的权限为例，说明在 SSMS 工具中授予用户语句权限的过程。

在授予 SQL_User1 用户权限之前，先通过该用户建立一个新的数据库引擎查询，打开查询编辑器，输入如下代码：

```
CREATE Table Teachers(            -- 创建教师表
  Tid char(6),                    -- 教师号
  Tname varchar(10) )             -- 教师名
```

执行该代码后，SSMS 的窗口如图 12-32 所示。

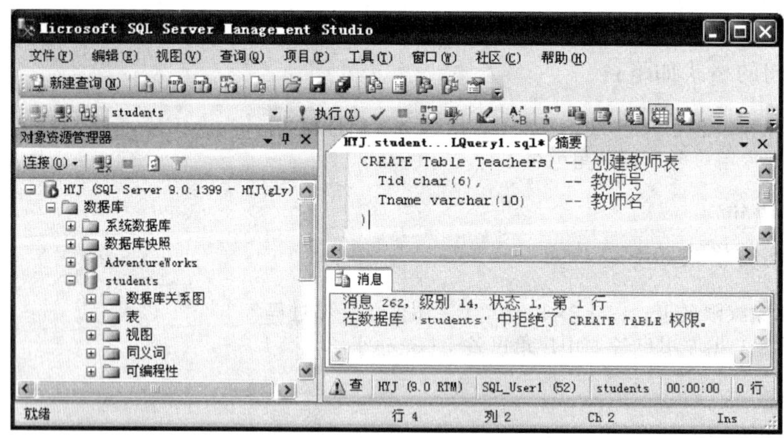

图 12-32 执行建表语句时出现的错误

使用 SSMS 工具授予用户语句权限有以下几个步骤。

① 在 SSMS 工具的对象资源管理器中，依次展开"数据库"→"students"→"安全性"→"用户"节点，在"SQL_User1"用户上右击，在弹出的快捷菜单中选择"属性"命令，弹出用户属性对话框(参见图 12-22)，在此对话框中单击左边"选择页"中的"安全对象"选项，在"安全对象"选项的对话框(参见图 12-23)中单击"添加"按钮。在弹出的"添加对象"对话框(参

见图 12-24)中确保选中了“特定对象”单选按钮，单击“确定”按钮，在弹出的“选择对象”对话框(参见图 12-25)中单击“对象类型”按钮，弹出“选择对象类型”对话框。

② 在“选择对象类型”对话框中，选中“数据库”前的复选框，如图 12-33 所示。单击“确定”按钮，回到“选择对象”对话框，此时在对话框的“选择对象类型”列表框中已经列出了“数据库”，如图 12-34 所示。

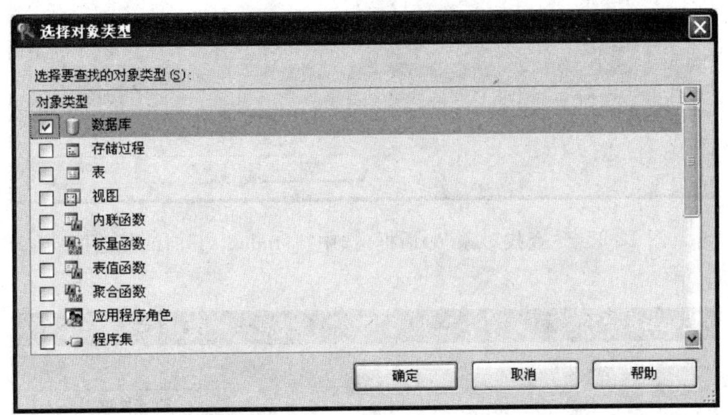

图 12-33 选中“数据库”复选框

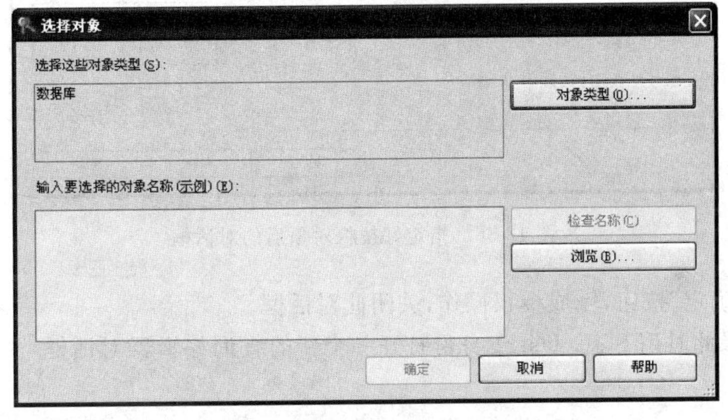

图 12-34 选择好对象类型后的对话框

③ 在如图 12-34 所示的对话框中，单击“浏览”按钮，弹出如图 12-35 所示的“查找对象”对话框，在此对话框中可以选择要赋予的权限所在的数据库。由于是要为 SQL_User1 授予在 students 数据库中具有建表权，因此在此对话框中选中“[students]”前的复选框(如图 12-35 所示)。单击“确定”按钮，回到“选择对象”对话框，此时在该对话框的“输入要选择的对象”列表框中已经列出了“[students]”数据库，如图 12-36 所示。

④ 在“选择对象”对话框上单击“确定”按钮，回到“数据库用户”属性对话框，在此对话框中可以选择合适的语句权限授予相关用户。

⑤ 在此对话框下边的权限列表框中选中“Create table”对应的“授予”复选框，如图 12-37 所示。

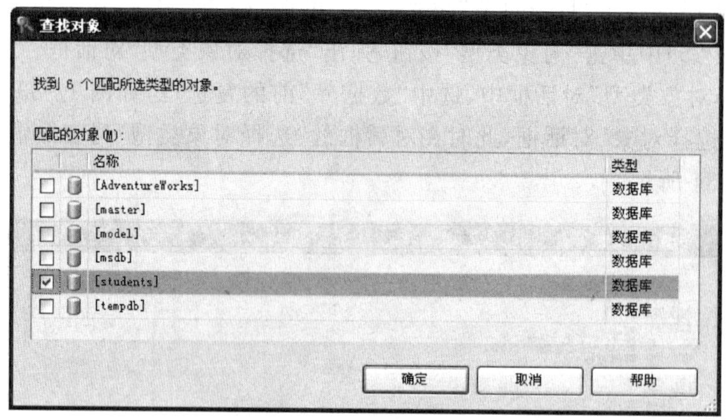

图 12-35 “查找对象”对话框(选中“[students]”前的复选框)

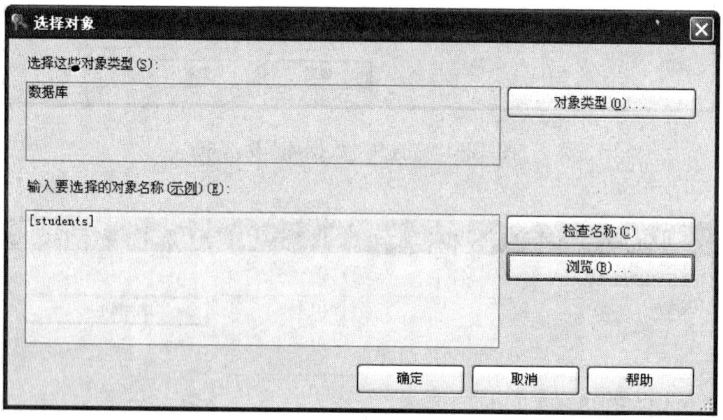

选择对象
选择这些对象类型(S):
数据库
对象类型(O)...
输入要选择的对象名称(示例)(E):
[students]
检查名称(C)
浏览(B)...
确定
取消
帮助

图 12-36 指定好授权对象后的对话框

⑥ 单击“确定”按钮,完成授权操作,关闭此对话框。

注意,如果此时用 SQL_User1 身份打开一个新的查询编辑器对话框,并执行下述建表语句:

```
CREATE TABLE MyTable( c1 int)
```

则系统会出现如下错误信息:

```
消息 2760,级别 16,状态 1,第 1 行
指定的架构名称"dbo" 不存在,或者您没有使用该名称的权限。
```

出现这个错误的原因是 test 用户没有在 dbo 架构中创建对象的权限,而且也没有为 test 用户指定默认架构,因此 create dbo. MyTable 失败了。

解决此问题的一个办法是让数据库系统管理员定义一个架构,并将该架构的所有权赋给 test 用户,然后将新建架构设为 test 用户的默认架构。

例如,首先创建一个名为 TestSchema 的架构,将该架构的所有权赋给 test 用户,然后将该架构设为 test 用户的默认架构。

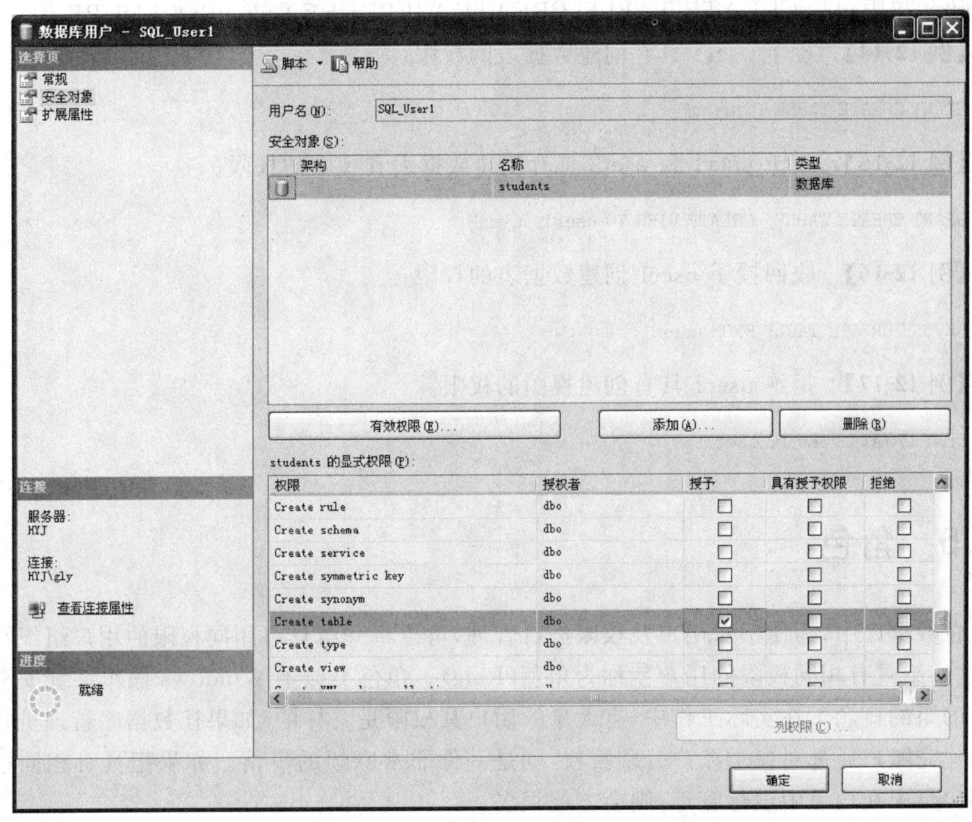

图 12-37　指定好授权对象后的对话框

```
CREATE SCHEMA TestSchema AUTHORIZATION test
GO
ALTER USER test WITH DEFAULT_SCHEMA = TestSchema
```

然后再让 test 用户执行创建表的语句，这时就不会出现上述错误了。

(2) 用 T-SQL 语句实现

同对象权限管理一样，语句权限的管理也有 GRANT、REVOKE 和 DENY 3 种。

① 授权语句

授权语句的格式如下：

```
GRANT 语句权限名 [ , … ] TO {数据库用户名 | 用户角色名} [ , …]
```

② 收权语句

收权语句的格式如下：

```
REVOKE 语句权限名 [ ,…] FROM { 数据库用户名 | 用户角色名 } [ ,…]
```

③ 拒绝权限

拒绝权限语句的格式如下：

```
DENY 语句权限名 [ ,…] TO {数据库用户名 | 用户角色名} [ ,…]
```

其中语句权限包括 CREATE TABLE、CREATE VIEW、CREATE PROCEDURE 等。

【例 12-14】 授予 user1 具有创建数据表的权限。

```
GRANT CREATE TABLE TO user1
```

【例 12-15】 授予 user1 和 user2 具有创建数据表和视图的权限。

```
GRANT CREATE TABLE, CREATE VIEW TO user1, user2
```

【例 12-16】 收回授予 user1 创建数据表的权限。

```
REVOKE CREATE TABLE FROM user1
```

【例 12-17】 拒绝 user1 具有创建视图的权限。

```
DENY CREATE VIEW TO user1
```

12.5 角色

在数据库中，为便于对用户及权限进行管理，可以将一组具有相同权限的用户组织在一起，这一组具有相同权限的用户就称为角色(Role)。角色类似于 Windows 操作系统安全体系中的组的概念。在实际工作中，有大量的用户其权限是一样的，如果让数据库管理员在每次创建完账户后都对每个账户分别授权，则是一件非常麻烦的事情。如果把具有相同权限的用户集中在角色中进行管理，则会方便很多。

为一个角色进行权限管理就相当于对该角色中的所有成员进行操作。可以为有相同权限的一类用户建立一个角色，然后为角色授予合适的权限。当有人新加入到工作中时，只需将他添加到该工作的角色中，当有人离开时，只需从该角色中删除该用户即可，而不需要在每个工作人员进入或离开工作时都反复地进行权限设置。

使用角色的好处是系统管理员只需对权限的种类进行划分，然后将不同的权限授予不同的角色，而不必关心有哪些具体的用户。而且当角色中的成员发生变化时，比如添加成员或删除成员，系统管理员都无须做任何关于权限的操作。

在 SQL Server 2005 中，角色分为系统预定义的固定角色和用户根据自己的需要定义的用户角色。系统角色又根据其作用范围的不同分为固定的服务器角色和固定的数据库角色，服务器角色是为整个服务器设置的，而数据库角色是为具体的数据库设置的。

12.5.1 固定的服务器角色

固定的服务器角色的作用域属于服务器范围，这些角色具有完成特定服务器级管理活动的权限。用户不能添加、删除或更改固定的服务器角色，但是可以将登录账户添加到固定的服务器角色中，使其成为服务器角色中的成员，从而具有服务器角色的权限。固定的服务器角色中的每个成员都具有向其所属角色添加其他登录账户的权限。

表 12-1 列出了 SQL Server 2005 支持的固定的服务器角色及其所具有的权限。

固定的服务器角色的成员是系统的登录账户。系统内置的登录账户均自动是 sysadmin 角色中的成员。

表 12-1　固定的服务器角色及其权限

固定的服务器角色	描　述
bulkadmin	具有执行 BULK INSERT 语句的权限
dbcreator	具有创建数据库的权限
diskadmin	具有管理磁盘资源的权限
processadmin	具有管理全部的连接以及服务器状态的权限
securityadmin	具有管理服务器登录账户的权限
serveradmin	具有全部配置服务器设置的权限
setupadmin	具有更改任何链接服务器的权限
sysadmin	系统管理员角色。具有服务器及数据库上的全部操作权限

1. 为固定的服务器角色添加成员

将登录账户添加到固定的服务器角色中可以使用 SSMS 工具实现，也可以使用 T-SQL 语句实现。

(1) 用 SSMS 工具实现

系统管理员可以通过 SSMS 工具图形化地将登录账户添加到系统提供的服务器角色中。现在以将 SQL_User1 登录名添加到 sysadmin 角色中为例，说明具体实现步骤。

先来介绍方法一。

① 以系统管理员身份登录到 SSMS，在 SSMS 的对象资源管理器中，依次展开“安全性”→“登录名”节点，在“SQL_User1”登录名上右击，在弹出的快捷菜单中选择“属性”命令，弹出“登录属性”对话框。

② 在“登录属性”对话框中，单击“选择页”中的“服务器角色”选项，在对应的对话框中选中“sysadmin”前的复选框，如图 12-38 所示。表示将当前登录名添加到该角色中。

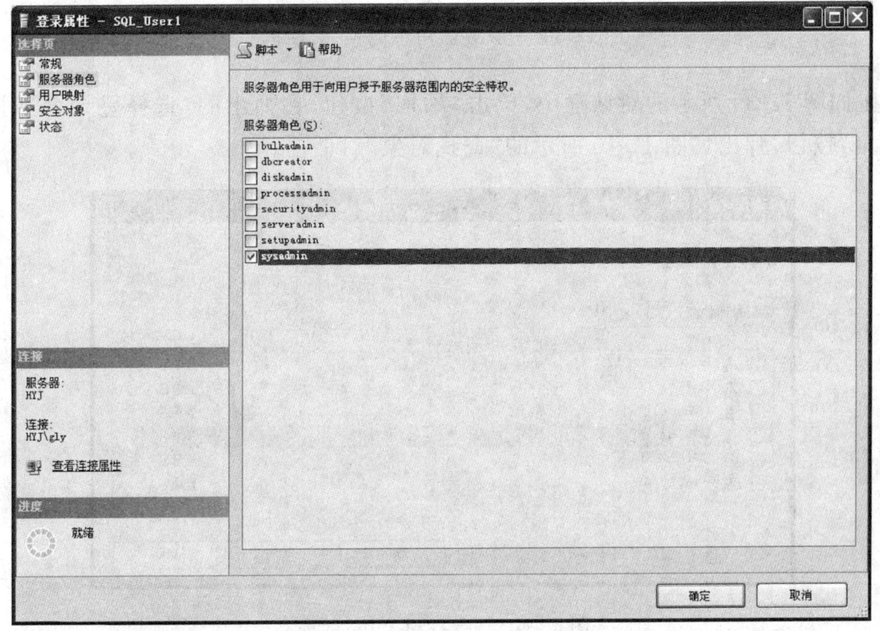

图 12-38　“登录属性”对话框

③ 单击“确定”按钮，关闭“登录属性”对话框。

接下来介绍方法二。

① 以系统管理员身份登录到 SSMS，在 SSMS 的对象资源管理器中，依次展开“安全性”→“服务器角色”节点，在“sysadmin”角色上右击，在弹出的快捷菜单中选择“属性”命令，弹出如图 12-39 所示的“服务器角色属性”对话框。

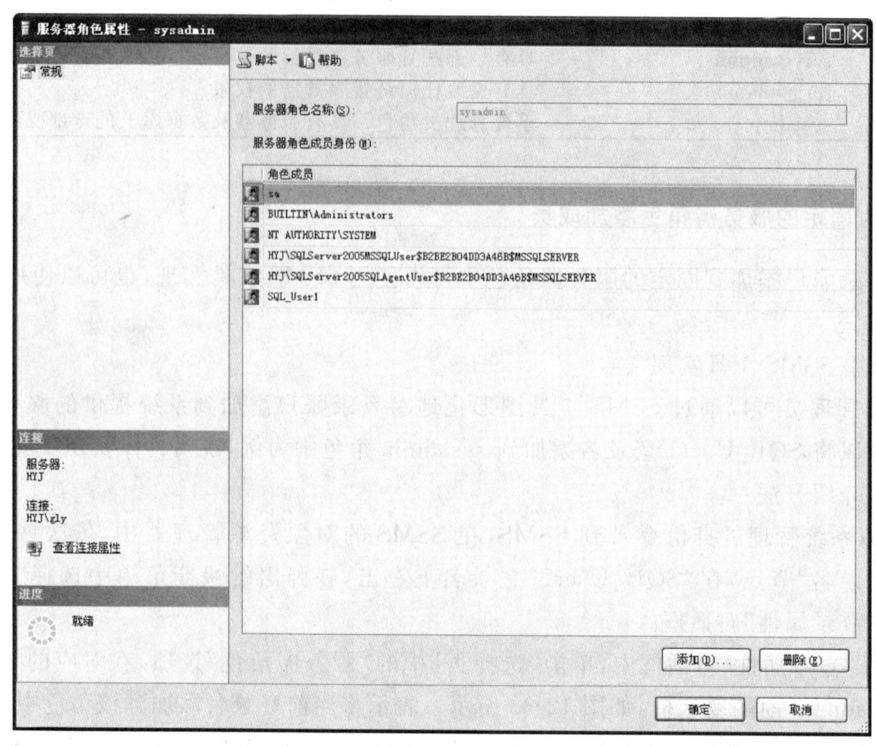

图 12-39 “服务器角色属性”对话框

② 在如图 12-39 所示的对话框中，单击“添加”按钮，在弹出的“选择登录名”对话框中单击“浏览”按钮，弹出如图 12-40 所示的“查找对象”对话框。

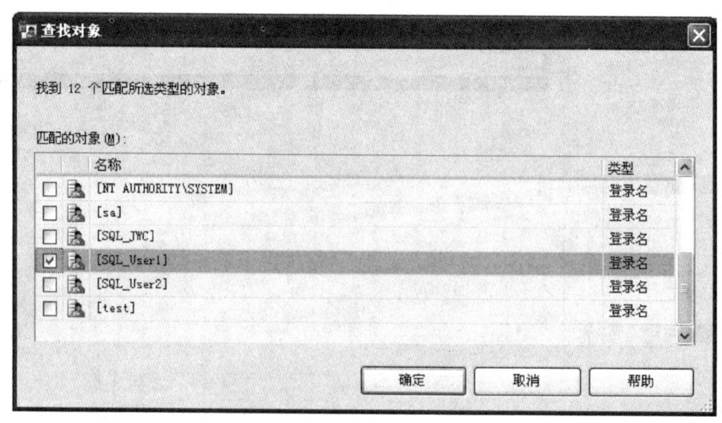

图 12-40 “查找对象”对话框

③ 在“查找对象”对话框中，选中要添加到该角色中的登录名，如图 12-40 中选中的是“[SQL_User1]”，然后单击“确定”按钮，回到“选择登录名”对话框，此时该窗口的“输入要选择的对象名称”列表框中已经列出了所选的登录名。

④ 在“选择登录名”对话框中单击“确定”按钮，回到“服务器角色属性”对话框，此时该对话框“角色成员”列表框中已经有了新选择的登录名。

⑤ 在“服务器角色属性”对话框中再次单击“确定”按钮，关闭此对话框，完成在服务器角色中添加成员的操作。

(2) 用 T-SQL 语句实现

在固定的服务器角色中添加成员使用的是 sp_addsrvrolemember 系统存储过程，该存储过程的语法格式如下：

```
sp_addsrvrolemember [ @loginame = ] 'login'
    , [ @rolename = ] 'role'
```

下面介绍其中各参数的含义。

① [@loginame =] 'login'：要添加到固定服务器角色中的登录名。login 的数据类型为 sysname，无默认值。login 可以是 SQL Server 身份验证的登录名也可以是 Windows 身份验证的登录名。如果该 Windows 登录名没有 SQL Server 的访问权限，则该操作将自动授予该登录名对 SQL Server 的访问权限。

② [@rolename =] 'role'：要添加到固定服务器角色的名称。role 的数据类型为 sysname，默认值为 NULL。

该存储过程的返回值为：0(成功)或 1(失败)。

【例 12-18】 将 Windows 身份验证的 HYJ\Win_User1 登录名添加到 sysadmin 固定服务器角色中。

```
EXEC sp_addsrvrolemember 'HYJ\Win_User1', 'sysadmin'
```

【例 12-19】 将 SQL 身份验证的 SQL_User2 登录名添加到 dbcreator 固定服务器角色中。

```
EXEC sp_addsrvrolemember 'SQL_User2', 'dbcreator'
```

2. 删除固定的服务器角色成员

如果不再希望某个登录名是某服务器角色中的成员，可将其从服务器角色中删掉。从服务器角色中删除成员可以使用 SSMS 工具实现，也可以使用 T-SQL 语句实现。

(1) 用 SSMS 工具实现

用 SSMS 工具删除服务器角色中成员的方法与添加成员类似，也有两种方法。现在以从 sysadmin 角色中删除 SQL_User1 成员从为例，说明实现过程。

先来介绍方法一。

① 以系统管理员身份登录到 SSMS，在 SSMS 的对象资源管理器中，依次展开“安全性”→“登录名”节点，在“SQL_User1”登录名上右击，在弹出的快捷菜单中选择“属性”命令，弹出“登录属性”对话框。

② 在“登录属性”对话框中,单击“选择页”中的“服务器角色”选项,在对应的对话框(如图 12-38 所示)中取消选中“sysadmin”前的复选框,表示将当前登录名从此角色中删除。

③ 单击“确定”按钮,关闭“登录属性”对话框,完成删除成员操作。

接下来介绍方法二。

① 以系统管理员身份登录到 SSMS,在 SSMS 的对象资源管理器中,依次展开“安全性”→“服务器角色”节点,在“sysadmin”角色上右击,在弹出的快捷菜单中选择“属性”命令,弹出如图 12-39 所示的“服务器角色属性”对话框。

② 在“服务器角色属性”对话框的“角色成员”列表框中,选中要删除的登录名,然后单击“删除”按钮,即可将选中的登录名从该角色中删除。

③ 删除完毕后,单击“确定”按钮,关闭“服务器角色属性”对话框。

(2) 用 T-SQL 语句实现

从固定的服务器角色中删除成员使用的是 sp_dropsrvrolemember 系统存储过程,该存储过程的语法格式如下:

```
sp_dropsrvrolemember [ @loginame = ] 'login'
    , [ @rolename = ] 'role'
```

下面介绍其中各参数的含义。

① [@loginame =] 'login':要从固定的服务器角色中删除的登录名。login 的数据类型为 sysname,无默认值。必须指定 login。

② [@rolename =] 'role':固定的服务器角色名称。role 的数据类型为 sysname,默认值为 NULL。

该存储过程的返回值为:0(成功)或 1(失败)。

例如,从 dbcreator 固定服务器角色中删除 SQL_User2。

```
EXEC sp_dropsrvrolemember 'SQL_User2', 'dbcreator'
```

12.5.2 固定的数据库角色

固定的数据库角色是定义在数据库级别上的,而且存在于每个数据库中。用户不能添加、删除或更改固定的数据库角色,但可以将数据库用户添加到固定的数据库角色中,使其成为数据库角色中的成员,从而具有数据库角色的权限。固定的数据库角色的成员来自于每个数据库的用户。固定的数据库角色为管理数据库一级的权限提供了方便。

表 12-2 列出了 SQL Server 2005 支持的固定的数据库角色及其具有的权限。

表 12-2 固定的数据库角色及其权限

固定的数据库角色	描　述
db_accessadmin	具有添加或删除数据库用户、创建架构的权限
db_backupoperator	具有备份数据库、备份日志的权限
db_datareader	具有查询数据库中所有用户表中的数据的权限
db_datawriter	具有更改数据库中所有用户表中的数据的权限
db_ddladmin	具有建立、修改和删除数据库对象的权限

续表

固定的数据库角色	描　　述
db_denydatareader	不允许具有查询数据库中所有用户表中的数据的权限
db_denydatawriter	不允许具有更改数据库中所有用户表中的数据的权限
db_owner	具有数据库中的全部操作权限
db_securityadmin	具有管理数据库角色和角色成员以及数据库中的语句权限和对象权限
public	默认不具有任何权限,但用户可对此角色进行授权

其中 public 角色是一个特殊的数据库角色,其特殊性在于,首先,数据库中的每个用户都自动是 public 角色中的成员,用户不能从 public 角色中添加和删除成员;其次,用户可以对这个角色进行授权(其他系统提供的角色的权限都是固定的,用户不能更改)。如果想让数据库中的全体用户都具有某个特定的权限,则可以将该权限授予 public。每个数据库用户都自动具有 public 角色的权限。

1. 为固定的数据库角色添加成员

数据库角色成员的来源是数据库中的用户。将数据库用户添加到固定的数据库角色中可以使用 SSMS 工具实现,也可以使用 T-SQL 语句实现。

(1) 用 SSMS 工具实现

系统管理员可以通过 SSMS 工具图形化地将数据库用户添加到系统提供的数据库角色中。现在以在 students 数据库中将 SQL_User2 用户(假设该登录名已是 students 数据库中的用户)添加到 db_datareader 角色为例,说明具体实现步骤。

先来介绍方法一。

① 以系统管理员身份登录到 SSMS,在 SSMS 的对象资源管理器中,依次展开"数据库"→"students"→"安全性"→"用户"节点,在"SQL_User2"用户上右击,在弹出的快捷菜单中选择"属性"命令,弹出"数据库用户"属性对话框。

② 在"数据库用户"属性对话框中,在下面的"数据库角色成员身份"的"角色成员"列表框中列出了全部的数据库角色,选中对应角色前的复选框,这里选择"db_datareader"(如图 12-41 所示),表示将当前用户添加到此角色中。

③ 单击"确定"按钮,关闭"数据库用户"属性对话框。

接下来介绍方法二。

① 以系统管理员身份登录到 SSMS,在 SSMS 的对象资源管理器中,依次展开"数据库"→"students"→"安全性"→"角色"节点,在"db_datareader"角色上右击,在弹出的快捷菜单中选择"属性"命令,弹出如图 12-42 所示的"数据库角色属性"对话框。

② 在如图 12-42 所示的对话框中,单击"添加"按钮,在弹出的"选择数据库用户或角色"对话框中单击"浏览"按钮,弹出如图 12-43 所示的"查找对象"对话框。

③ 在"查找对象"对话框中,选中要添加的用户名前的复选框,表示将此用户添加到该角色中,如这里是选中"[SQL_User2]"前的复选框。单击"确定"按钮,回到"选择数据库用户或角色"对话框,此时该对话框"输入要选择的对象名称"列表框中已经列出了所选的用户。

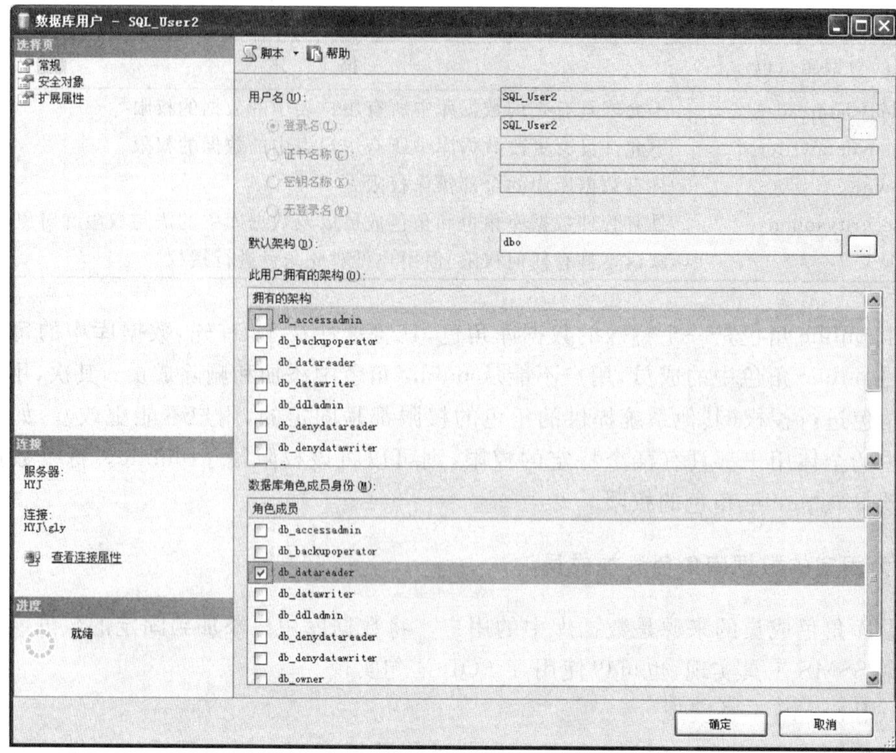

图 12-41 “数据库用户”属性对话框

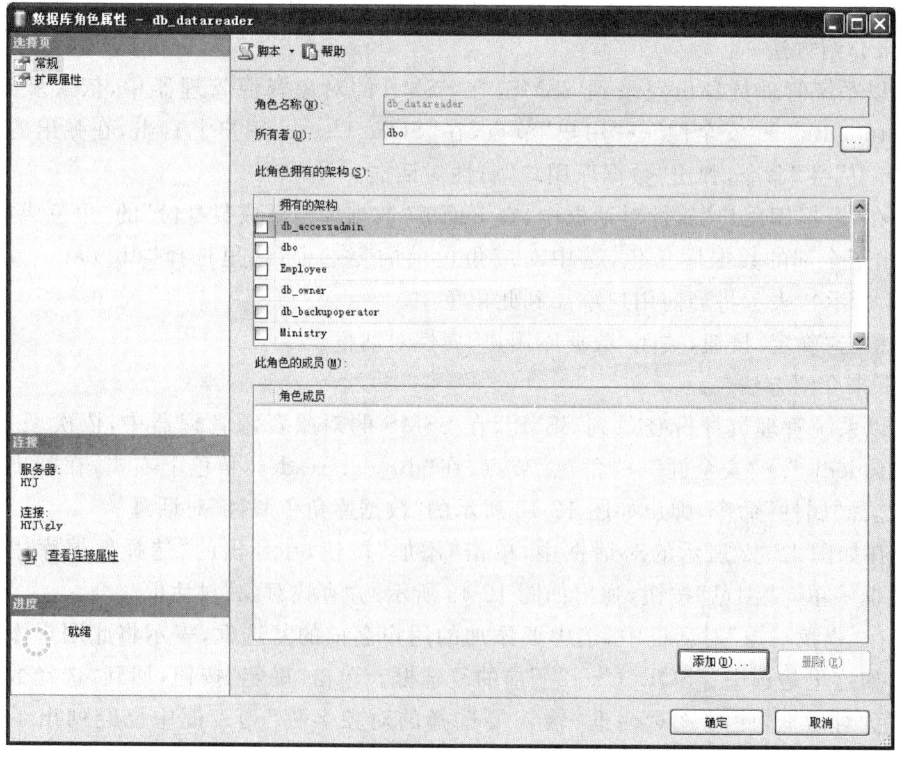

图 12-42 “数据库角色属性”对话框

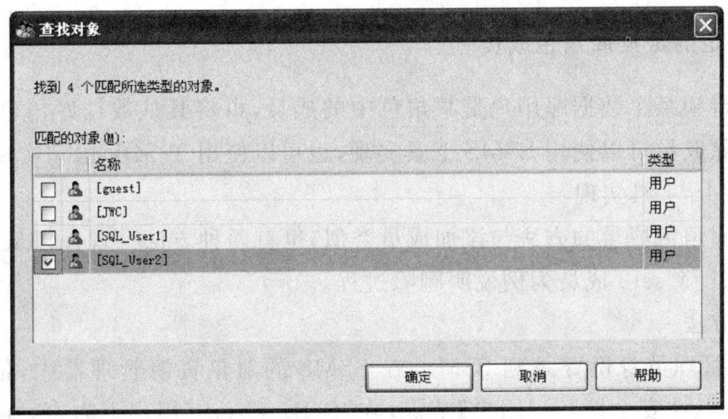

图 12-43　“查找对象”对话框

④ 在“选择数据库用户或角色”对话框中单击“确定”按钮，回到“数据库角色属性”对话框，此时该对话框“角色成员”列表框中已经有了新选择的用户。

⑤ 在“数据库角色属性”对话框中再次单击“确定”按钮，关闭此对话框，完成在数据库角色中添加成员的操作。

(2) 用 T-SQL 语句实现

在当前数据库的数据库角色中添加成员使用的是 sp_addrolemember 系统存储过程，该存储过程的语法格式如下：

```
sp_addrolemember [ @rolename = ]'role',
    [ @membername = ] 'security_account'
```

下面介绍其中各参数的含义。

① [@rolename =] 'role'：当前数据库中的数据库角色名。role 的数据类型为 sysname，无默认值。

② [@membername =] 'security_account'：要添加到角色中的数据库用户名。security_account 的数据类型为 sysname，无默认值。security_account 可以是数据库用户、数据库角色、Windows 登录名或 Windows 组。如果新成员是没有相应数据库用户的 Windows 登录名，将为其创建一个对应的数据库用户。

该存储过程的返回值为：0(成功)或 1(失败)。

注意：不能向数据库角色中添加固定的数据库角色、固定的服务器角色或 dbo。

【例 12-20】 将 Windows 登录名 HYJ\Win_User1 添加到 students 数据库的 db_datareader 角色中。

```
USE students
GO
EXEC sp_addrolemember 'db_datareader', 'HYJ\Win_User1'
```

【例 12-21】 将 SQL_User2 添加到 students 数据库的 db_datawriter 角色中。

```
USE students
GO
EXEC sp_addrolemember 'db_datawriter', 'SQL_User2'
```

2. 删除固定的数据库角色成员

如果不再希望某个数据库用户是某角色中的成员，可将其从数据库角色中删除。从数据库角色中删除成员可以使用 SSMS 工具实现，也可以使用 T-SQL 语句实现。

(1) 用 SSMS 工具实现

删除数据库角色成员的方法与添加成员类似，也有两种方法。现在以从 db_datareader 角色中删除 SQL_User2 成员为例说明删除过程。

先来介绍方法一。

① 以系统管理员身份登录到 SSMS，在 SSMS 的对象资源管理器中，依次展开“数据库”→“students”→“安全性”→“用户”节点，在“SQL_User2”用户上右击，在弹出的快捷菜单中选择“属性”命令，弹出“数据库用户”属性对话框(参见图 12-41)。

② 在“数据库用户”属性对话框中，在下面的“数据库角色成员身份”的“角色成员”列表框中取消选中对应角色(这里是 db_datareader 角色)前的复选框，表示将当前用户从该角色中删除。

③ 单击“确定”按钮，关闭“数据库用户”属性对话框，完成删除成员操作。

接下来介绍方法二。

① 以系统管理员身份登录到 SSMS，在 SSMS 的对象资源管理器中，依次展开“数据库”→“students”→“安全性”→“角色”节点，在“db_datareader”角色上右击，在弹出的快捷菜单中选择“属性”命令，弹出“数据库角色属性”对话框，如图 12-44 所示。

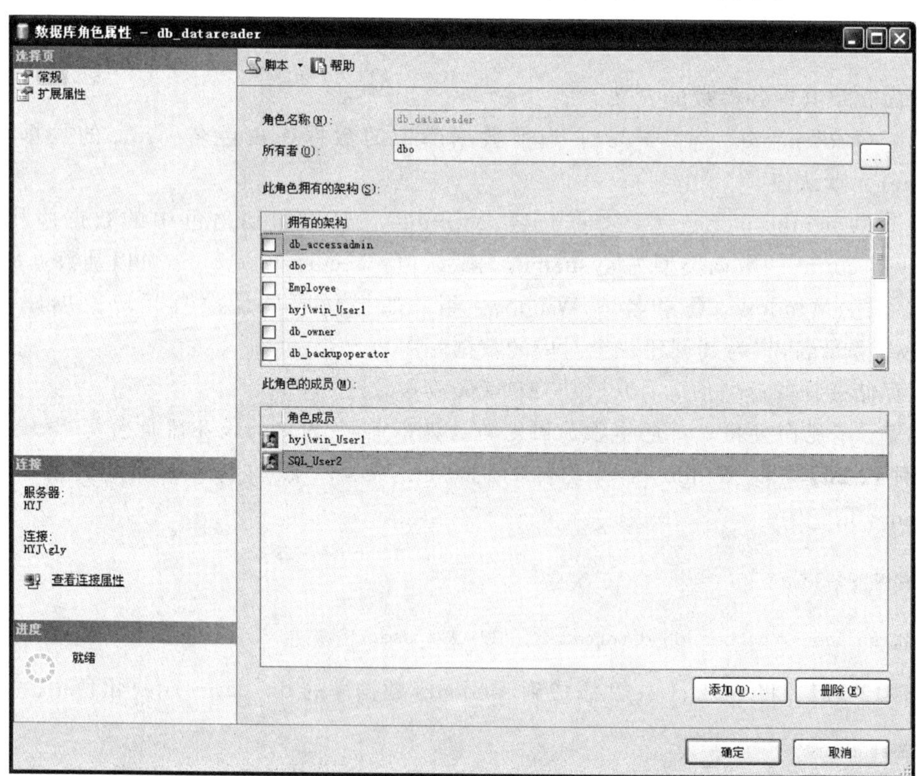

图 12-44 “数据库角色属性”对话框

② 在"数据库角色属性"对话框中，在"角色成员"列表框中选中要删除的用户(图 12-44 选中的是 SQL_User2)，然后单击"删除"按钮，即可将选中的用户从该角色中删除。

③ 删除完毕后，单击"确定"按钮，关闭"数据库角色属性"对话框，完成删除操作。

(2) 用 T-SQL 语句实现

从固定的数据库角色中删除成员使用的是 sp_droprolemember 系统存储过程，该存储过程的语法格式如下：

```
sp_droprolemember [ @rolename = ] 'role',
        [ @membername = ] 'security_account'
```

下面介绍其中各参数的含义。

① [@rolename =] 'role'：将被删除的成员的数据库角色名。role 的数据类型为 sysname，没有默认值。role 必须存在于当前数据库中。

② [@membername =] 'security_account'：从数据库角色中被删除的用户名。security_account 的数据类型为 sysname，无默认值。security_account 可以是数据库用户、其他数据库角色、Windows 登录名或 Windows 组。security_account 必须存在于当前数据库中。

该存储过程的返回值为：0(成功)或 1(失败)。

例如，在 students 数据库中，删除 db_datawriter 角色中的 SQL_User2 成员。

```
USE students
GO
EXEC sp_droprolemember 'db_datawriter', 'SQL_User2'
```

12.5.3 用户定义的角色

SQL Server 2005 除了提供系统预定义角色外，还提供了用户自己定义角色的功能。用户定义的角色属于数据库一级的角色。数据库管理员可以根据用户实际对数据库的操作情况，将用户分为不同的组，每个组具有相同的操作权限，这些具有相同权限的组在数据库中就称为用户定义的角色。有了角色，系统管理员就不用直接管理每个具体的数据库用户的权限，而只需将数据库用户放置到合适的角色中即可。当组的工作职能发生变化时，只要更改角色的权限，而无须更改角色中的成员。用户定义的角色的成员可以是数据库的用户，也可以是用户定义的角色。只要权限没有被拒绝过，则角色中的成员的权限就是其所在角色的权限加上他们自己所具有的权限。如果某个权限在角色中被拒绝，则角色中的成员就不能再拥有此权限，即使此成员已被授予了此权限。

用户定义的角色主要是为简化用户在使用数据库时的权限管理。

1. 建立用户定义的角色

建立用户角色可以在 SSMS 工具中实现，也可以用 T-SQL 语句实现。下面以在 students 数据库中建立一个 Software 角色为例，说明其实现过程。

(1) 用 SSMS 工具实现

使用 SSMS 工具建立用户定义的角色有以下几个步骤。

① 以系统管理员身份登录到 SSMS，在对象资源管理器中，依次展开"数据库"→

"students"→"安全性"→"角色"节点，在"角色"上右击，在弹出的快捷菜单中选择"新建"→"新建数据库角色"命令，或者是在"角色"节点下的"数据角色"上右击，在弹出的快捷菜单中选择"新建数据库角色"命令，均弹出"数据库角色-新建"对话框，如图 12-45 所示。

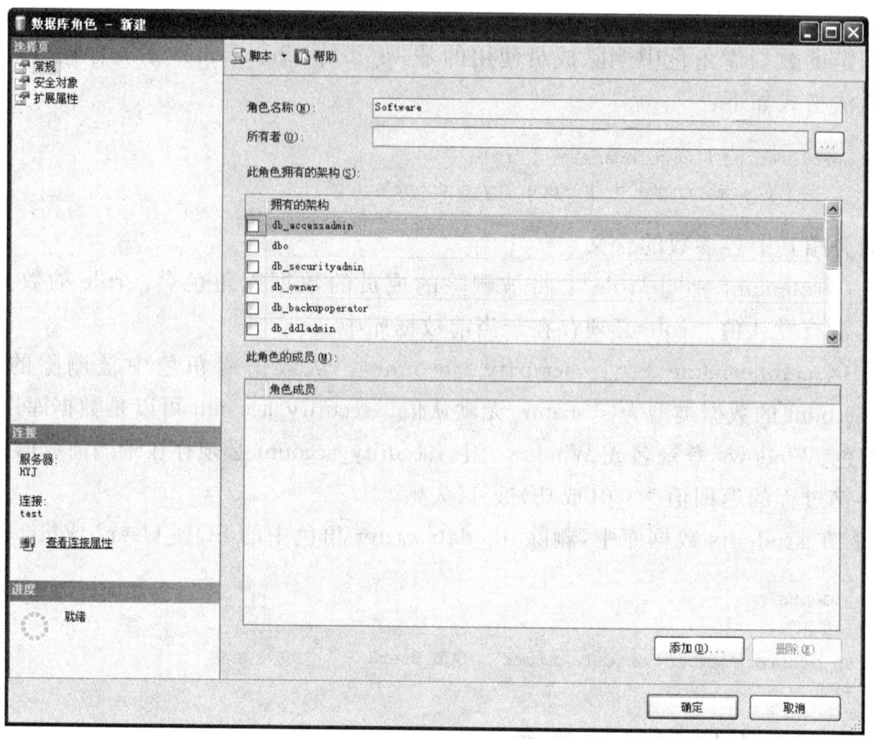

图 12-45 "数据库角色-新建"对话框

② 在"角色名称"文本框中输入角色的名字，这里输入的是：Software，如图 12-45 所示。

③ 在"所有者"文本框中可输入拥有该角色的用户名或数据库角色名，也可以指定该角色的拥有者。方法是单击其右边的[...]按钮，在弹出的如图 12-46 所示的"选择数据库用户或角色"对话框中单击"浏览"按钮，弹出如图 12-47 所示的"查找对象"对话框，在此对话框中可以指定拥有该角色的用户名或数据库角色名，这里选中的是"[hyj\win_User1]"。

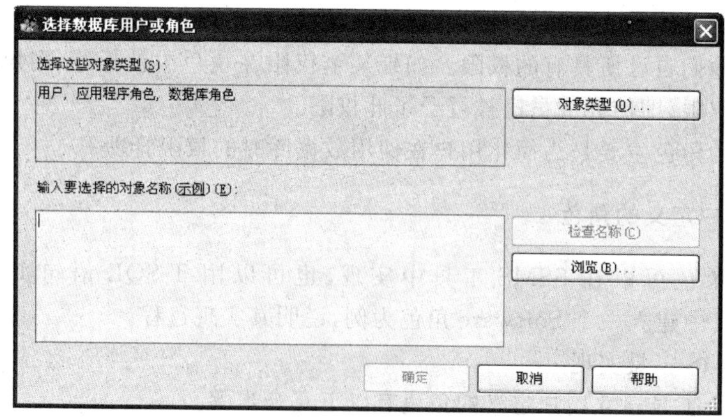

图 12-46 "选择数据库用户或角色"对话框

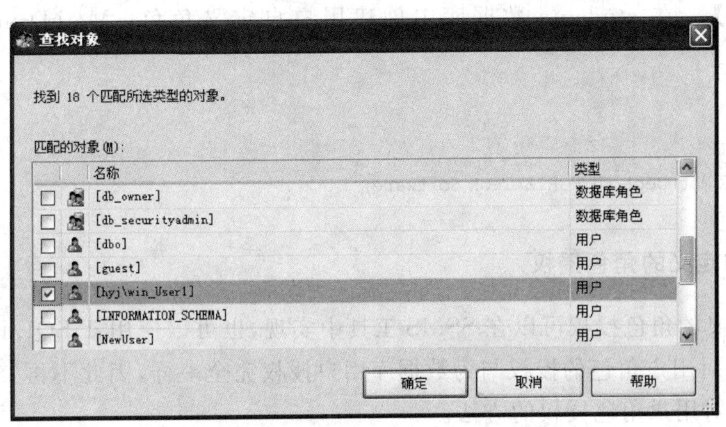

图 12-47 指定数据库角色的拥有者

④ 单击"确定"按钮,回到"选择数据库用户或角色"对话框,此时在此对话框的"输入要选择的对象名称"列表框中已经列出了所选的所有者。再次单击"确定"按钮,回到"数据库角色-新建"对话框,此时该对话框的"所有者"文本框中会显示出所指定的所有者。

⑤ 在定义数据库角色的同时还可以添加该角色的成员。方法是在"数据库角色-新建"对话框中,在定义好角色之后,单击该对话框中的"添加"按钮,然后在弹出的对话框中指定要添加的成员。也可以在该对话框中单击"确定"按钮,建立新角色。以后再给角色添加成员。这里单击"确定"按钮,关闭"数据库角色-新建"对话框。

这时在对象资源管理器中,依次展开"数据库"→"students"→"安全性"→"角色"→"数据库角色",可以看到新建的用户自定义角色。

(2) 用 T-SQL 实现

创建用户自定义角色的 T-SQL 语句是 CREATE ROLE,其语法格式为:

```
CREATE ROLE role_name [ AUTHORIZATION owner_name ]
```

下面介绍其中各参数的含义。

① role_name:待创建角色的名称。

② AUTHORIZATION owner_name:将拥有新角色的数据库用户或角色。如果未指定用户,则执行 CREATE ROLE 的用户将拥有该角色。

【例 12-22】 在 students 数据库中创建用户自定义角色:CompDept,其拥有者为创建该角色的用户。

```
USE students;
GO
CREATE ROLE CompDept;
```

【例 12-23】 在 students 数据库中创建用户自定义角色:InfoDept,其拥有者为 SQL_User1。

```
USE students;
GO
CREATE ROLE InfoDept AUTHORIZATION SQL_User1;
```

【例 12-24】 在 students 数据库中创建用户自定义角色：MathDept，其拥有者为 Software 角色。

```
USE students;
GO
CREATE ROLE MathDept AUTHORIZATION Software;
```

2. 为用户定义的角色授权

为用户定义的角色授权可以在 SSMS 工具中实现，也可以使用 T-SQL 语句实现，使用 SQL 语句实现对用户角色的授权与为数据库用户授权完全一样，因此不再赘述。这里只介绍在 SSMS 中对用户角色授权的方法。

现在以授予 students 数据库中 Software 角色具有该数据库中的 Student、Course 和 SC 表的查询权为例，说明使用 SSMS 为用户定义的角色进行授权的过程。

(1) 以系统管理员身份登录到 SSMS，在 SSMS 的对象资源管理器中，依次展开“students”→“安全性”→“角色”→“数据库角色”节点，在 Software 上右击，在弹出的快捷菜单中选择“属性”命令，弹出“数据库角色属性”对话框。

(2) 在“数据库角色属性”对话框中，单击左边“选择页”中的“安全对象”选项，对话框形式如图 12-48 所示。

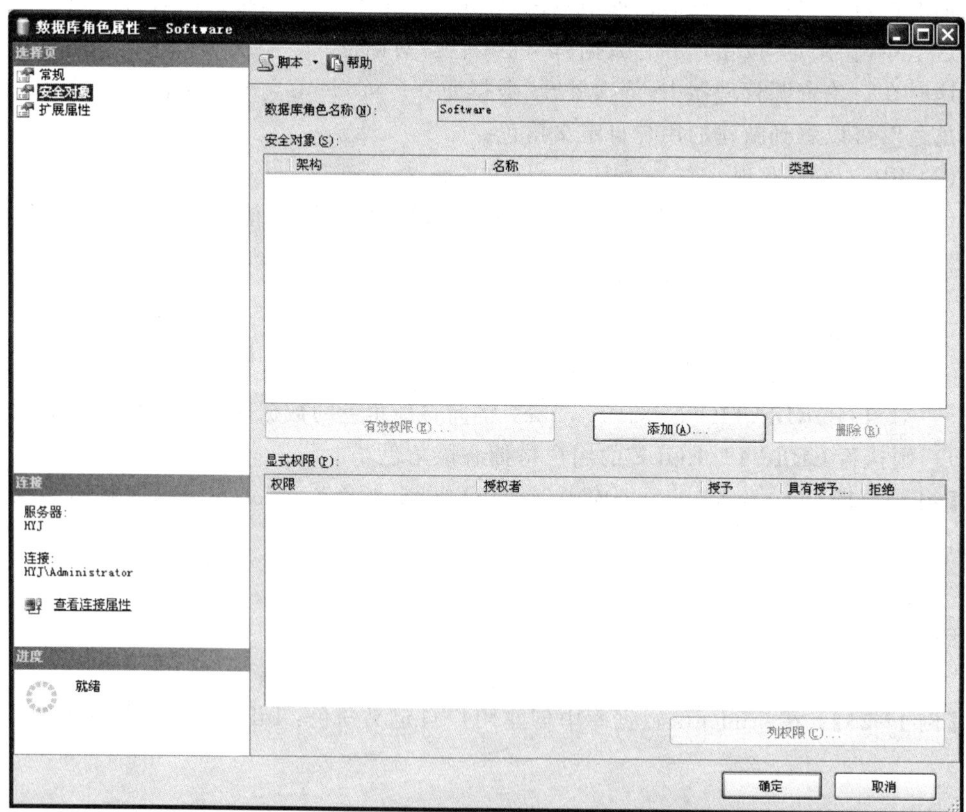

图 12-48 “数据库角色属性”对话框

(3) 在如图 12-48 所示的对话框中，单击“添加”按钮，弹出“添加对象”对话框(参见图 12-24)。

(4) 在“添加对象”对话框中，选中“特定类型的所有对象”单选按钮，单击“确定”按钮，弹出“选择对象类型”对话框(参见图 12-25)。

(5) 在“选择对象类型”对话框中，选中“表”对应的复选框(参见图 12-25)，单击“确定”按钮关闭“选择对象”对话框，回到“数据库角色属性”对话框，此时在该对话框的“安全对象”列表框中将列出全部的表，在“显式权限”列表框中将列出可为这些表授权的全部权限。

(6) 在“安全对象”列表框中选中要授权的对象(表名)，然后选中下面的“显式权限”列表框中列出的相应权限部分的复选框，即可完成对具体对象的授权操作。如图 12-49 所示为 Software 角色授予 Student 表的查询权的情况。

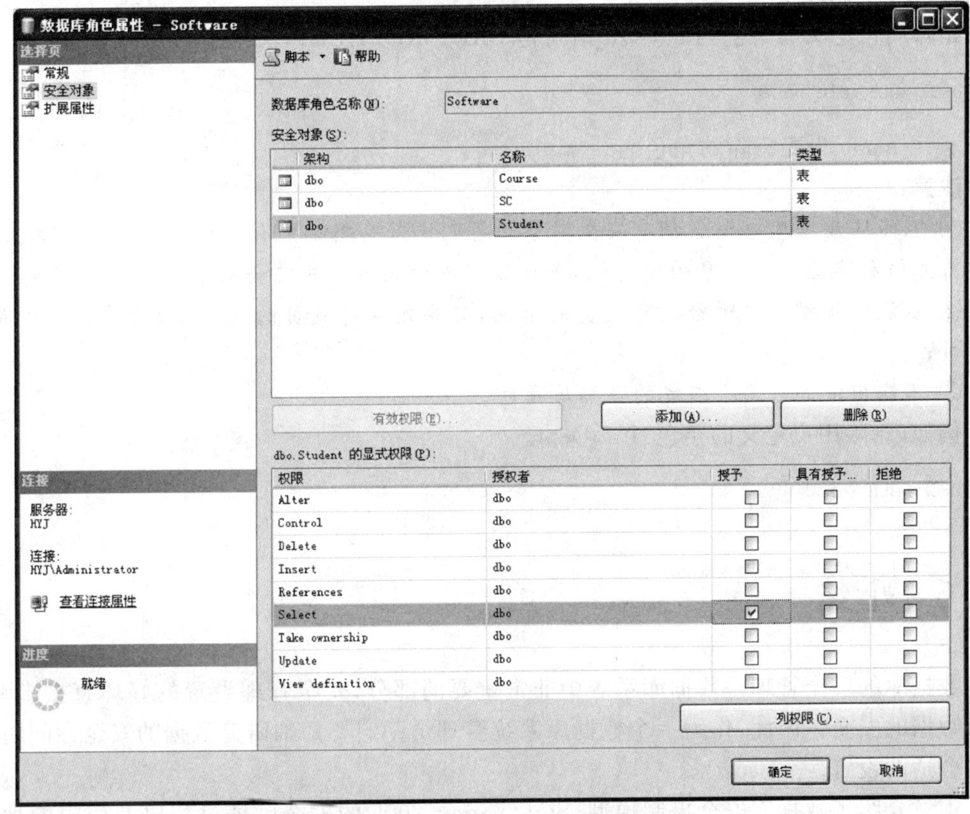

图 12-49　为角色授予具体权限

(7) 单击“确定”按钮，关闭“数据库角色属性”对话框，完成授权操作。

从上述也可以看到，为数据库角色授权的过程与为数据库用户授权的过程实际是一样的。

3. 添加和删除用户定义的角色中的成员

为用户定义的角色添加和删除成员也可以通过 SSMS 工具和 T-SQL 语句实现，其实现过程与为固定的数据库角色添加和删除成员的过程完全一样，读者可参考本章前面对固定的数据库角色的操作过程，这里不再重复。

4. 删除用户定义的角色

当不再需要某个用户定义的角色时，可将其删除。删除用户定义的角色可在 SSMS 工具中实现，也可以使用 T-SQL 语句实现。

(1) 用 SSMS 工具实现

用 SSMS 删除用户定义的角色有以下几个步骤。

① 用数据库管理员身份连接到 SSMS，在对象资源管理器中，展开要删除角色的数据库，并展开数据库下的“安全性”→“角色”→“数据库角色”节点。

② 在要删除的用户定义的角色名上右击，在弹出的快捷菜单中选择“删除”命令，在弹出的“删除对象”对话框(可参见图 12-43)中，如果确实要删除，单击“确定”按钮。

(2) 用 T-SQL 语句实现

删除用户定义的角色的 T-SQL 语句是 DROP ROLE，其语法格式如下：

```
DROP ROLE role_name
```

其中 role_name 为要删除的角色名。

注意：

① 不能从数据库中删除拥有安全对象的角色。若要删除拥有安全对象的数据库角色，必须首先转移这些安全对象的所有权，或从数据库中删除这些安全对象；

② 不能从数据库中删除拥有成员的角色，若要删除有成员的角色，必须首先删除角色的成员；

③ 不能用该语句删除固定的数据库角色。

例如，删除用户定义的角色：InfoDept。

```
DROP ROLE InfoDept
```

12.6 小结

数据库的安全管理是数据库系统中非常重要的部分，安全管理设置的好坏直接影响数据库数据的安全。因此，作为一个数据库系统管理员一定要仔细研究数据的安全性问题，并进行合适的设置。

本章介绍了数据库安全控制模型、SQL Server 2005 的安全验证过程以及权限的种类。SQL Server 2005 一般将权限的验证过程分为 3 步：第一步验证用户是否是合法的服务器的登录账户；第二步验证用户是否是要访问的数据库的合法用户；第三步验证用户是否具有适当的操作权限。可以为用户授予的权限有两种，一种是对数据进行操作的对象权限，即对数据的增加、删除、修改、查询的权限；另一种是创建对象的语句权限，如创建表和创建视图等对象的权限。为便于对用户和权限进行管理，SQL Server 2005 采用角色的概念来管理具有相同权限的一组用户，除了可以根据实际操作情况创建用户定义的角色之外，系统还提供了一些预定义好的角色，包括管理服务器一级设置的固定的服务器角色和在数据库一级进行操作的固定的数据库角色。利用 SQL Server 2005 提供的 SSMS 工具和 T-SQL 语句，可以很方便地实现数据库的安全管理。

习题

1. 通常情况下,数据库中的权限划分为哪几类?

2. 数据库中的用户按其操作权限可分为哪几类,每一类的权限是什么?

3. SQL Server 2005 的登录账户的来源有几种?分别是什么?

4. 权限的管理包含哪些内容?

5. 数据库角色的作用是什么?

6. 在 SQL Server 2005 中,角色分为哪几类?

7. 用户定义的角色的作用是什么?

8. 系统管理员角色的名字是什么?

9. 若要让某个用户在某个数据库中具有全部的操作权,应将其放置在哪个角色中最合适?

10. 若要让某个用户在某个数据库中具有全部数据的插入、删除、修改的权限,应将其放置在哪个角色中最合适?

11. 与系统定义的其他数据库角色相比,public 角色的特殊性是什么?

12. 写出实现下述功能的 T-SQL 语句。

(1) 建立一个 Windows 身份验证的登录账号,Windows 域名为:CS,登录名为:Win_Jone。

(2) 建立一个 SQL Server 身份验证的登录账号,登录名为:SQL_Stu,密码为:3Wcd5sTap43K。

(3) 删除 Windows 身份验证的登录账号,Windows 域名为:IS,登录名为:U1。

(4) 删除 SQL Server 身份验证的登录账号,登录名为:U2。

(5) 建立一个数据库用户,用户名为 SQL_Stu,对应的登录名为 SQL Server 身份验证的 SQL_Stu。

(6) 建立一个数据库用户,用户名为 Jone,对应的登录名为 Windows 身份验证的 Win_Jone,Windows 域名为:CS。

(7) 将 SQL Server 身份验证的 User1 登录名添加到系统管理员角色中。

(8) 将数据库用户 Jone 添加到合适的角色中,使其具有所在数据库的全部表的插入、删除、修改、查询的权限。

(9) 从系统管理员角色中删除 User2 登录名。

(10) 建立一个用户定义的数据库角色,角色名为:NewRole。

(11) 授予用户 u1 具有对 Course 表的插入和删除权。

(12) 授予用户 u1 对 Course 表的删除权。

(13) 收回 u1 对 Course 表的删除权。

(14) 拒绝用户 u1 获得对 Course 表的更改权。

(15) 授予用户 u1 具有创建表和视图的权限。

(16) 收回用户 u1 创建表的权限。

上机练习

1. 用 SSMS 工具建立 SQL Server 身份验证模式的登录账户：log1、log2 和 log3。

2. 利用第 10 章建立的 Students 数据库和第 11 章建立的表，用 log1 建立一个新的数据库引擎查询，在“可用数据库”下拉列表框中是否能看到并选中 Students 数据库？为什么？

3. 将 log1、log2 和 log3 映射为 Students 数据库中的用户，用户名同登录名。

4. 再次用 log1 建立一个新的数据库引擎查询，这次在“可用数据库”下拉列表框中是否能看到并选中 Students 数据库？为什么？

5. 用 log1 用户在 Students 数据库中执行下述语句，能否执行？为什么？

```
SELECT * FROM Course
```

6. 授予 log1 具有对 Course 表的查询权限，授予 log2 具有对 Course 表的插入权限。

7. 在 SSMS 中，用 log2 建立一个新的数据库引擎查询，执行下述语句，能否成功？为什么？

```
INSERT INTO Course VALUES('C101','数据库基础',4,5)
```

再执行下述语句，能否成功？为什么？

```
SELECT * FROM Course
```

8. 在 SSMS 中，在 log1 建立的数据库引擎查询中，再次执行下述语句：

```
SELECT * FROM Course
```

这次能否成功？但如果执行下述语句：

```
INSERT INTO Course VALUES('C103','软件工程',4,5)
```

能否成功？为什么？

9. 在 students 数据库中建立用户角色：ROLE1，并将 log1、log2 添加到此角色中。

10. 授予 ROLE1 角色对 Course 具有插入、删除和查询权限。

11. 在 log1 建立的数据库引擎查询中，再次执行下述语句，能否成功？为什么？

```
INSERT INTO Course VALUES('C103','软件工程',4,5)
```

12. 在 log2 建立的数据库引擎查询中，再次执行下述语句，能否成功？为什么？

```
SELECT * FROM Course
```

13. 授予 log3 在 students 数据库中具有建表权限。

14. 在 SSMS 中，用 log3 建立一个新的数据库引擎查询，执行下述语句，能否成功？为什么？

```
SELECT * FROM Course
```

15. 将 log3 添加到 students 数据库的 db_datareader 角色中，并让 log3 再次执行下述语句，能否成功？为什么？

```
SELECT * FROM Course
```

16. 让 log3 执行下述语句，能否成功？为什么？

```
INSERT INTO Course VALUES('C104','数据结构',4,4)
```

17. 授予 Public 角色具有 Course 表的查询权和插入权。

18. 用 log3 再次执行下述语句，能否成功？为什么？

```
INSERT INTO Course VALUES('C104','数据结构',4,4)
```

第13章 备份和恢复数据库

数据库中的数据是有价值的信息资源，是不允许损坏或丢失的。因此，在维护数据库时，一项重要的任务就是如何保证数据库中的数据不损坏、不丢失，即使是在存放数据库的物理介质损坏的情况下，也应该能够保证这点。本章介绍的数据库备份和恢复（SQL Server 2005 将“恢复”称之为“还原”）技术就是保证数据库中的数据不损坏、不丢失的一种技术。本章主要介绍在 SQL Server 2005 环境下如何具体的实现数据库的备份和恢复。

13.1 备份数据库

备份数据库就是将数据库中的数据以及保证数据库系统正常运行的有关信息保存起来，以备恢复数据库时使用。

13.1.1 数据备份的重要性

备份是数据的副本。备份数据库的主要目的是为了防止数据丢失。可以设想一下，如果银行等大型部门中的数据由于某种原因被破坏或丢失了，会产生什么样的结果？在现实生活中，数据的安全、可靠问题是无处不在的。因此，要使数据库能够正常工作，就必须要做好数据库的备份工作。

造成数据丢失的原因主要包括以下几种情况。

(1) 存储介质故障。无论是早期的使用磁带存储数据还是现在的使用磁盘、光盘存储数据，这些存储介质都有一定的寿命。在长时间使用之后，存储介质可能会出现损坏或者是彻底崩溃的现象，这势必会造成数据的丢失。

(2) 用户的操作错误。不管是管理人员还是普通用户，都很难避免没有操作错误。如果用户无意或恶意在数据库中进行非法操作，如删除或更改重要数据等，也会造成数据损坏。

(3) 服务器故障。虽然大型服务器的可靠性比较好，但终究是机器，都有可能出现损坏或崩溃的现象，这可以由硬件造成，也可能由软件造成。如果数据库服务器出现故障，其造成的损失将是非常巨大的。

(4) 由于病毒的侵害而造成的数据丢失或损坏。

(5) 由于自然灾害而造成的数据丢失或损坏。

总之，有各种各样的外在因素，有可能造成数据库数据的损坏和不可用，因此备份数据库是数据库管理员非常重要的一个任务。一旦数据库出现问题，就可以利用数据库的备份恢复数据库，从而将数据恢复到正确的状态。

备份数据库的另一个作用是进行数据转移，可以先对一台服务器上的数据库进行备份，然后在另一台服务器上进行恢复，从而使这两台服务器上具有相同的数据库。

13.1.2 备份内容及备份时间

1. 备份内容

在一个正常运行的数据库系统中，除了用户数据库之外，还有维护系统正常运行的系统数据库。因此，在备份数据库时，不但要备份用户数据库，同时还要备份系统数据库，以保证在系统出现故障时，能够完全地恢复数据库。

2. 备份时间

不同类型的数据库对备份的要求是不同的，对于系统数据库（不包括 tempdb 数据）来说一般是在进行了修改之后立即做备份比较合适（注意对 master 和 msdb 数据库来说，用户并不是显式地到这些数据库中进行修改，而是由用户创建自己的数据库、建立登录账户等操作隐式地引起系统对系统数据库进行修改）。

对用户数据库则不能采用立即备份的方式，因为系统数据库中的数据是不经常变化的，而用户数据库中的数据是经常变化的，特别是对于联机事务处理型的应用系统，比如处理银行业务的数据库。因此，对用户数据库应该采取周期性的备份方法。至于多长时间备份一次，与数据的更改频率和用户能够允许的数据丢失多少有关。如果数据修改比较少，或者用户可以忍受的数据丢失时间比较长，则可以让备份的时间间隔长一些，否则可以让备份的时间间隔短一些。

SQL Server 数据库管理系统在备份过程中是允许用户操作数据库的（不同的数据库管理系统在这方面的处理方式是有差别的），因此对用户数据库的备份一般都选在数据操作相对比较少的时间进行，比如在夜间进行，这样可以尽可能减少对备份和数据库操作性能的影响。

13.1.3 备份设备

SQL Server 将备份数据库的场所称为备份设备，备份场所可以是磁带，也可以是磁盘。备份设备在操作系统一级实际上就是物理存在的磁带或磁盘上的文件。SQL Server 支持两种备份方式：一种是先建立备份设备，然后再将数据库备份到备份设备上，称这样的备份设备为永久备份设备；另一种是直接将数据库备份到物理文件上，称这样的备份设备为临时备份设备。

创建备份设备时，需要指定备份设备（逻辑备份设备）对应的操作系统文件名和文件的存放位置（物理备份文件）。创建备份设备可以通过 SQL Server Management Studio 工具实现，也可以使用 T-SQL 语句实现。

1. 用 SSMS 工具实现

在 SSMS 工具中创建备份设备有以下几个步骤。

(1) 以系统管理员身份连接到 SSMS,在 SSMS 工具的对象资源管理器中,展开"服务器对象"。在"备份设备"上右击,在弹出的快捷菜单中选择"新建备份设备"命令,弹出"备份设备"对话框,如图 13-1 所示。

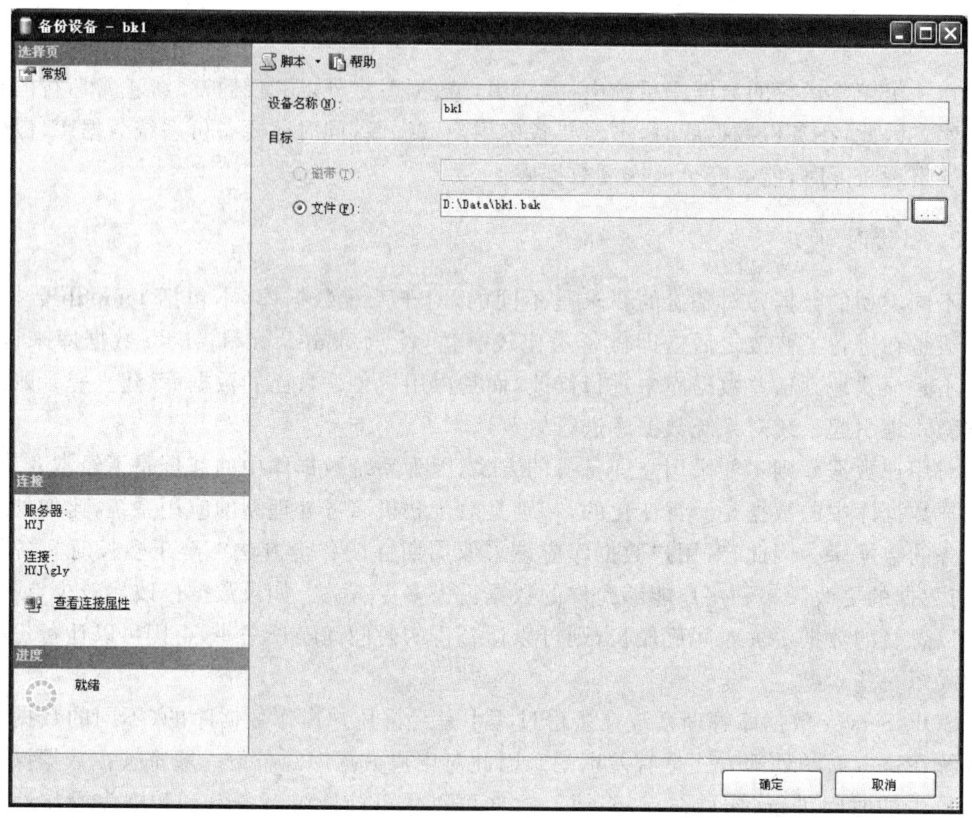

图 13-1 新建的"备份设备"对话框

(2) 在如图 13-1 所示对话框的"设备名称"文本框中输入备份设备的名称(这里输入的是:bk1),在"文件"右边的文本框中可以指定备份设备存在的位置和文件名,也可以单击 ... 按钮,然后在弹出的"定位数据库文件"对话框(如图 13-2 所示)上指定备份文件的存储位置和文件名。备份设备的默认文件扩展名为:bak。

(3) 指定好备份设备的存放位置和对应的物理文件名后,单击如图 13-1 所示对话框中的"确定"按钮,关闭此对话框并创建备份设备。

定义好备份设备后,在对象资源管理器中,依次展开"服务器对象"→"备份设备"节点,可以看到新建立的备份设备。

2. 用 T-SQL 语句实现

创建备份设备的 T-SQL 语句是 sp_addumpdevice 系统存储过程,其语法格式如下:

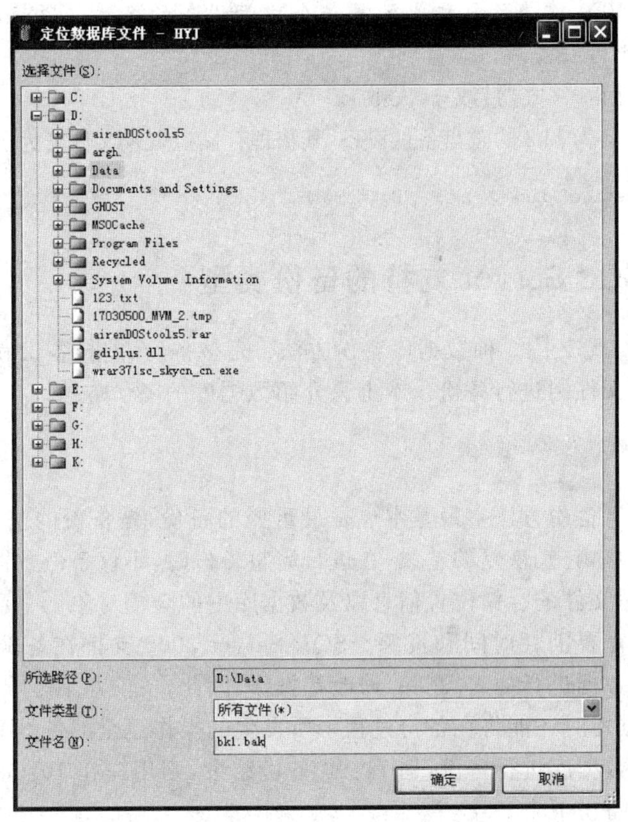

图 13-2　指定备份文件存放位置的对话框

```
sp_addumpdevice [ @devtype = ] 'device_type'
      , [ @logicalname = ] 'logical_name'
      , [ @physicalname = ] 'physical_name'
```

下面介绍其中各参数的含义。

① [@devtype =] 'device_type'：备份设备的类型。device_type 的数据类型为 varchar(20)，无默认值，可以是下列值之一。

- Disk：备份文件建立在磁盘上。
- Type：备份文件建立在 Windows 支持的任何磁带设备上。

② [@logicalname =] 'logical_name'：备份设备的逻辑名称。logical_name 的数据类型为 sysname，无默认值，且不能为 NULL。

③ [@physicalname =] 'physical_name'：备份设备的物理文件名。物理文件名必须遵从操作系统文件名规则或网络设备的通用命名约定，并且必须包含完整路径。physical_name 的数据类型为 nvarchar(260)，无默认值，且不能为 NULL。

注意：

① 在远程网络位置上创建备份设备时，注意要确保启动数据库引擎时所用的名称对远程计算机有相应的写权限；

② 如果要添加磁带设备，则该参数必须是 Windows 分配给本地磁带设备的物理名称，

例如，使用\\.\TAPE0 作为计算机上的第一个磁带设备的名称。磁带设备必须连接到服务器计算机上，不能远程使用。

该存储过程返回：0(成功)或 1(失败)。

例如，建立一个名为 bk2 的磁盘备份设备，其物理存储位置及文件名为 D:\dump\bk2.bak。

```
EXEC sp_addumpdevice 'disk', 'bk2', 'D:\dump\bk2.bak';
```

13.1.4 SQL Server 支持的备份类型

SQL Server 2005 支持 3 种数据库备份方法：完整备份、差异备份和事务日志备份，同时还支持对文件和文件组进行备份。本书只介绍数据库的备份方法。

1. 完整备份

完整备份是所有备份方法中最基本也是最重要的备份，是备份的基础。完整备份备份数据库中的全部信息，它是恢复的基线，在进行完整备份时，不仅备份数据库的数据文件、日志文件，而且还备份文件的存储位置信息以及数据库中的全部对象。

数据库的备份需要消耗时间和资源。SQL Server 2005 支持在备份数据库的过程中，用户可以对数据库数据进行插入、删除、修改等操作，因此，备份并不影响用户对数据库的操作，而且在备份数据库时还能将在备份过程中所发生的操作也全部备份下来。例如，假设在上午 10:00 开始对数据库进行备份，到 11:00 备份结束，则用户在 10:00—11:00 之间所进行的全部操作均被备份下来。

2. 差异备份

差异备份是备份从最近的完整备份之后数据库的全部变化内容，它以完整备份为基准点，备份完整备份之后变化了的数据文件、日志文件以及数据库中其他被修改了的内容。差异备份也备份差异备份过程中用户对数据库进行的操作。差异备份比完整备份需要的时间短，占用的存储空间也少于完整备份。差异备份的示意图如图 13-3 所示。

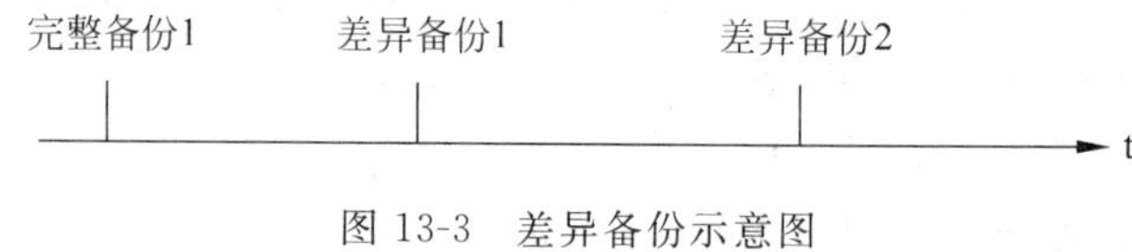

图 13-3　差异备份示意图

注意：在如图 13-3 所示的差异备份示意图中，差异备份 1 备份的是从完整备份 1 到差异备份 1 这段时间数据库发生变化的部分，差异备份 2 备份的是从最近的完整备份 1 到差异备份 2 这段时间数据库发生变化的部分，而不是从差异备份 1 到差异备份 2 这段时间数据库所发生的变化部分。因此，在系统出现故障时，只需恢复完整备份 1 和差异备份 2 的备份即可。

3. 事务日志备份

事务日志备份是备份从上次备份(可以是完整备份、差异备份和日志备份)之后到当前备份时间所记录的日志内容，而且在默认情况下，事务日志备份完成后要截断日志。事务日志记录了用户对数据进行的修改，随着时间的推移，日志中记录的内容会越来越多，这样势必会占满整个磁盘空间。因此，为避免这种情况的发生，可以定期地将日志记录中不需要的记录清除掉，以便腾出空间。清除掉不需要的或者叫不活动的日志记录(不活动的日志记录指其所记录的操作已经物理地保存在了数据库中)的操作就叫截断日志。备份日志就是截断日志的一种方法。

事务日志备份示意图如图 13-4 所示。

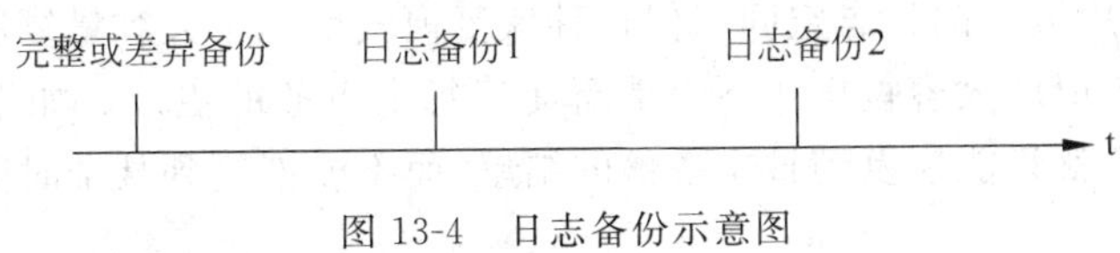

图 13-4　日志备份示意图

注意：在如图 13-4 所示的日志备份示意图中，日志备份 1 备份的是从最近的备份操作之后到日志备份 1 这段时间记录的日志内容，日志备份 2 备份的是从日志备份 1 到日志备份 2 这段时间记录的日志内容。

如果要进行事务日志备份，则必须将数据库的“恢复模式”设置为“完整”方式或“大容量日志”方式。设置数据库的“恢复模式”的方法为：

在 SSMS 工具中，在要设置恢复模式的数据库名上右击(假设这里是在 students 数据库上右击)，在弹出的快捷菜单中选择“属性”命令，然后在弹出的属性对话框中，单击左边“选择页”中的“选项”选项，对话框形式如图 13-5 所示。

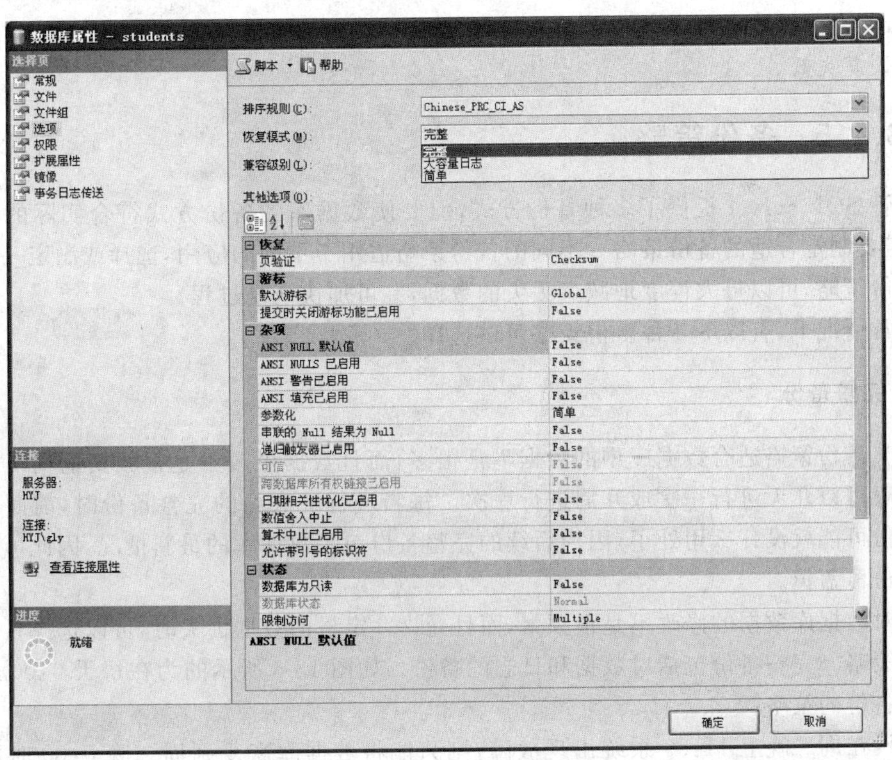

图 13-5　设置数据库的恢复模式

在"恢复模式"下拉列表框中列出了 3 种恢复模式选项(如图 13-5 所示)。

(1) "完整"模式：完整恢复模式可以在最大范围内防止出现故障时丢失数据,它包括数据库备份和事务日志备份,并提供全面保护,使数据库免受媒体故障影响。在 SQL Server 2005 企业版中,如果在故障发生之后备份了日志的尾部(即从上次备份到数据损坏时刻记录的日志内容),则完整恢复模式能使数据库恢复到故障时间点。

(2) "大容量日志"模式：此模式对大容量操作(如创建索引和批量加载数据)只进行最小记录,但会完整地记录其他事务。该恢复模式可以保护大容量操作不受媒体故障的危害,提供最佳性能并占用最小的日志空间。但这种恢复模式增加了大容量复制操作丢失数据的风险,因为最小日志记录大容量操作不会重新捕获每个事务的更改。如果日志备份包含大容量操作,则数据库就只能恢复到日志备份的结尾,而不能恢复到某个时间点或日志备份中某个标记的事务。

(3) "简单"模式：在这种模式下不能进行事务日志备份。因为,当数据被永久存储后,事务日志都将被自动截断,也就是说,不活动的日志将被删除。由于经常会发生日志截断操作,因此没有可以备份的事务日志。这个模式简化了备份和还原。但由于没有事务日志备份,因此不能恢复到失败的时间点。

注意：如果要对数据库进行事务日志备份,则必须先设置数据库的恢复模式为非"简单"的,而且对数据库恢复模式的设置必须在对数据库进行完整备份或差异备份之前进行。如果是在对数据库进行完整备份或差异备份之后、日志备份之前修改了恢复模式,虽然不会影响对数据库的备份操作,但在恢复时就会出现问题。这是因为不同的恢复模式对日志的记录和维护方式是不一样的。如果在完整备份或差异备份结束之后,修改数据库的恢复模式,然后再对数据库进行事务日志备份,会出现前后备份的日志记录格式不一致的情况,从而造成恢复失败。

13.1.5 备份策略

尽管 SQL Server 提供了多种备份方式,但要使数据库的备份方式符合实际的应用需要,还需要制定合适的备份策略。不同的备份策略适用于不同的应用,选择或制定一种最合适的备份策略,可以最大程度地减少丢失的数据,并可加快恢复过程。

通常情况下,有以下 3 种备份策略可供选择。

1. 完整备份

完整备份策略适合数据库中的数据不是很多,而且数据更改不是很频繁的情况。完整备份一般可以几天进行一次或几周进行一次。每当进行一次新的完整备份时,前面进行的完整备份可能就没什么用处了,因为后续的完整备份包含数据库的最新情况,因此可以将之前的备份覆盖掉。

当对数据库数据的修改不是很频繁,而且允许一定量的数据丢失时,可以选择只用完整备份的策略。完整备份包括对数据和日志的备份。如图 13-6 所示的为在每天 0:00 进行一次完整备份的策略。

假设在周二晚上 11:00 系统出现故障,则只能将数据库恢复到周一晚 0:00 时的状态(假定没有备份从上次备份到当前故障时间所记录的日志)。

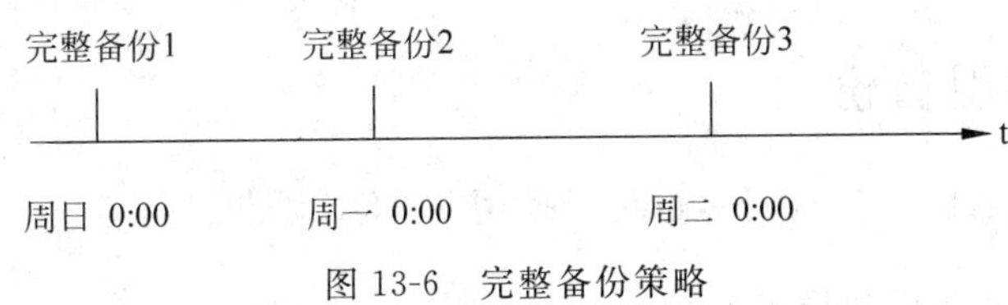

图 13-6 完整备份策略

使用完整备份策略，还可以将一台服务器上的数据库复制到另一台服务器（在一台服务器上做完整备份，然后在另一台服务器上进行恢复）上，使两台服务器上的数据库完全相同。或者将本机某数据库的备份恢复成另一个数据库（在恢复数据库时指定另一个数据库名），使一台服务器上有两个一样的数据库。

2. 完整备份加日志备份

如果用户不允许丢失太多的数据，而且又不希望经常进行完整备份（因为完整备份进行的时间比较长），这时可在完整备份中间加入若干次日志备份。例如，可以每天 0:00 进行一次完整备份，然后每隔几小时进行一次日志备份。

假设制定了一个每天 0:00 进行一次完整备份，然后在上班时间每隔 3 小时进行一次事务日志备份的策略，则其示意图如图 13-7 所示。

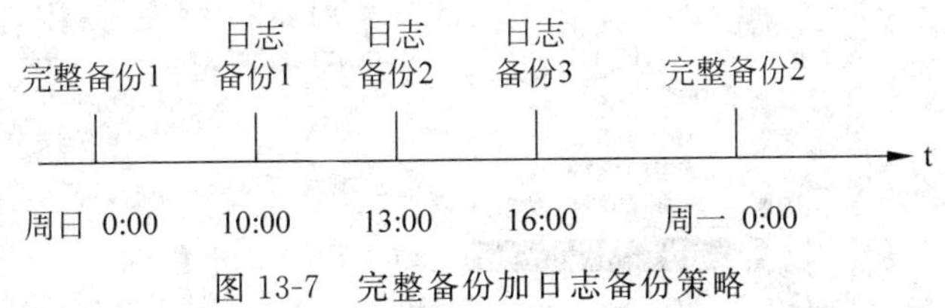

图 13-7 完整备份加日志备份策略

如在周二上午 11:00 系统出现故障，则可以将数据库恢复到周二上午 10:00 时的状态（假定也没有备份从上次备份到当前故障时间所记录的日志）。

3. 完整备份加差异备份再加日志备份

如果进行一次完整备份的时间比较长，用户可能希望将进行完整备份的时间间隔再加大一些，比如每周的周日进行一次。如果还采用完整备份加日志备份的方法，那么恢复起来比较耗费时间。因为，在利用日志备份进行恢复时，系统是将日志记录的操作重做一遍。

这时可以采取第三种备份策略，即完整备份加差异备份和日志备份的策略。在完整备份中间加一些差异备份，比如每周周日 0:00 进行一次完整备份，然后每天 0:00 进行一次差异备份，然后再在两次差异备份之间增加一些日志备份。这种策略的优点是备份和恢复的速度都比较快，而且当系统出现故障时，丢失的数据也较少。

完整备份加差异备份再加日志备份策略的示意图如图 13-8 所示。

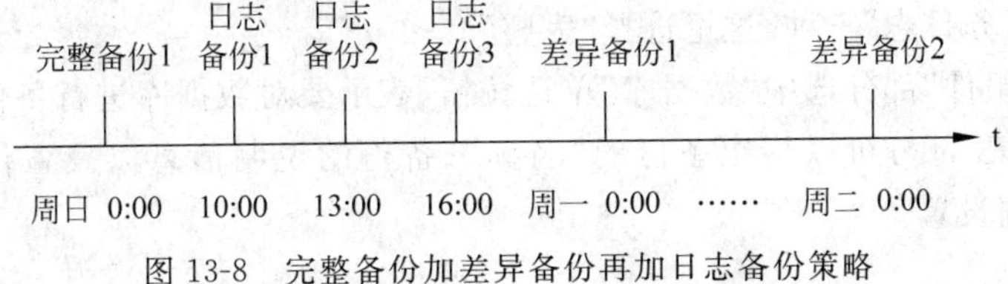

图 13-8 完整备份加差异备份再加日志备份策略

13.1.6 实现备份

可以在 SSMS 工具中实现备份，也可以使用 T-SQL 语句进行备份。

1. 用 SSMS 工具备份数据库

下面以将 students 数据库完整备份到 bk1 设备上为例，说明实现备份的过程。

(1) 以系统管理员身份连接到 SSMS，在 SSMS 的对象资源管理器中，展开"数据库"节点。

(2) 在"students"数据库上右击，在弹出的快捷菜单中选择"任务"→"备份"命令(如图 13-9 所示)；或在要备份数据库的备份设备(bk1)上右击，在弹出的快捷菜单中选择"备份数据库"命令(如图 13-10 所示)，均可打开类似的"备份数据库"对话框，如图 13-11 所示。

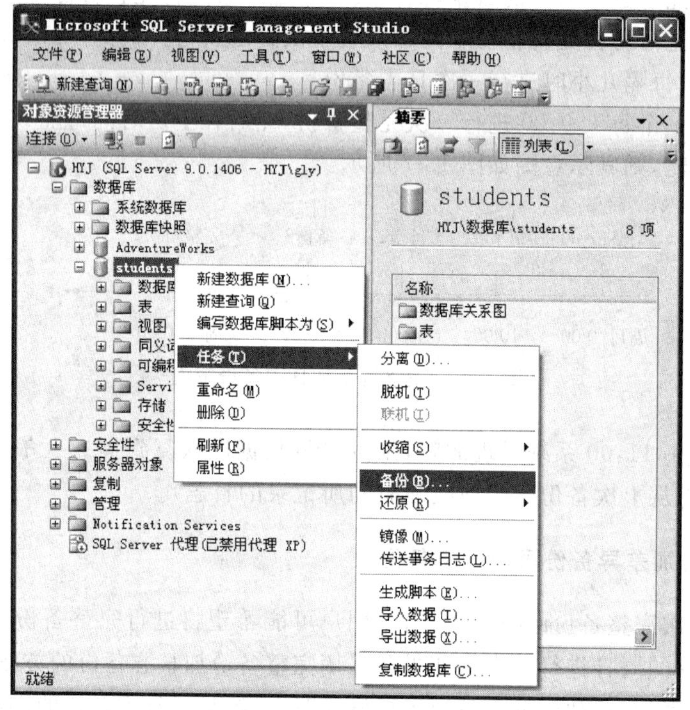

图 13-9 选择"备份"命令

(3) 在如图 13-11 所示的对话框中，进行以下设置。

① 在"源"部分可进行如下设置：

- 在"数据库" 对应的下拉列表框中指定要备份的数据库(这里是"students")；
- 在"备份类型"对应的下拉列表框中可以指定要进行的备份类型，可以是"完整"、"差异"和"事务日志"三种，这里选择"完整"。

② 在"备份组件"部分选中"数据库"单选按钮，表示要对数据库进行备份。

③ 在"备份集"部分可以指定备份的"名称"、备份的说明信息以及备份设备的过期情况，这里不做任何设置。

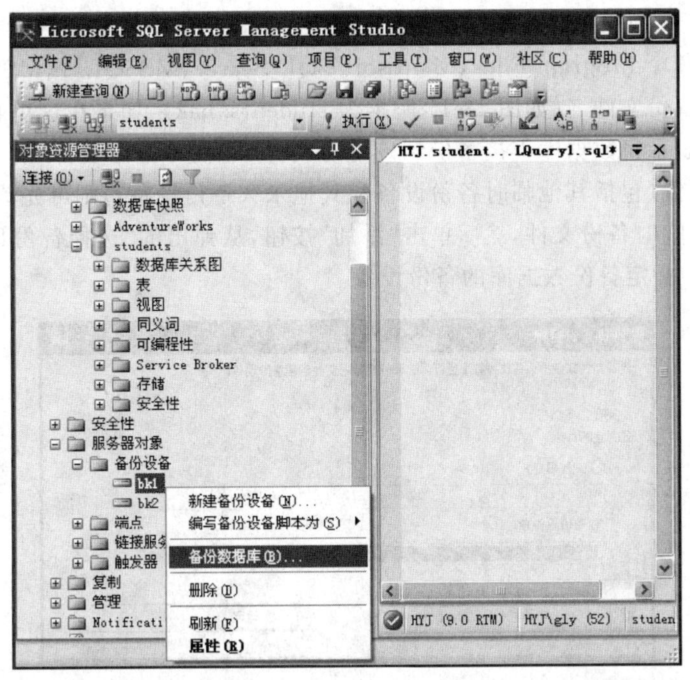

图 13-10　选择“备份数据库”命令

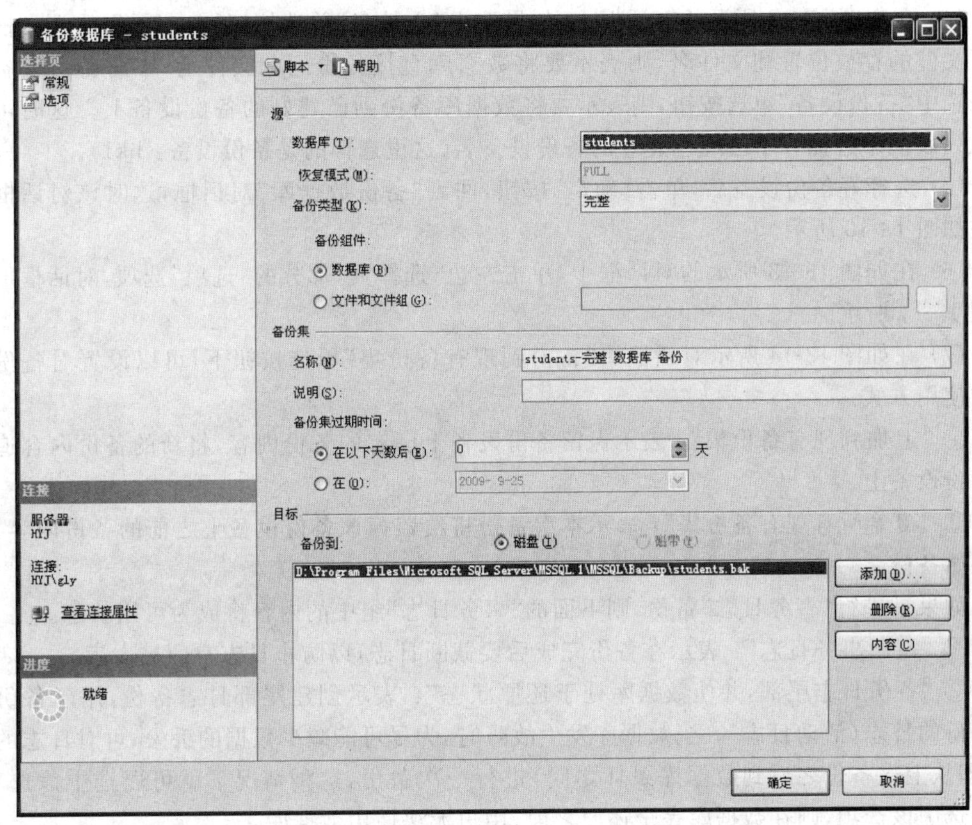

图 13-11　“备份数据库”对话框

④ 在“备份到”下的列表框中，默认已经有一项内容，这是系统的默认备份位置（如图 13-11 所示为 D:\Program Files\Microsoft SQL Server\MSSQL.1\MSSQL\Backup 文件夹）和默认的备份文件名（如图 13-11 所示为 students.bak），如果在这里直接指定一个具体的备份文件，表示将数据库直接备份到该备份文件（即临时备份设备）上。如果要将数据库备份到其他位置（包括其他临时备份设备和其他永久备份设备），则可先单击“删除”按钮，删除列表框中的临时备份文件，然后单击“添加”按钮，从弹出的“选择备份目标”对话框（如图 13-12 所示）中指定备份数据库的备份设备。

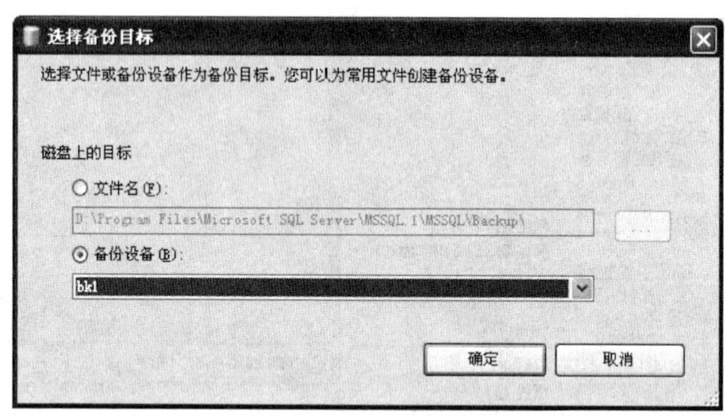

图 13-12 “选择备份目标”对话框

(4) 在如图 13-12 所示的对话框中，如果选中“文件名”单选按钮，并在下面的文本框中输入文件的存放位置和文件名，则表示要将数据库直接备份到此文件上（临时备份设备）。如果选中“备份设备”单选按钮，则表示要将数据库备份到已建好的备份设备上。这时可从下拉列表框中选择一个已经创建好的备份设备名（这里选择的是备份设备：bk1）。

(5) 选择好备份设备后，单击“确定”按钮，回到“备份数据库”对话框，这时该对话框的形式如图 13-13 所示。

(6) 在如图 13-13 所示的对话框中，单击左边“选择页”部分的“选项”选项，对话框形式如图 13-14 所示。

(7) 在如图 13-14 所示对话框的“备份到现有备份集”单选按钮下，可以设置对备份媒体的使用方式。

① “追加到现有备份集”：表示保留备份设备上已有的备份内容，将新的备份内容追加到备份设备上。

② “覆盖所有现有备份集”：表示本次备份将覆盖掉该备份设备上之前的备份内容，重新开始备份。

如果是进行“事务日志”备份，则下面的“事务日志”组中的内容将成为可用状态。

① “截断事务日志”：表示在备份完成后要截断日志，以防止日志空间被占满。

② “备份日志尾部，并使数据库处于还原状态”：表示创建尾部日志备份，用于备份尚未备份的日志（活动日志）。当数据库发生故障时，为尽可能减少数据的丢失，可对日志的尾部（即从上次备份之后到数据库毁坏之间）进行一次备份，这种情况下就可以选中该选项。如果选中该选项，则在数据库完全还原之前，用户无法使用数据库。

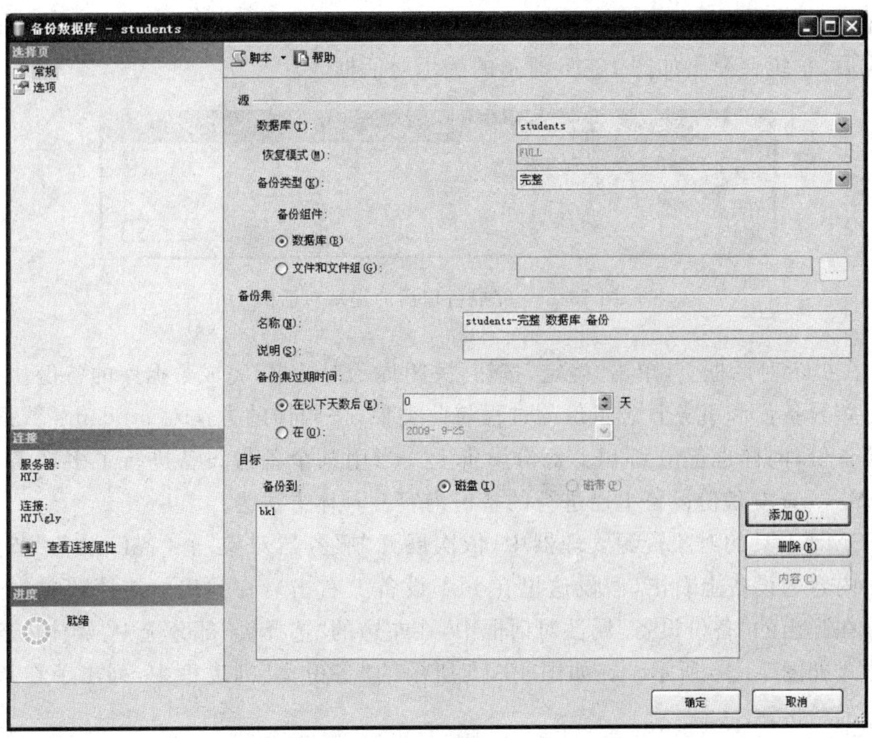

图 13-13　选择好备份设备后的对话框

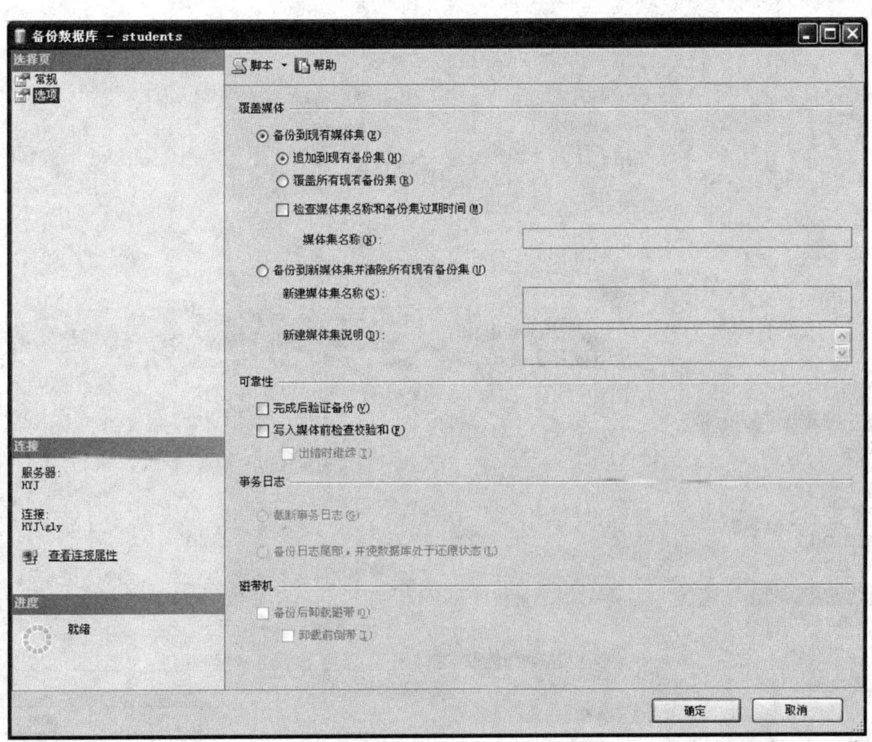

图 13-14　设置对备份设备的使用

在如图 13-14 所示的对话框中采用默认选项，单击“确定”按钮，开始备份数据库。备份成功完成后，系统会弹出如图 13-15 所示的提示对话框。

图 13-15　完成备份后的提示对话框

(8) 在提示对话框上，单击“确定”按钮，关闭提示对话框，完成数据库的备份。

进行差异备份和事务日志备份的过程与此类似，按同样的方法对 students 数据库进行一次差异备份，同样也备份到 bk1 备份设备上。当用某个备份设备进行了多次备份后，可以通过 SSMS 查看备份设备上已进行的备份内容。具体方法为：

在 SSMS 工具的对象资源管理器中，依次展开“服务器对象”→“备份设备”节点，在要查看备份内容的设备上右击(假设这里在 bk1 设备上右击)，在弹出的快捷菜单中选择“属性”命令，在弹出的“备份设备”属性对话框中，在左边的“选择页”部分选中“媒体内容”选项，对话框形式如图 13-16 所示。在如图 13-16 所示的“备份集”列表框中，列出了在该设备上进行的全部备份。

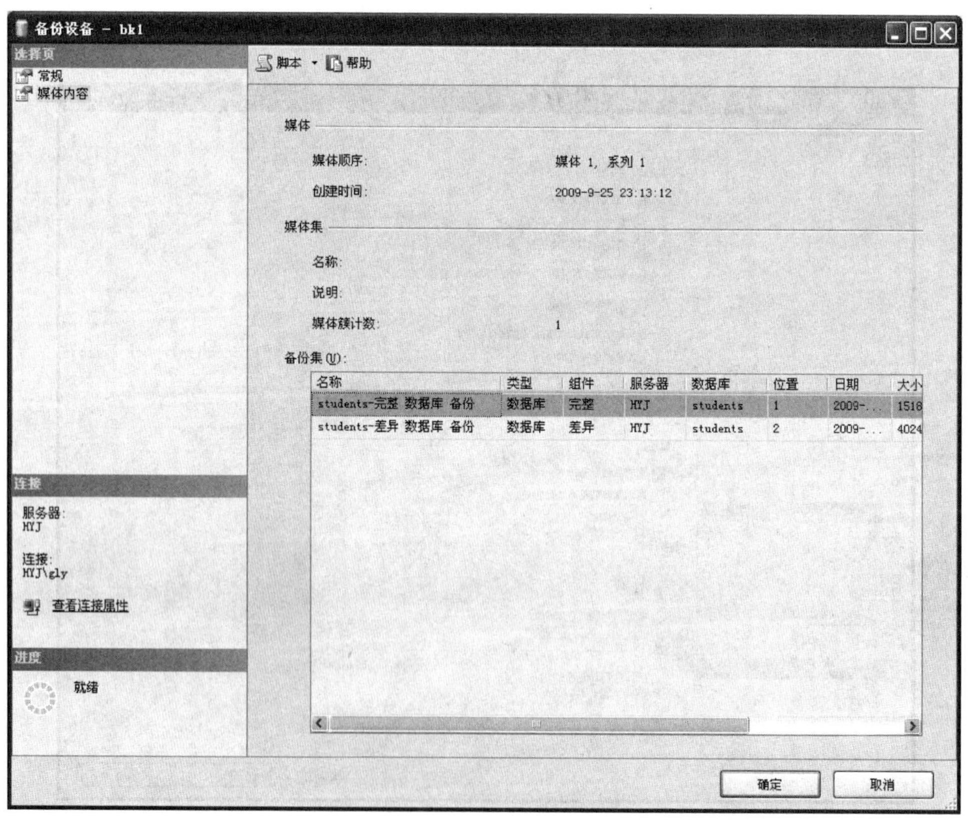

图 13-16　查看备份设备内容

说明：

① 可以在一个备份设备上对同一个数据库进行多次备份，也可以用一个备份设备对不同的数据库进行多次备份；

② 可以将一个数据库的不同备份放置在多个不同的备份设备上；

③ 可以同时用多个备份设备共同完成一个数据库的一次备份，这种情况适合于数据库比较大的情况。可以在不同的磁盘驱动器上建立不同的备份设备，然后利用这些设备完成数据库的备份，使数据库的备份内容被均匀地分布在这些备份设备上，以达到充分利用多个磁盘空间的目的。将这样的一组备份设备称为一个备份媒体集。

2. 用 T-SQL 语句备份数据库和事务日志

备份数据库使用的是 BACKUP 语句，该语句分为备份数据库和备份日志两种语法格式。备份数据库的基本语法格式为：

```
BACKUP DATABASE 数据库名
  TO { < 备份设备名 > } | { DISK | TAPE } = { '物理备份文件名' }
  [ WITH
    [ DIFFERENTIAL ]
    [ [ , ] { INIT | NOINIT } ]
  ]
```

下面介绍其中各参数的含义。

① < 备份设备名 >：表示将数据库备份到已创建好的备份设备名上。

② DISK | TAPE：表示将数据库备份到磁盘或磁带。

对于备份到磁盘的情况，应该输入一个完整的路径和文件名，例如：DISK='D:\Data\MyData.bak'。如果输入一个相对路径名，则备份文件将存储到默认的备份目录：C:\Program Files\Microsoft SQL Server\MSSQL\BACKUP\中。

③ DIFFERENTIAL：表示进行差异备份。

④ INIT：表示本次备份数据库将重写备份设备，即覆盖掉本设备上以前进行的所有备份。

⑤ NOINIT：表示本次备份数据库将追加到备份设备上，即不覆盖掉本设备以前进行的所有备份。

备份数据库日志的 BACKUP 语句的基本语法格式为：

```
BACKUP LOG 数据库名
  TO { < 备份设备名 > } | { DISK | TAPE } = { '物理备份文件名' }
  [ WITH
    [ { INIT | NOINIT } ]
    [ { [ , ] NO_LOG | TRUNCATE_ONLY | NO_TRUNCATE } ]
  ]
```

下面介绍其中各参数的含义。

① NO_LOG 和 TRUNCATE_ONLY：表示备份完日志后要截断不活动的日志。

② NO_TRUNCATE：表示备份完日志后不截断不活动日志。

③ 其他选项同备份数据库语句的选项。

注意：在 SQL Server 的未来版本中将删除 NO_LOG 和 TRUNCATE_ONLY 选项，因此用户在进行新的开发工作时应避免使用这两个选项。

【例 13-1】 对"students"数据库进行一次完整备份，备份到 MyBK_1 备份设备上（假设此备份设备已创建好），并覆盖掉该备份设备上已有的内容。

```
BACKUP DATABASE students TO MyBK_1 WITH INIT
```

【例 13-2】 对"students"数据库进行一次差异备份，也备份到 MyBK_1 备份设备上，并保留该备份设备上已有的内容。

```
BACKUP DATABASE students TO MyBK_1 WITH DIFFERENTIAL, NOINIT
```

【例 13-3】 对"students"进行一次事务日志备份，直接备份到 D:\LogData 文件夹（假设此文件夹已存在）下的 Students_log. bak 文件中。

```
BACKUP LOG students TO DISK = 'D:\LogData\Students_log.bak'
```

13.2 恢复数据库

13.2.1 恢复的顺序

在恢复数据库之前，如果数据库的日志文件没有损坏，则为尽可能减少数据的丢失，可在恢复之前对数据库进行一次日志备份（称为：日志尾部备份），这样就可以将数据的损失减少到最小。

备份数据库是按一定的顺序进行的，在恢复数据库时也有一定的顺序关系。恢复数据库的顺序如下：

(1) 恢复最近的完整数据库备份，因为最近的完整数据库备份记录数据库最近的全部信息。

(2) 恢复完整备份之后的最近的差异数据库备份（如果有的话）。因为差异备份是相对完整备份之后对数据库所作的全部修改。

(3) 按事务日志备份的先后顺序恢复自完整备份或差异备份之后的所有日志备份，由于日志备份记录的是自上次备份之后新记录的日志部分，因此，必须按顺序恢复自最近的完整备份或差异备份之后所进行的全部日志备份。

13.2.2 实现恢复

恢复数据库可以在 SSMS 工具中实现，也可以使用 T-SQL 语句实现。

1. 用 SSMS 工具恢复数据库

恢复数据库有两种情况，一种情况是数据库还存在，但其中的数据或其他内容出现了损坏，即在服务器上还存在该数据库；另一种情况是数据库已经完全被损坏或者被删除，即在服务器中已经不存在该数据库了。

下面以利用 students 数据库的备份进行恢复为例，说明利用 SSMS 工具实现这两种情况下还原数据库的过程。

(1) 数据库在服务器中存在

这种情况下，由于数据库基本上没有损坏，因此在进行实际恢复前，应该首先对 students 数据库进行一次日志尾部备份，以减少数据的损失。假设将 students 数据库的日志尾部备份到 bk2 设备上，执行下述语句实现此功能：

```
BACKUP LOG students TO bk2
```

然后再用 SSMS 工具恢复 students 数据库，有以下几个步骤。

① 以系统管理员身份连接到 SSMS，在对象资源管理器中，在“数据库”(或某个具体数据库名上)右击，在弹出的快捷菜单中选择“还原数据库”命令，弹出如图 13-17 所示的“还原数据库”对话框。

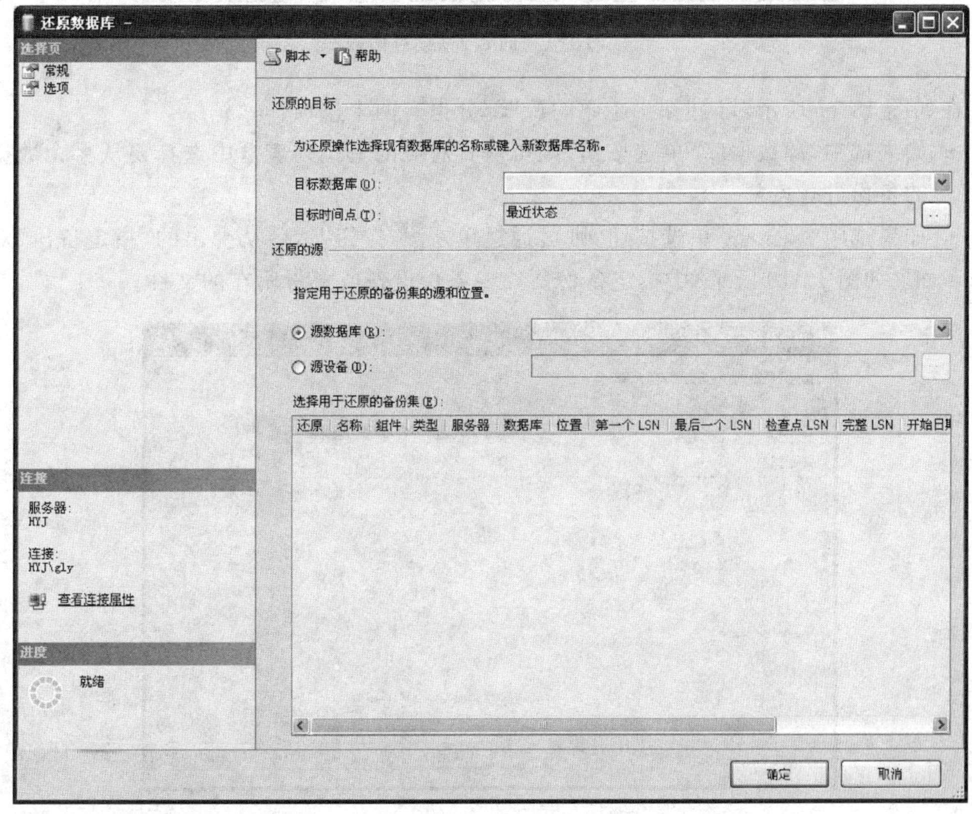

图 13-17 “还原数据库”对话框

② 在如图 13-17 所示的对话框中，在“还原的目标”部分有两个选项：

- 在“目标数据库”下拉列表框中指定要还原的数据库名字，可以从下拉列表框中选择要还原的数据库，也可以在这个框中直接输入要还原的数据库的名字，这里选择“students”数据库。
- 在“目标时间点”部分，默认的设置是“最近状态”，表示将数据库还原到损失最小的状态。也可以指定将数据库还原到某个指定的时间点，方法是单击右边的 按钮，在弹出的如图 13-18 所示的“时点还原”对话框上，可以指定要还原到的具体日期和时间点。

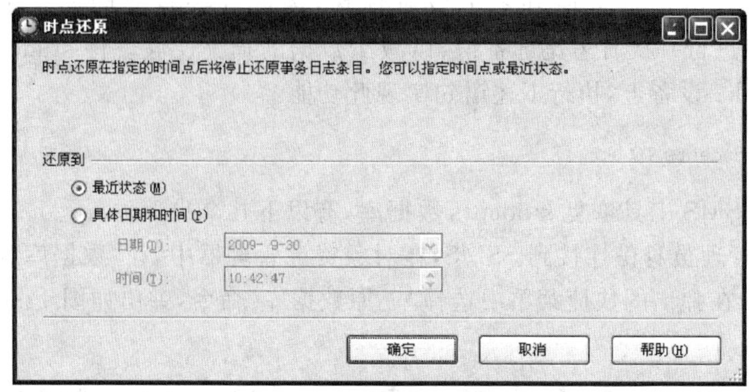

图 13-18 “时点还原”对话框

在如图 13-17 所示对话框的“还原的源”部分也有两个选项：

- 如果选中“源数据库”单选按钮，则可从其对应的下拉列表框中选择要从哪个数据库的备份进行恢复；
- 如果选中“源设备”单选按钮，则可通过单击 按钮，然后从弹出的“指定备份”对话框（如图 13-19 所示）中指定备份所在的备份设备或备份所在的文件。

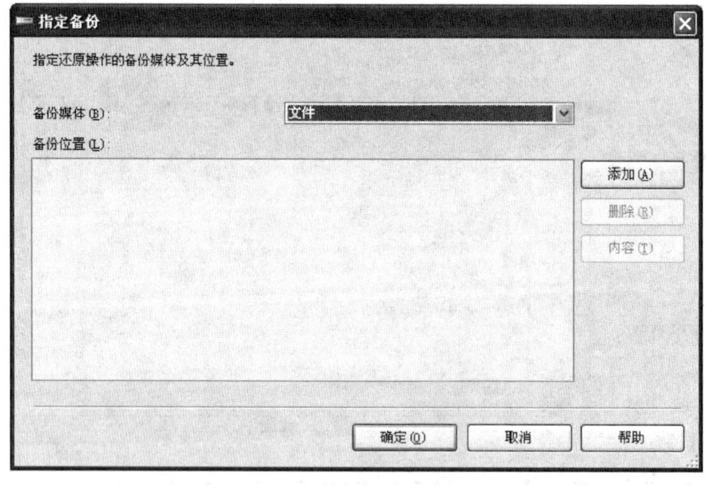

图 13-19 指定还原数据库的备份设备对话框

这里选中“源数据库”单选按钮，并从下拉列表框中选择“students”。选择好“students”后，在对话框下面的“选择用于还原的备份集”列表框中会列出该数据库的全部备份，利用这些备份可以还原数据库。在“源数据库”下拉列表框中选择好“students”后的对话框形式如图 13-20 所示。

单击如图 13-20 所示的对话框中“选择页”部分的“选项”选项，对话框形式如图 13-21 所示。

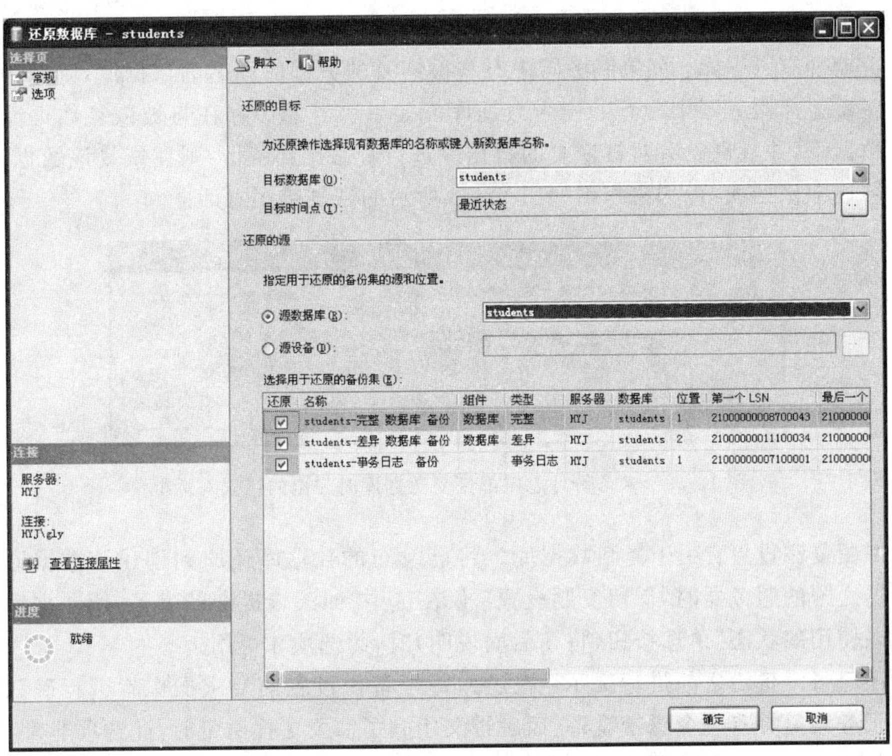

图 13-20　设置好还原选项后的对话框(1)

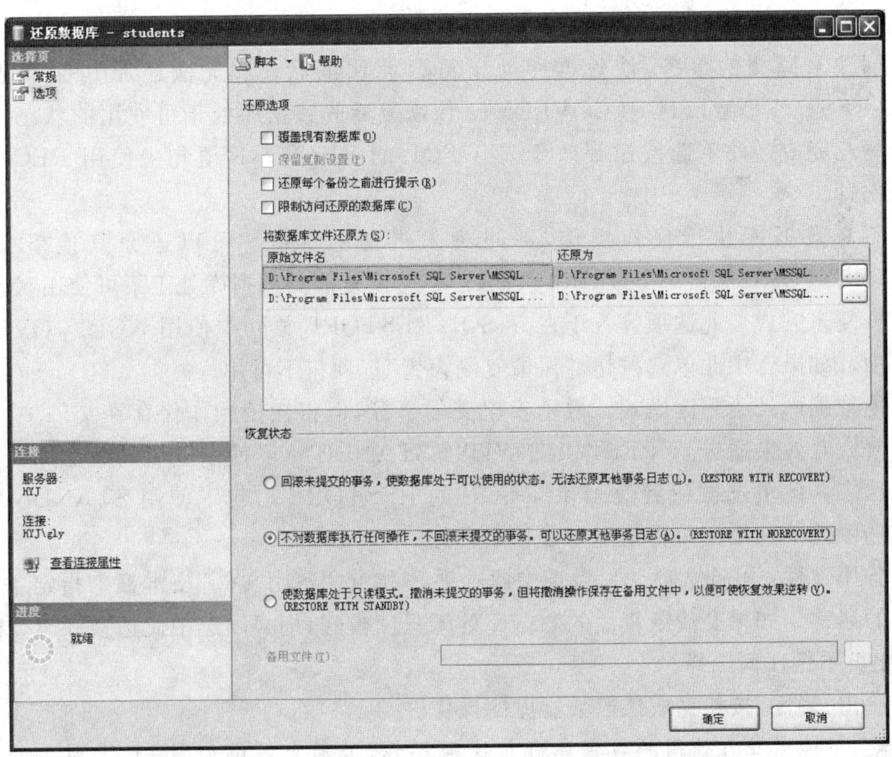

图 13-21　设置好还原选项后的对话框(2)

下面介绍在如图 13-21 所示的对话框中,“还原选项”部分各选项的含义。

- 覆盖现有数据库:如果服务器中有与被恢复的数据库同名的数据库,则选中该选项将覆盖掉服务器中现有的同名数据库。如果服务器中存在与被恢复数据库同名的数据库,并且也没有对被恢复的数据库进行日志尾部备份,则在恢复该数据库时,必须选中该选项,否则会弹出如图 13-22 所示的恢复错误对话框。

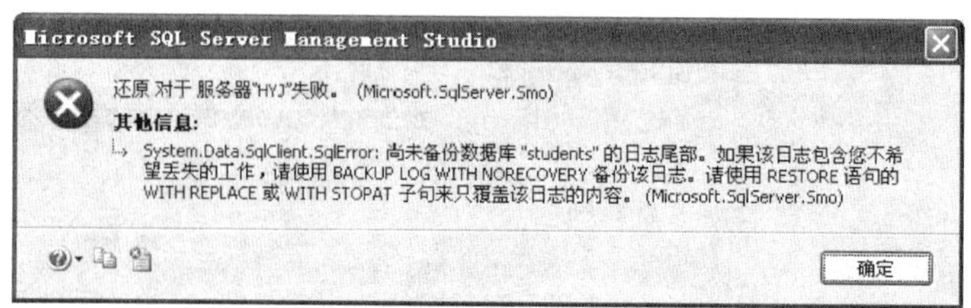

图 13-22 未备份日志尾部恢复数据库时弹出的错误对话框

- 保留复制设置:用于复制数据库。将已发布的数据库还原到创建该数据库的服务器之外的服务器时,保留复制设置。仅在选中“回滚未提交的事务,使数据库处于可以使用的状态”单选按钮(将在后面说明)时,此选项才可用。
- 还原每个备份之前进行提示:在还原每个备份设置前要求操作者进行确认。如果服务器只具有一个磁带设备,而磁带又用满了需要更换磁带时,此选项非常有用。
- 限制访问还原的数据库:使正在还原的数据库仅供 db_owner、dbcreator 或 sysadmin 的成员使用。

下面介绍在“恢复状态”部分中,各选项的含义。

- 回滚未提交的事务,使数据库处于可以使用的状态。无法还原其他事务日志。(RESTORE WITH RECOVERY):使恢复后的数据库处于可使用的状态,表示恢复已完成。此单选按钮等效于在 T-SQL 的 RESTORE 语句中使用 RECOVERY 选项。
- 不对数据库执行任何操作,不回滚未提交的事务。可以还原其他事务日志。(RESTORE WITH NORECOVERY):使恢复后的数据库处于不可使用状态,表示恢复未完成。此选项等效于在 T-SQL RESTORE 语句中使用 NORECOVERY 选项。如果选中此单选按钮,“保留复制设置”选项将不可用。
- 使数据库处于只读模式。撤销未提交的事务,但将撤销操作保存在文件中,以便可使恢复效果逆转。(RESTORE WITH STANDBY):使恢复后的数据库处于备用状态。此单选按钮等效于在 T-SQL 的 RESTORE 语句中使用 STANDBY 选项。选中此单选按钮需要指定一个备用文件。
- 备用文件:可选选项。如果选中此选项,需要在“备用文件”文本框中指定备用文件的名称。如果要使恢复后的数据库处于只读模式,则必须选中此选项。

在此页不做任何选择。

③ 单击“确定”按钮完成还原数据库的操作。

注意:不能对正在使用的数据库进行还原操作,否则会弹出如图 13-23 所示的错误对话框。

图 13-23　还原正在使用的数据库出现的错误对话框

如果数据库还原成功，则会弹出如图 13-24 所示的提示对话框。单击“确定”按钮关闭此对话框。此时数据库还原结束。

图 13-24　还原成功后的提示对话框

(2) 数据库在服务器中已不存在

为进行这个实验，首先执行下述语句删除 students 数据库：

```
DROP DATABASE students
```

然后利用 students 数据库的备份将其恢复出来。

① 以系统管理员身份连接到 SSMS，在对象资源管理器中，在“数据库”节点上(或某个具体数据库名上)右击，在弹出的快捷菜单中选择“还原数据库”命令，弹出“还原数据库”对话框(参见图 13-17)。

② 在如图 13-17 所示的对话框中，在“还原的目标”部分的“目标数据库”下拉列表框中输入：students，在“还原的源”部分选中“源设备”单选按钮，单击其右边的 按钮，在弹出的“指定备份”对话框中，在“备份媒体”下拉列表框中选择“备份设备”选项，如图 13-25 所示。然后单击“添加”按钮，弹出如图 13-26 所示的“选择备份设备”对话框。

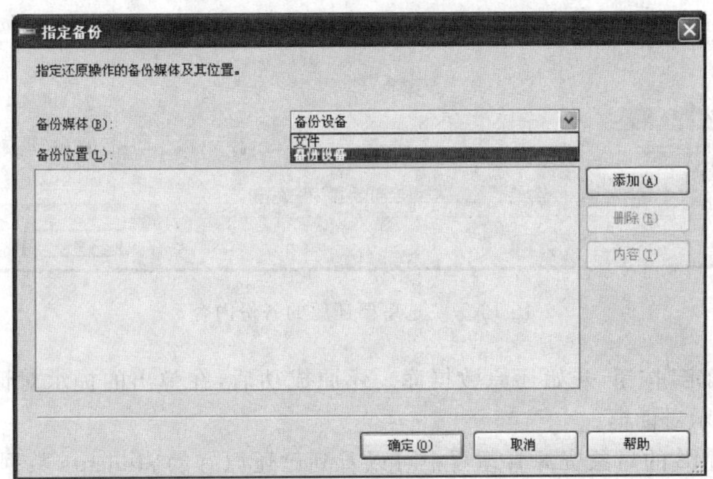

图 13-25　选择“备份设备”选项

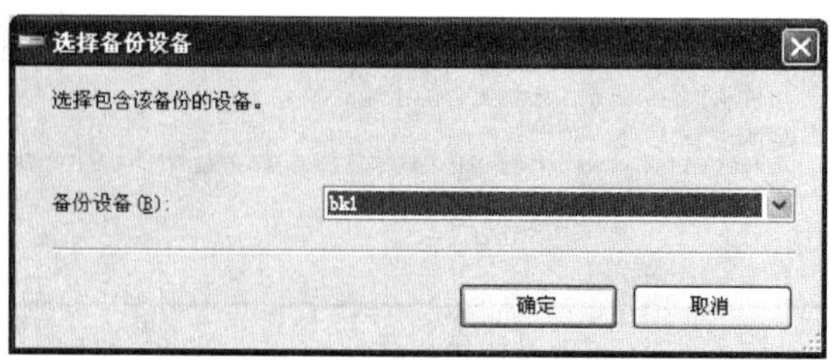

图 13-26　指定包含备份内容的备份设备

③ 在“选择备份设备”对话框的“备份设备”下拉列表框中，指定包含备份内容的备份设备，在这里指定“bk1”，单击“确定”按钮，关闭“选择备份设备”对话框，回到“指定设备”对话框中，此时该对话框的“备份位置”列表框中会列出指定的备份设备(bk1)。

④ 在“指定设备”对话框上再次单击“确定”按钮，回到“还原数据库”对话框，此时该对话框的“选择适用于用户的备份集”列表框中列出了该指定设备上进行的所有备份，这里选中完整备份和差异备份前的“还原”复选框，如图 13-27 所示。

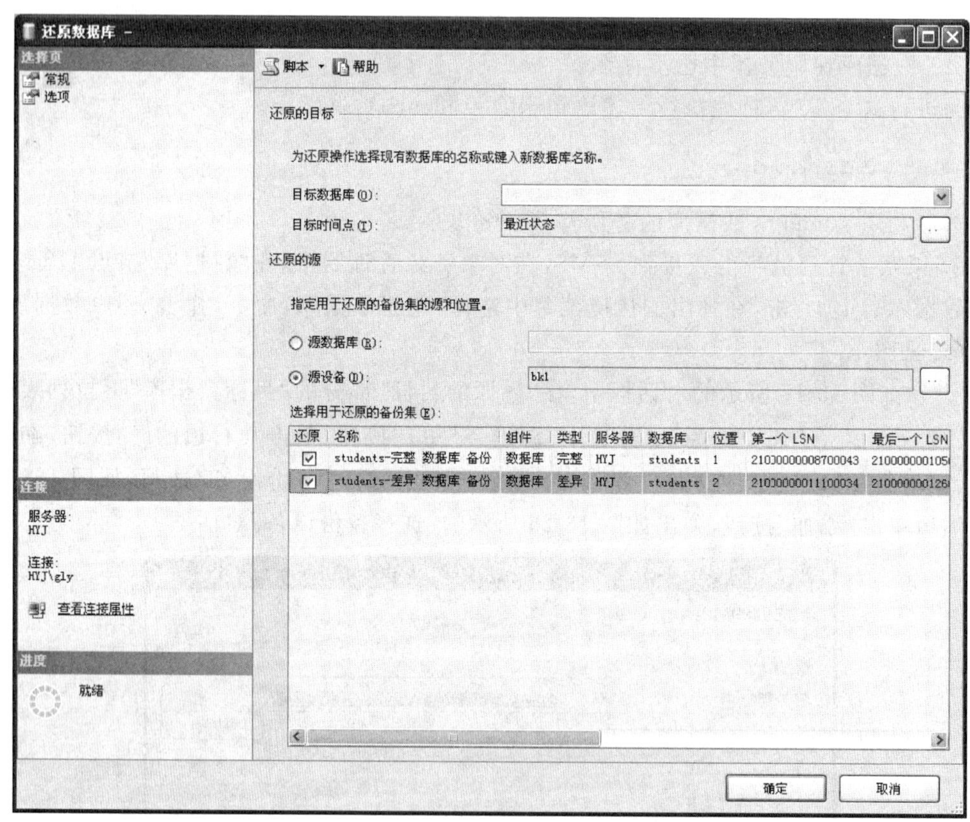

图 13-27　选中要还原的备份内容

⑤ 单击“确定”按钮，开始还原数据库。还原成功后，在弹出的提示对话框中单击“确定”按钮关闭提示对话框。

此时在 SSMS 的对象资源管理器中可以看到已还原好的 students 数据库。通过查看 students 数据库中的内容，可以看到还原操作恢复了 students 数据库中的全部内容。

2. 用 T-SQL 语句恢复数据库

恢复数据库和事务日志的 T-SQL 语句分别是 RESTORE DATABASE 和 RESTORE LOG。RESTORE DATABASE 语句的简单语法格式为：

```
RESTORE DATABASE 数据库名
FROM  备份设备名
[ WITH FILE = 文件号
[ , ] NORECOVERY
[ , ] RECOVERY
]
```

下面介绍其中各参数的含义。

① FILE = 文件号：标识要还原的备份，文件号为 1 表示备份设备上的第一个备份，文件号为 2 表示第二个备份。

② NORECOVERY：表明对数据库的恢复操作还没有完成。使用此选项恢复的数据库是不可用的，但可以继续恢复后续的备份。如果没有指明该恢复选项，则默认的选项是 RECOVERY。这个选项等同于图 13-21 上的"不对数据库执行任何操作，不回滚未提交的事务。可以还原其他事务日志。(RESTORE WITH NORECOVERY)"单选按钮。

③ RECOVERY：表明对数据库的恢复操作已经完成。使用此选项恢复的数据库是可用的。一般是在恢复数据库的最后一个备份时使用此选项。这个选项等同于图 13-21 上的"回滚未提交的事务，使数据库处于可以使用的状态。无法还原其他事务日志。(RESTORE WITH RECOVERY)"单选按钮。

恢复日志的 RESTORE 语句与恢复数据库的语句基本相同，其基本语法格式为：

```
RESTORE LOG 数据库名
FROM 备份设备名
  [ WITH FILE = 文件号
  [ , ] NORECOVERY
  [ , ] RECOVERY
  ]
```

其中各选项的含义同恢复数据库的语句相同。

【例 13-4】 假设已对 students 数据库进行了完整备份，并备份到 MyBK_1 备份设备上，假设此备份设备只含有对 students 数据库的完整备份。则恢复 students 数据库的语句为：

```
RESTORE DATABASE students FROM MyBK_1
```

【例 13-5】 设对 students 数据库进行了如图 13-28 所示的备份过程，假设在最后一个日志备份完成之后的某个时刻系统出现故障，现利用所作的备份对其进行恢复。

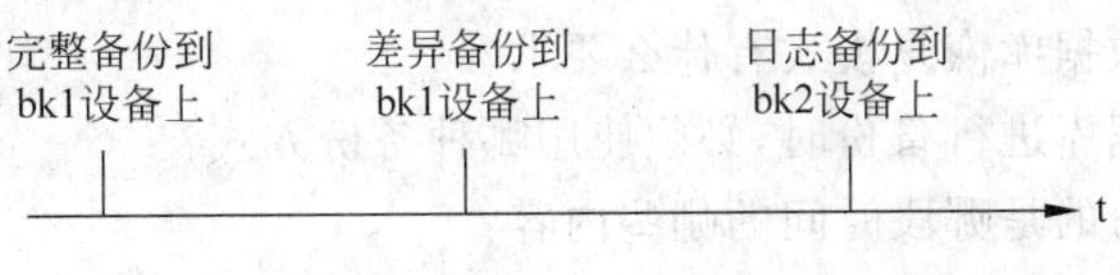

图 13-28　students 数据库的备份过程

下面介绍其恢复过程。

（1）首先恢复完整备份

```
RESTORE DATABASE Students FROM bk1
  WITH FILE = 1, NORECOVERY
```

（2）然后恢复差异备份

```
RESTORE DATABASE Students FROM bk1
  WITH FILE = 2, NORECOVERY
```

（3）最后恢复日志备份

```
RESTORE LOG Students FROM bk2
```

13.3 小结

本章介绍了维护数据库中很重要的工作：备份和恢复数据库。SQL Server 2005 支持四种备份方式，即完整备份、差异备份、日志备份、文件和文件组备份。本章介绍了前三种备份方式。完整备份是将数据库的全部内容均备份下来，对数据库进行的第一个备份必须是完整备份；差异备份是备份数据库中相对完整备份之后对数据库的修改部分；日志备份是备份自前一次备份之后新增的日志内容，而且日志备份要求数据库的恢复模式不能是“简单”模式，因为“简单”恢复模式下，系统会自动清空不活动的日志。完整备份和差异备份均对日志进行备份。数据库的恢复是先从完整备份开始，然后恢复最近的差异备份，最后再按备份的顺序恢复后续的日志备份。在数据库恢复的过程中，如果是手工逐个恢复数据库的备份，则在恢复最后一个备份之前，应保持数据库为不可用状态。SQL Server 2005 支持在备份的同时允许用户访问数据库，但在恢复数据库过程中是不允许用户访问数据库的。

数据库的备份地点可以是磁盘，也可以是磁带。在备份数据库时可以将数据库备份到备份设备上，也可以直接备份到磁盘文件上。

习题

1. 在确定用户数据库的备份周期时，应考虑哪些因素？
2. 对用户数据库和系统数据库分别应该采取什么备份策略？
3. SQL Server 的备份设备是一个独立的物理设备吗？
4. 在创建备份设备时需要指定备份设备的大小吗？备份设备的大小是由什么决定的？
5. SQL Server 2005 提供了几种备份数据库方式？
6. 日志备份对数据库恢复模式有什么要求？
7. 第一次对数据库进行备份时，必须使用哪种备份方式？
8. 差异备份备份的是哪段时间的哪些内容？
9. 日志备份备份的是哪段时间的哪些内容？
10. 差异备份备份数据库日志吗？

11. 恢复数据库时，对恢复的顺序有什么要求？

12. SQL Server 在备份数据库时或在恢复数据库时允许用户访问数据库吗？

上机练习

利用 SSMS 工具和 T-SQL 语句，利用第 10 章建立的 Students 数据库和第 11 章建立的表，完成下列各题。

1. 按顺序完成下列操作。

(1) 创建永久备份设备：backup1，backup2。

(2) 对“students”数据库进行一次完整备份，并以追加的方式备份到 backup1 设备上。

(3) 执行下述语句删除“students”数据库中的 SC 表：

```
DROP TABLE SC
```

(4) 利用 backup1 设备上对“students”数据库进行的完整备份，恢复“students”数据库。

(5) 查看 SC 表是否恢复。

2. 按顺序完成下列操作。

(1) 对“students”数据库进行一次完整备份，并以覆盖的方式备份到 backup1 设备上，覆盖 backup1 设备上已有的备份内容。

(2) 执行下述语句在 Course 表中插入一行新的记录：

```
INSERT INTO Course VALUES('C2001','离散数学',3,4)
```

(3) 将“students”数据库以覆盖的方式备份到 backup2 设备上。

(4) 执行下述语句删除新插入的记录：

```
DELETE FROM Course WHERE Cno = 'C2001'
```

(5) 利用 backup1 和 backup2 备份设备对“students”数据库备份，恢复“students”数据库。完全恢复完成后，在 Course 表中有新插入的记录吗？为什么？

3. 按顺序完成下列操作。

(1) 将“students”数据库的恢复模式改为“完整”的。

(2) 对“students”数据库进行一次完整备份，并以覆盖的方式备份到 backup1 设备上。

(3) 执行下述语句向 Course 表中插入一行新的记录：

```
INSERT INTO Course VALUES('C2002','编译原理',5,4)
```

(4) 对“students”数据库进行一次差异备份，并以追加的方式备份到 backup1 设备上。

(5) 执行下述语句删除新插入的记录：

```
DELETE FROM Course WHERE Cno = 'C2002'
```

(6) 对“students”数据库进行一次日志备份，并以覆盖的方式备份到 backup2 设备上。

(7) 利用 backup1 和 backup2 备份设备恢复“students”数据库，完全恢复完成后，在 Course 表中有新插入的记录吗？为什么？

4. 利用备份和恢复数据库的 T-SQL 语句按顺序完成下列操作。

(1) 新建备份设备：back1 和 back2，它们均存放在 D:\BACKUP 文件夹下(假设此文件夹已存在)，对应的物理文件名分别为：back1.bak 和 back2.bak。

(2) 对“students”数据库进行一次完整备份，以覆盖的方式备份到 back1 上。

(3) 删除 SC 表。

(4) 对“students”数据库进行一次差异备份，以追加的方式备份到 back1 上。

(5) 删除“students”数据库。

(6) 利用 back1 备份设备恢复“students”数据库的完整备份，并在恢复完成之后使数据库成为可用状态。

(7) 在 SSMS 工具的对象资源管理器中查看是否有“students”数据库？为什么？如果有，展开此数据库中的“表”节点，查看是否有 SC 表？为什么？

(8) 再次利用 back1 备份设备恢复“students”数据库，首先恢复完整备份并使恢复后的数据库成为正在恢复状态，然后再恢复差异备份并使恢复后的数据库成为可用状态。

(9) 在 SSMS 工具的对象资源管理器中展开“students”数据库和其下的“表”节点，这次是否有 SC 表？为什么？

(10) 对“students”数据库进行一次完整备份，直接备份到 D:\BACKUP 文件夹下，备份文件名为：students.bak。

(11) 对“students”数据库进行一次事务日志备份，以追加的方式备份到 back2 设备上。

附录 系统提供的常用函数

SQL Server 2005 提供了许多内置函数，使用这些函数可以方便快捷地执行某些操作。这些函数通常用在查询语句中，用来计算查询结果或修改数据格式和查询条件。一般来说，允许使用变量、字段或表达式的地方都可以使用这些内置函数。在本书第 4 章介绍了一些实现统计功能的聚和函数，本附录再介绍一些日期和时间函数、字符串函数以及类型转换函数。

附录 1 日期和时间函数

日期和时间函数对日期和时间型的值执行操作，并返回一个字符串、数字值或日期和时间值。

1. GETDATE

作用：按 datetime 值的 SQL Server 标准内部格式返回当前的系统日期和时间。

返回类型：datetime

注释：日期函数可用在 SELECT 语句的选择列表或用在查询语句的 WHERE 子句中。

在设计报表时，GETDATE 函数可用于在每次生成报表时打印当前日期和时间。GETDATE 对于跟踪活动也很有用，诸如记录事务在某一账户上发生的时间。

【例 1】 用 GETDATE 返回系统当前的日期和时间。

```
SELECT GETDATE()
```

结果为：2009-10-2 11:50:14.240

【例 2】 在 CREATE TABLE 语句中使用 GETDATE 函数作为列的默认值，这样可简化用户对业务发生日期和时间的输入。此示例创建 employees 表并用 GETDATE 给出员工被雇佣的时间，并将此时间作为此列的默认值。

```
CREATE TABLE employees(
 emp_id char(11) NOT NULL,
 emp_lname varchar(40) NOT NULL,
 emp_fname varchar(20) NOT NULL,
 emp_hire_date datetime DEFAULT GETDATE()
 )
```

2. DATEADD

作用：对给定的日期加上一段时间，返回新的 datetime 值。

语法：DATEADD（日期部分，常数，日期）

下面介绍其中各参数的含义。

① 日期部分：指定应向日期的哪一部分计算新值。表 1 列出了 SQL Server 识别的日期部分和缩写形式。

表 1　SQL Server 识别的日期部分和缩写形式

日期部分	缩　　写	含　　义
Year	yy、yyyy	年
Quarter	qq、q	季度
Month	mm、m	月份
Dayofyear	dy、y	一年中的第几天
Day	dd、d	日
Week	wk、ww	一年中的第几周
Hour	Hh	点(时)
Minute	mi、n	分
Second	ss、s	秒
Millisecond	ms	毫秒

② 常数：是用来增加日期部分的值。如果指定一个不是整数的值，则将忽略此值的小数部分。例如，如果日期部分指定的是 day，常数部分指定的值是 1.75，则日期将增加 1。

③ 日期：是返回 datetime 或 smalldatetime 值或日期格式字符串的表达式。

返回类型：返回 datetime，但如果 date 参数是 smalldatetime，则返回 smalldatetime。

为更好地说明一些系统函数的使用方法，现在假设有图书表 titles，其结构如下：

```
CREATE TABLE  titles(
  title_id    char(6)         PRIMARY KEY,      -- 书号
  title       varchar(80)     NOT NULL,         -- 书名
  type        char(12)        NOT NULL,         -- 类型
  price       numeric(6,2)    NULL,             -- 价格
  pubdate     datetime        NOT NULL )        -- 出版日期
```

设该表包含有如图 1 所示的数据。

	title_id	title	type	price	pubdate
1	BU1032	The Busy Executive's Database Guide	business	19.99	1991-06-12 00:00:00.000
2	BU1111	Cooking with Computers: Surreptitious Balance Sheets	business	11.95	1991-06-09 00:00:00.000
3	BU2075	You Can Combat Computer Stress!	business	2.99	1991-06-30 00:00:00.000
4	BU7832	Straight Talk About Computers	business	19.99	1991-06-22 00:00:00.000
5	MC2222	Silicon Valley Gastronomic Treats	mod_cook	19.99	1991-06-09 00:00:00.000
6	MC3021	The Gourmet Microwave	mod_cook	2.99	1991-06-18 00:00:00.000
7	PC1035	But Is It User Friendly?	popular_comp	22.95	1991-06-30 00:00:00.000
8	PC8888	Secrets of Silicon Valley	popular_comp	20.00	1994-06-12 00:00:00.000
9	PC9999	Net Etiquette	popular_comp	NULL	2009-10-05 11:05:42.077
10	PS1372	Computer Phobic AND Non-Phobic Individuals: Behavior Variations	psychology	21.59	1991-10-21 00:00:00.000
11	PS2091	Is Anger the Enemy?	psychology	10.95	1991-06-15 00:00:00.000
12	PS2106	Life Without Fear	psychology	7.00	1991-10-05 00:00:00.000
13	PS3333	Prolonged Data Deprivation: Four Case Studies	psychology	19.99	1991-06-12 00:00:00.000
14	PS7777	Emotional Security: A New Algorithm	psychology	7.99	1991-06-12 00:00:00.000

图 1　titles 表中的数据

【例 3】 查询 titles 表中每本书的出版日期(pubdate)加上 21 天后的日期。

```
SELECT DATEADD(day,21,pubdate) AS 新日期,pubdate AS 出版日期
FROM titles
```

执行结果如图 2 所示。

【例 4】 计算当前日期加上 100 天后的日期。

```
SELECT DATEADD(DAY,100,GETDATE())
```

3. DATEDIFF

作用：返回两个指定日期之间所差的日期。

语法：DATEDIFF (日期部分,开始日期,结束日期)

日期部分的取值见表 1。

返回类型：int

注释：返回结果是用结束日期减去开始日期。如果开始日期比结束日期晚，则返回负值。

【例 5】 计算本年 10 月 1 日到来年 1 月 1 日之间有多少天。

```
SELECT DATEDIFF( DAY,'2003/10/1', '2004/1/1')
```

【例 6】 查询 titles 表中每本书的出版日期到当前日期之间的年数。

```
SELECT DATEDIFF(year, pubdate, getdate()) AS 出版年数,
          Pubdate AS 出版日期
FROM titles
```

结果如图 3 所示。

	新日期	出版日期
1	1991-07-03 00:00:00.000	1991-06-12 00:00:00.000
2	1991-06-30 00:00:00.000	1991-06-09 00:00:00.000
3	1991-07-21 00:00:00.000	1991-06-30 00:00:00.000
4	1991-07-13 00:00:00.000	1991-06-22 00:00:00.000
5	1991-06-30 00:00:00.000	1991-06-09 00:00:00.000
6	1991-07-09 00:00:00.000	1991-06-18 00:00:00.000
7	1991-07-21 00:00:00.000	1991-06-30 00:00:00.000
8	1994-07-03 00:00:00.000	1994-06-12 00:00:00.000
9	2009-10-26 11:05:42.077	2009-10-05 11:05:42.077
10	1991-11-11 00:00:00.000	1991-10-21 00:00:00.000
11	1991-07-06 00:00:00.000	1991-06-15 00:00:00.000
12	1991-10-26 00:00:00.000	1991-10-05 00:00:00.000
13	1991-07-03 00:00:00.000	1991-06-12 00:00:00.000
14	1991-07-03 00:00:00.000	1991-06-12 00:00:00.000

图 2　例 3 的执行结果

	出版年数	出版日期
1	18	1991-06-12 00:00:00.000
2	18	1991-06-09 00:00:00.000
3	18	1991-06-30 00:00:00.000
4	18	1991-06-22 00:00:00.000
5	18	1991-06-09 00:00:00.000
6	18	1991-06-18 00:00:00.000
7	18	1991-06-30 00:00:00.000
8	15	1994-06-12 00:00:00.000
9	0	2009-10-05 11:05:42.077
10	18	1991-10-21 00:00:00.000
11	18	1991-06-15 00:00:00.000
12	18	1991-10-05 00:00:00.000
13	18	1991-06-12 00:00:00.000
14	18	1991-06-12 00:00:00.000

图 3　例 6 的执行结果

4. DATENAME

作用：返回代表指定日期的指定日期部分的字符串描述。

语法：DATENAME (日期部分,date)

日期部分的取值见表 1。

返回类型：nvarchar

注释：SQL Server 自动在字符和 datetime 值间按需要进行转换。

【例 7】 从 GETDATE 返回的日期中提取月份名。

```
SELECT DATENAME(month, getdate()) AS 'Month Name'
```

5. DATEPART

作用：返回代表给定日期的指定日期部分的整数。

语法：DATEPART（日期部分，date）

日期部分的取值见表 1。

返回类型：int

注释：DATEPART(dd，date)、DATEPART(mm，date)和 DATEPART(yy，date)分别同 DAY、MONTH、和 YEAR 函数的作用相同。

【例 8】 GETDATE 函数返回的是当前日期，但是，在进行比较时并不总是需要完整的日期信息(通常只是对日期的一部分进行比较)。例如，只希望得到当前日期的年份。

```
SELECT DATEPART (year, GETDATE()) AS 'Current year'
```

【例 9】 也可以用 DATEPART 函数返回的结果作为分组依据条件。对 titles 表，统计每年出版的图书数量。

```
SELECT DATEPART(year, Pubdate) AS 年,
       COUNT( * ) AS 图书数量
   FROM titles
   GROUP BY DATEPART(year, Pubdate)
```

	年	图书数量
1	1991	15
2	1994	1
3	2009	2

图 4　例 9 的执行结果

执行结果如图 4 所示。

6. DAY

作用：返回指定日期的日部分的整数。

语法：DAY (date)

返回类型：int

注释：此函数等价于 DATEPART(dd，date)。

【例 10】 返回当前日期的日期数。

```
SELECT DAY(getdate()) AS 'Day Number'
```

7. MONTH

作用：返回指定日期的月份的整数。

语法：MONTH (date)

返回类型：int

注释：MONTH 等价于 DATEPART(mm，date)。

【例 11】 返回日期 09/12/2009 的月份。

```
SELECT MONTH('09/12/2009')
```

结果为：9

8. YEAR

作用：返回指定日期中的年份的整数。
语法：YEAR (date)
返回类型：int
注释：此函数等价于 DATEPART(yy, date)。
【例 12】 返回日期 09/12/2009 中的年份数。

```
SELECT 'Year Number' = YEAR('09/12/2009')
```

结果为：2009

附录 2　字符串函数

字符串函数用于对字符串进行操作，返回字符串或数字值。

1. ASCII

作用：返回字符表达式最左端字符的 ASCII 代码值。
语法：ASCII(字符串表达式)
返回类型：int
【例 13】 返回字符串 ASCII 中第一个字母的 ASCII 编码值。

```
SELECT ASCII ('ASCII')
```

结果为：65

2. CHAR

作用：返回与指定的 ASCII 码值 n 相对应的字符。
语法：CHAR (n)
下面介绍其中各参数的含义。n 的取值范围为 0～255。如果 n 不在此范围内，则返回 NULL 值。
返回类型：长度为 1 的字符。
【例 14】 返回 ASCII 码 65 对应的字符。

```
SELECT CHAR(65)
```

结果为：A

3. LEFT

作用：返回从字符串左边开始指定个数的字符串。

语法：LEFT（字符串，整数值）

下面介绍其中各参数的含义。

① 字符串：可以是常量、变量或列名。

② 整数值：正整数值，若此值为负数，则返回一个错误。

返回类型：varchar

【例 15】 返回字符串“abcdefg”最左边的 2 个字符。

```
SELECT LEFT('abcdefg', 2)
```

结果为：ab

【例 16】 返回 titles 表中存放的每个书名最左边的 5 个字符。

```
SELECT title 书名, LEFT(title, 5) 书名前 5 个字符
  FROM titles
  ORDER BY title_id
```

执行结果如图 5 所示。

	书名	书名前5个字符
1	The Busy Executive's Database Guide	The B
2	Cooking with Computers: Surreptitious Balance Sheets	Cooki
3	You Can Combat Computer Stress!	You C
4	Straight Talk About Computers	Strai
5	Silicon Valley Gastronomic Treats	Silic
6	The Gourmet Microwave	The G
7	But Is It User Friendly?	But I
8	Secrets of Silicon Valley	Secre
9	Net Etiquette	Net E
10	Computer Phobic AND Non-Phobic Individuals: Behavior Variations	Compu
11	Is Anger the Enemy?	Is An
12	Life Without Fear	Life
13	Prolonged Data Deprivation: Four Case Studies	Prolo
14	Emotional Security: A New Algorithm	Emoti

图 5　例 16 的执行结果

4. RIGHT

作用：返回字符串中从右边开始指定个数的字符串。

语法：RIGHT（字符串，整数）

下面介绍其中各参数的含义。

① 字符串：可以是常量、变量或列名。

② 整数值：正整数值，若此值为负数，则返回一个错误。

返回类型：varchar

【例 17】 返回字符串“abcdefg”最右边的 2 个字符。

```
SELECT RIGHT ('abcdefg', 2)
```

结果为：fg

【例 18】 返回 titles 表中每本书名中最右边的 5 个字符。

```
SELECT title AS 书名,RIGHT(title, 5) AS 书名最后 5 个字符
  FROM titles
```

```
ORDER BY titles
```

执行结果如图 6 所示。

	书名	书名最后5个字符
1	But Is It User Friendly?	ndly?
2	Computer Phobic AND Non-Phobic Individuals: Behavior Variations	tions
3	Cooking with Computers: Surreptitious Balance Sheets	heets
4	Emotional Security: A New Algorithm	rithm
5	Is Anger the Enemy?	nemy?
6	Life Without Fear	Fear
7	Net Etiquette	uette
8	Prolonged Data Deprivation: Four Case Studies	udies
9	Secrets of Silicon Valley	alley
10	Silicon Valley Gastronomic Treats	reats
11	Straight Talk About Computers	uters
12	The Busy Executive's Database Guide	Guide
13	The Gourmet Microwave	owave
14	You Can Combat Computer Stress!	ress!

图 6　例 18 的执行结果

5. LEN

作用：返回给定字符串中字符(而不是字节)的个数，其中不包含尾随空格。

语法：LEN (字符串)

返回类型：int

【例 19】　返回字符串"数据库系统基础"的字符个数。

```
SELECT LEN('数据库系统基础')
```

结果为：7

【例 20】　对 titles 表，查询 business 类图书中每本书的书名及书名的字符个数。

```
SELECT title AS 书名,LEN(title) AS 字符数
  FROM titles WHERE Type = 'business'
```

执行结果如图 7 所示。

	书名	字符数
1	The Busy Executive's Database Guide	35
2	Cooking with Computers: Surreptitious Balance Sheets	52
3	You Can Combat Computer Stress!	31
4	Straight Talk About Computers	29

图 7　例 20 的执行结果

6. SUBSTRING

作用：返回字符串中的指定部分。

语法：SUBSTRING (字符串，起始位置，长度)

下面介绍其中各参数的含义。

① 字符串：可以是字符串常量，也可以是列名。

② 起始位置：整数，指定子串的开始位置。

③ 长度：整数，指定要返回的字符串子串的长度(字符数)。

返回类型：字符数据

【例 21】 返回某字符串常量的从第 3 个字符开始长度为 5 的字符子串。

```
SELECT SUBSTRING('ABCDEFGHIGH', 3, 5 )
```

结果为：CDEFG

7. LOWER

作用：将字符串中的大写字母转换为小写字母。
语法：LOWER (字符串)
其中：字符串可以是常量、变量或列。
返回类型：varchar
【例 22】 SELECT LOWER('AbcdeFG')
结果为：abcdefg

8. UPPER

作用：将字符串中的小写字母转换为大写字母。
语法：UPPER (字符串)
其中：字符串可以是常量、变量或列。
返回类型：varchar
【例 23】 SELECT LOWER('AbcdeFG')
结果为：ABCDEFG

9. LTRIM

作用：删除字符串左边的起始空格。
语法：LTRIM (字符串)
返回类型：varchar
【例 24】 使用 LTRIM 函数删除字符串中的起始空格。

```
SELECT 'XY' + LTRIM('   ABC')
```

结果为：XYABC

10. RTRIM

作用：截断字符串右边的所有尾随空格。
语法：RTRIM (字符串)
返回类型：varchar
【例 25】 使用 RTRIM 删除字符串中的尾随空格。

```
SELECT RTRIM('ABC   ') + 'XY'
```

结果为：ABCXY

附录 3　类型转换函数

类型转换函数是将某种数据类型的表达式显式转换为另一种数据类型。SQL Server 2005 提供了两个类型转换函数：CAST 和 CONVERT，这两个函数提供了相同的功能。

语法：

```
CAST: CAST ( 表达式 AS 数据类型 )
CONVERT: CONVERT (数据类型[(长度)], 表达式 )
```

【例 26】 利用第 4 章建立的 SC 表和数据，计算每个学生的考试平均成绩，将平均成绩转换为小数点前保留 3 位，小数点后保留 2 位的定点小数。

```
SELECT Sno AS 学号, CAST(AVG(CAST(Grade AS real)) AS numeric(5,2))
AS 平均年龄
  FROM SC
  GROUP BY Sno
```

	学号	平均成绩
1	0811101	80.50
2	0811102	88.67
3	0821102	78.00
4	0821103	65.00
5	0831101	65.00
6	0831102	NULL
7	0831103	71.50

图 8　例 26 的执行结果

执行结果如图 8 所示。

注意：默认情况下，AVG 函数返回结果的类型同它统计的数据的类型相同，由于 Grade 是 int 型的，因此，若不进行类型转换，则 AVG 函数返回的结果就是整型的。

相关课程教材推荐

ISBN	书　名	作　者
9787302184287	Java 课程设计(第二版)	耿祥义
9787302131755	Java 2 实用教程(第三版)	耿祥义
9787302135517	Java 2 实用教程(第三版)实验指导与习题解答	耿祥义
9787302184232	信息技术基础(IT Fundamentals)双语教程	江　红
9787302177852	计算机操作系统	郁红英
9787302178934	计算机操作系统实验指导	郁红英
9787302179498	计算机英语实用教程(第二版)	张强华
9787302180128	多媒体技术与应用教程	杨　青
9787302177081	计算机硬件技术基础(第二版)	曹岳辉
9787302176398	计算机硬件技术基础(第二版)实验与实践指导	曹岳辉
9787302143673	数据库技术与应用——SQL Server	刘卫国
9787302164654	图形图像处理应用教程(第二版)	张思民
9787302174622	嵌入式系统设计与应用	张思民
9787302148371	ASP. NET Web 程序设计	蒋　培
9787302180784	C++程序设计实用教程	李　青
9787302172574	计算机网络管理技术	王　群
9787302177784	计算机网络安全技术	王　群
9787302176404	单片机实践应用与技术	马长林

以上教材样书可以免费赠送给授课教师,如果需要,请发电子邮件与我们联系。

教学资源支持

敬爱的教师:

感谢您一直以来对清华版计算机教材的支持和爱护。为了配合本课程的教学需要,本教材配有配套的电子教案(素材),有需求的教师可以与我们联系,我们将向使用本教材进行教学的教师免费赠送电子教案(素材),希望有助于教学活动的开展。

相关信息请拨打电话 010-62776969 或发送电子邮件至 weijj@tup. tsinghua. edu. cn 咨询,也可以到清华大学出版社主页(http://www. tup. com. cn 或 http://www. tup. tsinghua. edu. cn)上查询和下载。

如果您在使用本教材的过程中遇到了什么问题,或者有相关教材出版计划,也请您发邮件或来信告诉我们,以便我们更好为您服务。

地址:北京市海淀区双清路学研大厦 A 座 708　　计算机与信息分社魏江江　收
邮编:100084　　电子邮件:weijj@tup. tsinghua. edu. cn
电话:010-62770175-4604　　邮购电话:010-62786544